ライブラリ 現代の数学への道 11

現代の数学への道
関数解析

廣島 文生 著

サイエンス社

サイエンス社のホームページのご案内

https://www.saiensu.co.jp

ご意見・ご要望は　rikei@saiensu.co.jp　まで.

●まえがき●

　関数解析学は現代数学の言語の一つである．19世紀後半に関数空間を幾何学的に考察することが大きな課題だった．$\mathbb{R}$ に含まれる有界閉集合はいうまでもなくコンパクト集合と同値であるが，関数空間のコンパクト集合などは未知の世界であった．そもそも，関数空間の位相という概念が確立されておらず，アダマール，シェーンフリース，フレシェなどがこのような問題に挑んだ．19世紀末から20世紀初頭にかけて，ルベーグによる測度論の発見，ハウスドルフによる位相空間論の完成，ヒルベルト，リース，バナッハ，フォン・ノイマンによる作用素論の構築などにより，その全貌が徐々に明らかになってきた．コンパクト集合の位相空間論的な定義が与えられ，関数空間や抽象的なバナッハ空間にも様々な位相が定義され，そのコンパクト集合の正体が明らかになった．本書でもバナッハ空間やヒルベルト空間のコンパクト集合の特徴付けを第6章で紹介する．その後，抽象論は大きく進展し，ストーン，ソボレフ，シュワルツ，ゲルファント等によりその応用範囲は格段に拡げられた．我が国の角谷静夫，吉田耕作，加藤敏夫の貢献も忘れてはならない．さらに，量子論の数学的な解釈などでは関数解析学が必携の道具になった．

　関数解析学は関数や写像の性質を位相線形空間の枠組みで考察するものである．1888年にイタリアのペアノが線形空間を定義し，20世紀初頭にハウスドルフが抽象的な位相空間を整備し，ルベーグが測度論を完成させたことを考えると，数学の世界では新しい学問といえるだろう．関数解析学では，特に無限次元線形空間における線形および非線形作用素を探究する．これにより，偏微分方程式，積分方程式，フーリエ解析，そして数理物理学など多くの基礎・応用分野に堅牢な基盤を与える．また，現代数学では代数学や幾何学の分野でも関数解析学が大きな役目を果たしている．その結果，多くの分野で目の覚めるような地平が拡がる．脆弱な基盤の上でいくら重厚そうにみえる哲学を語っても進歩はないだろう．堅牢な基盤がなければ学問の裾野は拡がらず進歩はない．

　筆者が学部2年生の頃，朝永振一郎著「量子力学 I & II」（みすず書房）を読

んだことが関数解析学に興味を抱いたきっかけである．特に場の量子論の解説に感銘を受けた．手元にある「量子力学 II」の最後のページには「2 月 26 日午前 3 時読了」という自筆があり「光陰矢の如し」と「少年老い易く学成り難し」が交錯する．恥ずかしながら筆者は，学部生の頃，関数解析学の専門書として，ハードカバーで箱付きの吉田耕作・伊藤清三著「函数解析と微分方程式」（岩波書店）の第 1 章と第 2 章（全 88 ページ）を読んだに過ぎない．しかし，当時のセミナーノートを見返すとその計算の細かさと膨大さに驚愕してしまう．当時はなぜそんなことができたのか，若さの証というしかない．

　フォン・ノイマンが自己共役作用素のスペクトル分解（本書第 10 章）を完成させたのは 1927 年，弱冠 23 歳の頃である．前年にハイゼンベルクの行列力学とシュレーディンガーの波動力学の当人同士の論争をミュンヘンでライブ観戦したのが契機だった．当時，フォン・ノイマンがロックフェラー財団から資金を得てゲッティンゲン大学のヒルベルトのもとで数学基礎論を研究するポスドクだったことを考えると驚嘆する．1927 年（昭和 2 年）といえば，リンドバーグが 33 時間半かけて史上初めて大西洋を単独横断した年であり，今では高等学校でも習う「行列」という概念がまだ普及していなかった時代である．コピー機もパソコンもインターネットもスマホもメールも YouTube も ChatGPT も AI も存在しなかった．それから約 100 年が経過した現在，関数解析学に関連する書物は洋書，和書を問わず無数に存在する．紙媒体の書物だけでなく，インターネットを使えば，図書館に足を運ぶこともなく，基本的なことは際限なくいくらでも調べることができる．また，世界中の関数解析学の講義の録画などもいつでもどこでも視聴できるようになってしまった．必要なものはコンセントとパソコンと Wi-Fi だけである．それ故，あえて筆者がオリジナルの関数解析学の基礎理論を本書で披露することは多大な労力と時間を要するだけで無謀ともいえよう．もちろん，こういう言い訳をまえがきに書かざるを得ないことは 20 世紀には想像すらできないことであった．そのため本書では関数解析学の体系と用語に慣れることを目標にして，具体的な問題を解くことや，研究者や専門家向けのマニアックな概念には深入りしなかった．特に，バナッハ空間，ヒルベルト空間，フーリエ解析，有界作用素，非有界作用素，共役空間，スペクトル分解などを体系的にコンパクトに解説した．参照したテキストは巻末に掲げた．ただし，紙数の都合で超関数の理論と半双線形形式の理論を割愛

せざるを得なかったことが大変心残りである．また章末の演習問題には本書で
詳しく証明できなかった古典的な大定理も含まれている．そういう問題は自力
で解法を見出すことは容易ではないが，解答をみながら理解していくことも重
要なことである．解答については，サイエンス社のホームページに用意するの
で，参照いただきたい（https://www.saiensu.co.jp）．

　本書執筆にあたり，群馬大学の高江洲俊光先生，九州大学大学院数理学府の
辻本裕紀君，井上陽人君，山本侑希君，綿井理久君には，貴重な研究時間を割
いて本書原稿を熟読していただき，非常に有益なコメントを予想を超えて多数
いただいた．ここに感謝申し上げる．また，家族の協力なくして本書の完成は
決してあり得なかったと心から感じている．有紀，光太郎，有衣にもこの場を
借りて深く感謝する．

　読者が本書で学んだことを拠り所にして，専門的な書物に進んだり，研究に
活かしたりしていただければ望外の幸せである．また，若い研究者が関数解析
学をさらに発展させることを強く期待している．

　本書執筆には，無責任にも予想を遥かに超える歳月を費やしてしまった．執
筆の依頼後，大まかな原稿は直ちに書き上げることができたが，そこで執筆作
業がピタリと止んでしまい数年が瞬く間に経過してしまった．執筆のスイッチ
が本格的に入ったのが，2019 年後半から世界中に感染が拡大した COVID-19
の猛威がやや収まり始めた 2022 年の酷暑の頃からであった．このような状況
のなか，(株) サイエンス社の大溝良平様，田島伸彦様，仁平貴大様には遅々と
して進まない執筆作業に対して，最後まで粘り強く励ましていただき，ここに
本書を上梓することができた．この場をお借りして心から感謝とお礼を申し上
げたい．

2023 年 9 月
福岡の自宅にて

　　　　　　　　　　　　　　　　　　　　　　　　　　　　　　廣島文生

●目　　次●

第 10 章　スペクトル分解 ══════ 214

ノルム空間

第1章では線形空間の公理を復習し，簡単な線形空間の例を紹介する．次に，線形空間にノルムを導入してノルム空間を定義する．ノルムは線形空間に位相を導く．特にノルム空間の有界閉集合のコンパクト性と次元の関係を解説する．

1.1　線形空間

線形空間の復習から始める．記号 $\mathbb{K}$ は実数体 $\mathbb{R}$ あるいは複素数体 $\mathbb{C}$ を表す．また，$\mathbb{K}$ を位相空間とみなした場合にはユークリッド空間とする．

定義 1.1 （線形空間）　$\mathcal{H}$ が $\mathbb{K}$ 上の**線形空間**であるとは，$\mathcal{H}$ の中の加法

$$\mathcal{H} \times \mathcal{H} \ni (f, g) \mapsto f + g \in \mathcal{H}$$

と $\mathbb{K}$ の要素によるスカラー乗法

$$\mathbb{K} \times \mathcal{H} \ni (\lambda, f) \mapsto \lambda f \in \mathcal{H}$$

が定義されていて，$\lambda, \mu \in \mathbb{K}$，$f, g, h \in \mathcal{H}$ に対して次の公理が成り立つことである．

(1)　$f + g = g + f$.
(2)　$(f + g) + h = f + (g + h)$.
(3)　任意の f に対して $f + 0 = f$ となる元 0 が存在する．
(4)　任意の f に対して $f + g = 0$ となる元 g が存在する．
(5)　$\lambda(\mu f) = (\lambda \mu) f$.
(6)　$(\lambda + \mu) f = \lambda f + \mu f$.
(7)　$\lambda(f + g) = \lambda f + \lambda g$.
(8)　任意の f に対して $1f = f$ となる．

(1) は加法の交換則，(2) は加法の結合則，(3) は加法における単位元の存在，(4) は加法における逆元の存在を表している．一般に，ある集合に演算が定義

されていて，その演算に関して単位元と逆元が存在して結合則が成り立つとき
群という．線形空間での加法は可換な群になる．(5)–(8) はスカラー乗法に関
する公理である．(5) はスカラー乗法の結合則，(6) と (7) はスカラー乗法の分
配則を表し，(8) はスカラー乗法と加法を関連づける公理である．スカラー乗
法と加法を合わせて**線形演算**とよぶ．線形空間の元を**ベクトル**という．$\mathbb{K} = \mathbb{R}$
あるいは $\mathbb{K} = \mathbb{C}$ に応じて，線形空間は**実線形空間**あるいは**複素線形空間**とよ
ばれる．本書では多くの関数空間を紹介するが，主に，$\mathbb{R}^d$ 上の関数，または，
$\mathbb{R}^d$ の部分集合 Ω 上の関数を考える．Ω には $\mathbb{R}^d$ から定まる相対位相を入れる．
O が Ω の**開集合**とは $\mathbb{R}^d$ の開集合 $\tilde{O}$ が存在して $O = \Omega \cap \tilde{O}$ となることであ
る．F が Ω の**閉集合**とは，$F \subset \Omega$ で，F の補集合が Ω の開集合であることな
ので，$F = \Omega \cap \tilde{F}$ となる $\mathbb{R}^d$ の閉集合 $\tilde{F}$ が存在することである．また，$A \subset \Omega$
の**閉包** $\bar{A}$ とは A を含む最小の Ω の閉集合なので，

$$\bar{A} = \bigcap_{\substack{A \subset \Omega \cap K \\ K \text{ は } \mathbb{R}^d \text{ の閉集合}}} \Omega \cap K$$

となる．Ω のコンパクト集合は関数空間を考えるとき非常に重要である．一般
に Ω の閉集合は $\mathbb{R}^d$ で閉集合とは限らないが Ω のコンパクト集合は $\mathbb{R}^d$ でもコ
ンパクトである．つまり $\mathbb{R}^d$ での有界閉集合になる．これは，以下の位相空間
論の一般論による．

命題 1.2　$(X, \mathcal{O}_X)$ を位相空間とする．$B \subset A \subset X$ に対して A に X の相対
位相を導入して位相空間とみなす．このとき B を A の部分集合とみなしてコ
ンパクトであることは B を X の部分集合とみなしてコンパクトであることと
同値である．

　関数空間の例を与える前に便利な記号を導入する．

定義 1.3（多重指数）　$\mathbb{Z}_+ = \{z \in \mathbb{Z} \mid z \geq 0\}$ は非負整数全体を表す．$x = (x_1, \ldots, x_n) \in \mathbb{R}^n$，$z = (z_1, \ldots, z_n) \in \mathbb{Z}_+^n$ のとき

$$x^z = x_1^{z_1} \cdots x_n^{z_n}, \quad \frac{\partial^z u}{\partial x^z} = \frac{\partial^{|z|} u}{\partial x_1^{z_1} \cdots \partial x_n^{z_n}}$$

とする．ここで，$|z| = z_1 + \cdots + z_n$ である．

連続関数からなる線形空間の例をあげる.

$\boxed{\text{例 1.4}}$ $(C([a,b]))$ 閉区間 $[a,b]$ 上の複素数値連続関数全体を $C([a,b])$ と表す. $u, v \in C([a,b])$ に対して $u+v$ は $(u+v)(x) = u(x) + v(x)$ $(x \in [a,b])$ によって定まる関数である. また, $\alpha \in \mathbb{C}$ に対して αu は $(\alpha u)(x) = \alpha u(x)$ $(x \in [a,b])$ によって定まる関数である. $u+v \in C([a,b])$, $\alpha u \in C([a,b])$ であり, 関数の和と定数倍を線形演算として $C([a,b])$ は複素線形空間になる.

$\boxed{\text{例 1.5}}$ $(C(\Omega), C_{\mathrm{b}}(\Omega), C_0(\Omega), C^p(\Omega), C^\infty(\Omega), C_0^\infty(\Omega))$ Ω を $\mathbb{R}^d$ の開集合とする. Ω における連続関数全体を $C(\Omega)$ で表す. $C(\Omega)$ は関数の和と定数倍を線形演算として線形空間になる. $C(\Omega)$ の有界関数全体を

$$C_{\mathrm{b}}(\Omega) = \left\{ u \in C(\Omega) \,\middle|\, \sup_{x \in \Omega} |u(x)| < \infty \right\}$$

と表す. また, Ω 上の関数 u の**台**を次で定義する.

$$\operatorname{supp} u = \overline{\{x \in \Omega \mid u(x) \neq 0\}}.$$

$u \in C(\Omega)$ で $\operatorname{supp} u$ が Ω のコンパクト集合であるもの全体を $C_0(\Omega)$ で表す. u の p 階の偏導関数とは, $z \in \mathbb{Z}_+^d$ とし,

$$\frac{\partial^z u}{\partial x^z}, \quad |z| = p$$

の全体である. p 階までの偏導関数が全て連続であるもの全体を $C^p(\Omega)$ と表し,

$$C^\infty(\Omega) = \bigcap_{p=0}^\infty C^p(\Omega)$$

とする. また,

$$C_0^\infty(\Omega) = C^\infty(\Omega) \cap C_0(\Omega)$$

とする. $C_{\mathrm{b}}(\Omega)$, $C_0(\Omega)$, $C^p(\Omega)$, $C^\infty(\Omega)$, $C_0^\infty(\Omega)$ は全て線形空間である.

数列からなる線形空間の例をあげる. 数列 $(x_n)_{n \in \mathbb{N}}$ または $(x_n)_{n \in \mathbb{N} \cup \{0\}}$ を簡単に $(x_n)_n$ と表す.

例 1.6 (*c*)　数列空間 c を $c = \{(a_n)_n \mid \lim_{n\to\infty} a_n$ が収束する $\}$ で定める.
c における加法およびスカラー乗法を $a = (a_n)_n$, $b = (b_n)_n$, $\alpha \in \mathbb{C}$ に対して
$a + b = (a_n + b_n)_n$, $\alpha a = (\alpha a_n)_n$ と定める. これらを線形演算として c は線
形空間になる.

　可積分関数からなる線形空間の例をあげる. 本書では, ルベーグ測度を λ で
表す. また, Ω を $\mathbb{R}^d$ のルベーグ可測集合とし, 関数 $u\colon \Omega \to \mathbb{C}$ がルベーグ可
測関数であるとき簡単に, Ω を可測集合, u を可測関数という.

例 1.7 $(\mathcal{L}^1_{\mathrm{loc}}(\Omega),\ \mathcal{L}^1(\Omega))$　Ω を $\mathbb{R}^d$ の可測集合で $\lambda(\Omega) > 0$ とする. u が
Ω で**局所可積分**とは, $u\colon \Omega \to \mathbb{C}$ が可測関数で,

$$\int_K |u(x)|\, dx < \infty$$

が Ω の任意のコンパクト集合 K で成立することである. ここで, 積分はルベー
グ測度による積分である. 命題 1.2 で示したように, Ω の任意のコンパクト集
合は $\mathbb{R}^d$ でもコンパクト集合なので, 上記は, Ω に含まれる $\mathbb{R}^d$ の有界閉集合
上で成立しているといってもよい. Ω 上の局所可積分な関数全体を $\mathcal{L}^1_{\mathrm{loc}}(\Omega)$ と
表す. $\mathcal{L}^1_{\mathrm{loc}}(\Omega)$ は関数の和と定数倍を線形演算として線形空間になる. また,

$$\int_\Omega |u(x)|\, dx < \infty$$

であるような u 全体を $\mathcal{L}^1(\Omega)$ と表す. $\mathcal{L}^1(\Omega)$ も関数の和と定数倍を線形演算
として線形空間になる.

　$\mathcal{K}$ は線形空間 $\mathcal{H}$ の部分集合で, 加法とスカラー乗法で閉じているとする. つ
まり, $f, g \in \mathcal{K}$, $\alpha \in \mathbb{K}$ ならば $f + g \in \mathcal{K}$, $\alpha f \in \mathcal{K}$ となる. このとき $\mathcal{K}$ を $\mathcal{H}$
の部分空間という. $\mathcal{K}, \mathcal{L}$ を $\mathcal{H}$ の部分空間とする. このとき $\mathcal{K} \cap \mathcal{L}$ も部分空間
になる. また $\mathcal{K} + \mathcal{L} = \{x + y \mid x \in \mathcal{K}, y \in \mathcal{L}\}$ も $\mathcal{H}$ の部分空間になる. 部分
集合 $\mathcal{K} \subset \mathcal{H}$ から $\mathcal{K}$ を含む最小の部分空間を作ることができる. 次のようにす
ればよい. $\alpha_j \in \mathbb{K}$, $f_j \in \mathcal{K}$ として $\alpha_1 f_1 + \cdots + \alpha_n f_n$ という形のベクトル全
体を考える. 記号で表せば次のようになる. 以下で LH は linear hull の略で
ある.

$$\mathrm{LH}\{\mathcal{K}\} = \{\alpha_1 f_1 + \cdots + \alpha_n f_n \mid \alpha_j \in \mathbb{K}, f_j \in \mathcal{K}, j \in \mathbb{N}\}.$$

補題 1.8 $\mathrm{LH}\{\mathcal{K}\}$ は $\mathcal{K}$ を含む最小の部分空間である.

証明 $\mathrm{LH}\{\mathcal{K}\}$ が $\mathcal{K}$ を含む線形空間であることはすぐにわかる. $\mathcal{K} \subset \mathcal{S} \subset \mathcal{H}$ で $\mathcal{S}$ が部分空間であるとする. このとき $\alpha_j \in \mathbb{K}$, $f_j \in \mathcal{K}$ として $\alpha_1 f_1 + \cdots + \alpha_n f_n$ は $\mathcal{S}$ にも含まれるから $\mathrm{LH}\{\mathcal{K}\} \subset \mathcal{S}$ となる. ゆえに, $\mathrm{LH}\{\mathcal{K}\}$ が $\mathcal{K}$ を含む最小の部分空間になる. $\square$

定義 1.9（$\mathcal{K}$ が**生成する部分空間**）　$\mathrm{LH}\{\mathcal{K}\}$ を $\mathcal{K}$ が生成する部分空間という.

$\alpha_1 f_1 + \cdots + \alpha_n f_n$ という形のベクトルを $f_1, \ldots, f_n$ の**線形結合**とよぶ. $\alpha_1 f_1 + \cdots + \alpha_n f_n = 0$ となるのが $\alpha_1 = \cdots = \alpha_n = 0$ に限るとき $f_1, \ldots, f_n$ は**線形独立**であるといい, 線形独立でないとき**線形従属**という.

定義 1.10（**次元**）　$\mathcal{H} \neq \{0\}$ を線形空間とする. 線形独立な $f_1, \ldots, f_n \in \mathcal{H}$ が存在して, 任意の $g \in \mathcal{H}$ を加えたとき $f_1, \ldots, f_n, g$ が線形従属になるとき, この n を $\mathcal{H}$ の**次元**とよび, $\dim \mathcal{H} = n$ と表す. ただし, 任意の n に対して n 個の線形独立なベクトル $f_1, \ldots, f_n \in \mathcal{H}$ が存在するとき $\mathcal{H}$ の次元は無限と定め, $\dim \mathcal{H} = \infty$ と表す. また, $\mathcal{H} = \{0\}$ のとき $\dim \mathcal{H} = 0$ とする.

定義 1.10 の n 個の独立なベクトルの組 $\{f_1, \ldots, f_n\}$ を $\mathcal{H}$ の**基底**という. 一般に基底は一意ではないが, 基底を構成するベクトルの個数は常に n で一定である. そして, 有限次元線形空間の任意のベクトルは与えられた基底の線形結合で一意に表せる.

例 1.11（$M(n, \mathbb{C})$）　各成分が複素数の $n \times n$ 次行列全体 $M(n, \mathbb{C})$ は複素線形空間であり $\dim M(n, \mathbb{C}) = n^2$ である. また, 対称行列全体 $S(n, \mathbb{C})$ は $M(n, \mathbb{C})$ の部分空間で $\dim S(n, \mathbb{C}) = n(n+1)/2$ である.

例 1.12（$C([a, b])$）　任意の n に対して $1, x, x^2, \ldots, x^n \in C([a, b])$ は線形独立である. ゆえに, $\dim C([a, b]) = \infty$ である.

例 1.13（c_0）　数列空間 c_0 を $c_0 = \{(a_n)_n \mid \lim_{n \to \infty} a_n = 0\}$ と定める. c_0 は c の部分空間である. $e^{(k)} \in c_0$ を $e_n^{(k)} = \delta_{nk}$ $(n \in \mathbb{N})$ と定義すれば, 任意の k に対して $e^{(1)}, \ldots, e^{(k)}$ は線形独立である. ゆえに, $\dim c_0 = \infty$ である.

1.2 線形作用素

線形空間から線形空間への写像の中で，特に線形作用素について復習する．

定義 1.14（線形作用素）　$\mathcal{H}$ と $\mathcal{K}$ を線形空間とし，$\mathsf{D}(T)$ を $\mathcal{H}$ の部分空間とする．写像 $T: \mathsf{D}(T) \to \mathcal{K}$ が $f, g \in \mathsf{D}(T)$ と $\alpha \in \mathbb{K}$ に対して

(1)　$T(f + g) = Tf + Tg$,

(2)　$T(\alpha f) = \alpha(Tf)$

をみたすとき**定義域** $\mathsf{D}(T)$ の**線形作用素**とよぶ．

　線形作用素が $A = B$ とは $\mathsf{D}(A) = \mathsf{D}(B)$ かつ $Af = Bf \ (\forall f \in \mathsf{D}(A))$ となることと定める．また，$\mathsf{D}(A) \subset \mathsf{D}(B)$ かつ $Af = Bf \ (\forall f \in \mathsf{D}(A))$ が成り立つとき B は A の**拡大**，A は B の**制限**という．これを $A \subset B$ で表す．また，$D \subset \mathsf{D}(A)$ に対して $\mathsf{D}(A_D) = D$ かつ $A_D f = Af$ と定義したものを A の D への制限といい，$A_D = A{\restriction}_D$ と表す．

　作用素の加法，スカラー乗法，積を定義しよう．2 つの線形作用素 $A: \mathcal{H} \to \mathcal{K}$ と $B: \mathcal{H} \to \mathcal{K}$ に対して $A + B: \mathcal{H} \to \mathcal{K}$ を

$$\mathsf{D}(A + B) = \mathsf{D}(A) \cap \mathsf{D}(B),$$
$$(A + B)f = Af + Bf$$

と定義する．また，$\alpha \in \mathbb{C}$ に対して αA を

$$\mathsf{D}(\alpha A) = \mathsf{D}(A),$$
$$\alpha A f = \alpha(Af)$$

と定める．積について説明しよう．$A: \mathcal{H} \to \mathcal{K}$, $B: \mathcal{K} \to \mathcal{L}$ とする．このとき $BA: \mathcal{H} \to \mathcal{L}$ を

$$\mathsf{D}(BA) = \{f \in \mathsf{D}(A) \mid Af \in \mathsf{D}(B)\},$$
$$(BA)f = B(Af)$$

と定める．特に $A: \mathcal{H} \to \mathcal{H}$ のとき

$$\mathsf{D}(A^2) = \{f \in \mathsf{D}(A) \mid Af \in \mathsf{D}(A)\}$$

で $(A^2)f = A(Af)$ となる．同様に $A^n \ (n \in \mathbb{N})$ も定義する．次に，

$$\mathrm{Ker}\, A = \{f \in \mathsf{D}(A) \mid Af = 0\}$$

を A の**核**という．Kernel は元々，硬い実の種子の意味であったが，比喩的に，物事の核心という意味でも使われるようになり，数学では上述の意味で使われる．A が線形作用素のとき $\mathrm{Ker}\,A = \{0\}$ は A が**単射**であることと同値である．また，A の**値域**を $\mathrm{Ran}\,A$ と表す．

$$\mathrm{Ran}\,A = \{g \in \mathcal{K} \mid Af = g \text{ となる } f \in \mathrm{D}(A) \text{ が存在する}\}.$$

$\mathrm{Ran}\,A = \mathcal{K}$ のとき A は**全射**という．単射かつ全射な作用素を**全単射**という．

　線形作用素 $A\colon \mathcal{H} \to \mathcal{K}$ が単射のとき $\mathrm{Ran}\,A \ni g$ に対して一意に $f \in \mathrm{D}(A)$ で $Af = g$ となるものが存在する．g に f を対応させる写像を A^{-1} で表して A の**逆作用素**という．$\mathrm{D}(A^{-1}) = \mathrm{Ran}\,A$ で，$AA^{-1}f = f$，$A^{-1}Ag = g$ が任意の $f \in \mathrm{Ran}\,A$ と $g \in \mathrm{D}(A)$ に対して成立する．

1.3 ノルム空間

　2 次元ユークリッド空間のベクトルには長さがある．このベクトルの長さを抽象化したものがノルムである．歴史的には，関数空間に，ユークリッド空間のような長さの概念を定義することが 19 世紀後半の大きな課題であった．それは，以下に紹介するノルムの概念を導入することで成し遂げられ，関数空間を幾何学的に研究する扉が開いた．ノルム空間を定義する前に，既に 1.1 節で触れたが，本書で用いる位相空間の用語の復習も兼ねて位相線形空間を定義しよう．

　開集合族 $\mathcal{O}_X$ を備えた空間 $(X, \mathcal{O}_X)$ を**位相空間**といった．ここで，$\mathcal{O}_X$ を**位相**という．位相空間 $(X, \mathcal{O}_X)$ において，$U \subset X$ が $x \in X$ の**近傍**とは $x \in U$ かつ $x \subset O \subset U$ となる $O \in \mathcal{O}_X$ が存在することである．つまり，x を内点として含む X の部分集合 U のことを近傍という．また，x の近傍からなる集合族 $\mathcal{U}_x$ が x の**基本近傍系**とは，任意の近傍 U に対して $V \in \mathcal{U}_x$ が存在して $V \subset U$ となることである．最後に位相空間 X が**ハウスドルフ空間**とは任意の異なる 2 点 $x, y \in X$ に対して $O_x, O_y \in \mathcal{O}_X$ で

$$O_x \cap O_y = \emptyset \quad \text{かつ} \quad x \in O_x, \quad y \in O_y$$

となるものが存在することである．

定義 1.15 （位相線形空間）　線形空間 $\mathcal{H}$ に位相 $\mathcal{O}$ が定義されていて，この位相で加法 $\mathcal{H} \times \mathcal{H} \ni (u,v) \mapsto u + v \in \mathcal{H}$ とスカラー乗法 $\mathbb{K} \times \mathcal{H} \ni (\alpha, u) \mapsto \alpha u \in \mathcal{H}$ が連続なとき $(\mathcal{H}, \mathcal{O})$ を**位相線形空間**という．

本書では位相線形空間はつねにハウスドルフ空間であると仮定する．位相線形空間がハウスドルフ空間であることは次と同値である．

$$\bigcap_{U \text{ は } 0 \text{ の近傍}} U = \{0\}.$$

定義 1.16 （ノルム）　$\mathcal{H}$ を線形空間とする．$\|\cdot\|\colon \mathcal{H} \to \mathbb{R}$ が $f,g \in \mathcal{H}, \alpha \in \mathbb{K}$ に対して以下の (1)–(4) をみたすとき $\mathbb{K}$ 上の**ノルム**という．

(1)　$\|f\| \geq 0$.
(2)　$\|f\| = 0$ ならば $f = 0$.
(3)　$\|\alpha f\| = |\alpha| \|f\|$.
(4)　$\|f + g\| \leq \|f\| + \|g\|$.

(1) は半正値性，(3) はスカラー乗法に関する同次性，(4) は**三角不等式**または**劣加法性**とよばれている．

定義 1.17 （ノルム空間）　ノルムが定義された線形空間 $(\mathcal{H}, \|\cdot\|)$ を $\mathbb{K}$ 上の**ノルム空間**または単にノルム空間という．

本来，$\mathcal{H}$ のノルムは $\|\cdot\|_{\mathcal{H}}$ と表すべきだが，記号の簡略化のために誤解がない限り $\|\cdot\|$ と表す．ノルム空間の例をあげよう．

例 1.18 （$\mathbb{R}^d$）　$x = (x_1, \ldots, x_n) \in \mathbb{R}^d$ に対して

$$\|x\| = \sqrt{\sum_{j=1}^{n} |x_j|^2}$$

はノルムの公理をみたす．また，

$$\|x\|_\infty = \max\{|x_k| \mid k = 1, \ldots, n\}$$

もノルムの公理をみたす．ゆえに，$(\mathbb{R}^d, \|\cdot\|)$ と $(\mathbb{R}^d, \|\cdot\|_\infty)$ は共にノルム空間である．

例 **1.19** (**c**)　数列空間 $c = \{(a_n)_n \mid \lim_{n \to \infty} a_n \text{ が収束する}\}$ を考える. $a \in c$ に対して

$$\|a\|_\infty = \sup_{n \in \mathbb{N}} |a_n|$$

はノルムの公理をみたす. 実際, $\|a\|_\infty \geq 0$ は自明である. $\|a\|_\infty = 0$ とすると, 任意の n に対して $a_n = 0$ を意味するから $a = 0$. $\|\alpha a\|_\infty = |\alpha| \|a\|_\infty$ はすぐにわかる. 最後に

$$\|a + b\|_\infty = \sup_{n \in \mathbb{N}} |a_n + b_n|$$
$$\leq \sup_{n \in \mathbb{N}} |a_n| + \sup_{n \in \mathbb{N}} |b_n|$$

なので三角不等式が成り立つ. ゆえに, $(c, \|\cdot\|_\infty)$ はノルム空間である.

例 **1.20** (**$C([a, b])$**)　$u \in C([a, b])$ に対して

$$\|u\|_\infty = \max\{|u(x)| \mid x \in [a, b]\}$$

はノルムの公理をみたす. 実際, $\|u\| \geq 0$ は自明である. $\|u\| = 0$ とすると, 任意の x に対して $u(x) = 0$ を意味するから $u = 0$. $|\alpha u(x)| = |\alpha| |u(x)|$ なので $\|\alpha u\| = |\alpha| \|u\|$ が従う. 最後に

$$|u(x) + v(x)| \leq |u(x)| + |v(x)| \leq \|u\| + \|v\|, \quad x \in [a, b]$$

なので三角不等式が成り立つ. ゆえに, $(C([a, b]), \|\cdot\|_\infty)$ はノルム空間である.

例 **1.21** (**$C_{\mathrm{b}}(\Omega)$**)　Ω を $\mathbb{R}^d$ の開集合とする. $u \in C_{\mathrm{b}}(\Omega)$ に対して

$$\|u\|_\infty = \sup_{x \in \Omega} |u(x)|$$

と定めると, 例 1.20 と同様に $\|\cdot\|_\infty$ がノルムの公理をみたすことが示せる. ゆえに, $(C_{\mathrm{b}}(\Omega), \|\cdot\|_\infty)$ はノルム空間である.

　$\mathcal{H}$ をノルム空間とする. ノルム $\|\cdot\|$ を用いて 2 つのベクトルの距離を定義することができる. 実際

$$d(u, v) = \|u - v\|, \quad u, v \in \mathcal{H}$$

と定義すれば d が次の距離関数の公理をみたし $\mathcal{H}$ 上の距離関数になる.

$\boxed{\text{定義 1.22}}$ （距離関数の公理） $d\colon \mathcal{H} \times \mathcal{H} \to \mathbb{R}$ が $u, v, w \in \mathcal{H}$ に対して次をみたすとき d を $\mathcal{H}$ 上の**距離関数**という.

(1) $d(u, v) \geq 0$.

(2) $d(u, v) = d(v, u)$.

(3) $d(u, v) = d(u, w) + d(w, v)$.

$\mathcal{H}$ は d を距離関数として距離空間になる. ノルム空間 $\mathcal{H}$ の部分集合 S が有界であるとは $\sup_{u \in S} \|u\| \leq M$ が成り立つような定数 M が存在することである. $u \in \mathcal{H}$ を中心とする半径 r の開球を $B_r(u) = \{v \in \mathcal{H} \mid \|u - v\| < r\}$ と表し，閉球を $\bar{B}_r(u) = \{v \in \mathcal{H} \mid \|u - v\| \leq r\}$ と表す.

$\boxed{\text{定義 1.23}}$ （ノルム空間の位相） ノルム空間 $\mathcal{H}$ の部分集合 S が開集合とは，任意の $u \in S$ に対して $B_\varepsilon(u) \subset S$ となる $\varepsilon > 0$ が存在することである.

定義 1.23 の位相でノルム空間 $\mathcal{H}$ の点列 $(u_n)_n$ が $u \in \mathcal{H}$ に収束するとは $\lim_{n \to \infty} \|u_n - u\| \to 0$ が成り立つことに他ならない. これを次のように表し $(u_n)_n$ は u に**強収束**するという.

$$\underset{n \to \infty}{\text{s-lim}}\, u_n = u.$$

もちろんノルム空間は位相線形空間である. ユークリッド空間の場合と同様に，ノルム空間の部分集合 F が閉集合であることと「$u_n \in F$ かつ s-$\lim_{n \to \infty} u_n = u$ ならば $u \in F$」は同値である. 集合 K を含む最小の閉集合を K の**閉包**といい $\bar{K}$ と表す.

$\boxed{\text{補題 1.24}}$ （ノルムの連続性） $\mathcal{H}$ をノルム空間とする. $\mathcal{H}$ の点列 $(u_n)_n$ が s-$\lim_{n \to \infty} u_n = u$ ならば $\lim_{n \to \infty} \|u_n\| = \|u\|$ である.

証明 三角不等式から $\lim_{n \to \infty} |\|u_n\| - \|u\|| \leq \lim_{n \to \infty} \|u_n - u\| = 0$ となる. $\square$

ノルム空間を研究するためには，その部分集合で，十分に大きなものがあれば有用である. 例えば，有理数 $\mathbb{Q}$ は $\mathbb{R}$ の部分集合で，$x \in \mathbb{R}$ は有理数 $r \in \mathbb{Q}$ でいくらでも近似できる. ゆえに $\bar{\mathbb{Q}} = \mathbb{R}$. ノルム空間にも同様の概念が存在する.

$\boxed{\text{定義 1.25}}$ （稠密） ノルム空間 $\mathcal{H}$ の部分集合 $\mathcal{H}_1$ と $\mathcal{H}_2$ に関して $\mathcal{H}_1$ が $\mathcal{H}_2$ において**稠密**であるとは $\mathcal{H}_1 \subset \mathcal{H}_2$ かつ $\mathcal{H}_2 \subset \bar{\mathcal{H}_1}$ となることである.

$\mathbb{Q}$ は可算集合なので $\mathbb{Q}$ は $\mathbb{R}$ の可算な稠密集合である．重要なノルム空間の多くは，同様な性質をもつことが，本書を通じてわかるだろう．

定義 1.26（可分）　ノルム空間 $\mathcal{H}$ に稠密な可算部分集合が存在するとき $\mathcal{H}$ を**可分**という．

例 1.27（$(\mathbb{R}, |\cdot|)$）　$(\mathbb{R}, |\cdot|)$ をノルム空間とみなす．$\mathbb{Q}$ は $\mathbb{R}$ の可算な稠密部分集合なので $\mathbb{R}$ は可分である．

例 1.28（$(C([a,b]), \|\cdot\|_\infty)$）　**ワイエルシュトラスの多項式近似定理**（命題 7.6）によれば，任意の $\varepsilon > 0$, 任意の $u \in C([a,b])$ に対して多項式 p が存在して

$$\max_{x\in[a,b]} |u(x) - p(x)| < \varepsilon$$

とできる．$p \in C([a,b])$ なので $\|u - p\|_\infty < \varepsilon$ となる．ゆえに，

$$P = \{p \in C([a,b]) \mid \mathrm{p は多項式}\}$$

は $C([a,b])$ で稠密である．さらに，

$$P_{\mathbb{Q}} = \{p \in P \mid p \text{ の各項の係数が } \mathbb{Q} + i\mathbb{Q} \text{ に属する}\}$$

も $C([a,b])$ で稠密で，かつ $P_{\mathbb{Q}}$ は可算集合である．ゆえに，$(C([a,b]), \|\cdot\|_\infty)$ は可分である．

これまでみたように，ノルム空間 $(\mathcal{H}, \|\cdot\|)$ とは集合 $\mathcal{H}$ とノルム $\|\cdot\|$ の組で決まる概念である．ゆえに，線形空間 $\mathcal{H}$ に異なるノルムが定義されることは十分あり得る．例 1.18 では $\mathbb{R}^d$ に 2 つの異なるノルム $\|\cdot\|$ と $\|\cdot\|_\infty$ を導入した．しかし，2 つのノルム空間 $(\mathcal{H}, \|\cdot\|_1)$ と $(\mathcal{H}, \|\cdot\|_2)$ が，位相空間として同値になることがある．そこでノルムの同値性を定義しよう．

定義 1.29（ノルムの同値性）　線形空間 $\mathcal{H}$ 上に定義された 2 つのノルム $\|\cdot\|_1$ と $\|\cdot\|_2$ が同値であるとは

$$a\|u\|_2 \le \|u\|_1 \le b\|u\|_2, \quad u \in \mathcal{H} \tag{1.1}$$

が成り立つ正定数 a, b が存在することである．

2 つのノルムが同値なとき，ベクトル u の大きさは $\|\cdot\|_1$ と $\|\cdot\|_2$ で異なるが，$\mathcal{H}$ に定まる位相は一致する．つまり，(1.1) から

$$\frac{1}{b}\|u\|_1 \leq \|u\|_2 \leq \frac{1}{a}\|u\|_1, \quad u \in \mathcal{H}$$

が従うので，点列 $(u_n)_n$ が u に $\|\cdot\|_1$ で収束することと $\|\cdot\|_2$ で収束することは同値である．ノルムの同値性は空間の次元と深い関係がある．

定理 1.30（有限次元空間上のノルムの同値性）　$\mathcal{H}$ を有限次元空間とする．このとき $\mathcal{H}$ 上の任意の 2 つのノルムは同値である．

証明　$\dim \mathcal{H} = n$ とし $\mathcal{H}$ の基底を $\{e_1, \ldots, e_n\}$ とする．$u = \sum_{j=1}^{n} a_j e_j$ と表される $u \in \mathcal{H}$ に対して $\|u\|_0 = \max_{j=1,\ldots,n} |a_j|$ とすれば $\|\cdot\|_0$ はノルムになる．$\|\cdot\|$ を $\mathcal{H}$ 上の任意のノルムとする．$a = (a_1, \ldots, a_n) \in \mathbb{C}^n$ に対して $\|u\| = \phi(a)$ と表す．このとき $|\phi(a) - \phi(b)| \leq \sum_{j=1}^{n} |a_j - b_j| \|e_j\|$ なので ϕ は $\mathbb{C}^n$ 上の実数値連続関数になる．$S = \{a \in \mathbb{C}^n \mid \max_{j=1,\ldots,n} |a_j| = 1\}$ とすれば S はコンパクト集合になり，ϕ の S 上の最小値 m と最大値 M が存在する．つまり $m \leq \phi(a) \leq M\ (\forall a \in S)$ が成り立つ．$\phi(a) = 0$ は $a = (0, \ldots, 0)$ と同値なので，特に $m > 0$ である．$a \in S$ は $\|u\|_0 = 1$ と同値なので，

$$m \leq \|u\| \leq M$$

が $\|u\|_0 = 1$ となる任意の $u \in \mathcal{H}$ で成立する．非零の $u \in \mathcal{H}$ に対して $v = u/\|u\|_0$ とすれば $\|v\|_0 = 1$ なので，

$$m\|u\|_0 \leq \|u\| \leq M\|u\|_0$$

が成り立つ．これは，$u = 0$ のときも，もちろん成り立つ．□

例 1.31　例 1.18 の $\mathbb{R}^d$ 上の 2 つのノルム $\|\cdot\|$ と $\|\cdot\|_\infty$ は同値である．

1.4　直積と商

$(\mathcal{H}, \|\cdot\|_{\mathcal{H}})$ と $(\mathcal{K}, \|\cdot\|_{\mathcal{K}})$ をノルム空間とする．直積空間 $\mathcal{H} \times \mathcal{K}$ を次で定める．

$$\mathcal{H} \times \mathcal{K} = \{[u, v] \mid u \in \mathcal{H}, v \in \mathcal{K}\}.$$

線形演算を $[u_1, v_1] + [u_2, v_2] = [u_1 + u_2, v_1 + v_2]$, $a[u, v] = [au, av]\ (\forall a \in \mathbb{K})$ と定め，$\|[u, v]\|_+$ を次で定める．

$$\|[u, v]\|_+ = \|u\|_{\mathcal{H}} + \|v\|_{\mathcal{K}}.$$

補題 1.32 （ノルム空間の直積）　$(\mathcal{H}, \|\cdot\|_{\mathcal{H}})$ と $(\mathcal{K}, \|\cdot\|_{\mathcal{K}})$ をノルム空間とする．このとき $(\mathcal{H} \times \mathcal{K}, \|\cdot\|_+)$ はノルム空間である．

証明　$\mathcal{H} \times \mathcal{K}$ が線形空間であることはすぐにわかる．$\|\cdot\|_+$ がノルムであることを示す．$\|[u,v]\|_+ \geq 0$ は自明である．また，$\|[u,v]\|_+ = 0$ のとき $u=0$ かつ $v=0$ なので $[u,v]=0$ となる．

$$\|[u,v]+[u',v']\|_+ = \|[u+u',v+v']\|_+ = \|u+u'\|_{\mathcal{H}} + \|v+v'\|_{\mathcal{K}}$$
$$\leq \|u\|_{\mathcal{H}} + \|u'\|_{\mathcal{H}} + \|v\|_{\mathcal{K}} + \|v'\|_{\mathcal{K}} = \|[u,v]\|_+ + \|[u',v']\|_+$$
なので三角不等式も成り立つ．□

　次に商空間について説明しよう．$\mathcal{H}$ はノルム空間で $\mathcal{K}$ はその閉部分空間とする．$u \sim v$ を $u-v \in \mathcal{K}$ で定める．$\sim$ は同値関係になる．$u \in \mathcal{H}$ を含む同値類 $\{v \mid u \sim v\}$ を $[u]$ と表す．同値類全体を $\mathcal{H}/\mathcal{K}$ と表す．$\mathcal{H}/\mathcal{K} \ni [u], [v]$ に対して線形演算を

$$[u]+[v]=[u+v], \quad \alpha[u]=[\alpha u], \quad \alpha \in \mathbb{K}$$

と定める．この演算は代表元の選び方によらずに定義されている．また，$\|[u]\|_{\sim}$ を次で定める．

$$\|[u]\|_{\sim} = \inf_{v \in \mathcal{K}} \|u-v\|$$

補題 1.33 （ノルム空間の商）　$\mathcal{H}$ はノルム空間で $\mathcal{K}$ はその閉部分空間とする．このとき $(\mathcal{H}/\mathcal{K}, \|\cdot\|_{\sim})$ はノルム空間である．

証明　$\mathcal{H}/\mathcal{K}$ が線形空間になることはすぐにわかる．$\|\cdot\|_{\sim}$ がノルムになることを示す．$\|[u]\|_{\sim} \geq 0$ は明らか．$\alpha \in \mathbb{K}$ に対して

$$\|\alpha[u]\|_{\sim} = \|[\alpha u]\|_{\sim} = \inf_{v \in \mathcal{K}} \|\alpha u - v\|$$
$$= |\alpha| \inf_{v \in \mathcal{K}} \|u - \alpha^{-1}v\| = |\alpha| \inf_{v \in \mathcal{K}} \|u-v\| = |\alpha|\|u\|$$

となる．$w, z \in \mathcal{K}$ として

$$\|[u]+[v]\|_{\sim} = \|[u+v]\|_{\sim} \leq \|u+v-z-w\| \leq \|u-z\|+\|v-w\|$$
なので

$$\|[u]+[v]\|_{\sim} \leq \inf_{z \in \mathcal{K}} \|u-z\| + \inf_{w \in \mathcal{K}} \|v-w\| = \|[u]\|_{\sim} + \|[v]\|_{\sim}$$

となることがわかる．最後に $\|[u]\|_{\sim} = 0$ として $[u]=0$ を示そう，つまり $u \in \mathcal{K}$ を示す．$0 = \inf_{v \in \mathcal{K}} \|u-v\|$ なので，$\mathcal{K}$ の点列 $(v_n)_n$ で $\|u-v_n\| \to 0\,(n \to \infty)$ が存在する．$\mathcal{K}$ は閉集合なので $u \in \mathcal{K}$ となる．□

1.5　局所コンパクト性

$\mathbb{R}$ のコンパクト集合は有界閉集合であることと同値である．そこで一般のノルム空間の有界閉集合がコンパクトであるかどうかという疑問は，自然なものであろう．**コンパクト集合**の概念は命題 1.2 で既に現れているが，簡単に復習しておく．$(X, \mathcal{O}_X)$ を位相空間とするとき，X の部分集合 Y がコンパクトとは Y の任意の開被覆が有限部分被覆をもつことである．つまり，$Y \subset \bigcup_{\lambda \in \Lambda} U_\lambda$ $(U_\lambda \in \mathcal{O}_X)$ のとき，有限部分集合 $\Lambda_0 \subset \Lambda$ が存在して，$Y \subset \bigcup_{\lambda \in \Lambda_0} U_\lambda$ となることである．距離空間 (X, d) の部分集合 Y について，次は同値である．

(1) Y はコンパクトである．

(2) Y の任意の点列は収束する部分列を含む．

閉包 $\bar{Y}$ がコンパクトなとき Y を**前コンパクト**とよぶ．任意の $x \in X$ に対してコンパクトな近傍が存在するとき X を**局所コンパクト空間**という．特に $\mathbb{C}^d$ は局所コンパクトであるから，定理 1.30 から，任意の有限次元ノルム空間は局所コンパクトである．しかし，無限次元のノルム空間の場合にはそうとは限らない．

ノルム空間 X において，X の単位球面がコンパクトであることと X が局所コンパクトであることは同値であることを注意しよう．d 次元ユークリッド空間 $\mathbb{R}^d$ には互いに直交する大きさ 1 の基底 $\{e_1, \ldots, e_d\}$ が存在する．無限次元空間の場合にも大きさ 1 の基底 $\{e_1, e_2, \ldots\}$ が存在することが想像でき，形式的に $\|e_i - e_j\| = \sqrt{2} \, (i \neq j)$ とすれば $(e_n)_n$ には収束する部分列が存在しないことが予想できる．単位球面は有界閉集合であるが収束部分列をもたない点列 $(e_n)_n$ が存在するので，直観的に無限次元ノルム空間は局所コンパクトにならないことが予想される．

[補題 1.34] ノルム空間 $\mathcal{H}$ は $\dim \mathcal{H} = \infty$ とする．このとき $\mathcal{H}$ の点列 $(e_n)_n$ で $\|e_j\| = 1$ かつ $\|e_i - e_j\| > \frac{1}{2} \, (i \neq j)$ となるものが存在する．

証明　帰納的に $(e_n)_n$ を構成する．条件をみたす $e_1, \ldots, e_{n-1}$ が構成されたとする．$\mathcal{K}_{n-1} = \mathrm{LH}\{e_1, \ldots, e_{n-1}\}$ とする．このとき $\mathcal{K}_{n-1}$ は $\mathcal{H}$ の閉部分空間になる．また，$\dim \mathcal{K}_{n-1} = n-1$ で $\dim \mathcal{H} = \infty$ なので $\mathcal{K}_{n-1} \subsetneq \mathcal{H}$．$u \in \mathcal{H} \setminus \mathcal{K}_{n-1}$ とする．

$\delta = \inf_{v \in \mathcal{K}_{n-1}} \|u - v\|$ とする. $\inf$ の定義から, $v_m \in \mathcal{K}_{n-1}$ で $\|u - v_m\| \to \delta$ となる点列が存在する. もし, $\delta = 0$ ならば $v_m \to u$ を意味する. しかし, $\mathcal{K}_{n-1}$ が閉集合なので $u \in \mathcal{K}_{n-1}$ となり矛盾する. ゆえに, $\delta > 0$ である. $g_m = \frac{u - v_m}{\|u - v_m\|}$ とする. 任意の $w \in \mathcal{K}_{n-1}$ に対して $av_m + bw \in \mathcal{K}_{n-1}$ $(\forall a, b \in \mathbb{C})$ なので

$$\|g_m - w\| = \frac{\|u - v_m - \|u - v_m\| w\|}{\|u - v_m\|} \geq \frac{\delta}{\|u - v_m\|} \to 1 \ (m \to \infty)$$

が成り立つ. 特に m を十分大きくとれば $\|g_m - w\| > \frac{1}{2}$ が任意の $w \in \mathcal{K}_{n-1}$ で成り立つ. $g_m = e_n$ とおいて, $\mathcal{K}_n = \mathrm{LH}\{e_1, \dots, e_n\}$ とすれば $\|e_i - e_j\| > \frac{1}{2}$ が任意の $1 \leq i, j \leq n \, (i \neq j)$ で成り立つ. $\square$

定理 1.35（無限次元ノルム空間の非局所コンパクト性） ノルム空間 $\mathcal{H}$ が $\dim \mathcal{H} = \infty$ ならば $\mathcal{H}$ は局所コンパクトではない.

証明 補題 1.34 から $\mathcal{H}$ の単位球面上の点列 $(e_n)_n$ で $\|e_n - e_m\| > \frac{1}{2} \, (n \neq m)$ となるものが存在する. ゆえに, $(e_n)_n$ には収束する部分列が存在しない. $\square$

　この定理により無限次元ノルム空間の任意の点はコンパクトな近傍をもたないことがわかる. しかし, 無限次元ノルム空間にも**ヒルベルト立方体**のようなコンパクト部分集合が存在する. ヒルベルト立方体については演習問題 6.4 を参照せよ.

1.6 可積分空間

　可積分空間で重要なノルム空間の例をあげる. $1 \leq p < \infty$ とし Ω を $\mathbb{R}^d$ の可測集合とする. $\mathcal{L}^p(\Omega)$ を次で定義する.

$$\mathcal{L}^p(\Omega) = \left\{ u \colon \Omega \to \mathbb{C} \ \middle| \ \text{ルベーグ可測かつ} \int_\Omega |u(x)|^p \, dx < \infty \right\}.$$

$\mathcal{L}^p(\Omega)$ が線形空間であることは次のようにしてわかる. $u, v \in \mathcal{L}^p(\Omega), \alpha \in \mathbb{C}$ とする. $\alpha u \in \mathcal{L}^p(\Omega)$ はすぐにわかる. 関数 $[0, \infty) \ni z \mapsto z^p$ が下に凸なので

$$\left| \frac{u(x) + v(x)}{2} \right|^p \leq \frac{|u(x)|^p + |v(x)|^p}{2}$$

となるから $u + v \in \mathcal{L}^p(\Omega)$ となり加法も定義できる. しかし, $\mathcal{L}^p(\Omega)$ 上に

$$\|u\| = \left(\int_\Omega |u(x)|^p \, dx \right)^{1/p}$$

を定めても $\|u\| = 0 \iff u = 0$ は成立せず，$\|u\| = 0 \iff u = 0$ a.e. が成立する．ここで，可測集合 $\{x \in \Omega \mid u(x) \neq 0\}$ のルベーグ測度が 0 のとき $u = 0$ a.e. と表す約束である．特に，$\|\cdot\|$ はノルムの公理をみたさない．以下，本書では，Ω の部分集合 $\{x \in \Omega \mid$ 条件 $\}$ を簡単に $\langle$ 条件 $\rangle$ と表す．この記号を使うと $\{x \in \Omega \mid u(x) = 0\}$ は $\langle u = 0 \rangle$ となる．

$\mathcal{L}^p(\Omega)$ からノルム空間を構成するために次の同値関係 $\sim$ を導入する．

$$u \sim v \iff u = v \quad \text{a.e.} \tag{1.2}$$

定義 1.36 $(\boldsymbol{L^p(\Omega)})$ $1 \leq p < \infty$ とし Ω を $\mathbb{R}^d$ の可測集合とする．このとき

$$L^p(\Omega) = \mathcal{L}^p(\Omega)/\sim$$

と定義する．$L^p(\Omega)$ を **$\boldsymbol{p}$ 乗可積分空間**という．

$u \in \mathcal{L}^p(\Omega)$ の同値類を $[u]$ と表し加法とスカラー乗法を次で定める．

$$[u] + [v] = [u + v],$$
$$\alpha[u] = [\alpha u], \quad \alpha \in \mathbb{C}.$$

補題 1.37 $1 \leq p < \infty$ とし $\lambda(\Omega) > 0$ とする．このとき $L^p(\Omega)$ は無限次元の線形空間になる．

証明 加法とスカラー乗法が代表元の選び方によらないことを示す．実際，
$$0 \leq |u(x) + v(x) - u'(x) - v'(x)| \leq |u(x) - u'(x)| + |v(x) - v'(x)|$$
なので $\langle u + v \neq u' + v' \rangle \subset \langle u \neq u' \rangle \cup \langle v \neq v' \rangle$ となる．ゆえに，$[u] = [u']$，$[v] = [v']$ のとき
$$\lambda(\langle u + v \neq u' + v' \rangle) \leq \lambda(\langle u \neq u' \rangle) + \lambda(\langle v \neq v' \rangle) = 0$$
なので $[u' + v'] = [u + v]$ となる．スカラー乗法についても同様に示せる．これらの演算が線形空間の公理をみたすことはすぐにわかる．ゆえに，$L^p(\Omega)$ は線形空間になる．$\lambda(\Omega) > 0$ なので，$\Omega = \Omega_1 \cup \Omega_2$, $\Omega_1 \cap \Omega_2 = \emptyset$, $\lambda(\Omega_1) > 0$, $\lambda(\Omega_2) > 0$ と分割できる．帰納的にこれを繰り返すと
$$\Omega = \bigcup_{n=1}^{\infty} \Omega_n, \quad \lambda(\Omega_n) > 0, \quad \Omega_n \cap \Omega_m = \emptyset \, (n \neq m)$$
とでき，$f_n = \mathbb{1}_{\Omega_n} \, (n \in \mathbb{N})$ は互いに独立だから $\dim L^p(\Omega) = \infty$ である．$\square$

$[u] \in L^p(\Omega)$ に対して $\|[u]\|_{L^p}$ を次で定義する．

$$\|[u]\|_{L^p} = \left(\int_{\Omega} |u(x)|^p \, dx \right)^{1/p}.$$

補題 1.38 $1 \leq p < \infty$ とする．このとき $(L^p(\Omega), \|\cdot\|_{L^p})$ はノルム空間である．

証明 $\|[u]\|_{L^p}$ が代表元の選び方によらないことを示そう．$[u] = [u']$ とすると $N = \langle u \neq u' \rangle$ の測度は 0 である．ゆえに，

$$\int_\Omega |u(x)|^p \, dx = \int_{\Omega \setminus N} |u(x)|^p \, dx = \int_{\Omega \setminus N} |u'(x)|^p \, dx = \int_\Omega |u'(x)|^p \, dx$$

となるから $\|\cdot\|_{L^p}$ は代表元の選び方によらない．$\|\cdot\|_{L^p}$ がノルムの公理をみたすことを示す．$\|[u]\| = 0 \geq 0$ は明らか．$\|[u]\| = 0$ のとき $u = 0$ a.e. なので $[u] = [0]$ になる．また，$\|\alpha[u]\| = \|[\alpha u]\| = |\alpha| \|[u]\|$ もすぐにわかる．最後に三角不等式は次のミンコフスキーの不等式から従う．□

$a \geq 0$, $b \geq 0$ とする．$1 \leq p < \infty$ に対して $f(x) = x^p$ は凸関数なので

$$(ta + (1-t)b)^p \leq ta^p + (1-t)b^p, \quad 0 \leq t \leq 1$$

が成り立つが，さらに次が成り立つ．

$$(a+b)^p = \inf_{t \in (0,1)} \left(t^{1-p} a^p + (1-t)^{1-p} b^p \right). \tag{1.3}$$

補題 1.39 （ミンコフスキーの不等式） $1 \leq p < \infty$ とする．$[u], [v] \in L^p(\Omega)$ とする．このとき $[u] + [v] \in L^p(\Omega)$ で，さらに次が成り立つ．

$$\|[u] + [v]\|_{L^p} \leq \|[u]\|_{L^p} + \|[v]\|_{L^p}.$$

証明 $t \in (0,1)$ とする．(1.3) から $|u(x) + v(x)|^p \leq t^{1-p}|u(x)|^p + (1-t)^{1-p}|v(x)|^p$ なので

$$\|[u] + [v]\|_{L^p}^p \leq t^{1-p} \int_\Omega |u(x)|^p \, dx + (1-t)^{1-p} \int_\Omega |v(x)|^p \, dx.$$

したがって

$$\|[u] + [v]\|_{L^p}^p \leq t^{1-p}\|[u]\|_{L^p}^p + (1-t)^{1-p}\|[v]\|_{L^p}^p$$

なので，右辺の $t \in (0,1)$ に関する下限をとれば (1.3) から補題が従う．□

誤解がない限り $[u]$ を簡単に u と表す．注意を与える．$u \in L^p(\Omega)$ とした場合，定義から u の各点での議論には意味がない．しかし，代表元として連続関数や微分可能な関数を選べる場合には，u は連続とか微分可能という．$L^\infty(\Omega)$ を定義しよう．そのために $\mathbb{R}^d$ の可測集合 Ω 上の可測関数 u に対して

$$\mathrm{ess\,sup}\, u = \inf\{a \in \Omega \mid \lambda(\langle u > a \rangle) = 0\}$$

と定める. これを u の**本質的上限**という. そこで次のように定義する.

$$\mathscr{L}^{\infty}(\Omega) = \{u \colon \Omega \to \mathbb{C} \mid \text{ルベーグ可測かつ ess sup}\,|u| < \infty\}.$$

[補題 1.40] $u \in \mathscr{L}^{\infty}(\Omega)$ とする. このとき測度零の集合 N を適当に選んで次が成り立つようにできる.

$$|u(x)| \le \text{ess sup}\,|u|, \quad x \in \Omega \setminus N.$$

証明 $m > 0$ とする. ess sup $|u|$ の定義から, ess sup $|u| + \frac{1}{m} > a_m$ となる a_m で $N_m = \langle |u(x)| > a_m \rangle$ の測度が零となるものが存在する. $x \in \Omega \setminus N_m$ ならば $|u(x)| \le$ ess sup $|u| + \frac{1}{m}$. $N = \bigcup_{m \in \mathbb{N}} N_m$ とすれば, $\lambda(N) = 0$ かつ $x \in \Omega \setminus N$ ならば $|u(x)| \le$ ess sup $|u|$ となる. $\square$

同値関係 (1.2) による $\mathscr{L}^{\infty}(\Omega)$ の商空間を導入する.

[定義 1.41] ($\boldsymbol{L^{\infty}(\Omega)}$) Ω を $\mathbb{R}^d$ の可測集合とする. このとき

$$L^{\infty}(\Omega) = \mathscr{L}^{\infty}(\Omega)/\!\sim$$

と定義する. $L^{\infty}(\Omega)$ を**有界関数空間**とよぶ.

$u \in \mathscr{L}^{\infty}(\Omega)$ の同値類を $[u]$ と表す. $[u], [v] \in L^{\infty}(\Omega)$ に対して加法とスカラー乗法を $[u] + [v] = [u+v]$, $\alpha[u] = [\alpha u]$ と定める. これが代表元の選び方によらないことは補題 1.37 の証明で既にみた. また, $L^{\infty}(\Omega)$ が線形空間であることはすぐにわかる. $L^{\infty}(\Omega)$ 上に次を定める.

$$\|[u]\|_{L^{\infty}} = \text{ess sup}\,|u|.$$

[補題 1.42] $(L^{\infty}(\Omega), \|\cdot\|_{L^{\infty}})$ はノルム空間である.

証明 $\|[u]\|_{L^{\infty}}$ が代表元の選び方によらないことを示す. $u = v$ a.e. のとき $M = \langle u = v \rangle$ とすれば $\lambda(M^c) = 0$ である. $\lambda(\langle u > a \rangle) = 0$ のとき
$$\lambda(\langle v > a \rangle) = \lambda((\langle v > a \rangle \cap M) \cup (\langle v > a \rangle \cap M^c)) = \lambda(\langle v > a \rangle \cap M)$$
$$= \lambda((\langle u > a \rangle \cap M) \cup (\langle u > a \rangle \cap M^c)) = \lambda(\langle u > a \rangle) = 0.$$
逆もいえるから $\lambda(\langle u > a \rangle) = 0$ と $\lambda(\langle v > a \rangle) = 0$ は同値であることがわかる. ゆえに, $\|[u]\|_{L^{\infty}} = \|[v]\|_{L^{\infty}}$ となる. 次に $\|\cdot\|_{L^{\infty}}$ がノルムの公理をみたすことを示す. $\|\alpha[u]\|_{L^{\infty}} = |\alpha|\|[u]\|_{L^{\infty}}$ と, $\|[u]\|_{L^{\infty}} = 0 \iff [u] = [0]$ はすぐにわかる. 三角不等式を示す. 補題 1.40 より, 測度零の集合 N_u と N_v が存在して
$$|u(x)| \le \text{ess sup}\,|u|, \quad x \in \Omega \setminus N_u,$$
$$|v(x)| \le \text{ess sup}\,|v|, \quad x \in \Omega \setminus N_v$$

なので，$N = N_u \cup N_v$ とすれば，$\lambda(N) = 0$ かつ

$$|u(x) + v(x)| \le \operatorname{ess\,sup} |u| + \operatorname{ess\,sup} |v| = \|[u]\|_{L^\infty} + \|[v]\|_{L^\infty}, \quad x \in \Omega \setminus N$$

が成り立つ．ゆえに，

$$\{x \in \Omega \mid |u(x) + v(x)| > \|[u]\|_{L^\infty} + \|[v]\|_{L^\infty}\} \subset N$$

かつ $\lambda(N) = 0$ が従う．これは，$\operatorname{ess\,sup} |u + v| \le \|[u]\|_{L^\infty} + \|[v]\|_{L^\infty}$ を意味する．

$$\|[u] + [v]\|_{L^\infty} = \|[u + v]\|_{L^\infty} = \operatorname{ess\,sup} |u + v|$$

なので $\|[u] + [v]\|_{L^\infty} \le \|[u]\|_{L^\infty} + \|[v]\|_{L^\infty}$ が示された．□

　以降，$L^p(\Omega)$ と同様に，$[u]$ を簡単に u と表す．ヘルダーの不等式を示そう．$1 \le p \le \infty$ に対して

$$\frac{1}{p} + \frac{1}{q} = 1$$

となる q を p の**共役指数**という．ただし，$p = 1$ に対する共役指数は $q = \infty$，$p = \infty$ に対する共役指数は $q = 1$ と約束する．定義から明らかに，共役指数と自分自身が等しくなるのは $p = q = 2$ のときのみである．

[定理 1.43] （ヘルダーの不等式）　$1 \le p \le \infty$ とし q をその共役指数とする．このとき任意の $u \in L^p(\Omega)$ と $v \in L^q(\Omega)$ に対して $uv \in L^1(\Omega)$ かつ次が成り立つ．

$$\int_\Omega |u(x)v(x)|\,dx \le \|u\|_{L^p}\|v\|_{L^q}.$$

証明　$u \in L^\infty(\Omega)$ かつ $v \in L^1(\Omega)$ のときは成立することがすぐにわかる．以下で，$1 < p < \infty$ の場合に示す．$\|u\|_{L^p} = 0$ または $\|v\|_{L^q} = 0$ のときは成り立つので，$\|u\|_{L^p} \ne 0$ かつ $\|v\|_{L^q} \ne 0$ と仮定する．$\alpha \ge 0$，$\beta \ge 0$ に対して

$$\log \alpha\beta = \frac{1}{p}\log \alpha^p + \frac{1}{q}\log \beta^q \le \log\left(\frac{1}{p}\alpha^p + \frac{1}{q}\beta^q\right)$$

が成り立つ．最後の不等式は $\log x$ が凹関数であることによる．また，$\log x$ は単調増加関数なので，

$$\alpha\beta \le \frac{1}{p}\alpha^p + \frac{1}{q}\beta^q \tag{1.4}$$

が成り立つ．(1.4) より，$\lambda > 0$ として，

$$|u(x)v(x)| \le \frac{\lambda^p}{p}|u(x)|^p + \frac{1}{q}\frac{1}{\lambda^q}|v(x)|^q$$

なので両辺を積分すれば

$$\int_\Omega |u(x)v(x)|\,dx \le \frac{1}{p}(\lambda\|u\|_{L^p})^p + \frac{1}{q}\left(\frac{1}{\lambda}\|v\|_{L^q}\right)^q$$

が得られる. $\lambda = \|v\|_{L^q}^{1/p}/\|u\|_{L^p}^{1/q}$ とすれば定理が従う. $\square$

不等式 (1.4) は，算術幾何平均の不等式 $\alpha\beta \le \frac{1}{2}(\alpha^2+\beta^2)$ の一般化になっていて，**ヤングの不等式**とよばれている. ヘルダーの不等式の系として次の**補間不等式**が従う.

$\boxed{\text{系 1.44}}$ （補間不等式） $0 \le \theta \le 1$ とする. $1 \le s \le r \le t \le \infty$ かつ

$$\frac{1}{r} = \frac{\theta}{s} + \frac{1-\theta}{t} \quad \left(\frac{a}{\infty}=0 とする\right)$$

とし $f \in L^s(\Omega) \cap L^t(\Omega)$ とする. このとき $f \in L^r(\Omega)$ かつ次が成り立つ.

$$\|f\|_{L^r} \le \|f\|_{L^s}^\theta \|f\|_{L^t}^{1-\theta}. \tag{1.5}$$

証明 $1 \le s \le r \le t < \infty$ の場合に証明する.

$$1 = \frac{1}{\frac{s}{r\theta}} + \frac{1}{\frac{t}{r(1-\theta)}}$$

なので，ヘルダーの不等式より

$$\int_\Omega |f(x)|^r\,dx = \int_\Omega |f(x)|^{r\theta}|f(x)|^{r(1-\theta)}\,dx \le \|f\|_{L^s}^{r\theta}\|f\|_{L^t}^{r(1-\theta)}.$$

ゆえに，(1.5) を得る. $t=\infty$ と $s=r=t=\infty$ の場合の証明は読者に任せる. $\square$

さて，逆に，ヘルダーの不等式から $L^p(\Omega)$ を特徴付けることができる.

$\boxed{\text{補題 1.45}}$ $1 \le p \le \infty$ とし q をその共役指数とする. $u \in L^p(\Omega)$ であるための必要十分条件は，ある $M \ge 0$ が存在して，任意の $v \in L^q(\Omega)$ に対して $uv \in L^1(\Omega)$ かつ次が成り立つことである.

$$\int_\Omega |u(x)v(x)|\,dx \le M\|v\|_{L^q}.$$

上記が成り立つとき $\|u\|_{L^p} \le M$ が成り立つ.

証明 必要条件はヘルダーの不等式から従う. 十分条件を示す.

（$1 \le p < \infty$ の場合） 単関数 $\phi = \sum_{j=1}^k a_j \mathbb{1}_{E_j}$ で $0 \le \phi(x) \le |u(x)|$ となるものを考える. ここで，$i \ne j$ のときは $E_i \cap E_j = \emptyset$ かつ $|E_j| < \infty$ $(1 \le \forall j \le k)$ である. $\int_\Omega |\phi(x)|^p\,dx > 0$ とする. さて，

$$v(x) = \begin{cases} |\phi(x)|^{p-1} & p > 1 \\ \mathbb{1} & p = 1 \end{cases}$$

とすると,

$$\int_\Omega |\phi(x)|^p \, dx \le \int_\Omega |u(x)||v(x)| \, dx = \|uv\|_{L^1} \le M \|v\|_{L^q}.$$

ここで, $1 < p$ のとき

$$\|v\|_{L^q}^q = \int_\Omega |\phi(x)|^p \, dx.$$

$\int_\Omega |\phi(x)|^p \, dx \ne 0$ なので

$$\int_\Omega |\phi(x)|^p \, dx \le M^p \tag{1.6}$$

が従う. また $p = 1$ のとき

$$\|v\|_{L^q} = \|\mathbb{1}\|_{L^\infty} = 1$$

なので (1.6) が成り立つ. 最後に $\int_\Omega |\phi(x)|^p \, dx = 0$ のとき (1.6) は明らかに成り立つ. さて, $0 \le \phi_n(x) \uparrow |u(x)|$ a.e. となる単関数列 $(\phi_n)_n$ を選べば, (1.6) と単調収束定理から $|u| \in L^p$ かつ

$$\int_\Omega |u(x)|^p \, dx = \lim_{n \to \infty} \int_\Omega |\phi_n(x)|^p \, dx \le M^p$$

が従う. つまり, $u \in L^p$ かつ $\|u\|_{L^p} \le M$ が成り立つ.

($p = \infty$ の場合) 背理法で示す. $u \notin L^\infty$ とする. このとき $D_n = \langle |u| \ge n \rangle$ の測度は正になる. ただし, 有限とは限らない. Ω はシグマ有限なので $\Omega = \bigcup_{j=1}^\infty \Omega_j$ かつ $0 < \lambda(\Omega_j) < \infty \, (\forall j \in \mathbb{N})$ とできる. ゆえに, n ごとに j_n が存在して, $D_n \cap \Omega_{j_n}$ は正の有限測度をもつ.

$$v_n = \frac{1}{\lambda(D_n \cap \Omega_{j_n})} \mathbb{1}_{D_n \cap \Omega_{j_n}}$$

とすると, $v_n \in L^1(\Omega)$ かつ $\|v_n\|_{L^1} = 1$ となる. つまり,

$$\|uv_n\|_{L^1} = \frac{1}{\lambda(D_n \cap \Omega_{j_n})} \int_{D_n \cap \Omega_{j_n}} |u(x)| \, dx \ge n = n\|v_n\|_{L^1}.$$

これは, $\|uv\|_{L^1} \le M\|v\|_{L^1} \, (\forall v \in L^1)$ に矛盾する. ゆえに, $u \in L^\infty$ である. 最後に $\|u\|_{L^\infty} \le M$ を示そう. 背理法で示す. 任意の $n > 0$ に対して $\|u_n\|_{L^\infty} \ge n$ となる u_n が存在すると仮定する. $N_n = \langle |u_n| \ge n \rangle$ とすれば $\lambda(N_n) > 0$ である. $0 < \lambda(N_n \cap \Omega_{j_n}) < \infty$ となる Ω_{j_n} が存在するので,

$$M \int_\Omega |\mathbb{1}_{N_n \cap \Omega_{j_n}}(x)| \, dx \ge \int_\Omega |\mathbb{1}_{N_n \cap \Omega_{j_n}}(x) u_n(x)| \, dx \ge n \int_\Omega |\mathbb{1}_{N_n \cap \Omega_{j_n}}(x)| \, dx.$$

これは矛盾である. $\square$

1.7 総和可能数列空間

可積分関数の空間 $L^p(\Omega)$ にならって，数列空間 ℓ_p を定義しよう．これも，$L^p(\Omega)$ と同様に最も基本的な無限次元ノルム空間の例になっている．

【定義 1.46】（$\boldsymbol{\ell_p}$）　$1 \leq p < \infty$ とする．数列空間 ℓ_p を次で定める．

$$\ell_p = \left\{ (a_n)_n \ \middle| \ \sum_{n=1}^{\infty} |a_n|^p < \infty \right\}.$$

ℓ_p を **$\boldsymbol{p}$ 乗総和可能数列空間**という．

ℓ_p 上に次を定める．

$$\|a\|_{\ell_p} = \left(\sum_{n=1}^{\infty} |a_n|^p \right)^{1/p}.$$

さらに ℓ_p 上に加法とスカラー乗法を $a = (a_n)_n$, $b = (b_n)_n \in \ell_p$, $\alpha \in \mathbb{C}$ に対して $a + b = (a_n + b_n)_n$, $\alpha a = (\alpha a_n)_n$ と定義する．このとき数列に関する
ミンコフスキーの不等式

$$\|a + b\|_{\ell_p} \leq \|a\|_{\ell_p} + \|b\|_{\ell_p}$$

も $\|\cdot\|_{L^p}$ と同様に証明できる．ゆえに，$(\ell_p, \|\cdot\|_{\ell_p})$ はノルム空間になる．また，$e_n = (\delta_{nm})_m \in \ell_p$ とすると，$e_1, e_2, \ldots$ は独立であることは容易に示せるから，$\dim \ell_p = \infty$ である．最後に ℓ_∞ を定義する．

【定義 1.47】（$\boldsymbol{\ell_\infty}$）　数列空間 ℓ_∞ を次で定める．

$$\ell_\infty = \left\{ (a_n)_n \ \middle| \ \sup_{n \in \mathbb{N}} |a_n| < \infty \right\}.$$

ℓ_∞ 上に次を定める．

$$\|a\|_{\ell_\infty} = \sup_{n \in \mathbb{N}} |a_n|.$$

ℓ_p と同様に ℓ_∞ 上に加法とスカラー乗法を定義する．

【補題 1.48】　$(\ell_\infty, \|\cdot\|_{\ell_\infty})$ は無限次元ノルム空間である．

証明　各自確かめよ．□

●●●●●●●●●●●●●●●●●●●●●●　**演習問題**　●●●●●●●●●●●●●●●●●●●●●●

1.1 $\mathcal{H}$ を線形空間とする．定義 1.1 から次を示せ．

(1) 零元 0 は一意である．

(2) 任意の $f \in \mathcal{H}$ に対して $0f = 0$ である．

(3) 任意の $f \in \mathcal{H}$ の逆元は $(-1)f$ である．

1.2 命題 1.2 を証明せよ．

1.3 ノルム空間の有限次元部分空間は閉部分空間であることを示せ．

1.4 位相線形空間がハウスドルフ空間であることは以下と同値であることを示せ．

$$\bigcap_{U \text{ は } 0 \text{ の近傍}} U = \{0\}.$$

1.5 ノルム空間 $\mathcal{H}$ において，$\mathcal{H}$ の単位球面がコンパクトであることと $\mathcal{H}$ が局所コンパクトであることは同値であることを示せ．

1.6 補題 1.48 を証明せよ．

1.7 $a \geq 0$, $b \geq 0$ とする．次が成り立つことを示せ．

$$(a+b)^p = \inf_{t \in (0,1)} \left(t^{1-p} a^p + (1-t)^{1-p} b^p \right).$$

1.8 $1 \leq p \leq \infty$ とする．$a, b \in \ell_p$ に対して次を示せ．

$$\|a+b\|_{\ell_p} \leq \|a\|_{\ell_p} + \|b\|_{\ell_p}.$$

1.9 $1 \leq p \leq q \leq \infty$ とする．次を示せ．

(1) $\ell_p \subset \ell_r \ (p \leq \forall r \leq q)$.

(2) $\|a\|_{\ell_r} \leq \|a\|_{\ell_p} \ (p \leq \forall r \leq q)$.

(3) $\lim_{r \uparrow q} \|a\|_{\ell_r} = \|a\|_{\ell_q} \ (a \in \ell_p)$.

1.10 $\Omega \subset \mathbb{R}^d$ で $\lambda(\Omega) = \infty$ とする．$1 < p$ のとき $L^p(\Omega) \subsetneqq L^1(\Omega)$ を示せ．

第 **2** 章

バナッハ空間

完備なノルム空間をバナッハ空間という．関数空間，数列空間，測度の空間にはバナッハ空間の構造が入る．バナッハ空間は関数解析における最も重要な概念である．

2.1 バナッハ空間

実数列 $(a_n)_n$ が $|a_n - a_m| \to 0\,(n, m \to \infty)$ となるとき $(a_n)_n$ をコーシー列とよんだ．収束列 $(a_n)_n$ がコーシー列であることはすぐに示せる．逆に，$\mathbb{R}$ のコーシー列が収束列になることは $\mathbb{R}$ の連続性からはじめてわかる．しかし，$\mathbb{Q}$ のコーシー列は，一般に収束列とは限らない．$a_n = \sum_{k=1}^{n} \frac{1}{k^2}$ は $\frac{\pi^2}{6}$ に収束するので $(a_n)_n$ は $\mathbb{R}$ でコーシー列になる．特に $a_n \in \mathbb{Q}$ なので $(a_n)_n$ は $\mathbb{Q}$ でもコーシー列である．しかし，$\frac{\pi^2}{6} \notin \mathbb{Q}$ なので $\mathbb{Q}$ では収束しない．これらの概念をノルム空間に拡張しよう．

定義 2.1 （ノルム空間のコーシー列）　ノルム空間 $(\mathcal{H}, \|\cdot\|)$ の点列 $(u_n)_n$ が**コーシー列**とは次が成り立つことである．

$$\lim_{n,m \to \infty} \|u_n - u_m\| = 0.$$

ノルム空間の任意の収束列 $(u_n)_n$ はコーシー列である．しかし，一般にノルム空間のコーシー列は収束列ではない．

例 2.2　$a > 1$ として $C([-a, a])$ にノルム $\|u\|$ を次で定義する．

$$\|u\| = \int_{[-a, a]} |u(x)|\, dx.$$

$u_n \in C([-a, a])\,(n \in \mathbb{N})$ を次のように定義する．

$$u_n(x) = \begin{cases} 0 & x \in [-a, 0] \\ nx & x \in [0, 1/n] \\ 1 & x \in [1/n, a]. \end{cases}$$

$m < n$ のとき

$$\|u_n - u_m\| = \int_{[0,1/m]} |u_n(x) - u_m(x)| \, dx \le \frac{1}{m}$$

となるから $\lim_{n,m \to \infty} \|u_n - u_m\| = 0$ となり，$(u_n)_n$ はコーシー列になる．しかし，これは収束列ではない．直観的には，$x \in [-a, 0]$ で $u(x) = 0$，$x \in (0, a]$ で $u(x) = 1$ で，$x = 0$ で 0 から 1 にジャンプする関数 u に収束するので $C([-a, a])$ の関数には収束しない．厳密に示すには次のようにする．$u \in C([-a, a])$ に収束すると仮定する．$0 < \varepsilon < a$ となる ε を固定すると，

$$\int_{\varepsilon}^{a} |u(x) - u_n(x)| \, dx \le \|u - u_n\| \to 0 \, (n \to \infty).$$

ここで，$n > 1/\varepsilon$ ならば $u_n(x) = 1 \, (x > \varepsilon)$ なので $\int_{\varepsilon}^{a} |u(x) - 1| \, dx = 0$．ゆえに，$\varepsilon \le x \le a$ で $u(x) = 1$．$\varepsilon > 0$ は任意だから $0 < x \le a$ で $u(x) = 1$．一方 $-a \le x \le 0$ で $u(x) = 0$ となるから u は $x = 0$ で連続ではない．

定義 2.3 (バナッハ空間)　コーシー列が収束列であるような距離空間を**完備**な空間という．完備なノルム空間を**バナッハ空間**という．

　ノルム空間が完備であるかどうかは，コーシー列の収束性を示せばよいのだが，直接の証明が難しい場合がある．以下の 2 つの補題はノルム空間の完備性を証明するときに非常に有用である．本書でも度々この補題は登場することだろう．

補題 2.4　$\mathcal{H}$ をノルム空間とし $(u_n)_n$ を $\mathcal{H}$ のコーシー列とする．このとき次は同値．

(1)　$(u_n)_n$ は収束列である．

(2)　収束する $(u_n)_n$ の部分列が存在する．

証明　(1) $\Longrightarrow$ (2)．これは自明である．

　(2) $\Longrightarrow$ (1)．$u_{n(k)} = v_k \, (k \in \mathbb{N})$ を収束する部分列とし，$\lim_{k \to \infty} v_k = v$ とする．

このとき任意の $\varepsilon > 0$ に対してある $N > 0$ が存在して，$\|u_n - v_k\| < \varepsilon \,(\forall n, k > N)$ かつ $\|v_k - v\| < \varepsilon \,(\forall k > N)$ となるから，

$$\|u_n - v\| \leq \|u_n - v_k\| + \|v_k - v\| < 2\varepsilon, \quad n, k > N.$$

これは，$\lim_{n \to \infty} u_n = v$ を意味する．$\square$

補題 **2.5** $\mathcal{H}$ をノルム空間とする．次は同値である．

(1) $\mathcal{H}$ は完備である．

(2) $\sum_{n=1}^{\infty} \|u_n\| < \infty$ ならば $\sum_{n=1}^{\infty} u_n$ は収束する．

証明 (1) $\Longrightarrow$ (2). $S_n = \sum_{k=1}^{n} u_k$ とする．$n < m$ のとき

$$\|S_n - S_m\| \leq \sum_{k=n+1}^{m} \|u_k\| \leq \sum_{k=n+1}^{\infty} \|u_k\|$$

なので，両辺で $n, m \to \infty$ とすれば $\lim_{n,m \to \infty} \|S_n - S_m\| = 0$. ゆえに，$S_n$ はコーシー列なので収束する．

(2) $\Longrightarrow$ (1). $(u_n)_n$ を $\mathcal{H}$ のコーシー列とする．これが収束することを示せばよい．(2) より，部分列 $v_k = u_{n(k)}$ で

$$\|v_{k+1} - v_k\| \leq \frac{1}{2^k}$$

となるものを選ぶことができる．そうすると $\sum_{k=1}^{\infty} \|v_{k+1} - v_k\| \leq 1$ となるので部分和 $v_1 + \sum_{r=1}^{k-1} (v_{r+1} - v_r) = v_k$ も収束する．$v = \lim_{k \to \infty} v_k$ とする．u_n がコーシー列なので，任意の $\varepsilon > 0$ に対してある N が存在して，任意の $n, n(k) > N$ に対して $\|u_n - v_k\| < \varepsilon$ とできる．さらに k を十分大きくとれば，$\|v_k - v\| < \varepsilon$ なので $\|u_n - v\| \leq \|u_n - v_k\| + \|v_k - v\| < 2\varepsilon$ となる．これは $\lim_{n \to \infty} u_n = v$ を意味する．$\square$

2.2 直積と商

1.4 節でノルム空間の直積と商を定義した．バナッハ空間の直積と商もまたバナッハ空間になる．

補題 **2.6** （バナッハ空間の直積） $(\mathcal{H}, \|\cdot\|_{\mathcal{H}})$ と $(\mathcal{K}, \|\cdot\|_{\mathcal{K}})$ をバナッハ空間とする．このとき直積空間 $(\mathcal{H} \times \mathcal{K}, \|\cdot\|_+)$ もバナッハ空間である．

証明 $([u_n, v_n])_n$ が $\mathcal{H} \times \mathcal{K}$ のコーシー列とする．このとき $(u_n)_n$ と $(v_n)_n$ は，各々 $\mathcal{H}$ と $\mathcal{K}$ のコーシー列になる．ゆえに，$\lim_{n \to \infty} u_n = u$ と $\lim_{n \to \infty} v_n = v$ が存在するので $\lim_{n \to \infty} [u_n, v_n] = [u, v]$ となるから $\mathcal{H} \times \mathcal{K}$ は完備である．$\square$

[補題 2.7] （バナッハ空間の商） $\mathcal{H}$ はバナッハ空間で $\mathcal{K}$ は $\mathcal{H}$ の閉部分空間とする．このとき商空間 $(\mathcal{H}/\mathcal{K}, \|\cdot\|_\sim)$ はバナッハ空間である．

証明　補題 2.5 から $\sum_{n=1}^\infty \|[u_n]\|_\sim < \infty$ ならば $\sum_{n=1}^\infty [u_n]$ が収束することを示せば完備性が従う．はじめに，u_n と同じ同値類に属するベクトル w_n で $\sum_{n=1}^\infty \|w_n\| < \infty$ となるものが存在することを示す．下限の定義により，n ごとに $\|[u_n]\|_\sim + \frac{1}{2^n} \geq \|u_n - v_n\|$ となる $v_n \in \mathcal{K}$ が存在する．$u_n - v_n = w_n$ とおく．$\|w_n\| \leq \|[u_n]\|_\sim + \frac{1}{2^n}$ なので $\sum_{n=1}^\infty \|w_n\| \leq \sum_{n=1}^\infty \|[u_n]\|_\sim + 1 < \infty$ になる．特に

$$S = \sum_{n=1}^\infty w_n$$

は収束する．$u_n - w_n = v_n \in \mathcal{K}$ なので $[u_n] = [w_n]$ であることに注意しよう．$S_N = \sum_{n=1}^N u_n$ とする．そうすると $[S_N] = \sum_{n=1}^N [u_n] = \sum_{n=1}^N [w_n]$ なので，

$$[S] - [S_N] = [S - S_N] = \left[\sum_{n=N+1}^\infty w_n\right].$$

$\|[u]\|_\sim \leq \|u\|$ が成り立つので

$$\|[S] - [S_N]\|_\sim \leq \sum_{n=N+1}^\infty \|w_n\| \to 0 \quad (N \to \infty).$$

ゆえに，$\sum_{n=1}^\infty [u_n]$ は $[S]$ に収束するので $\mathcal{H}/\mathcal{K}$ は完備である．□

2.3 連続関数空間と収束数列空間

連続関数空間のバナッハ空間の例をあげる．

2.3.1 有界連続関数空間

[定理 2.8] $(C_b(\mathbb{R}^d), \|\cdot\|_\infty)$ はバナッハ空間である．

証明　$(f_n)_n$ を $C_b(\mathbb{R}^d)$ のコーシー列とする．つまり，任意の $\varepsilon > 0$ に対してある N が存在して，

$$\sup_{x \in \mathbb{R}^d} |f_n(x) - f_m(x)| < \varepsilon, \quad n, m > N.$$

ゆえに，$(f_n(x))_n$ は $\mathbb{C}$ 上のコーシー列になるから $f_n(x) \to f(x)$ $(n \to \infty)$ となる $f(x) \in \mathbb{C}$ が存在する．任意の $x \in \mathbb{R}^d$ で

$$|f_n(x) - f_m(x)| < \varepsilon, \quad n, m > N$$

なので，$m \to \infty$ とすれば任意の $x \in \mathbb{R}^d$ で

$$|f_n(x) - f(x)| \leq \varepsilon, \quad n > N$$

となる. つまり,

$$\|f_n - f\|_\infty \leq \varepsilon, \quad n > N$$

となるから f_n は f に $\|\cdot\|_\infty$ で収束することがわかる. $f \in C_b(\mathbb{R}^d)$ を示そう. f は連続関数の一様収束極限なので連続である. また, コーシー列は有界列なので任意の n に対して $\|f_n\|_\infty \leq M$ となる M が存在する. $n \to \infty$ とすれば $\|f\|_\infty \leq M$. ゆえに, $f \in C_b(\mathbb{R}^d)$ となる. □

定理 2.8 と同様に次が示せる.

系 2.9　$(C([a,b]), \|\cdot\|_\infty)$ はバナッハ空間である.

2.3.2　ヘルダー連続な関数空間 ■

$f \in C^1((a,b))$ とする. 平均値の定理より任意の $x, y \in (a,b)$ に対して $x < y$ のとき

$$\frac{f(x) - f(y)}{x - y} = f'(\xi)$$

となる $x < \xi < y$ が存在する. ゆえに, $m = \max_{z \in (a,b)} |f'(z)| < \infty$ と仮定すれば,

$$|f(x) - f(y)| \leq m|x - y|, \quad x, y \in (a,b)$$

となる. しかし, 微分可能性や導関数の連続性がなければ, このような定数 m は一般に存在しない. 次のような例を考えてみよう. $f(x) = \sqrt{|x|}$ を $[-1, 1]$ で考える. $\frac{|f(x)-f(y)|}{|x-y|}$ で $y \to x$ とすると, $x \neq 0$ であれば,

$$\lim_{y \to x} \frac{|f(x) - f(y)|}{|x - y|} = \frac{1}{2\sqrt{|x|}}$$

になる. しかし, $x = 0$ のときは発散してしまうので,

$$|\sqrt{|x|} - \sqrt{|y|}| \leq m|x - y|, \quad x, y \in [-1, 1]$$

となる定数 m は存在しない. そこで

$$|\sqrt{|x|} - \sqrt{|y|}| \leq m|x - y|^\theta, \quad x, y \in [-1, 1] \tag{2.1}$$

が成り立つ θ を考える. 実際, $\theta \leq 1/2$ であればよい. それを確認するのは容易い. $x \neq 0$ とする. $u = y/x$ とおけば

$$\frac{|\sqrt{|x|} - \sqrt{|y|}\,|}{\sqrt{|x - y|}} = \frac{|1 - \sqrt{|u|}\,|}{\sqrt{|1 - u|}}$$

なので $\lim_{u \to 1} \frac{|1 - \sqrt{|u|}\,|}{\sqrt{|1-u|}} = 0$. また，$\lim_{|u| \to \infty} \frac{|1 - \sqrt{|u|}\,|}{\sqrt{|1-u|}} = 1$ であるから，

$$0 \le \frac{|1 - \sqrt{|u|}\,|}{\sqrt{|1 - u|}} \le M, \quad u \in \mathbb{R} \tag{2.2}$$

となる定数 M が存在する．特に

$$|\sqrt{|x|} - \sqrt{|y|}\,| \le M\sqrt{|x - y|}, \quad x, y \in [-1, 1]$$

となる．また，(2.2) から $\theta > 1/2$ のときは (2.1) をみたす定数 m が存在しないこともわかる．

定義 2.10 （ヘルダー連続な関数）　$0 < \theta < 1$ とする．$[a,b]$ 上の関数 u に対して定数 c が存在して

$$|u(s) - u(t)| \le c|s - t|^\theta, \quad s, t \in [a, b]$$

をみたすとき u は $[a,b]$ 上で θ 次の**ヘルダー連続**であるといい，$[a,b]$ 上で θ 次のヘルダー連続関数全体を $C^\theta([a,b])$ と表す．

例 2.11　$0 < \theta < 1$ とする．$u(x) = |x|^\rho$ が $u \in C^\theta([-1,1])$ となるための必要十分条件は $\theta \le \rho$ である．

$u \in C^\theta([a,b])$ に対して $\|u\|_\theta$ を次で定める．

$$\|u\|_\theta = \sup_{\substack{x,y \in [a,b] \\ x \ne y}} \frac{|u(x) - u(y)|}{|x - y|^\theta} + \sup_{x \in [a,b]} |u(x)|.$$

定理 2.12　$(C^\theta([a,b]), \|\cdot\|_\theta)$ はバナッハ空間である．

証明　$(C^\theta([a,b]), \|\cdot\|_\theta)$ がノルム空間であることの証明は読者に任せる．完備性を示す．$(f_n)_n$ を $C^\theta([a,b])$ のコーシー列とする．$\|f_n - f_m\|_\infty \le \|f_n - f_m\|_\theta$ なので，$(f_n)_n$ は $\|\cdot\|_\infty$ でもコーシー列になる．ゆえに，$f = \lim_{n \to \infty} f_n$ が $C([a,b])$ に存在する．また，任意の $\varepsilon > 0$ に対してある $N > 0$ が存在して，任意の $x, y \in [a,b]$, $x \ne y$ に対し

$$\frac{|f_n(x) - f_m(x) - f_n(y) + f_m(y)|}{|x - y|^\theta} \le \varepsilon, \quad n, m > N$$

なので, $m \to \infty$ とすれば,

$$\frac{|f_n(x) - f(x) - f_n(y) + f(y)|}{|x - y|^\theta} \leq \varepsilon, \quad n > N.$$

ゆえに, $\lim_{n \to \infty} \|f_n - f\|_\theta = 0$ である. $f = f - f_n + f_n$ かつ $f - f_n, f_n \in C^\theta([a,b])$ なので $f \in C^\theta([a,b])$ もわかる. $\square$

2.3.3 収束数列空間

定理 2.13 $(c, \|\cdot\|_\infty)$ はバナッハ空間である.

証明 $(a^{(N)})_N$ を c のコーシー列とする. つまり, 任意の $\varepsilon > 0$ に対してある N_0 が存在して,

$$\|a^{(N)} - a^{(M)}\|_\infty = \sup_{n \in \mathbb{N}} |a_n^{(N)} - a_n^{(M)}| < \varepsilon, \quad N, M > N_0.$$

ゆえに $n \in \mathbb{N}$ ごとに $(a_n^{(N)})_N$ は $\mathbb{C}$ 上のコーシー列になるから $a_n^{(N)} \to a_n \ (N \to \infty)$ となる $a_n \in \mathbb{C}$ が存在する. $a = (a_n)_n$ とおく. 任意の $n \in \mathbb{N}$ で

$$|a_n^{(N)} - a_n^{(M)}| < \varepsilon, \quad N, M > N_0$$

なので, $M \to \infty$ とすれば

$$|a_n^{(N)} - a_n| \leq \varepsilon, \quad N > N_0$$

となる. つまり,

$$\|a^{(N)} - a\|_\infty \leq \varepsilon, \quad N > N_0$$

となるから $a^{(N)}$ は a に $\|\cdot\|_\infty$ で収束することがわかる. $a = a - a^{(N)} + a^{(N)}$ なので $a \in c$ もわかる. $\square$

系 2.14 $(c_0, \|\cdot\|_\infty)$ はバナッハ空間である.

証明 c_0 は c の閉部分空間なのでバナッハ空間である. $\square$

2.4 $L^p(\Omega)$ 空 間

可積分空間でバナッハ空間の例をあげる. 例 2.2 では, $C([-a,a])$ に $\|u\| = \int_{[-a,a]} |u(x)| \, dx$ でノルムを定義すると完備ではなかった.つまり, $(C([-a,a]), \|\cdot\|)$ はバナッハ空間ではない. ところが, これから紹介するように, ノルム空間 $L^1([a,b])$ のノルムは $\|u\|_{L^1} = \int_{[a,b]} |u(x)| \, dx$ であるが, これはバナッハ空間になる. 20 世紀初頭にルベーグによってルベーグ積分が定義され, その直後に, リースとフィッシャーによって独立に $L^p(\Omega)$ の完備性が証明された. ま

た，ユークリッド空間を拡張した抽象的な位相空間論がハウスドルフによって定式化されたのもこの頃である．まさに，$L^p(\Omega)$ の完備性の証明は現代数学の出発点の一つといってもよいだろう．

定理 2.15　$1 \leq p < \infty$ とし Ω を $\mathbb{R}^d$ の可測集合とする．このとき $(L^p(\Omega), \|\cdot\|_{L^p})$ はバナッハ空間である．

証明　以下の証明で $\|\cdot\|_{L^p} = \|\cdot\|$ と表す．$(u_n)_n$ が $L^p(\Omega)$ でコーシー列とする．補題 2.4 により収束する部分列 $(u_{n(k)})_k = (v_k)_k$ の存在を示せば十分である．そこで部分列で次のようなものを考える．

$$\|v_{k+1} - v_k\| \leq \frac{1}{2^k}, \quad k \in \mathbb{N}.$$

$(u_n)_n$ がコーシー列なのでこのような部分列は必ず存在する．$(v_k)_k$ が収束することを示そう．

$$\sum_{k=1}^{\infty} \|v_{k+1} - v_k\| \leq 1$$

に注意する．本来，v_k は $[v_k]$ と表されるべきものだった．ここから，k ごとに代表元 v_k を一つ固定して $v_k(x)$ について考える．

$$w_N(x) = |v_1(x)| + \sum_{k=1}^{N-1} |v_{k+1}(x) - v_k(x)|$$

とする．すぐに

$$|v_N(x)| \leq w_N(x),$$
$$\|w_N\| \leq \|v_1\| + \sum_{k=1}^{N-1} \|v_{k+1} - v_k\| \leq \|v_1\| + 1$$

がわかる．つまり，w_N は非負値関数の非減少列で

$$\int_\Omega |w_N(x)|^p \, dx \leq (\|v_1\| + 1)^p < \infty.$$

ゆえに，単調収束定理により

$$\lim_{N \to \infty} w_N(x) < \infty \quad \text{a.e. } x$$

かつ $w(x) = \lim_{N \to \infty} w_N(x)$ とおけば

$$\int_\Omega |w(x)|^p \, dx < \infty$$

が成り立つ．ここで注意を与える．単調収束定理によれば

$$\lim_{N \to \infty} w_N(x) < \infty$$

となるのは，ほとんど至るところの x であって，全ての $x \in \Omega$ ではない．正確にいえば，ある可測集合 M が存在して，$\lambda(M) = 0$ で

$$w(x) < \infty, \quad x \in \Omega \setminus M$$

なので，$x \in M$ に対しては何も主張していない．全ての x で定義されていない関数に対して $\int_\Omega |w(x)|^p \, dx < \infty$ と主張されても違和感を感じる．しかし，ルベーグ測度の一般論では，可測関数 ρ が測度 0 の集合を除いて定義されていれば

$$\int_\Omega \rho(x) \, dx$$

と表してもよい．厳密には次のようにする．ρ を Ω 全体に次のように拡張する．

$$\tilde{\rho}(x) = \begin{cases} \rho(x) & x \in \Omega \setminus M \\ \xi(x) & x \in M. \end{cases}$$

ここで，ξ は任意の可測関数．そうすると $\tilde{\rho}$ は可測関数になる．また，

$$\int_\Omega \tilde{\rho}(x) \, dx = \int_{\Omega \setminus M} \rho(x) \, dx$$

になり ξ の選び方によらないことがわかる．そこで

$$\int_\Omega \rho(x) \, dx = \int_\Omega \tilde{\rho}(x) \, dx$$

とする．この証明では，

$$\tilde{w}(x) = \begin{cases} w(x) & x \in \Omega \setminus M \\ 0 & x \in M \end{cases}$$

とする．$\tilde{w}$ は全ての $x \in \Omega$ で定義されている．

$$\lim_{N \to \infty} w_N(x) = \tilde{w}(x), \quad x \in \Omega \setminus M$$

なので $x \in \Omega \setminus M$ に対して

$$\tilde{w}(x) = |v_1(x)| + \sum_{k=1}^{\infty} |v_{k+1}(x) - v_k(x)| < \infty.$$

ゆえに，$(v_k(x))_k$ は $x \in \Omega \setminus M$ のとき $\mathbb{C}$ のコーシー列になるから

$$v(x) = \lim_{k \to \infty} v_k(x), \quad x \in \Omega \setminus M \tag{2.3}$$

が存在する．v を Ω 全体に次のように拡張する．

$$\tilde{v}(x) = \begin{cases} v(x) & x \in \Omega \setminus M \\ 0 & x \in M. \end{cases}$$

$|v_N(x)| \le w_N(x)$ $(\forall x \in \Omega)$ だから

$$|\tilde{v}(x)| \le \tilde{w}(x), \quad x \in \Omega,$$

$$\int_\Omega |\tilde{w}(x)|^p \, dx < \infty.$$

ゆえに，$\tilde{v} \in \mathcal{L}^p(\Omega)$. また，$x \in \Omega \setminus M$ に対して
$$v_n(x) \to \tilde{v}(x),$$
$$|v_n(x) - \tilde{v}(x)|^p \le 2|w(x)|^p$$
なので，ルベーグの収束定理より
$$\lim_{n \to \infty} \|v_n - v\|^p = \lim_{n \to \infty} \int_\Omega |v_n(x) - \tilde{v}(x)|^p \, dx = 0$$
が成り立つ．これは $[\tilde{v}] \in L^p(\Omega)$ かつ $\lim_{n \to \infty} \|[v_n] - [\tilde{v}]\|_{L^p} = 0$ に他ならない．□

次の系 2.16 はしばしば使われる非常に便利な事実である．

[系 2.16] $1 \le p < \infty$ とし Ω を $\mathbb{R}^d$ の可測集合とする．
$$\lim_{n \to \infty} \|u_n - u\|_{L^p} = 0$$
とする．このとき $(u_n)_n$ の部分列 $(u_{n(k)})_k$ を適当に選んで
$$\lim_{k \to \infty} u_{n(k)}(x) = u(x) \text{ a.e.}$$
とできる．

証明 $(u_n)_n$ は $L^p(\Omega)$ のコーシー列になるから，定理 2.15 の証明中の $(v_k)_k$ のような部分列が選べる．(2.3) で，$\lim_{k \to \infty} v_k(x) = v(x)$ a.e. で $v(x) = u(x)$ a.e. なので系の主張が従う．□

系 2.16 は，厳密には，$\lim_{k \to \infty} u_{n(k)}(x) = u(x)$ a.e. となる代表元がとれるという意味である．

一般に，$p_1 \neq p_2$ のとき $L^{p_1}(\Omega)$ と $L^{p_2}(\Omega)$ に包含関係は存在しない．しかし，$\lambda(\Omega) < \infty$ のときには包含関係が存在する．

[補題 2.17] $\lambda(\Omega) < \infty$ かつ $1 \le p_1 < p_2 < \infty$ とする．このとき $L^{p_2}(\Omega) \subset L^{p_1}(\Omega)$ かつ $\|u\|_{L^{p_1}} \le \lambda(\Omega)^{\frac{1}{p_1} - \frac{1}{p_2}} \|u\|_{L^{p_2}}$.

証明 $u \in L^{p_2}(\Omega)$ とする．q は $\frac{1}{q} + \frac{p_1}{p_2} = 1$ をみたすとする．このとき $\frac{1}{qp_1} = \frac{1}{p_1} - \frac{1}{p_2}$ になる．また，ヘルダーの不等式より
$$\|u\|_{L^{p_1}}^{p_1} = \int_\Omega |u(x)|^{p_1} \, dx \le \left(\int_\Omega dx\right)^{1/q} \left(\int_\Omega |u(x)|^{p_2} \, dx\right)^{p_1/p_2}$$
$$= \lambda(\Omega)^{1/q} \|u\|_{L^{p_2}}^{p_1}$$
となるから $u \in L^{p_1}(\Omega)$ かつ補題の不等式が成り立つ．□

定理 2.18　Ω を $\mathbb{R}^d$ の可測集合とする．このとき $(L^\infty(\Omega), \|\cdot\|_{L^\infty})$ はバナッハ空間である．

証明　以下の証明で，$\|\cdot\|_{L^\infty} = \|\cdot\|$ とおく．$(u_n)_n$ を $L^\infty(\Omega)$ のコーシー列とする．$L^p(\Omega)$ の完備性の証明と同じように収束する部分列 $(u_{n(k)})_k = (v_k)_k$ をみつければよい．そこで部分列で $\sum_{k=1}^\infty \|v_{k+1} - v_k\| \le 1$ となるものを選ぶ．代表元 v をひとつ選び $v(x) = \lim_{k\to\infty} v_k(x)$ とおく．ここで，$v(x) = \infty$ も許す．補題 1.40 より，測度零の集合 N_k が存在して
$$|v_{k+1}(x) - v_k(x)| \le \|v_{k+1} - v_k\|, \quad x \in \Omega \setminus N_k$$
が成り立つ．$N = \bigcup_{k=1}^\infty N_k$ とすれば $\lambda(N) = 0$ で
$$|v_{k+1}(x) - v_k(x)| \le \|v_{k+1} - v_k\|, \quad x \in \Omega \setminus N,\ k \in \mathbb{N}$$
が成り立つ．$\sum_{k=1}^\infty \|v_{k+1} - v_k\| < \infty$ だから，
$$|v(x)| \le \|v_1\| + \sum_{k=1}^\infty \|v_{k+1} - v_k\| < \infty, \quad x \in \Omega \setminus N$$
が成り立つ．これは $\operatorname{ess\,sup}|v| < \infty$ を意味するから $v \in L^\infty(\Omega)$ である．$v_n \to v\,(n \to \infty)$ を示そう．任意の $x \in \Omega \setminus N$ で
$$|v_n(x) - v_m(x)| \le \sum_{k=m}^{n-1} \|v_{k+1} - v_k\|.$$
ここで，$n \to \infty$ とすれば
$$|v(x) - v_m(x)| \le \sum_{k=m}^\infty \|v_{k+1} - v_k\|$$
であるから，任意の $\varepsilon > 0$ に対してある M が存在して
$$|v(x) - v_m(x)| \le \varepsilon, \quad x \in \Omega \setminus N, \quad m > M$$
が成り立つ．これは $\lim_{m\to\infty} \|v - v_m\| = 0$ に他ならない．$\square$

稠密な部分空間について考える．
$$\sum_{j=1}^n a_j \mathbb{1}_{F_j}, \quad \lambda(F_j) < \infty,\ j = 1, \ldots, n$$
のような関数を単関数といった．$\mathcal{M}$ を単関数全体とする．

補題 2.19　Ω を $\mathbb{R}^d$ の可測集合とする．$1 \le p < \infty$ のとき $\mathcal{M}$ は $L^p(\Omega)$ で稠密である．また，$p = \infty$ のとき，$\lambda(\Omega) < \infty$ であれば $\mathcal{M}$ は $L^\infty(\Omega)$ で稠密である．

2.4 $L^p(\Omega)$ 空間

証明　$1 \leq p < \infty$ とし $f \in L^p(\Omega)$ とする。$\lim_{n \to \infty} \|f \mathbb{1}_{\{\frac{1}{n} \leq |f| \leq n\}} - f\|_{L^p} = 0$ が
ルベーグの収束定理より成り立つので有界関数 $f \mathbb{1}_{\{\frac{1}{n} \leq |f| \leq n\}}$ を単関数で近似すれば
よい。また，

$$\int_\Omega \mathbb{1}_{\{\frac{1}{n} \leq |f|\}}(x)\,dx \leq \int_\Omega \mathbb{1}_{\{\frac{1}{n} \leq |f|\}}(x)|nf(x)|^p\,dx \leq n^p \|f\|_{L^p}^p$$

なので $\langle \frac{1}{n} \leq |f| \rangle \cap \Omega$ の測度は有限である。ゆえに，Ω を測度有限と仮定しても構わ
ない。また，f の実部と虚部を単関数で近似すればよいから，f は有界な実数値関数
と仮定する。

$$f_k = \sum_{j \in \mathbb{Z}} \frac{j}{2^k} \mathbb{1}_{\{\frac{j}{2^k} \leq f < \frac{j+1}{2^k}\} \cap \Omega}$$

は単関数である。f が有界なので和は有限和である。そうすると

$$\int_\Omega |f(x) - f_k(x)|^p\,dx = \sum_{j \in \mathbb{Z}} \int_{\{\frac{j}{2^k} \leq f < \frac{j+1}{2^k}\} \cap \Omega} \left| f(x) - \frac{j}{2^k} \right|^p dx$$
$$\leq \left(\frac{1}{2^k}\right)^p \sum_{j \in \mathbb{Z}} \int_{\{\frac{j}{2^k} \leq f < \frac{j+1}{2^k}\} \cap \Omega} dx \leq \left(\frac{1}{2^k}\right)^p \lambda(\Omega)$$

なので $\lim_{k \to \infty} \int_\Omega |f(x) - f_k(x)|^p\,dx = 0$。ゆえに，$\mathcal{M}$ は $L^p(\Omega)$ で稠密である。次
に，$f \in L^\infty(\Omega)$ とする。$\lambda(\Omega) < \infty$ であるから，$\langle \frac{j}{2^k} \leq f < \frac{j+1}{2^k} \rangle \cap \Omega$ の測度は有
限で $f_k \in \mathcal{M}$ である。$\|f - f_k\|_\infty \leq \frac{1}{2^k}$ なので f_k は f の近似列であることがわか
る。ゆえに，$\mathcal{M}$ は $L^\infty(\Omega)$ で稠密である。□

　$L^p(\Omega)$ の可分性について考える。これは，$1 \leq p < \infty$ と $p = \infty$ では様子が
異なる。

定理 2.20（$\boldsymbol{L^p(\Omega)}$ **の可分性**）　Ω を $\mathbb{R}^d$ の可測集合とする。$1 \leq p < \infty$ のと
き $L^p(\Omega)$ は可分である。

証明　補題 2.19 より

$$H = \left\{ \sum_j^{\text{有限}} a_j \mathbb{1}_{A_j} \;\middle|\; a_j \in \mathbb{C}, A_j \subset \Omega, A_i \cap A_j = \emptyset \ (i \neq j) \right\}$$

は $L^p(\Omega)$ で稠密である。H に含まれるベクトルをさらに近似する。半径の大きさが
有理数で，中心の座標が有理点 $\mathbb{Q}^d$ 上にある開球全体を

$$L = \{ B_r(a) \cap \Omega \mid r \in \mathbb{Q}, a \in \mathbb{Q}^d \}$$

とする。$\#L$ は可算である。任意の $B_\delta(x) \cap \Omega$ と任意の $\varepsilon > 0$ に対してある $B \in L$
が存在して，$\lambda(B \triangle (B_\delta(x) \cap \Omega)) < \varepsilon$ とできる。ここで，$X \triangle Y$ は X と Y の対称差
$(X \cap Y^c) \cup (X^c \cap Y)$ を表す。ゆえに，$\|\mathbb{1}_{B_\delta(x) \cap \Omega} - \mathbb{1}_B\|_{L^p} < \varepsilon$ となる。

$$H_{\mathbb{Q}} = \left\{ \sum_j^{\text{有限}} a_j \mathbb{1}_{A_j} \;\middle|\; a_j \in \mathbb{Q} + i\mathbb{Q}, \; A_j \in L, \; A_i \cap A_j = \emptyset \; (i \neq j) \right\}$$

とすると，$\#H_{\mathbb{Q}}$ は可算で，任意の $g \in H$ と任意の $\varepsilon > 0$ に対して $g_\varepsilon \in H_{\mathbb{Q}}$ が存在して $\|g - g_\varepsilon\|_{L^p} < \varepsilon$ とできる．ゆえに，$L^p(\Omega)$ は可分である．□

注意 2.21　(1)　定理 2.20 では $\mathbb{R}^d$ が可分であることが，$L^p(\Omega)$ の可分性の証明の本質的な部分である．そのため，$(M, \mathcal{B}, \mu)$ を可分な測度空間とすれば $L^p(M, \mathcal{B}, \mu)$ $(1 \leq p < \infty)$ の可分性も同様に示すことができる．

(2)　Ω を $\mathbb{R}^d$ の開集合とすれば，定理 2.24 で示すように $C_0^\infty(\Omega)$ は $L^p(\Omega)$ で稠密である．さらに，$C_0^\infty(\Omega)$ が可分なので，直ちに，$L^p(\Omega)$ が可分であることがわかる．ただし，Ω が開集合であることは $L^p(\Omega)$ の可分性の本質的な部分ではない．

　次に $L^\infty(\Omega)$ について考える．こちらは $L^p(\Omega)$ と様子が大きく異なる．

定理 2.22（$\boldsymbol{L^\infty(\Omega)}$ **の非可分性**）　Ω を $\mathbb{R}^d$ の可測集合で $\lambda(\Omega) > 0$ とする．このとき $L^\infty(\Omega)$ は可分ではない．

証明　$\lambda(\Omega) > 0$ なので，$\Omega = \Omega_1 \cup \Omega_2$，$\Omega_1 \cap \Omega_2 = \emptyset$，$\lambda(\Omega_1) > 0$，$\lambda(\Omega_2) > 0$ と分割できる．帰納的にこれを繰り返すと $\Omega = \bigcup_{n=1}^\infty \Omega_n$，$\lambda(\Omega_n) > 0$，$\Omega_n \cap \Omega_m = \emptyset$ $(n \neq m)$ とできる．$p \in (0, 1]$ の 2 進小数による表示を $p = 0.p_1 p_2 \ldots$ とする．有限小数，例えば，0.101 は $0.10011111\ldots$ のように表すと決める．このとき 2 進小数による表示は一意である．$p = 0.p_1 p_2 \ldots$ に対して関数 $u_p \colon \Omega \to \{0, 1\}$ を次で定める．

$$u_p = \sum_{n=1}^\infty p_n \mathbb{1}_{\Omega_n}.$$

つまり，$x \in \Omega_n$ ならば $u_p(x) = p_n$ である．$p \in (0, 1]$ に u_p を対応させる写像

$$S \colon (0, 1] \to L^\infty(\Omega)$$

は $(0, 1]$ と $S((0, 1])$ の間の全単射になっている．ゆえに，$S((0, 1])$ の濃度は実数の濃度に等しく可算ではない．一方，$S(p) \neq S(q)$ と仮定すれば，$p \neq q$ かつ $\lambda(\Omega_n) > 0$ $(\forall n \in \mathbb{N})$ なので $\|S(p) - S(q)\|_{L^\infty} = 1$ である．$M \subset L^\infty(\Omega)$ が稠密とする．$S((0, 1])$ の関数 u の近傍 $B_{\frac{1}{4}}(u)$ には M の点が存在する．それを M_u とする．$S((0, 1]) \ni u, v$ で $u \neq v$ のとき $M_u \neq M_v$ である．なぜならば，$u \neq v$ ならば $\|u - v\|_{L^\infty} = 1$ なので $M_u = M_v$ とはなり得ない．ゆえに，

$$\{M_u \mid u \in S((0, 1])\} \subset M$$

で $\{M_u \mid u \in S((0, 1])\}$ の濃度は実数と同じので M は可算集合ではない．□

　一般に単関数は連続ではない．しかし，Ω が $\mathbb{R}^d$ の開集合の場合には，$L^p(\Omega)$ の稠密な部分空間として非常に滑らかな関数空間が存在する．それを説明しよ

う．ルベーグ可測集合に関する次の命題がキーである．

命題 2.23（ルベーグ測度の正則性）　A は $\mathbb{R}^d$ のルベーグ可測集合とする．このとき任意の $\varepsilon > 0$ に対してコンパクト集合 K と開集合 O で $K \subset A \subset O$ かつ $\lambda(O \setminus K) < \varepsilon$ となるものが存在する．つまりルベーグ測度は**正則測度**である．

一般の測度の正則性は 5.4 節で解説する．

定理 2.24　Ω は $\mathbb{R}^d$ の開集合とする．$1 \leq p < \infty$ のとき $C_0^\infty(\Omega)$ は $L^p(\Omega)$ で稠密である．

証明　$B_n(0)$ を $\mathbb{R}^d$ の原点を中心とした半径 n の開球とする．$L^p(\Omega)$ のノルムで $\lim_{n \to \infty} \mathbb{1}_{B_n(0)} f = f$ なので，$\mathbb{1}_{B_n(0)} f$ を改めて f とおいて，これを $C_0^\infty(\Omega)$ の元で近似する．ゆえに，$\lambda(\Omega) < \infty$ と仮定してよい．一方，補題 2.19 より f は Ω に台が含まれる単関数で近似できる．以上から，有界な台をもつ単関数 $\mathbb{1}_B$，$B \subset \Omega$ を $C_0^\infty(\Omega)$ で近似すれば十分である．ルベーグ測度の正則性より任意の $\varepsilon > 0$ に対して $K \subset B \subset O$ かつ $\lambda(O \setminus K) < \varepsilon$ となるコンパクト集合 K と開集合 O が存在する．

$$\varphi(x) \begin{cases} = 1 & x \in K \\ > 0 & x \in O \\ = 0 & x \in O^c \end{cases}$$

をみたす関数 $\varphi \in C_0^\infty(\Omega)$ を以下の処方で構成する．$h \in C^\infty(\mathbb{R})$ を次で定義する．

$$h(t) = \begin{cases} e^{-1/t} & t > 0 \\ 0 & t \leq 0. \end{cases}$$

$r < R$ として

$$\psi(x) = \frac{h(R^2 - |x|^2)}{h(R^2 - |x|^2) + h(|x|^2 - r^2)}$$

とすれば，$\psi \in C_0^\infty(\mathbb{R}^d)$ で

$$\psi(x) \begin{cases} = 1 & x \in B_r(0) \\ > 0 & x \in B_R(0) \setminus B_r(0) \\ = 0 & x \in B_R(0)^c \end{cases}$$

となる．K がコンパクト集合で O が開集合なので $x_1, \ldots, x_n \in K$ と $r_1, \ldots, r_n > 0$ で

$$K \subset \bigcup_{k=1}^n B_{r_k}(x_k) \subsetneqq \bigcup_{k=1}^n B_{2r_k}(x_k) \subset O$$

とできることに注意する．$\psi_k \in C_0^\infty(\mathbb{R}^d)$ を，ψ の定義で $r = r_k$，$R = 2r_k$ とし，さらに $x_k \in \mathbb{R}^d$ だけ平行移動した関数

$$\psi_k(x)\begin{cases} = 1 & x \in B_{r_k}(x_k) \\ < 1 & x \in B_{2r_k}(x_k) \setminus B_{r_k}(x_k) \\ = 0 & x \in B_{2r_k}(x_k)^c \end{cases}$$

とする．さらに，$\Psi = \displaystyle\sum_{k=1}^{n} \psi_k$, $\Phi = \displaystyle\prod_{k=1}^{n}(1 - \psi_k)$ とすれば，

$$\Psi(x)\begin{cases} > 0 & x \in \bigcup_{k=1}^{n} B_{r_k}(x_k) \\ > 0 & x \in \bigcup_{k=1}^{n} B_{2r_k}(x_k) \setminus B_{r_k}(x_k) \\ = 0 & x \in (\bigcup_{k=1}^{n} B_{2r_k}(x_k))^c, \end{cases}$$

$$\Phi(x)\begin{cases} = 0 & x \in \bigcup_{k=1}^{n} B_{r_k}(x_k) \\ \le 1 & x \in \bigcup_{k=1}^{n} B_{2r_k}(x_k) \setminus B_{r_k}(x_k) \\ = 1 & x \in (\bigcup_{k=1}^{n} B_{2r_k}(x_k))^c \end{cases}$$

となる．φ を次で定義する．

$$\varphi = \frac{\Psi}{\Phi + \Psi}\begin{cases} = 1 & x \in \bigcup_{k=1}^{n} B_{r_k}(x_k) \\ \le 1 & x \in \bigcup_{k=1}^{n} B_{2r_k}(x_k) \setminus B_{r_k}(x_k) \\ = 0 & x \in (\bigcup_{k=1}^{n} B_{2r_k}(x_k))^c. \end{cases}$$

このとき

$$\left(\int_\Omega |\mathbb{1}_B(x) - \varphi(x)|^p \, dx \right)^{1/p} < \lambda(O \setminus K) < \varepsilon$$

となる．$\varphi \in C_0^\infty(O)$, $\Omega \subset O$ かつ Ω は開集合合なので $\varphi \in C_0^\infty(\Omega)$ である．□

定理 2.24 の重要な応用として L^p 関数のシフト連続性がある．次の系 2.25 はルベーグの収束定理で直接証明ができない例である．

系 2.25 $1 \le p < \infty$ とする．$f \in L^p(\mathbb{R}^d)$ とする．このとき次が成り立つ．

$$\lim_{|h| \to 0} \|f(\,\cdot\, + h) - f\|_{L^p} = 0.$$

証明　任意の $\varepsilon > 0$ と $f \in L^p(\mathbb{R}^d)$ に対して $f_\varepsilon \in C_0^\infty(\mathbb{R}^d)$ で $\|f - f_\varepsilon\|_{L^p} < \varepsilon$ となるものが存在する．ゆえに，

$$\|f(\,\cdot\, + h) - f\|_{L^p}$$
$$\le \|f(\,\cdot\, + h) - f_\varepsilon(\,\cdot\, + h)\|_{L^p} + \|f_\varepsilon(\,\cdot\, + h) - f_\varepsilon\|_{L^p} + \|f_\varepsilon - f\|_{L^p}$$
$$\le 2\varepsilon + \|f_\varepsilon(\,\cdot\, + h) - f_\varepsilon\|_{L^p}.$$

また，$\operatorname{supp} f_\varepsilon$ の測度は有限なので $\lim_{h \to 0} \|f_\varepsilon(\,\cdot\, + h) - f_\varepsilon\|_{L^p} = 0$ がルベーグの収束定理から従う．よって系が従う．□

2.5 ℓ_p 空間

2.4 節では $L^p(\Omega)$ がバナッハ空間であることを証明し，その可分性と非可分
性を調べ，さらに，稠密な部分空間について説明した．同様なことが，数列空
間でも成り立つ．ここでは，ℓ_p 空間がバナッハ空間であることを示し，その可
分性と非可分性について考える．基本的なアイデアは $L^p(\Omega)$ と同じである．

定理 2.26 $1 \leq p < \infty$ とする．このとき $(\ell_p, \|\cdot\|_{\ell_p})$ は可分なバナッハ空間
である．

証明 ℓ_p の点列 $f_k = (a_n^{(k)})_n \in \ell_p$ $(k \in \mathbb{N})$ がコーシー列とする．このとき $(\|f_k\|_{\ell_p})_k$
は $\mathbb{R}$ の有界数列になる．さて，
$$|a_m^{(k)} - a_m^{(l)}|^p \leq \|f_k - f_l\|_{\ell_p}^p \to 0 \quad (k,l \to \infty)$$
なので m ごとに $(a_m^{(k)})_k$ が $\mathbb{C}$ 上のコーシー列である．ゆえに，$(a_m^{(k)})_k$ は収束列になる．
その極限を $a_m \in \mathbb{C}$ とし $f = (a_m)_m$ とする．$f \in \ell_p$ を示す．$\max_{k \in \mathbb{N}}\{\|f_k\|_{\ell_p}^p\} = C$
とおく．そうすると $\sum_{n=1}^N |a_n^{(k)}|^p \leq \|f_k\|_{\ell_p}^p \leq C$ となる．ここで，$k \to \infty$ とすれ
ば $\sum_{n=1}^N |a_n|^p \leq C$ となる．さらに N は任意だから
$$\sum_{n=1}^{\infty} |a_n|^p \leq C$$
となる．ゆえに，$f \in \ell_p$．次に $\|f_k - f\|_{\ell_p} \to 0$ を示そう．任意の $\varepsilon > 0$ に対してあ
る M が存在して
$$\sum_{n=1}^N |a_n^{(k)} - a_n^{(l)}|^p \leq \|f_k - f_l\|_{\ell_p}^p \leq \varepsilon, \quad k,l \geq M$$
である．両辺で $k \to \infty$ とすると
$$\sum_{n=1}^N |a_n - a_n^{(l)}|^p \leq \varepsilon, \quad l \geq M$$
が任意の N で成り立つ．さらに $N \to \infty$ の極限をとれば
$$\|f - f_l\|_{\ell_p}^p = \sum_{n=1}^{\infty} |a_n - a_n^{(l)}|^p \leq \varepsilon, \quad l \geq M$$
が成り立つ．ゆえに，$f_l \to f$ $(l \to \infty)$ が示された．次に，ℓ_p が可分であることを示
す．$e_n = (\delta_{nm})_m$ とする．$\{e_n\}_n$ の $\mathbb{Q}$ 係数線形結合全体を D とする．D は ℓ_p 空間
の稠密な部分空間で $\#D$ は可算なので ℓ_p は可分である．□

定理 2.27 $(\ell_\infty, \|\cdot\|_{\ell_\infty})$ はバナッハ空間である．

証明　証明は定理 2.26 とほぼ同じである．$\ell_\infty \ni f_k = (a_n^{(k)})_n \ (k \in \mathbb{N})$ がコーシー列と仮定する．つまり，$\sup_{n \in \mathbb{N}} |a_n^{(k)} - a_n^{(l)}| \to 0 \ (k, l \to \infty)$ とする．n ごとに $(a_n^{(k)})_k$ は $\mathbb{C}$ 上のコーシー列なので $a_n = \lim_{k \to \infty} a_n^{(k)}$ が存在する．$f = (a_n)_n$ とする．$\sup_{k \in \mathbb{N}} \|f_k\|_{\ell_\infty}$ は有限なので $|a_n^{(k)}| < M \ (\forall k, n \in \mathbb{N})$ となる M が存在する．$k \to \infty$ とすれば $|a_n| \leq M \ (\forall n \in \mathbb{N})$ なので $f \in \ell_\infty$．また，任意の $\varepsilon > 0$ に対してある N が存在して $\sup_{n \in \mathbb{N}} |a_n^{(k)} - a_n^{(l)}| < \varepsilon \ (\forall k, l > N)$ となる．ゆえに，$|a_n^{(k)} - a_n^{(l)}| < \varepsilon$ $(\forall n \in \mathbb{N}, \forall k, l > N)$ である．$k \to \infty$ とすれば $|a_n - a_n^{(l)}| < \varepsilon \ (\forall n \in \mathbb{N}, \forall l > N)$ なので $\|f - f_l\|_{\ell_\infty} \leq \varepsilon \ (\forall l > N)$ となる．これは，$\lim_{l \to \infty} f_l = f$ を意味する．□

$\boxed{\text{定理 2.28}}$ （ℓ_∞ の非可分性）　$(\ell_\infty, \|\cdot\|_{\ell_\infty})$ は可分ではない．

証明　定理 2.22 と同様である．$p \in (0, 1]$ の 2 進小数による表示を $p = 0.p_1 p_2 \ldots$ とする．$p = 0.p_1 p_2 \ldots$ に対して数列 $a = (p_n)_n$ を対応させる写像を S とする．つまり，$S \colon (0, 1] \to \ell_\infty$．$S((0, 1])$ の濃度は可算ではない．一方，$S(p) \neq S(q)$ と仮定すれば $\|S(p) - S(q)\|_{\ell_\infty} = 1$ である．M を ℓ_∞ の稠密な部分集合とする．$S((0, 1])$ の各点 a の近傍 $B_{\frac{1}{4}}(a)$ には M の点が存在する．それを M_a とする．$S((0, 1]) \ni a, b$ で $a \neq b$ のとき $M_a \neq M_b$ である．ゆえに，$\{M_a \mid a \in S((0, 1])\} \subset M$ が成り立っていて，$\{M_a \mid a \in S((0, 1])\}$ の濃度は実数と同じなので M の濃度は少なくとも実数の濃度以上である．□

2.6　ソボレフ空間

　本節では弱偏導関数とソボレフ空間を紹介する．ソボレフ空間は関数自身とその与えられた階数までの偏導関数の L^p ノルムを組み合わせて得られるノルム空間である．ここでいう偏導関数を弱偏導関数と解釈することにより，ソボレフ空間はバナッハ空間になる．直観的には，ソボレフ空間は関数の大きさと滑らかさの両方を測るようなノルムを備えた空間である．本節では Ω を $\mathbb{R}^d$ の開集合とする．

$\boxed{\text{定義 2.29}}$ （弱偏導関数）　$u \in \mathcal{L}^1_{\mathrm{loc}}(\Omega)$ とする．u の $x_j \ (j = 1, \ldots, d)$ に関する**弱偏導関数**が $v_j \in \mathcal{L}^1_{\mathrm{loc}}(\Omega)$ であるとは以下の等式が成立することである．

$$-\int_\Omega u(x) \frac{\partial \phi(x)}{\partial x_j} \, dx = \int_\Omega v_j(x) \phi(x) \, dx, \quad \phi \in C_0^\infty(\Omega).$$

u の弱偏導関数 v_j を u_j で表す．

注意 2.30

(1) 弱偏導関数は超関数の意味での偏導関数が関数となる特別な場合である.

(2) $u \in C^1(\Omega)$ のとき弱偏導関数は古典的な偏導関数と一致する.

(3) $\mathcal{L}^2(\Omega) \subset \mathcal{L}^1_{\mathrm{loc}}(\Omega)$ である.

弱偏導関数を拡張する. $\alpha \in \mathbb{Z}^d_+$ とする. $D^\alpha = \frac{\partial^{|\alpha|}}{\partial x^\alpha}$ とおく. $u, v \in C^\infty_0(\mathbb{R}^d)$ のとき部分積分を繰り返すことにより

$$\int_{\mathbb{R}^d} D^\alpha u(x) \cdot v(x)\, dx = (-1)^{|\alpha|} \int_{\mathbb{R}^d} u(x) \cdot D^\alpha v(x)\, dx$$

になる. これを一般化する.

[定義 2.31] ($|\alpha|$ 階の弱偏導関数) $u \in \mathcal{L}^1_{\mathrm{loc}}(\Omega)$ とし $\alpha \in \mathbb{Z}^d_+$ とする. u の**弱偏導関数** $D^\alpha u$ が $v_\alpha \in \mathcal{L}^1_{\mathrm{loc}}(\Omega)$ であるとは以下の等式が成立することである.

$$(-1)^{|\alpha|} \int_\Omega u(x) D^\alpha \phi(x)\, dx = \int_\Omega v_\alpha(x) \phi(x)\, dx, \quad \phi \in C^\infty_0(\Omega).$$

u の弱偏導関数 v_α を $D^\alpha u$ で表す.

次の事実は**変分法の基本補題**といわれている. 関数 $f \in \mathcal{L}^1_{\mathrm{loc}}(\Omega)$ が次をみたすとする.

$$\int_\Omega f(x) \phi(x)\, dx = 0, \quad \phi \in C^\infty_0(\Omega).$$

このとき Ω 上で $f = 0$ a.e. となる. 証明は 4.2 節で与える. 弱偏微分の性質を示そう.

[補題 2.32] $f \in \mathcal{L}^1_{\mathrm{loc}}(\Omega)$, $\alpha, \beta \in \mathbb{Z}^d_+$ とする.

(1) $D^\alpha f$ が存在し, Ω' は空でない Ω の開部分集合とする. このとき $D^\alpha(f\lceil_{\Omega'})$ も存在し $D^\alpha(f\lceil_{\Omega'}) = (D^\alpha f)\lceil_{\Omega'}$ が成り立つ.

(2) $D^\alpha f$ が存在し, $D^\beta(D^\alpha f)$ も存在すると仮定する. このとき $D^{\alpha+\beta} f$ も存在し $D^\beta(D^\alpha f) = D^{\alpha+\beta} f$ が成り立つ.

証明 $\phi \in C^\infty_0(\Omega')$ とする. ϕ を Ω' の外側で 0 として Ω 全体に拡張する. その結果,

$$\int_{\Omega'} f(x) D^\alpha \phi(x)\, dx = \int_\Omega f(x) D^\alpha \phi(x)\, dx$$

$$= (-1)^{|\alpha|} \int_\Omega D^\alpha f(x) \phi(x)\, dx = (-1)^{|\alpha|} \int_{\Omega'} (D^\alpha f(x))\lceil_{\Omega'} \phi(x)\, dx.$$

ゆえに, (1) が成り立つ. 次に $\phi, \psi \in C_0^\infty(\Omega)$ とする. 仮定から次が成り立つ.

$$\int_\Omega f(x) D^\alpha \phi(x)\, dx = (-1)^{|\alpha|} \int_\Omega D^\alpha f(x) \phi(x)\, dx.$$

さらに,

$$\int_\Omega D^\alpha f(x) D^\beta \psi(x)\, dx = (-1)^{|\beta|} \int_\Omega D^\beta (D^\alpha f)(x) \psi(x)\, dx.$$

ゆえに,

$$\begin{aligned}
\int_\Omega f(x) D^{\alpha+\beta} \psi(x)\, dx &= (-1)^{|\alpha|} \int_\Omega D^\alpha f(x) D^\beta \psi(x)\, dx \\
&= (-1)^{|\alpha+\beta|} \int_\Omega D^\beta (D^\alpha f)(x) \psi(x)\, dx
\end{aligned}$$

が成り立ち (2) が従う. $\square$

例 2.33　$d = 1$ とする. 関数 $f(x) = |x|$ は $x = 0$ で微分できないので古典的な導関数 f' を考えることはできない. そこで弱導関数を考えよう.

$$-\int_\mathbb{R} f(x) \phi'(x)\, dx = \int_\mathbb{R} g(x) \phi(x)\, dx, \quad \phi \in C_0^\infty(\Omega)$$

となる g を求める.

$$\begin{aligned}
\int_\mathbb{R} f(x) \phi'(x)\, dx &= \int_{\mathbb{R} \setminus \{0\}} f(x) \phi'(x)\, dx \\
&= -\int_{(-\infty,0)} x \phi'(x)\, dx + \int_{(0,\infty)} x \phi'(x)\, dx \\
&= \int_{(-\infty,0)} \phi(x)\, dx - \int_{(0,\infty)} \phi(x)\, dx
\end{aligned}$$

となるから,

$$H(x) = \begin{cases} -1 & x < 0 \\ 0 & x = 0 \\ +1 & x > 0 \end{cases}$$

とすれば,

$$-\int_\mathbb{R} f(x) \phi'(x)\, dx = \int_\mathbb{R} H(x) \phi(x)\, dx$$

となる. ここで, $H(0) = 0$ としたが, $H(0)$ は任意の値で構わない. これから $|x|$ の弱導関数は $H(x)$ となり H は**ヘヴィサイド関数**とよばれている.

例 **2.34** ヘヴィサイド関数 H も $f(x) = |x|$ と同様に, $x = 0$ で微分ができないので古典的な導関数は存在しない. 実は H の弱導関数も存在しない. 実際,

$$- \int_{\mathbb{R}} H(x)\phi'(x)\, dx$$

$$= \int_{-\infty}^{0} H(x)\phi'(x)\, dx + \int_{0}^{\infty} H(x)\phi'(x)\, dx$$

$$= - \int_{-\infty}^{0} \phi'(x)\, dx + \int_{0}^{\infty} \phi'(x)\, dx$$

$$= (0 - \phi(0)) + (0 - \phi(0)) = -2\phi(0)$$

となるから $- \int_{\mathbb{R}} H'(x)\phi(x)\, dx = -2\phi(0)$ となる. しかし, これをみたす関数 $H'(x)$ は存在しない. なぜならば, $\phi \in C_0^{\infty}(\mathbb{R} \setminus \{0\})$ に対しても成り立つはずなので,

$$- \int_{\mathbb{R}} H'(x)\phi(x)\, dx = -2\phi(0) = 0, \quad \phi \in C_0^{\infty}(\mathbb{R} \setminus \{0\}).$$

変分法の基本補題から, $\mathbb{R} \setminus \{0\}$ 上で $H'(x) = 0$ a.e. となる. ゆえに, $\mathbb{R}$ 上で, $H'(x) = 0$ a.e. となる. よって, $\phi \in C_0^{\infty}(\mathbb{R})$ で $\phi(0) \neq 0$ なる関数を選べば, $0 = - \int_{\mathbb{R}} H'(x)\phi(x)\, dx = -2\phi(0) \neq 0$ となり矛盾する.

定義 **2.35** $(\boldsymbol{H^1(\Omega)})$ $H^1(\Omega)$ を次で定義する.

$$H^1(\Omega) = \{u \in L^2(\Omega) \mid \text{各弱偏導関数 } u_j \text{ が } u_j \in L^2(\Omega), \ j = 1, \dots, d\}.$$

定理 **2.36** $u \in H^1(\Omega)$ に対して

$$\|u\|_{H^1} = \left(\|u\|_{L^2}^2 + \sum_{j=1}^{d} \|u_j\|_{L^2}^2 \right)^{1/2}$$

と定義する. このとき $(H^1(\Omega), \|\cdot\|_{H^1})$ はバナッハ空間である.

証明 $(H^1(\Omega), \|\cdot\|_{H^1})$ がノルム空間であることの証明は読者に任せる. 完備性を示す. $(u_n)_n$ を $H^1(\Omega)$ のコーシー列とする. ゆえに, $(u_n)_n$ とその弱偏微分 $(u_{n,j})_n$ は $L^2(\Omega)$ のコーシー列であり, $u, u_j \in L^2(\Omega)$ で $\lim_{n \to \infty} \|u_n - u\|_{L^2} = 0$ かつ $\lim_{n \to \infty} \|u_{n,j} - u_j\|_{L^2} = 0$ となるものが存在する. u_j が u の弱偏導関数であることが次のように示される.

$$-\int_\Omega u_n(x)\frac{\partial\phi(x)}{\partial x_j}\,dx = \int_\Omega u_{n,j}(x)\phi(x)\,dx, \quad \phi\in C_0^\infty(\Omega)$$

なので，$n\to\infty$ のとき

$$-\int_\Omega u(x)\frac{\partial\phi(x)}{\partial x_j}\,dx = \int_\Omega u_j(x)\phi(x)\,dx, \quad \phi\in C_0^\infty(\Omega)$$

となる．これは，まさに u_j が u の弱偏導関数だといっている．ゆえに，$u\in H^1(\Omega)$ で $\lim_{n\to\infty}\|u_n-u\|_{H^1}=0$ が示せた．□

定義 2.37（$H^s(\Omega)$）　$s\in\mathbb{N}$ とする．このとき $H^s(\Omega)$ を次で定義する．

$$H^s(\Omega) = \{u\in L^2(\Omega) \mid D^\alpha u\in L^2(\Omega),\ |\alpha|\le s\}.$$

さらに，L^2 を L^p に変えて，次を定義する．

定義 2.38（$W_p^s(\Omega)$）　$1\le p\le\infty$，$s\in\mathbb{N}$ とする．このとき $W_p^s(\Omega)$ を次で定義する．

$$W_p^s(\Omega) = \{u\in L^p(\Omega) \mid D^\alpha u\in L^p(\Omega),\ |\alpha|\le s\}.$$

$W_p^s(\Omega)$ をソボレフ空間という．$u\in W_p^s(\Omega)$ に対して

$$\|u\|_{W_p^s} = \begin{cases} \left(\sum_{0\le|\alpha|\le s}\|D^\alpha u\|_{L^p}^p\right)^{1/p} & 1\le p<\infty \\ \sum_{0\le|\alpha|\le s}\|D^\alpha u\|_{L^\infty} & p=\infty \end{cases}$$

と定義する．ただし，$\|D^0 u\|_{L^p}=\|u\|_{L^p}$ と約束する．

定理 2.39　$1\le p\le\infty$ とする．このとき $(W_p^s(\Omega),\|\cdot\|_{W_p^s})$ はバナッハ空間である．

証明　$(W_p^s(\Omega),\|\cdot\|_{W_p^s})$ がノルム空間であることの証明は読者に任せる．$1\le p<\infty$ のときに完備性を示す．$p=\infty$ の証明は読者に任せる．$(u_n)_n$ を $W_p^s(\Omega)$ のコーシー列とする．ゆえに，$|\alpha|\le s$ に対して $(D^\alpha u_n)_n$ は $L^p(\Omega)$ のコーシー列である．$L^p(\Omega)$ は完備なので $u_\alpha\in L^p(\Omega)$ で $\lim_{n\to\infty}\|D^\alpha u_n-u_\alpha\|_{L^p}=0$ となるものが存在する．u_α が u の弱偏導関数であることが次のように示される．

$$\int_\Omega u_n(x)D^\alpha\phi(x)\,dx = (-1)^{|\alpha|}\int_\Omega D^\alpha u_n(x)\phi(x)\,dx, \quad \phi\in C_0^\infty(\Omega)$$

に注意する．$K=\operatorname{supp}\phi$ とすれば K はコンパクトであるから，

$$\left|\int_\Omega u_n(x)D^\alpha\phi(x)\,dx - \int_\Omega u(x)D^\alpha\phi(x)\,dx\right| \le \int_K |u_n(x)-u(x)||D^\alpha\phi(x)|\,dx$$
$$\le M\|u_n-u\|_{L^1(K)} \le M\lambda(K)^{(p-1)/p}\|u_n-u\|_{L^p(K)}.$$

また,

$$\left| \int_\Omega D^\alpha u_n(x)\phi(x)\,dx - \int_\Omega u_\alpha(x)\phi(x)\,dx \right|$$

$$\leq \int_K |D^\alpha u_n(x) - u_\alpha(x)||\phi(x)|\,dx$$

$$\leq M\|D^\alpha u_n - u_\alpha\|_{L^1(K)} \leq M\lambda(K)^{(p-1)/p}\|D^\alpha u_n - u_\alpha\|_{L^p(K)}$$

なので, $n \to \infty$ のとき

$$\int_\Omega u(x)D^\alpha\phi(x)\,dx = (-1)^{|\alpha|}\int_\Omega u_\alpha(x)\phi(x)\,dx, \quad \phi \in C_0^\infty(\Omega).$$

ゆえに, $u_\alpha = D^\alpha u$. これは $u_\alpha \in W_p^s(\Omega)$ かつ $\lim_{n\to\infty}\|u_n - u_\alpha\|_{W_p^s} = 0$ を示している. $\square$

最後に $H_0^1(\Omega)$ を定義する. $C_0^\infty(\Omega) \subset H^1(\Omega)$ である. $C_0^\infty(\Omega)$ の $H^1(\Omega)$ の位相での閉包 $\overline{C_0^\infty(\Omega)}$ を $H_0^1(\Omega)$ と表す.

定理 2.40 $(H_0^1(\Omega), \|\cdot\|_{H^1})$ はバナッハ空間である.

証明 $H_0^1(\Omega)$ はバナッハ空間 $H^1(\Omega)$ の閉部分空間なのでバナッハ空間である. $\square$

2.7 有限測度の空間

重要なバナッハ空間として関数空間の他に有限測度の空間がある. 有限測度の空間には加法とスカラー乗法が定義でき, さらにノルムが導入できてバナッハ空間になる. 有限測度の空間は関数空間のバナッハ空間と深い関係にあり, それは第 5 章で紹介する共役空間として必然的に現れる.

$(X, \mathcal{B})$ を可測空間とする. 通常, 測度は写像 $\mu\colon \mathcal{B} \to [0, \infty]$ であるが, これを $\mathbb{K}$ 値に拡張する.

定義 2.41 (**$\mathbb{K}$ 値測度**) 可測空間 $(X, \mathcal{B})$ 上の **$\mathbb{K}$ 値測度**とは $\mu\colon \mathcal{B} \to \mathbb{K}$ で次をみたすものである.

(1) $\mu(\emptyset) = 0$.
(2) $\{E_n\}_n \subset \mathcal{B}$ が $E_n \cap E_m = \emptyset$ $(n \neq m)$ のとき $\mu(\bigcup_{n=1}^\infty E_n) = \sum_{n=1}^\infty \mu(E_n)$.

$\mathbb{K} = \mathbb{C}$ のときは**複素測度**とよばれる.

例 2.42　$(X, \mathcal{B}, \mu)$ を測度空間とする．$f: X \to \mathbb{K}$ を $\mathbb{K}$ 値可積分関数とする．このとき $\nu(E) = \int_E f(x)\,d\mu(x)\,(E \in \mathcal{B})$ は $\mathbb{K}$ 値測度になり，$|\nu(X)| \le \int_X |f(x)|\,d\mu(x) < \infty$ となる．

　$(X, \mathcal{B})$ 上の $\mathbb{R}$ 値測度 μ は $\mu(X) \in \mathbb{R}$ である．通常の測度は $[0, \infty]$ に値をとるので，通常の測度 μ が $\mathbb{R}$ 値測度であるための必要十分条件は $\mu(\mathbb{R}) < \infty$ となること，つまり，有限測度であることである．例えば，確率測度は $\mathbb{R}$ 値測度だが，$\mathbb{R}$ 上のルベーグ測度は $\mathbb{R}$ 値測度ではない．また，ν を $(X, \mathcal{B})$ 上の複素測度とする．このとき $\operatorname{Re}\nu(E) = \operatorname{Re}(\nu(E))$ と $\operatorname{Im}\nu(E) = \operatorname{Im}(\nu(E))$ は $\mathbb{R}$ 値測度になり，$\nu(E) = \operatorname{Re}\nu(E) + i\operatorname{Im}\nu(E)$ となる．

　次に，拡大された実数 $\bar{\mathbb{R}} = \mathbb{R} \cup \{\pm\infty\}$ に値をとる測度を定義する．$\bar{\mathbb{R}}$ は次のように，基本近傍系を導入して位相空間になる．$x \in \mathbb{R}$ を含む開区間 (a, b) の全体が x の基本近傍系，$x = +\infty$ については，$(a, +\infty) \cup \{+\infty\}$ なる形の集合全体を基本近傍系，同様に $x = -\infty$ については，$(-\infty, a) \cup \{-\infty\}$ なる形の集合全体を基本近傍系とする．

定義 2.43（符号測度）　可測空間 $(X, \mathcal{B})$ 上の写像 $\mu: \mathcal{B} \to \bar{\mathbb{R}}$ が**符号測度**とは次をみたすことである．

(1)　$+\infty$, $-\infty$ のうち μ の値となりうるのは一方のみである．
(2)　$\mu(\emptyset) = 0$.
(3)　$\{E_n\}_n \subset \mathcal{B}$ が $E_n \cap E_m = \emptyset\ (n \ne m)$ のとき $\mu(\bigcup_{n=1}^{\infty} E_n) = \sum_{n=1}^{\infty} \mu(E_n)$.

注意 2.44　$\mathbb{R}$ 値測度は符号測度の一つであるが，$\mathbb{R}$ 値測度を符号測度とよぶ流儀もある．文献や書籍によって流儀が異なるので，読者は十分気をつけていただきたい．また，符号測度は**複合測度**ともよばれる．英語表記は signed measure である．

　$(X, \mathcal{B})$ を可測空間として，μ_1, μ_2 を $(X, \mathcal{B})$ 上の測度とする．

$$\mu = \mu_1 - \mu_2 \tag{2.4}$$

と定める．ただし，μ_1 と μ_2 の少なくとも一方は有限測度とする．このとき μ は符号測度になる．実はこの逆が成り立つ．つまり，任意の符号測度は (2.4) のように分解できる．

[命題 2.45] （ハーン分解） μ を可測空間 $(X, \mathcal{B})$ 上の符号測度とする. このとき $A, B \in \mathcal{B}$ で次をみたすものが存在する.

(1) $X = A \cup B$ かつ $\emptyset = A \cap B$.

(2) 任意の $E \in \mathcal{B}$ に対して次が成り立つ.

    (i) $\mu(A \cap E) \geq 0$,

    (ii) $\mu(B \cap E) \leq 0$.

組 $\{A, B\}$ を X の μ に関する**ハーン分解**という. 一般に $\mu(N) = 0$ という可測集合 $N \in \mathcal{B}$ が存在するので, ハーン分解は一意ではない. 実際, $\mu(N) = 0$ とすると, 組 $\{A \cup N, B \setminus N\}$ も X の μ に関するハーン分解を与える.

[定義 2.46] （ジョルダン分解） μ を可測空間 $(X, \mathcal{B})$ 上の符号測度とする. $\{A, B\}$ を X の μ に関するハーン分解とする. $E \in \mathcal{B}$ に対して

$$\mu^+(E) = \mu(A \cap E),$$
$$\mu^-(E) = -\mu(B \cap E)$$

と定める. 組 $\{\mu^+, \mu^-\}$ を μ の**ジョルダン分解**という.

[例 2.47] $g: X \to \mathbb{R}$ を $\mathbb{R}$ 値可積分関数とする. このとき $\nu(E) = \int_E g(x)\, d\mu(x)$ は $\mathbb{R}$ 値測度になり, ν のジョルダン分解 $\{\nu^+, \nu^-\}$ は

$$\nu^\pm(E) = \int_E f_\pm(x)\, d\mu(x)$$

である. ここで, $f_+(x) = \max\{f(x), 0\}$, $f_-(x) = -\min\{f(x), 0\}$ である.

組 $\{A, B\}$ と組 $\{A', B'\}$ を X 上の測度 μ に関する 2 つのハーン分解とする. このとき $A \triangle A' = B \triangle B'$ は μ の測度が零の集合になり, 組 $\{A, B\}$ で定義した $\mu^\pm$ と組 $\{A', B'\}$ で定義した $\mu'^\pm$ は一致する.

[定義 2.48] （特異な測度） 可測空間 $(X, \mathcal{B})$ 上の測度 μ と ν が互いに**特異な測度**であるとは次をみたす可測集合 $A, B \in \mathcal{B}$ が存在することである.

(1) $X = A \cup B$ かつ $\emptyset = A \cap B$.

(2) $\mu(A) = 0$ かつ $\nu(B) = 0$.

このとき $\mu \perp \nu$ と書く.

定理 2.49　μ を可測空間 $(X, \mathcal{B})$ 上の符号測度とする．このとき互いに特異な測度 μ_1 と μ_2 が存在して $\mu = \mu_1 - \mu_2$ と表される．また，ν_1 と ν_2 が測度で $\mu = \nu_1 - \nu_2$ となれば $\mu_1(E) \le \nu_1(E)$ かつ $\mu_2(E) \le \nu_2(E)$ が任意の $E \in \mathcal{B}$ で成り立つ．さらに，$\nu_1 \perp \nu_2$ ならば $\mu_1 = \nu_1$，$\mu_2 = \nu_2$ になる．

証明　$\{A, B\}$ をハーン分解とし，μ_1 と μ_2 として定義 2.46 で定めた測度 μ^+ と μ^- をそれぞれとる．このとき

$$\mu = \mu^+ - \mu^-$$

となる．$\mu^+(B) = \mu(A \cap B) = -\mu^-(A) = 0$ となるから $\mu^+ \perp \mu^-$ である．また，$\mu^+(E) = \mu(A \cap E) = \nu_1(A \cap E) - \nu_2(A \cap E) \le \nu_1(A \cap E) \le \nu_1(E)$ なので定理の不等式が成り立つ．同様に $\mu^-(E) \le \nu_2(E)$ も成り立つことがわかる．$\nu_1 \perp \nu_2$ とする．$\{A', B'\}$ を X の分解で，$X = A' \cup B'$，$A' \cap B' = \emptyset$ かつ $\nu_1(B') = 0 = \nu_2(A')$ とすると $\mu(E \cap A') \ge \nu_1(E \cap A') \ge 0$．同様に $\mu(E \cap B') \le 0$ なので $\{A', B'\}$ は X の μ に関するハーン分解である．ゆえに，$\mu^+ = \nu_1$ かつ $\mu^- = \nu_2$ になる．□

定義 2.50　（符号測度の全変動）　符号測度 μ の全変動を $|\mu| = \mu^+ + \mu^-$ と定める．

　ここから，有限測度の議論に入ろう．$M(X, \mathcal{B})$ を $(X, \mathcal{B})$ 上の $\mathbb{K}$ 値測度全体とする．$F \subset X$ とする．$\mathbb{F}_F$ は互いに交わらない有限個からなる F の可測部分集合族の全体を表す．

定義 2.51　（$\mathbb{K}$ 値測度の全変動）　$\mu \in M(X, \mathcal{B})$ とし，$F \in \mathcal{B}$ とする．μ の F 上の全変動を次で定める．

$$|\mu|(F) = \sup_{\mathcal{A} \in \mathbb{F}_F} \sum_{A \in \mathcal{A}} |\mu(A)|.$$

　$\mu \in M(X, \mathcal{B})$ が $\mathbb{R}$ 値測度のとき $|\mu| = \mu^+ + \mu^-$ である．

例 2.52　$(X, \mathcal{B}, \mu)$ を測度空間とする．f が $\mathbb{K}$ 値可積分関数のとき，$\nu(E) = \int_E f(x) \, d\mu(x)$ は $\mathbb{K}$ 値測度になることは例 2.42 で紹介した．$F \in \mathcal{B}$ とする．このとき ν の F 上の全変動は次で与えられる．

$$|\nu|(F) = \int_F |f(x)| \, d\mu(x).$$

これを証明しよう．$\{F_1, \ldots, F_k\} \in \mathbb{F}_F$ とする．このとき

$$\sum_{j=1}^{k} |\nu(F_j)| \le \sum_{j=1}^{k} \int_{F_j} |f(x)|\,d\mu(x) \le \int_{F} |f(x)|\,d\mu(x)$$

なので $|\nu|(F) \le \int_F |f(x)|\,d\mu(x)$ となる. 逆向きの不等式を示そう. 単関数列 $(g_n)_n$ で $g_n \to f\mathbb{1}_F$ かつ $0 \le |g_n| \le |f|\mathbb{1}_F$ となるものを選ぶ. g_n を $g_n = \sum_{j=1}^{N_n} c_j^{(n)} \mathbb{1}_{A_j^{(n)}}$ で $\{A_1^{(n)},\dots,A_{N_n}^{(n)}\} \in \mathbb{F}_F$ とする. このとき $|\int_F c\mathbb{1}_A\,d\mu(x)| = \int_F |c|\mathbb{1}_A\,d\mu(x)$ なので,

$$\int_F |f(x)|\,d\mu(x) = \lim_{n\to\infty} \sum_{j=1}^{N_n} |c_j^{(n)}| \mu(A_j^{(n)}) \le \lim_{n\to\infty} \sum_{j=1}^{N_n} |\nu(A_j^{(n)})| \le |\nu|(F).$$

ゆえに, $|\nu|(F) = \int_F |f(x)|\,d\mu(x)$ となる.

補題 2.53 $\mu \in M(X,\mathcal{B})$ とする. このとき $|\mu|$ は有限測度になる.

証明 $|\mu|$ が測度であることを示す. $|\mu|(\emptyset) = 0$ は自明である. $E = \bigcup_{n=1}^{\infty} E_n$ かつ $E_n \cap E_m = \emptyset\ (n \ne m)$ とする. $\mathcal{A}_n \in \mathbb{F}_{E_n}$ とすると $\sum_{n=1}^{N} \sum_{A \in \mathcal{A}_n} |\mu(A)| \le |\mu|(E)$. これから, $\sum_{n=1}^{N} |\mu|(E_n) \le |\mu|(E)$ が従い, 結局 $\sum_{n=1}^{\infty} |\mu|(E_n) \le |\mu|(E)$ が成立する. 逆向きの不等式を示す. $\{A_1,\dots,A_k\} \in \mathbb{F}_E$ に対して

$$\sum_{j=1}^{k} |\mu(A_j)| \le \sum_{j=1}^{k} \sum_{n=1}^{\infty} |\mu(A_j \cap E_n)| = \sum_{n=1}^{\infty} \sum_{j=1}^{k} |\mu(A_j \cap E_n)| \le \sum_{n=1}^{\infty} |\mu|(E_n).$$

ゆえに, $\sum_{n=1}^{\infty} |\mu|(E_n) \ge |\mu|(E)$. この結果 $\sum_{n=1}^{\infty} |\mu|(E_n) = |\mu|(E)$ なので $|\mu|$ は測度である. $|\mu|(X) < \infty$ であることを背理法で示す. 次の一般論に注意しよう.
$R = \{r_1,\dots,r_N\} \subset \mathbb{R}$ とする. R のなかで正の数の集合または負の数の集合の少なくともどちらか一方は, 和の絶対値が $\frac{1}{2}\sum_{n=1}^{N} |r_n|$ 以上になる. それに番号をつけて $r_{n_1},\dots,r_{n_k}$ とする. このとき

$$\left| \sum_{j=1}^{k} r_{n_j} \right| \ge \frac{1}{2} \sum_{n=1}^{N} |r_n| \tag{2.5}$$

とできる.
　補題の証明に戻ろう. $|\mu|(E) = \infty$ となる $E \in \mathcal{B}$ が存在すると仮定する. このとき $|\mathrm{Re}\,\mu|(E)$ と $|\mathrm{Im}\,\mu|(E)$ のどちらか一方は無限大になるので, $|\mathrm{Re}\,\mu|(E) = \infty$ とする. 互いに交わらない E の可測部分集合 $E_1,\dots,E_N$ で

$$\sum_{n=1}^{N} |\mathrm{Re}\,\mu(E_n)| \ge 2(1 + |\mathrm{Re}\,\mu(E)|)$$

となるものを選ぶことができる．実際，$|\mathrm{Re}\,\mu(E)| < \infty$ かつ $|\mathrm{Re}\,\mu|(E) = \infty$ なの
で，このような部分集合は必ず存在する．(2.5) の議論と同様に $E_1, \ldots, E_N$ の中か
ら $E_{n_1}, \ldots, E_{n_k}$ を選んで $E' = \bigcup_{j=1}^{k} E_{n_j}$ が

$$|\mathrm{Re}\,\mu(E')| \geq \frac{1}{2} \sum_{n=1}^{N} |\mathrm{Re}\,\mu(E_n)| \geq 1 + |\mathrm{Re}\,\mu(E)|$$

となるようにできる．$E'' = E \setminus E'$ とすれば，

$$|\mathrm{Re}\,\mu(E'')| \geq \big||\mathrm{Re}\,\mu(E)| - |\mathrm{Re}\,\mu(E')|\big| \geq 1$$

になる．結局，$|\mathrm{Re}\,\mu|(E) = \infty$ のとき，$E = E' \cup E''$ かつ $E' \cap E'' = \emptyset$ で $|\mathrm{Re}\,\mu(E')|$
≥ 1 かつ $|\mathrm{Re}\,\mu(E'')| \geq 1$ となる分解が存在する．$|\mu|$ は測度なので，$|\mu|(E')$ また
は $|\mu|(E'')$ は無限大になる．これを繰り返すと，$|\mu|(G_k) \geq 1$ かつ $G_n \cap G_m = \emptyset$
$(n \neq m)$ となる $\{G_k\}_k$ が存在する．$\mu(G_k) = \mathrm{Re}\,\mu(G_k) + i\,\mathrm{Im}\,\mu(G_k)$ とすると G_k の
構成の仕方から，$|\mathrm{Re}\,\mu(G_k)| > 1$ または $|\mathrm{Im}\,\mu(G_k)| > 1$ である．よって
$\#\{k \in \mathbb{N} \mid |\mathrm{Re}\,\mu(G_k)| > 1\}$ と $\#\{k \in \mathbb{N} \mid |\mathrm{Im}\,\mu(G_k)| > 1\}$ のどちらかは無限大
である．$\#\{k \in \mathbb{N} \mid |\mathrm{Re}\,\mu(G_k)| > 1\} = \infty$ とする．$A = \{k \in \mathbb{N} \mid |\mathrm{Re}\,\mu(G_k)| > 1\}$
とし，$A_\pm = \{k \in A \mid \pm\mathrm{Re}\,\mu(G_k) > 1\}$ とすれば $\#A_+$ と $\#A_-$ のどちらか一方は無
限大となる．$\#A_+ = \infty$ とし $G = \bigcup_{n \in A_+} G_n$ とすると $\mu(G) = \sum_{n=1}^{\infty} \mu(G_n) = \infty$
なので $\mu(G) \in \mathbb{K}$ に矛盾する．□

次の**ラドン–ニコディムの定理**が成り立つ．

命題 2.54（ラドン–ニコディムの定理）　$(X, \mathcal{B})$ を可測空間とする．μ と ν は
$(X, \mathcal{B})$ 上のシグマ有限な測度とする．ν が μ に関して**絶対連続**（$\nu \ll \mu$）と仮
定する．このとき非負可測関数 g が一意に存在して次のように表せる．

$$\nu(E) = \int_E g(x)\,d\mu(x), \quad E \in \mathcal{B}. \tag{2.6}$$

符号測度および複素測度に対するラドン–ニコディムの定理は，命題 2.54 か
ら容易に導き出すことができる．$(X, \mathcal{B})$ を可測空間，μ は $(X, \mathcal{B})$ 上のシグマ
有限な測度とし，$|\nu| \ll \mu$ とする．ν がシグマ有限な符号測度ならばジョルダ
ン分解により $\nu = \nu_+ - \nu_-$ と分解できる．$\nu_\pm$ に対して命題 2.54 を適用する
ことで，$\nu_\pm$ に対して 2 つの可測関数 $g_\pm$ を得ることができる．また，それらの
内少なくとも一つは L^1 関数となる．$g = g_+ - g_-$ とすれば (2.6) が成り立つ．
ν が複素測度ならば，符号測度 ν_1 と ν_2 によって $\nu = \nu_1 + i\nu_2$ と分解できる．
ν_1 と ν_2 に対して上述の議論より，2 つの可測関数 g_1 と g_2 が存在して，$g = g_1 + ig_2$ とすれば (2.6) が成り立つ．

$M(X, \mathcal{B}) \ni \nu, \mu$ とする．任意の $E \in \mathcal{B}$ と $\alpha \in \mathbb{K}$ に対して

$$(\mu + \nu)(E) = \mu(E) + \nu(E),$$
$$(\alpha\mu)(E) = \alpha\mu(E)$$

とすれば $M(X, \mathcal{B})$ は線形空間になる．ここで，$|\mu(E)| < \infty$ かつ $|\nu(E)| < \infty$ なので，加法とスカラー乗法は $\mathbb{K}$ の演算として定義されていることを注意しておく．$\mu \in M(X, \mathcal{B})$ に対して $\|\mu\| = |\mu|(X)$ とする．

[定理 2.55]　$(X, \mathcal{B})$ を可測空間とする．このとき $\|\cdot\|$ は $M(X, \mathcal{B})$ 上のノルムになり，$(M(X, \mathcal{B}), \|\cdot\|)$ はバナッハ空間になる．

証明　$\|\cdot\|$ が $M(X, \mathcal{B})$ 上のノルムになることは容易に示すことができる．$(M(X, \mathcal{B}), \|\cdot\|)$ の完備性を示す．$(\mu_n)_n$ を $(M(X, \mathcal{B}), \|\cdot\|)$ のコーシー列とする．このとき任意の $F \in \mathcal{B}$ に対して

$$|\mu_n(F) - \mu_m(F)| = |(\mu_n - \mu_m)(F)| \leq |\mu_n - \mu_m|(F) \leq \|\mu_n - \mu_m\|$$

なので $(\mu_n(F))_n$ は $\mathbb{K}$ のコーシー列になる．$\lim_{n \to \infty} \mu_n(F) = \mu(F)$ とする．$\mu \in M(X, \mathcal{B})$ かつ $\lim_{n \to \infty} \mu_n = \mu$ を示す．$\mu(\emptyset) = 0$ は自明である．$\{E_n\}_n \subset \mathcal{B}$ を $E_n \cap E_m = \emptyset \ (n \neq m)$ で $E = \bigcup_{n=1}^{\infty} E_n$ とする．任意の $\varepsilon > 0$ に対してある N が存在して $\|\mu_n - \mu_m\| < \varepsilon \ (\forall n, m \geq N)$ とする．一方で，μ_N は測度なので，ある N' が存在して $|\mu_N(E) - \sum_{m=1}^{M} \mu_N(E_m)| < \varepsilon \ (\forall M \geq N')$ となる．そうすると，

$$\left| \mu(E) - \sum_{m=1}^{M} \mu(E_m) \right| = \lim_{n \to \infty} \left| \mu_n(E) - \sum_{m=1}^{M} \mu_n(E_m) \right| = \lim_{n \to \infty} \left| \mu_n \left(\sum_{m \geq M+1} E_m \right) \right|$$

$$\leq \lim_{n \to \infty} \left| \mu_n \left(\sum_{m \geq M+1} E_m \right) - \mu_N \left(\sum_{m \geq M+1} E_m \right) \right| + \left| \mu_N \left(\sum_{m \geq M+1} E_m \right) \right|$$

$$\leq \sup_{n \geq N+1} \|\mu_n - \mu_N\| + \left| \mu_N \left(\sum_{m \geq M+1} E_m \right) \right| < 2\varepsilon$$

なので $\mu(E) = \sum_{m=1}^{\infty} \mu(E_m)$ となる．ゆえに，$\mu \in M(X, \mathcal{B})$ である．$\{F_1, \ldots, F_k\} \subset \mathcal{B}$ は $F_n \cap F_m = \emptyset \ (n \neq m)$ とする．このとき $m \geq N$ に対して

$$\sum_{j=1}^{k} |\mu(F_j) - \mu_m(F_j)| = \lim_{n \to \infty} \sum_{j=1}^{k} |\mu_n(F_j) - \mu_m(F_j)|$$

$$\leq \lim_{n \to \infty} |\mu_n - \mu_m|(X) = \lim_{n \to \infty} \|\mu_n - \mu_m\| \leq \varepsilon$$

なので $\lim_{m \to \infty} \|\mu - \mu_m\| = 0$ となる．$\square$

2.8 局所凸空間

本節では線形空間に半ノルムの族を導入し位相線形空間の一つである局所凸空間を定義する．局所凸空間から，バナッハ空間よりさらに一般的なフレシェ空間を考えることができる．

定義 2.56（**半ノルム**）　$\mathcal{H}$ を線形空間とする．$p\colon \mathcal{H} \to \mathbb{R}$ が $u, v \in \mathcal{H}, \alpha \in \mathbb{K}$ に対して以下の (1) と (2) をみたすとき $\mathcal{H}$ 上の**半ノルム**という．

(1)　$p(\alpha u) = |\alpha| p(u)$.

(2)　$p(u + v) \le p(u) + p(v)$.

半ノルムの定義からすぐに次がわかる．

補題 2.57　p が半ノルムのとき次が成り立つ．

(1)　$p(u) \ge 0$.

(2)　$p(0) = 0$.

(3)　$|p(u) - p(v)| \le p(u - v)$.

証明　$p(0) = p(0u) = 0p(u) = 0$ なので (2) が従う．$p(u) \le p(u - v) + p(v)$ なので $p(u) - p(v) \le p(u - v)$．同様に $p(v) - p(u) \le p(u - v)$ なので (3) がわかる．(2) と (3) から (1) が従う．□

半ノルムは $p(u) = 0$ でも $u = 0$ とは限らない．しかし，半ノルムを与えられた空間 $\mathcal{H}$ からノルム空間を定義することができる．

補題 2.58　p を $\mathcal{H}$ 上の半ノルムとし $\mathcal{K} = \operatorname{Ker} p$ とする．このとき $\mathcal{H}/\mathcal{K}$ 上に $\|[u]\|_{\sim} = \inf_{v \in \mathcal{K}} p(u - v)$ と定義すれば $(\mathcal{H}/\mathcal{K}, \|\cdot\|_{\sim})$ はノルム空間になる．

証明　$\|[u]\|_{\sim} \ge 0$ は明らか．$\|a[u]\|_{\sim} = |a| \|[u]\|_{\sim}$ もすぐにわかる．$w, z \in \mathcal{K}$ として
$$\|[u] + [v]\|_{\sim} = \|[u + v]\|_{\sim} \le p(u + v - z - w) \le p(u - z) + p(v - w)$$
なので $\|[u] + [v]\|_{\sim} \le \inf_{z \in \mathcal{K}} p(u - z) + \inf_{w \in \mathcal{K}} p(v - w) = \|[u]\|_{\sim} + \|[v]\|_{\sim}$ となる．最後に $\|[u]\|_{\sim} = 0$ として $[u] = 0$ を示す．$0 = \inf_{v \in \mathcal{K}} p(u - v)$ なので，任意の $n > 0$ に対して $p(u - v_n) < 1/n$ となる $v_n \in \mathcal{K}$ が存在する．
$$p(u) \le p(u - v_n) + p(v_n) = p(u - v_n) < \frac{1}{n}$$
なので $p(u) = 0$．ゆえに，$u \in \mathcal{K}$，すなわち $[u] = 0$．□

定義 2.59 （局所凸空間） 線形空間 $\mathcal{H}$ に半ノルムの族 $(p_\alpha)_{\alpha \in A}$ が定義されていて $p_\alpha(u) = 0\,(\forall \alpha \in A)$ ならば $u = 0$ と仮定する. $\lim_{n\to\infty} u_n = u$ を $\lim_{n\to\infty} p_\alpha(u_n - u) = 0\,(\forall \alpha \in A)$ と定義する. このとき $(\mathcal{H}, (p_\alpha)_{\alpha \in A})$ を**局所凸空間**という.

局所凸空間の位相は全ての半ノルム $(p_\alpha)_{\alpha \in A}$ を連続にする最弱な位相である. 詳しくは定義 6.5 をみよ. 局所凸空間とよばれる理由について説明する. 線形空間 X の 2 点 x, y に対して次の集合を x と y を結ぶ**線分**という.
$$\ell_{xy} = \{(1-t)x + ty \mid t \in [0,1]\}.$$
X の部分集合 Y の任意の 2 点 x, y を結ぶ線分 ℓ_{xy} が Y に含まれるとき Y を**凸集合**という. 任意の $x \in Y$ と $|\alpha| = 1$ となる任意の $\alpha \in \mathbb{K}$ に対して $\alpha x \in Y$ となるとき Y を**均衡集合**といい, さらに $\bigcup_{t>0} tY = X$ となるとき Y を**併呑集合**という. $(\mathcal{H}, (p_\alpha)_{\alpha \in A})$ を局所凸空間とする.
$$N_{\varepsilon, j_1, \ldots, j_n} = \{u \in \mathcal{H} \mid |p_{j_1}(u)| < \varepsilon, \ldots, |p_{j_n}(u)| < \varepsilon\}$$
のような集合族は 0 の基本近傍系になり, $N_{\varepsilon, j_1, \ldots, j_n}$ は凸で平衡で併呑な集合である. 証明はしないが次の定理から局所凸空間とよばれる理由が理解できるだろう.

定理 2.60 V は位相線形空間とする. このとき V が局所凸空間であるための必要十分条件は凸で平衡で併呑な集合族からなる 0 の基本近傍系 $\mathcal{U}$ が存在することである.

定義 2.61 （可算半ノルム系） 線形空間 $\mathcal{K}$ に可算個の半ノルム $\{p_n\}_n$ が定義されているとする. $p_n(u) = 0\,(\forall n \in \mathbb{N})$ ならば $u = 0$ となるとき $(\mathcal{K}, \{p_n\}_n)$ を**可算半ノルム系**という.

$(\mathcal{K}, \{p_n\}_n)$ を可算半ノルム系とする. $\lim_{n\to\infty} u_n = u$ とは任意の j に対して $\lim_{n\to\infty} p_j(u_n - u) = 0$ と定めると $(\mathcal{K}, \{p_n\}_n)$ は局所凸空間になる.

例 2.62 ノルム空間 $(C([a,b]), \|\cdot\|_\infty)$ で $\lim_{n\to\infty} u_n = u$ は u_n が u に一様収束することに他ならない. しかし, 極限 u が連続関数であるためには局所一様収束であれば十分であり, 応用上は, この局所一様収束の概念が重要になる

ことが多い. $u_k \in C(\mathbb{R})$ が u に広義一様収束するとは任意のコンパクト集合
$K \subset \mathbb{R}$ 上で一様収束することである. つまり,

$$\lim_{k \to \infty} \sup_{x \in K} |u_k(x) - u(x)| = 0, \quad \forall \text{ コンパクト } K.$$

$u \in C(\mathbb{R})$ に対して $p_n(u) = \max_{|x| \le n} |u(x)|$ とする. このとき p_n は半ノル
ムになる. 半ノルムの族 $\{p_n\}_n$ を考えよう. $p_n(u_k - u) \to 0$ は u_k が $[-n, n]$
で一様収束することを意味する. ゆえに, $(C(\mathbb{R}), \{p_n\}_n)$ を局所凸空間とみな
せば $\lim_{k \to \infty} u_k = u$ ということは u_k が u に広義一様収束することである.

例 2.63 ノルム空間など多くの位相線形空間は局所凸空間である. 局所凸性
をもたない位相線形空間の例として $L^p([0,1]) \, (0 < p < 1)$ がある. $0 < p < 1$
のとき $(\int_0^1 |f(x)|^p \, dx)^{1/p}$ は三角不等式をみたさないのでノルムにはならない.
しかし, $d(f, g) = \int_0^1 |f(x) - g(x)|^p \, dx$ と定義すると, これは, 距離関数にな
る. この距離に関して $0 \in L^p([0,1])$ のただ一つの凸近傍が全空間となるため,
凸集合からなる基本近傍系が存在しない.

定義 2.64 2つの局所凸空間 $P = (\mathcal{K}, \{p_n\}_n)$ と $Q = (\mathcal{K}, \{q_n\}_n)$ が同値と
は $\lim_{n \to \infty} u_n = u$ が P で収束することと Q で収束することが同値なことと
約束する. このとき $P \sim Q$ と表す.

　半ノルム系 $P = (\mathcal{K}, \{p_n\}_n)$ と同値な半ノルム系で, 半ノルムの族に大小関
係がつくものが存在する.

補題 2.65 $P = (\mathcal{K}, \{p_n\}_n)$ を局所凸空間とする. このとき局所凸空間 $Q = (\mathcal{K}, \{q_n\}_n)$ で次をみたすものが存在する.

  (1) $P \sim Q$.
  (2) $q_n(u) \le q_{n+1}(u), \quad n \in \mathbb{N}, u \in \mathcal{K}$.

証明　$q_n(u) = \sum_{m=1}^n p_m(u)$ と定義すればよい. □

定義 2.66 (フレシェ空間) 局所凸空間 $P = (\mathcal{K}, \{p_n\}_n)$ が完備なとき**フレ
シェ空間**という.

　可算個の半ノルムからなる局所凸空間は距離付け可能である.

補題 2.67 $P = (\mathcal{K}, \{p_n\}_n)$ を局所凸空間とする．このとき

$$d(u, v) = \sum_{n=1}^{\infty} \frac{1}{2^n} \frac{p_n(u-v)}{1 + p_n(u-v)}, \quad u, v \in \mathcal{K}$$

は $\mathcal{K}$ 上の距離になり，かつ，$(\mathcal{K}, d) \sim P$ である．

証明 d が距離関数であるためには三角不等式を示せば十分である．$[0, \infty) \ni x \mapsto \frac{x}{1+x} \in [0, 1]$ は単調増加であるから，$d(u-v) \le d(u-w) + d(w-v)$ が従う．$\lim_{n\to\infty} d(u, u_n) = 0$ とする．このとき $\lim_{n\to\infty} p_j(u - u_n) = 0 \, (\forall j \in \mathbb{N})$ がすぐにわかる．よって，$\lim_{n\to\infty} u_n = u$ が P で従う．

逆に P で $\lim_{n\to\infty} u_n = u$ と仮定する．任意の $\varepsilon > 0$ に対して $\sum_{j=N+1}^{\infty} \frac{1}{2^j} < \varepsilon$ となるように N をとる．このとき

$$d(u, u_n) = \sum_{j=1}^{\infty} \frac{1}{2^j} \frac{p_j(u-u_n)}{1 + p_j(u-u_n)} \le \sum_{j=1}^{N} \frac{1}{2^j} \frac{p_j(u-u_n)}{1 + p_j(u-u_n)} + \varepsilon.$$

両辺で $n \to \infty$ とすると，$\lim_{n\to\infty} d(u, u_n) \le \varepsilon$ となる．$\varepsilon > 0$ は任意なので $\lim_{n\to\infty} d(u, u_n) = 0$ が従う．$\square$

局所凸空間 $P = (\mathcal{K}, \{p_n\}_n)$ がフレシェ空間とは補題 2.67 で証明した距離空間 $(\mathcal{K}, d)$ が完備距離空間であることと同値である．

例 2.68（急減少関数空間）　**急減少関数空間**を次で定義する．

$$\mathscr{S}(\mathbb{R}^d) = \left\{ u \in C^{\infty}(\mathbb{R}^d) \,\middle|\, \sup_{x \in \mathbb{R}^d} |x^{\alpha} \partial^{\beta} u(x)| < \infty, \ \alpha, \beta \in \mathbb{Z}_+^d \right\}.$$

ここで，

$$p_{\alpha, \beta}(u) = \sup_{x \in \mathbb{R}^d} |x^{\alpha} \partial^{\beta} u(x)|, \quad \alpha, \beta \in \mathbb{Z}_+^d$$

と定めれば，これは半ノルムになる．また，

$$p_m(u) = \sum_{|\alpha| + k \le m} \sup_{x \in \mathbb{R}^d} |(1 + |x|^2)^k \partial^{\alpha} f(x)|$$

とすれば $p_m(u) \le p_{m+1}(u)$ で，しかも，

$$(\mathscr{S}(\mathbb{R}^d), \{p_{\alpha, \beta}\}_{\alpha, \beta \in \mathbb{Z}_+^d}) \sim (\mathscr{S}(\mathbb{R}^d), \{p_m\}_{m \in \mathbb{N}}).$$

さらに，$(\mathscr{S}(\mathbb{R}^d), \{p_{\alpha, \beta}\}_{\alpha, \beta \in \mathbb{Z}_+^d})$ はフレシェ空間である．

2.9 ボホナー積分

バナッハ空間は距離空間とみなせるので，リーマン積分を模してバナッハ空間値積分を定義できる．ここでは被積分関数が連続な場合に限って説明する．$\mathcal{H}$ をノルム空間とする．$u(t) \in \mathcal{H}$ が $t = s$ で**連続**とは $\lim_{t \to s} \|u(t) - u(s)\| = 0$ が成り立つことである．また，$\lim_{h \to 0} \frac{1}{h}(u(t+h) - u(t))$ が存在するとき u は t で**強微分可能**といい，これを du/dt と表す．例えば，$\mathcal{H} = L^2([a,b])$ とする．$u \colon [0, 2\pi] \to \mathcal{H}$ を $u(t) = \sin(\cdot + t)$ と定める．このとき u は強微分可能で $du/dt = \cos(\cdot + t)$ となる．実際，

$$\lim_{h \to 0} \left\| \frac{u(t+h) - u(t)}{h} - \cos(\cdot + t) \right\|_{L^2}^2$$
$$= \lim_{h \to 0} \int_a^b \left| \frac{\sin(x + t + h) - \sin(x + t)}{h} - \cos(x + t) \right|^2 dx = 0$$

が示せる．ノルム空間値関数で注意すべきことはノルム空間が一般に順序集合ではないことである．例えば，上記の例で u は有界閉集合 $[0, 2\pi]$ 上の連続関数であるが，$\mathcal{H}$ に順序は存在しないので，u の最大値の存在を問うことは無意味である．ノルム空間値関数 v が $v(a) = v(b)$ であるとき，$\mathcal{H} = \mathbb{R}$ であれば，平均値の定理から $v'(t) = 0$ となる $t \in (a, b)$ が存在する．それは，例えば，v の最大値を与える点 $t = t_*$ で実現される．しかし，平均値の定理は一般にはノルム空間値関数では成立しない．実際，上記の例では $u(0) = u(2\pi)$ であるが任意の $t \in (0, 2\pi)$ で $u'(t) = \cos(\cdot + t) \neq 0$ である．

補題 2.69 $\mathcal{H}$ をノルム空間とする．$u \colon (a, b) \to \mathcal{H}$ が (a, b) で恒等的に $du/dt = 0$ ならば，$v \in \mathcal{H}$ が存在して，任意の $t \in (a, b)$ で $u(t) = v$ である．

証明 $s \in (a, b)$ を固定し $f(t) = \|u(t) - u(s)\|$ とすると
$$|f(t+h) - f(t)| \leq \|u(t+h) - u(t)\|$$
なので
$$\left| \frac{f(t+h) - f(t)}{h} \right| \leq \left\| \frac{u(t+h) - u(t)}{h} \right\| \to \left\| \frac{du(t)}{dt} \right\| = 0 \ (h \to 0)$$
が成り立つ．これは実数値関数 f が $f' = 0$ をみたすということなので $f(t) = 0$．ゆえに，$u(t) = u(s) \, (\forall t \in (a, b))$ を意味する． $\square$

$\mathcal{H}$ をバナッハ空間とし, $u\colon [a,b] \to \mathcal{H}$ は連続とする. 連続関数のリーマン積分を模してバナッハ空間値積分を定義する. $[a,b]$ の分割を

$$\Delta = \{t_0, t_1, \ldots, t_n \in \mathbb{R} \mid a = t_0 < t_1 < \cdots < t_n = b, n \in \mathbb{N}\}$$

とする. 小区間 $[t_j, t_{j+1}]$ に属する点 ξ_j を選び $\xi = \{\xi_0, \ldots, \xi_{n-1}\}$ とおく. $\Delta_j = t_{j+1} - t_j$ として, リーマン和 $\sum(u; \Delta; \xi)$ を次で定める.

$$\sum(u; \Delta; \xi) = \sum_{j=0}^{n-1} u(\xi_j)\Delta_j.$$

また, $|\Delta| = \max_{j=0,\ldots,n-1} |t_{j+1} - t_j|$ とする.

【定理 2.70】 $\mathcal{H}$ をバナッハ空間とし $u\colon [a,b] \to \mathcal{H}$ は連続とする. このとき次の極限が存在する.

$$\lim_{|\Delta| \to 0} \sum(u; \Delta; \xi).$$

証明 特別な分割 Δ_n を $\Delta_n = \{a + (b-a)\frac{j}{2^n} \mid j = 0, \ldots, 2^n\}$ とすると $\Delta_n \subset \Delta_{n+1}$ になる. また, $\xi_{n,j}$ を $[a + (b-a)\frac{j}{2^n}, a + (b-a)\frac{j+1}{2^n}]$ の中点とする. つまり $\xi_{n,j} = a + \frac{1}{2}(b-a)(\frac{j+1}{2^n} + \frac{j}{2^n})$. $\xi_n = \{\xi_{n,0}, \ldots, \xi_{n,n-1}\}$ とおく. $\|u(\cdot)\|$ の $[a,b]$ 上の一様連続性から, 任意の $\varepsilon > 0$ に対してある N が存在して $\sup_{s,t \in \Delta_n} \|u(s) - u(t)\| < \varepsilon$ $(\forall n > N)$ とできる. さらに, $n < m$ のとき

$$\left\|\sum(u; \Delta_n; \xi_n) - \sum(u; \Delta_m; \xi_m)\right\| \le \sum_{j=0}^{2^m-1} \frac{\varepsilon}{2^m} = \varepsilon$$

となるから $(\sum(u; \Delta_n; \xi_n))_n$ は $\mathcal{H}$ のコーシー列になる. ゆえに, 極限が存在する.

$$F = \lim_{n \to \infty} \sum(u; \Delta_n; \xi_n).$$

一方, $\varepsilon > 0$ に対して $|\Delta| < \delta$ ならば $\sup_{s,t \in \Delta} \|u(s) - u(t)\| < \varepsilon$ とする. $|\Delta| < \delta$, $|\Delta'| < \delta$ のとき $\Delta'' = \Delta \cup \Delta'$ とすると Δ'' は Δ および Δ' の細分になる. そうすると, Δ'' の小区間 $[t_j'', t_{j+1}'']$ を含む Δ の小区間 $[t_i, t_{i+1}]$ がただ一つ存在する. η_j を $\eta_j = \xi_i$ と定める. そうすると $\sum(u; \Delta; \xi) = \sum_j u(\eta_j)(t_{j+1}'' - t_j'')$ になる. 同様に $\sum(u; \Delta'; \xi') = \sum_j u(\eta_j')(t_{j+1}'' - t_j'')$ と表せる. ゆえに,

$$\left\|\sum(u; \Delta; \xi) - \sum(u; \Delta'; \xi')\right\| = \left\|\sum_j (u(\eta_j) - u(\eta_j'))(t_{j+1}'' - t_j'')\right\| \le \varepsilon(b-a)$$

となる. 以上のことから $|\Delta|$ が十分小さいとき

$$\left\| \sum (u; \Delta; \xi) - F \right\| = \lim_{n \to \infty} \left\| \sum (u; \Delta; \xi) - \sum (u; \Delta_n; \xi_n) \right\| \leq \varepsilon$$

がわかる．ゆえに，

$$F = \lim_{|\Delta| \to 0} \sum (u; \Delta; \xi) \tag{2.7}$$

となる．□

定義 2.71 （ボホナー積分）　$\mathcal{H}$ をバナッハ空間とし $u: [a,b] \to \mathcal{H}$ を連続とする．(2.7) の F を

$$F = \int_a^b u(t)\, dt$$

と表しボホナー積分またはバナッハ空間値積分という．

　$u, v: [a,b] \to \mathcal{H}$ は連続で，$\alpha \in \mathbb{C}$ のときリーマン積分と同様に以下をみたす．

$$\int_a^b (u(t) + v(t))\, dt = \int_a^b u(t)\, dt + \int_a^b v(t)\, dt, \tag{2.8}$$

$$\alpha \int_a^b u(t)\, dt = \int_a^b \alpha u(t)\, dt. \tag{2.9}$$

また，積分範囲に関する加法性は a, b, c の大小に関わらず成り立つ．

$$\int_a^b u(t)\, dt + \int_b^c u(t)\, dt = \int_a^c u(t)\, dt. \tag{2.10}$$

さらに，微積分学の基本公式も成立する．

$$\frac{d}{dt} \int_a^t u(s)\, ds = u(t). \tag{2.11}$$

命題 2.72　$\mathcal{H}$ をバナッハ空間とし $u: [a,b] \to \mathcal{H}$ は連続とする．このとき次が成り立つ．

$$\left\| \int_a^b u(t)\, dt \right\| \leq \int_a^b \|u(t)\|\, dt.$$

証明　$\int_a^b u(t)\, dt$ の定義より

$$\left\| \int_a^b u(t)\, dt \right\| \leq \lim_{|\Delta| \to 0} \sum_j \|u(\xi_j)\| |\Delta_j|$$

であるから，$\|u(\cdot)\|$ が実数値連続関数なので右辺は $\int_a^b \|u(t)\|\, dt$ に収束する．□

2.1 $\mathbb{R}$ 上の関数 h を次で定める．このとき $h \in C^\infty(\mathbb{R})$ を示せ．

$$h(x) = \begin{cases} e^{-1/x^2} & x > 0 \\ 0 & x \le 0. \end{cases}$$

2.2 $\mathcal{H}$ が局所凸空間であるためには，凸で平衡かつ併呑な集合からなる 0 の基本近傍系 $\mathcal{U}$ が存在することが必要十分であることを示せ．

2.3 K をコンパクト空間とし $\mathcal{H}$ をバナッハ空間とする．$\mathcal{H}$ に値をとる K 上の連続関数の空間 $C(K, \mathcal{H})$ は $\|f\| = \sup_{x \in K} \|f(x)\|_{\mathcal{H}}$ をノルムとしてバナッハ空間になることを示せ．

2.4 D は $\mathbb{R}^d$ の有界開集合とする．$f \in C^k(\bar{D})$ とは次の (i) と (ii) が成り立つこととする．
  (i)　f は D 上で k 回連続的偏微分可能である．
  (ii)　$\partial^\alpha f\,(|\alpha| \le k)$ は $\bar{D}$ 上に連続的に拡張できる．
このとき $\|f\| = \max_{|\alpha| \le k} \|\partial^\alpha f\|_\infty$ をノルムとして $C^k(\bar{D})$ はバナッハ空間になることを示せ．

2.5 $1 \le p \le \infty$ とする．$(X, \mathcal{B}, \mu)$ は有限測度空間とする．$E(f) = \int_X f(x)\,d\mu$ とし
$$\|\|f\|\|_p = |E(f)| + \|f - E(f)\|_{L^p}$$
と定める．このとき $\|\|\cdot\|\|_p$ は $\|\cdot\|_{L^p}$ と同値なノルムであることを示せ．

2.6 $C(\mathbb{R})$ は $L^\infty(\mathbb{R})$ の閉部分空間であることを示せ．

2.7 $C_0(\mathbb{R})$ を $L^\infty(\mathbb{R})$ の部分空間とみなす．$\overline{C_0(\mathbb{R})} = C_\infty(\mathbb{R})$ を示せ．

2.8 $(\mathscr{S}(\mathbb{R}^d), \{p_{\alpha,\beta}\}_{\alpha,\beta \in \mathbb{Z}_+^d})$ はフレシェ空間であることを示せ．

2.9 $s = \{a = (a_n)_n \mid \lim_{n \to \infty} n^p a_n = 0,\ \forall p > 0\}$ とする．s はフレシェ空間であることを示せ．

2.10 $a = \frac{1}{\sqrt{2}}\left(x + \frac{d}{dx}\right)$, $a^\dagger = \frac{1}{\sqrt{2}}\left(x - \frac{d}{dx}\right)$ とし $N = a^\dagger a$ とする．$\mathscr{S}(\mathbb{R})$ に半ノルムの族を $\rho_n(f) = \|(N + \mathbb{1})^n f\|_{L^2}$ $(n \in \mathbb{N})$ で定める．このとき次を示せ．
$$(\mathscr{S}(\mathbb{R}), \{\rho_n\}_n) \sim (\mathscr{S}(\mathbb{R}^d), \{p_{\alpha,\beta}\}_{\alpha,\beta \in \mathbb{Z}_+^d}).$$

第 **3** 章

ヒルベルト空間

　関数解析においてバナッハ空間と双璧をなす概念がヒルベルト空間である．内積から定義されるノルムで完備な空間がヒルベルト空間である．バナッハ空間は長さを備えた空間と考えることができる一方，ヒルベルト空間は長さだけでなく，内積を通じて 2 つのベクトルの直交性などを議論することができる．そのため，空間の幾何学的な概念の考察が可能になる．

3.1 内積空間

定義 **3.1** （内積）　$\mathcal{H}$ を $\mathbb{K}$ 上の線形空間とする．$(\cdot,\cdot)\colon \mathcal{H}\times\mathcal{H}\to\mathbb{K}$ が $f,g,h\in\mathcal{H}$，$\alpha,\beta\in\mathbb{K}$ に対して以下の (1)–(4) をみたすとき $\mathcal{H}$ 上の**内積**という．

  (1)　$(f,\alpha g+\beta h)=\alpha(f,g)+\beta(f,h)$.

  (2)　$\mathbb{K}=\mathbb{C}$ のときは $\overline{(f,g)}=(g,f)$，$\mathbb{K}=\mathbb{R}$ のときは $(f,g)=(g,f)$.

  (3)　$(f,f)\geq 0$.

  (4)　$(f,f)=0$ ならば $f=0$.

　本来，$\mathcal{H}$ の内積は $(\cdot,\cdot)_{\mathcal{H}}$ と表すべきだが，記号の簡略化のために誤解がない限り $(\cdot,\cdot)$ と表す．

定義 **3.2** （内積空間）　内積が定義された線形空間 $(\mathcal{H},(\cdot,\cdot))$ を**内積空間**あるいは**前ヒルベルト空間**という．

　内積の定義から，$f\mapsto(f,g)$ は反線形である．内積の正値性 (3) から (f,f) は非負なので

$$\|f\|=\sqrt{(f,f)}$$

が定義できる．ここで，内積の一般化について説明する．

定義 3.3 $Q(q)$ は $\mathbb{C}$ 上のヒルベルト空間 $\mathcal{H}$ の稠密な部分空間とする.

$$q: Q(q) \times Q(q) \to \mathbb{C}$$

は任意の $f, g \in Q(q)$ に対して $f \mapsto q(f,g)$ が反線形で $g \mapsto q(f,g)$ が線形のとき**半双線形形式**という. 以下で $f, g \in Q(q)$ とする.

(1) $|q(f,g)| \le c\|f\|\|g\|$ となる c が存在するとき q を**有界半双線形形式**という.

(2) $\overline{q(f,g)} = q(g,f)$ となるとき q を**対称形式**という.

(3) $q(f,f) \ge M\|f\|^2$ となる $M \in \mathbb{R}$ が存在するとき q を**下から有界な半双線形形式**という. 特に $M = 0$ のとき**非負半双線形形式**という.

他書との混乱を避けるために簡単に用語の説明をする. 半双線形形式は**準双線形形式**とよばれることもあり英語表記は sesquilinear form である. sesqui はラテン語由来で sesqui = semis + que = semi + and = 1/2 + 1 の意味である. 半双線形形式 $q(f,g)$ は g について線形だが f について反線形なので双線形形式（英語表記は bilinear form）よりは 1/2 劣って $(1 + \frac{1}{2})$ 線形形式というようなニュアンスであろうか. $f = g$ とした $q(f,f)$ は英語表記で quadratic form と書かれ **2 次形式**とよばれる. quadratic はラテン語由来で正方形の意であり $q(f,f)$ はまさにその意を含んでいる. 内積を写像 $(\cdot, \cdot): \mathcal{H} \times \mathcal{H} \to \mathbb{K}$ とみなせば, $\mathbb{K} = \mathbb{C}$ のとき非負な有界対称形式である. 以降何も言及しないときは $\mathbb{K} = \mathbb{C}$ とする.

定理 3.4 （**シュワルツの不等式**） $\mathcal{H}$ を内積空間とする. このとき次の不等式が成り立つ.

$$|(f,g)| \le \|f\|\|g\|, \quad f, g \in \mathcal{H}. \tag{3.1}$$

また, 等号が成立するための必要十分条件は $f = \alpha g \,(\alpha \in \mathbb{C})$ である.

証明 $g = 0$ のときは (3.1) が成り立つので以下 $g \ne 0$ とする. 次の恒等式を考えよう.

$$\|f + tg\|^2 = \|f\|^2 + 2\,\mathrm{Re}\{(f,g)t\} + \|g\|^2|t|^2.$$

これは任意の $t \in \mathbb{C}$ に対して非負であるから, $(f,g) = re^{i\theta}$, $t = \rho e^{-i\theta}$ とおけば

$$0 \le \|f\|^2 + 2r\rho + \|g\|^2\rho^2, \quad \rho \in \mathbb{R}.$$

ゆえに, 2 次関数 $\rho \mapsto y(\rho) = \|f\|^2 + 2r\rho + \|g\|^2\rho^2$ の判別式は $4r^2 - 4\|f\|^2\|g\|^2 \leq 0$ をみたすから (3.1) が従う. 等号が成立するための必要十分条件が $f = \alpha g\,(\alpha \in \mathbb{C})$ であることを示す. $f = \alpha g$ のときは, 確かに $|(f,g)| = \|f\|\|g\|$ が成り立つ. 逆に $|(f,g)| = \|f\|\|g\|$ を仮定する. $|(f,g)| = \|f\|\|g\|$ は $y(\rho) = 0$ が重解をもつための必要十分条件で $\rho' = -|(f,g)|/\|g\|^2$ とすると $y(\rho') = 0$. よって, $\|f - \rho'g\| = 0$ なので $f = \alpha g$ となる. $\square$

シュワルツの不等式を用いれば次が示せる.

補題 3.5　$\mathcal{H}$ を内積空間とする. このとき $\|f\| = \sqrt{(f,f)}$ は $\mathcal{H}$ 上のノルムになる.

証明　ノルムの公理 (1), (2), (3) をみたすことは容易に確かめることができる. (4) の三角不等式は $\|f + g\|^2 = \|f\|^2 + 2\operatorname{Re}(f,g) + \|g\|^2 \leq (\|f\| + \|g\|)^2$ から従う.　$\square$

補題 3.6（内積の連続性）　内積空間 $\mathcal{H}$ において, 内積 (f,g) は f と g に関して連続である.

証明　$f_n \to f,\ g_n \to g\,(n \to \infty)$ とする. ノルムの連続性から $\sup_{n \in \mathbb{N}} \|f_n\| \leq M$ となる M が存在する. ゆえに,
$$|(f_n,g_n) - (f,g)| \leq \|f_n\|\|g_n - g\| + \|f_n - f\|\|g\| \leq M\|g_n - g\| + \|f_n - f\|\|g\|$$
となるから $|(f_n,g_n) - (f,g)| \to 0\,(n \to \infty)$ が従う. $\square$

次に, ノルム空間がいつ内積空間になるかを考えてみよう.

補題 3.7（偏極恒等式）　$\mathcal{H}$ を $\mathbb{C}$ 上の内積空間とする. このとき次が成り立つ.

$$(f,g) = \sum_{n=0}^{3} \frac{1}{4i^n}\|f + i^n g\|^2. \tag{3.2}$$

また, $\mathcal{H}$ を $\mathbb{R}$ 上の内積空間とする. このとき次が成り立つ.

$$(f,g) = \frac{1}{4}(\|f + g\|^2 - \|f - g\|^2). \tag{3.3}$$

証明　$\mathbb{K} = \mathbb{C}$ とする. $\|f + i^n g\|^2 = \|f\|^2 + \|g\|^2 + 2\operatorname{Re}\{i^n(f,g)\}$ なので, $n = 0, 1, 2, 3$ の和をとると
$$\sum_{n=0}^{3} \|f + i^n g\|^2 i^{-n} = 4\operatorname{Re}(f,g) + i\,4\operatorname{Im}(f,g)$$

になるから，補題の等式が従う．$\mathbb{K} = \mathbb{R}$ の場合も同様である．□

　大変興味深いことだが，逆に，ノルム空間 $(\mathcal{K}, \|\cdot\|)$ で，ノルム $\|\cdot\|$ から (f,g) を (3.2) のように定義しても一般に内積の公理をみたさない．

$\boxed{\text{定理 3.8}}$（フォン・ノイマン–ジョルダンの定理）　　$(\mathcal{K}, \|\cdot\|)$ をノルム空間とする．ノルム $\|\cdot\|$ が，ある内積 $(\cdot, \cdot)$ から $\|f\| = \sqrt{(f,f)}$ として定められるための必要十分条件は

$$\|f+g\|^2 + \|f-g\|^2 = 2(\|f\|^2 + \|g\|^2) \tag{3.4}$$

をみたすことである．

証明　内積 $(\cdot, \cdot)$ が与えられていて $\|f\| = \sqrt{(f,f)}$ とすれば (3.4) が従うことはすぐにわかる．逆に (3.4) を仮定する．(f,g) を (3.3) で定義して，これが内積の公理 (1) $(f, \alpha g + \beta h) = \alpha(f,g) + \beta(f,h)$, (2) $\mathbb{K} = \mathbb{C}$ のときは $\overline{(f,g)} = (g,f)$, $\mathbb{K} = \mathbb{R}$ のときは $(f,g) = (g,f)$, (3) $(f,f) \geq 0$, (4) $(f,f) = 0$ ならば $f = 0$, をみたすことを示す．

　$\mathbb{K} = \mathbb{R}$ とする．$(f,f) = \|f\|^2$ なので (3) と (4) は成り立つ．また，(2) もすぐにわかる．(1) の線形性を示す．

$$
\begin{aligned}
&(f, g+h) \\
&= \frac{1}{4}\left(\|f+g+h\|^2 - \|f-g-h\|^2 \right) \\
&= \frac{1}{4}\left(2\|f+g\|^2 + 2\|h\|^2 - \|f+g-h\|^2 \right) \\
&\quad - \frac{1}{4}\left(2\|f-g\|^2 + 2\|h\|^2 - \|f-g+h\|^2 \right) \\
&= \frac{1}{2}\left(\|f+g\|^2 - \|f-g\|^2 \right) - \frac{1}{4}\|f+g-h\|^2 + \frac{1}{4}\|f-g+h\|^2 \\
&= 2(f,g) + (f, -g+h)
\end{aligned}
$$

となるから $(f, g+h) = 2(f,g) + (f, -g+h)$ となる．特に $g = h$ とおくと $(f, 2g) = 2(f,g)$ なので $(f, g+h) = (f, 2g) + (f, -g+h)$ となる．ここで，$g = \frac{1}{2}(u+v)$, $h = \frac{1}{2}(u-v)$ を代入すると

$$(f, u) + (f, v) = (f, u+v) \tag{3.5}$$

がわかる．次に，$(f, \alpha g) = \alpha(f,g) \ (\alpha \in \mathbb{R})$ を示す．(3.5) から帰納的に，$(f, ng) = n(f,g) \ (n \in \mathbb{N})$ がわかる．$g = h/n$ とすると，$(1/n)(f,h) = (f, h/n) \ (n \in \mathbb{N})$ なので $(f, (m/n)h) = (1/n)(f, mh) = (m/n)(f,h)$ となる．明らかに $(f, -g) = -(f,g)$ なので $(f, qg) = q(f,g) \ (q \in \mathbb{Q})$．ノルムの連続性により $(f, \alpha g) = \alpha(f,g) \ (\alpha \in \mathbb{R})$ がわかる．ゆえに，(f,g) は内積の公理をみたす．

　次に $\mathbb{K} = \mathbb{C}$ とする．$(f,g)_{\mathbb{C}}$ を

$$(f,g)_{\mathbb{C}} = (f,g) + i(if,g)$$

と定義する. これは偏極恒等式の右辺 (3.2) と同じものである. $(f,f)_{\mathbb{C}} = \|f\|^2$ なので内積の公理 (3) と (4) はみたす. 対称性 (2) を示す. $(f,g) = (g,f)$ は自明である.

$$4i(if,g) = i(\|if+g\|^2 - \|if-g\|^2) = i(\|-f+ig\|^2 - \|f+ig\|^2)$$
$$= -i(\|ig+f\|^2 - \|ig-f\|^2) = -4i(ig,f)$$

なので, $(if,g) \in \mathbb{R}$ と $(ig,f) \in \mathbb{R}$ に注意して, $\overline{i(if,g)} = \overline{-i(ig,f)} = i(ig,f)$ となる. 結局,

$$\overline{(f,g)_{\mathbb{C}}} = (g,f) + \overline{i(if,g)} = (g,f) + i(ig,f) = (g,f)_{\mathbb{C}}$$

となる. 最後に $(f,g)_{\mathbb{C}}$ の g に関する複素線形性を示す. $\mathbb{K} = \mathbb{R}$ の場合と全く同じように, $(f,g+h)_{\mathbb{C}} = (f,g)_{\mathbb{C}} + (f,h)_{\mathbb{C}}$ と $(f,\alpha g)_{\mathbb{C}} = \alpha(f,g)_{\mathbb{C}}$ $(\alpha \in \mathbb{R})$ は示せる. ゆえに, $(f,ig)_{\mathbb{C}} = i(f,g)_{\mathbb{C}}$ を示せばよい. $(f,ig)_{\mathbb{C}} = (f,ig) + i(if,ig)$ で, $(if,ig) = (f,g)$ は自明である.

$$4(f,ig) = \|f+ig\|^2 - \|f-ig\|^2 = -(\|if+g\|^2 - \|if-g\|^2) = -4(if,g)$$

なので,

$$(f,ig)_{\mathbb{C}} = -(if,g) + i(f,g) = i(f,g)_{\mathbb{C}}$$

となる. ゆえに, $(f,g)_{\mathbb{C}}$ は内積の公理をみたす. $\square$

定理 3.8 は**中線定理**とよばれることもある.

$$c(f,g) = \frac{\|f+g\|^2 + \|f-g\|^2}{2(\|f\|^2 + \|g\|^2)}$$

とすれば $c(f,g) = 1$ $(\forall f,g \in \mathcal{H})$ がノルム空間が内積空間になるための必要十分条件になる. そこで

$$c_{\mathrm{vNJ}} = \sup\left\{ \frac{\|f+g\|^2 + \|f-g\|^2}{2(\|f\|^2 + \|g\|^2)} \;\middle|\; f,g \in \mathcal{H} \right\}$$

は**フォン・ノイマン–ジョルダン定数**とよばれている. c_{vNJ} はノルム空間がどれだけ内積空間から離れているかを表す尺度になり, 次が成り立つ.

$$\frac{1}{2} \le c_{\mathrm{vNJ}} \le 2.$$

例 3.9 $(C([0,1]), \|\cdot\|_{\infty})$ は (3.4) をみたさない. これは, $f(x) = x$, $g(x) = 1$ とすると,

$$\|f+g\|_{\infty}^2 + \|f-g\|_{\infty}^2 = 5 \ne 4 = 2(\|f\|_{\infty}^2 + \|g\|_{\infty}^2)$$

からわかる. ゆえに, $\|\cdot\|_{\infty}$ は如何なる内積からも導かれない.

3.2 ヒルベルト空間

定義 3.10（ヒルベルト空間）　内積空間 $(\mathcal{H}, (\cdot, \cdot))$ がノルム $\|f\| = \sqrt{(f, f)}$ に関して完備なとき**ヒルベルト空間**という.

$D \subset \mathcal{H}$ とする. バナッハ空間と同様に, 任意の $f \in \mathcal{H}$ と任意の $\varepsilon > 0$ に対して $\|f - f_\varepsilon\| < \varepsilon$ となる f_ε が D に存在するとき D は $\mathcal{H}$ で**稠密**という. また, 可算な稠密部分集合が存在するとき $\mathcal{H}$ は**可分**であるという.

例 3.11（$\mathbb{C}^d$）　$\mathbb{C}^d$ は $z = (z_1, \ldots, z_d)$ と $w = (w_1, \ldots, w_d)$ の内積を $(z, w) = \sum_{n=1}^{d} \bar{z}_n w_n$ として $\mathbb{C}$ 上のヒルベルト空間になる. また, $\mathbb{R}^d$ は, 内積を $(z, w) = \sum_{n=1}^{d} z_n w_n$ として $\mathbb{R}$ 上のヒルベルト空間になる.

例 3.12（$L^2(\Omega)$）　Ω を $\mathbb{R}^d$ の可測集合とする. このとき $L^2(\Omega)$ は f と g の内積を

$$(f, g)_{L^2} = \int_\Omega \bar{f}(x) g(x) \, dx$$

として $\mathbb{C}$ 上の可分なヒルベルト空間になる.

例 3.13（ℓ_2）　ℓ_2 は $a = (a_n)_n$ と $b = (b_n)_n$ の内積を

$$(a, b)_{\ell_2} = \sum_{n=1}^{\infty} \bar{a}_n b_n$$

として $\mathbb{C}$ 上の可分なヒルベルト空間になる.

例 3.14（$H^s(\Omega)$）　Ω を $\mathbb{R}^d$ の開集合とする. $s \in \mathbb{N}$ とする. このとき $H^s(\Omega)$ は f と g の内積を

$$(f, g) = \sum_{0 \le |\alpha| \le s} (D^\alpha f, D^\alpha g)_{L^2}$$

として $\mathbb{C}$ 上の可分なヒルベルト空間になる. ただし, $D^0 f = f$, $D^0 g = g$ と約束する.

例 3.15（ベルグマン空間）　正則関数からなるヒルベルト空間の例を紹介する. Ω を複素平面 $\mathbb{C}$ の開集合とする. $A^2(\Omega)$ を次で定める.

$$A^2(\Omega) = \left\{ f \colon \Omega \to \mathbb{C} \colon \text{正則} \ \middle| \ \int_\Omega |f(x+iy)|^2 \, dxdy < \infty \right\}.$$

ここで, $z = x + iy \in \mathbb{C}$ を $(x, y) \in \mathbb{R}^2$ と同一視して Ω を $\mathbb{R}^2$ の部分集合とみなして積分を定義している. $f, g \in A^2(\Omega)$ に対して

$$(f, g) = \int_\Omega \overline{f(x+iy)} g(x+iy) \, dxdy$$

と定義する. このとき $(A^2(\Omega), (\cdot, \cdot))$ はヒルベルト空間になる. 証明しよう.

(f, g) が内積であることはすぐにわかる. $\|f\|_{A^2} = \sqrt{(f, f)}$ として完備性を示す. $f(x + iy) \in A^2(\Omega)$ を $\mathbb{R}^2$ 上の関数 $g(x, y)$ とみなすことができる. $\iota \colon A^2(\Omega) \ni f \mapsto g \in L^2(\Omega)$ とする. すると

$$\|f\|_{A^2}^2 = \int_\Omega |g(x, y)|^2 \, dxdy = \|g\|_{L^2}^2$$

なので $\|f\|_{A^2} = \|\iota f\|_{L^2}$ となる. $(f_n)_n$ を $A^2(\Omega)$ 上のコーシー列とする. このとき ιf_n はある関数 g に L^2 ノルムで収束する. $z_0 \in \Omega$ とする. Ω は開集合なので r が十分小さければ $\{z \in \mathbb{C} \mid |z - z_0| \leq 2r\} \subset \Omega$ となる. $z \in \mathbb{C}$ と $\rho > 0$ は $|z - z_0| < r$ かつ $0 < \rho < r$ をみたすとする. このとき $f \in A^2(\Omega)$ は正則なので

$$f(z) = \frac{1}{2\pi i} \oint_{|w - z| = \rho} \frac{f(w)}{w - z} \, dw$$

が成り立つ. ゆえに,

$$|f(z)| \leq \frac{1}{2\pi} \int_0^{2\pi} |f(z + \rho e^{i\theta})| \, d\theta$$

となる. $B_r(z) = \{w \in \mathbb{C} \mid |z - w| < r\}$ とする. すると

$$\begin{aligned}
\frac{r^2}{2} |f(z)| &= \int_0^r |f(z)| \rho \, d\rho \leq \frac{1}{2\pi} \int_0^r \rho \, d\rho \int_0^{2\pi} |f(z + \rho e^{i\theta})| \, d\theta \\
&= \frac{1}{2\pi} \int_{B_r(z)} |f(x + iy)| \, dxdy \\
&\leq \frac{1}{2\pi} \sqrt{\pi r^2} \left(\int_{B_r(z)} |f(x + iy)|^2 \, dxdy \right)^{1/2} \leq \frac{r}{2\sqrt{\pi}} \|f\|_{L^2}.
\end{aligned}$$

z は z_0 の r 近傍の任意の点なので,

$$\sup_{|z-z_0|\le r} |f(z)| \le \frac{r}{2\sqrt{\pi}} \|f\|_{L^2}$$

となる. $f = f_n - f_m$ とすれば

$$\sup_{|z-z_0|\le r} |f_n(z) - f_m(z)| \le \frac{r}{2\sqrt{\pi}} \|f_n - f_m\|_{L^2} \to 0 \ (n, m \to \infty) \quad (3.6)$$

なので, z ごとに $(f_n(z))_n$ は $\mathbb{C}$ のコーシー列になる. ゆえに, $\lim_{n\to\infty} f_n(z) = f(z)$ が存在する. さらに (3.6) から $f_n(z)$ は z_0 の近傍で $f(z)$ に一様収束する. $z_0 \in \Omega$ は任意なので, f_n は Ω 上で局所一様に f に収束するから f も Ω 上で正則な関数になる. 一方, ιf_n は $L^2(\Omega)$ の意味で g に収束していたから, f_n のある部分列 $f_{n(k)}$ をとれば, $\iota f_{n(k)}$ は g にほとんど至るところで収束する. 結局, $\iota f = g$ a.e. である. ゆえに, $\lim_{n\to\infty} \|f_n - f\|_{A^2} = \lim_{n\to\infty} \|\iota f_n - \iota f\|_{L^2} = 0$ となり, $A^2(\Omega)$ はヒルベルト空間である. $A^2(\Omega)$ は**ベルグマン空間**とよばれている.

例 3.16 $C([a,b])$ 上に内積を $(f,g) = \int_a^b \bar{f}(x)g(x)\,dx$ で定義する. しかし, 内積 (f,g) から導かれるノルムに関して完備ではないことが例 2.2 と同様に示すことができる. ゆえに, $C([a,b])$ はヒルベルト空間ではない.

例 3.17 (**非可分ヒルベルト空間**) 可分でないヒルベルト空間の例をあげる. 複素数値の数列 $a = (a_n)_n$ は, 写像 $a_\bullet : \mathbb{N} \to \mathbb{C}$ とみなすことができる. これを $(0,1)$ 上の写像に拡張する. つまり, $(a_\xi)_{\xi \in (0,1)}$ を考える.

$$\mathfrak{M} = \{a = (a_\xi)_{\xi \in (0,1)} \mid (0,1) \text{ の可算集合 } F \text{ が存在して } a_\xi = 0, \xi \in F^c\}$$

とする. さらに

$$\mathcal{H} = \left\{ a \in \mathfrak{M} \ \middle| \ \sum_{\xi \in (0,1)} |a_\xi|^2 < \infty \right\}$$

とする. ここで, $\sum_{\xi \in (0,1)} |a_\xi|^2$ は可算和なので意味をもつ. $\mathcal{H}$ は内積を

$$(a,b) = \sum_{\xi \in (0,1)} \bar{a}_\xi b_\xi$$

としてヒルベルト空間になる. なぜならば, a に付随する可算集合を F_a, b に付随する可算集合を F_b とすると

$$|(a,b)|^2 \le \left(\sum_{\xi \in F_a \cap F_b} |a_\xi||b_\xi| \right)^2 \le \sum_{\xi \in F_a \cap F_b} |a_\xi|^2 \sum_{\xi \in F_a \cap F_b} |b_\xi|^2 < \infty$$

となり，(a,b) は内積になる．完備性を示す．$(a^{(N)})_N$ を $\mathcal{H}$ のコーシー列とする．F_N を $a^{(N)}$ に付随する可算集合とする．$J = \bigcup_{N=1}^\infty F_N$ とする．J は可算集合で $(a^{(N)})_N$ は $\ell_2(J)$ のベクトル列とみなしてよい．J は可算集合なので，ℓ_2 の完備性の証明と同様にして，$a \in \ell_2(J)$ が存在して，$\lim_{N \to \infty} \|a^{(N)} - a\| = 0$ を示すことができる．ゆえに，$\mathcal{H}$ は完備である．一方，$\mathcal{H}$ は可分ではない．なぜならば，$a^{(\eta)} = (\delta_{\xi\eta})_{\xi \in (0,1)}$ とおけば，$\eta \ne \eta'$ のとき $\|a^{(\eta)} - a^{(\eta')}\| = \sqrt{2}$ である．$\mathcal{H}$ が可分であると仮定すれば $\mathcal{H}$ で稠密かつ可算な部分集合 D が存在する．$\varepsilon > 0$ を十分小さくとる．$\|a^{(\eta)} - b^{(\eta)}\| < \varepsilon$ となる $b^{(\eta)} \in D$ が存在する．また，$\eta \ne \eta'$ のとき $\|a^{(\eta)} - a^{(\eta')}\| = \sqrt{2}$ であるから，$b^{(\eta)} \ne b^{(\eta')}$ である．つまり，D は非可算個のベクトル $\{b^{(\eta)}\}_{\eta \in (0,1)}$ を含むことになり，可算性に反する．ゆえに $\mathcal{H}$ は可分ではない．

3.3　射影定理

　ノルム空間と内積空間の大きな違いは，内積空間には直交 $\perp$ の概念が定義できることである．ユークリッド空間 $\mathbb{R}^3$ 内の2次元平面 S と点 $a \in \mathbb{R}^3$ の距離を $d(a, S) = \inf_{b \in S} d(a, b)$ とすれば，ただ一つの点 $h \in S$ が存在して $d(a, S) = \|a - h\|$ とできる．$a = a - h + h$ とすれば $a - h \perp S$ かつ $h \in S$ となり a が S と $S^\perp$ に含まれるベクトルの和で一意に表せる．これと類似の性質がヒルベルト空間にも存在する．

　$\mathcal{H}$ をヒルベルト空間とする．$f, g \in \mathcal{H}$ に対して $(f, g) = 0$ となるとき f と g は**直交**するといい $f \perp g$ と表す．また，$M, N \subset \mathcal{H}$ に対して

$$(f, g) = 0, \quad f \in M, \ g \in N$$

となるとき M と N は直交するといい，$M \perp N$ のように表す．$M \perp N$ のとき $M \cap N = \{0\}$ である．実際，$f \in M \perp N$ ならば $(f, f) = 0$ であるから $f = 0$ になる．$D \subset \mathcal{H}$ に対して

$$D^\perp = \{f \in \mathcal{H} \mid (f, g) = 0, \ \forall g \in D\}$$

を D の**直交補空間**という．$\mathcal{H}$ の閉部分空間 M_1 と M_2 に対して $M_1 \perp M_2$ かつ任意の $f \in \mathcal{H}$ が $f = g + h$, $g \in M_1$, $h \in M_2$ と表せるとき

$$\mathcal{H} = M_1 \oplus M_2$$

と表して $\mathcal{H}$ は M_1 と M_2 の**直和**に分解されるという．閉部分空間 D と $f \in \mathcal{H}$ の距離を次で定める．

$$d(f, D) = \inf\{\|f - g\| \mid g \in D\}.$$

$f \notin D$ のとき $d(f, D) > 0$ である．なぜならば，$d(f, D) = 0$ ならば，下限の定義から，$g_n \in D$ で $\lim_{n \to \infty} \|f - g_n\| = 0$ となる点列 $(g_n)_n$ が存在する．D は閉部分空間なので $f \in D$ となり矛盾する．

定理 3.18 （射影定理）　$\mathcal{H}$ をヒルベルト空間とする．D をその閉部分空間とし $f \in \mathcal{H}$ とする．このとき次が成り立つ．

(1)　$d(f, D) = \|f - h\|$ かつ $f - h \in D^\perp$ となる $h \in D$ がただ一つ存在する．

(2)　$\mathcal{H} = D \oplus D^\perp$ と表せる．

証明　$d = d(f, D)$ とする．下限の定義から点列 $v_m \in D$ で $\|f - v_m\| \to d \ (m \to \infty)$ となるものが存在する．$(v_n)_n$ はコーシー列になる．なぜならば

$$2\|v_m - f\|^2 + 2\|v_n - f\|^2 = \|v_m - v_n\|^2 + \|v_m + v_n - 2f\|^2$$

から

$$\|v_m - v_n\|^2 = -4\left\|\frac{v_m + v_n}{2} - f\right\|^2 + 2\|v_m - f\|^2 + 2\|v_n - f\|^2$$

となる．$\frac{v_m + v_n}{2} \in D$ なので $\|\frac{v_m + v_n}{2} - f\|^2 \geq d^2$．ゆえに，

$$\|v_m - v_n\|^2 \leq 2\|v_m - f\|^2 + 2\|v_n - f\|^2 - 4d^2$$

となる．右辺が $n, m \to \infty$ のとき 0 に収束するので $(v_n)_n$ はコーシー列になる．

さて，ヒルベルト空間の完備性より $\lim_{n \to \infty} v_n = h$ となる $h \in \mathcal{H}$ が存在して，$\|f - h\| = d$．また，D が閉部分空間なので $h \in D$ である．$f - h \perp D$ を示そう．$d^2 \leq \|f - (h + \lambda w)\|^2$ が任意の $w \in D$ と $\lambda \in \mathbb{R}$ で成り立つ．$z = f - h$ とおいて右辺を展開すれば $d^2 \leq \|z\|^2 - \lambda 2\operatorname{Re}(z, w) + \lambda^2\|w\|^2$ となるから

$$0 \leq -\lambda(2\operatorname{Re}(z, w) - \lambda\|w\|^2), \quad \lambda \in \mathbb{R}.$$

これから $4|\operatorname{Re}(z, w)|^2 \leq 0$ より $\operatorname{Re}(z, w) = 0$ がわかる．同様に λ を $i\lambda$ に置き換えると $\operatorname{Im}(z, w) = 0$ となるから $(z, w) = 0$ となる．つまり，$f = z + h$ で $h \in D$ かつ $z \in D^\perp$ となる．$\square$

定理 3.18 の h を f の D への**正射影**という．また，f に h を対応させる写像

を**正射影作用素**といい，これを P_D と表すと $h = P_D f$ となる．射影定理によれば D をヒルベルト空間 $\mathcal{H}$ の閉部分空間とすれば $\mathcal{H} = D \oplus D^\perp$ と分解できる．与えられた D に対してこの分解の一意性は次の系 3.19 で示される．

系 3.19 $\mathcal{H}$ をヒルベルト空間とする．D と E を $\mathcal{H}$ の閉部分空間とする．このとき次が成り立つ．

(1) $D \neq \mathcal{H}$ ならば $D^\perp \neq \{0\}$.

(2) $\mathcal{H} = D \oplus E$ ならば $E = D^\perp$ かつ $E^\perp = D$.

証明 (1) $\mathcal{H} \setminus D \ni f$ に対して射影定理により $f = f_1 + f_2$, $f_1 \in D$, $f_2 \in D^\perp$. $f \notin D$ なので $f_2 \neq 0$. ゆえに，$D^\perp \neq \{0\}$.

(2) $\mathcal{H} = D \oplus E$ なので $E \subset D^\perp$ である．逆向きの包含関係を示す．$f \in D^\perp$ とする．$f = g + h$, $g \in D$, $h \in E$ と表せる．$\|f\|^2 = (f, g + h) = (f, h)$, また，$(f, h) = (g + h, h) = \|h\|^2$ なので $\|f\| = \|h\|$ になる．一方，$\|f\|^2 = \|g + h\|^2 = \|g\|^2 + \|h\|^2$ なので $\|g\| = 0$ になる．ゆえに，$f \in E$ となるから $E \supset D^\perp$ となり $E = D^\perp$ が従う．対称性から $E^\perp = D$ もわかる．□

直交補空間 $D^\perp$ の性質を調べよう．

補題 3.20 $\mathcal{H}$ をヒルベルト空間とし D をその部分空間とする．このとき $D^\perp$ は常に強位相で $\mathcal{H}$ の閉部分空間になる．また，$(\bar{D})^\perp = D^\perp$ が成り立つ．

証明 $f_n \in D^\perp$, $f_n \to f$ $(n \to \infty)$ とするとき，任意の $g \in D$ に対して $(f, g) = \lim_{n \to \infty}(f_n, g) = 0$ なので $f \in D^\perp$ となる．ゆえに，$D^\perp$ は閉集合である．次に $(\bar{D})^\perp \subset D^\perp$ はすぐにわかる．また，$f \in D^\perp$ とすると，$(f, g) = 0 \, (\forall g \in D)$ なので，極限操作により $(f, g) = 0 \, (\forall g \in \bar{D})$ となる．ゆえに，$(\bar{D})^\perp \supset D^\perp$ なので $(\bar{D})^\perp = D^\perp$. □

系 3.21 $\mathcal{H}$ をヒルベルト空間とし D をその部分空間とする．このとき $(D^\perp)^\perp = \bar{D}$ が成り立つ．

証明 射影定理により $\mathcal{H} = \bar{D} \oplus (\bar{D})^\perp = (D^\perp)^\perp \oplus D^\perp$. $D^\perp = (\bar{D})^\perp$ なので系 3.19 より $(D^\perp)^\perp = \bar{D}$ が成り立つ．□

具体的な問題で，部分空間が閉部分空間であることを示すのは容易でないことがある．そこで次の補題は応用上重要である．

補題 3.22　$\mathcal{H}$ をヒルベルト空間とし D と E をその部分空間とする．$D \perp E$ かつ任意の $f \in \mathcal{H}$ が $f = g + h$, $g \in D$, $h \in E$ と分解できるとき D と E は閉部分空間である．したがって $\mathcal{H} = D \oplus E$ が成り立つ．

証明　$f_n \in D$ で $\lim_{n \to \infty} f_n = f$ とする．$f = g + h$, $g \in D$, $h \in E$ と分解する．すると $\|f_n - f\|^2 = \|f_n - g - h\|^2 = \|f_n - g\|^2 + \|h\|^2 \to 0 \, (n \to \infty)$ から $\|h\| = 0$ がわかる．ゆえに，$f = g \in D$ で D は閉部分空間である．E も同様に閉部分空間である．□

　D をヒルベルト空間 $\mathcal{H}$ の閉部分空間として正射影作用素 P_D の性質を調べよう．まず P_D は線形作用素である．つまり，

$$P_D(af + bg) = aP_D f + bP_D g, \quad a, b \in \mathbb{C}, \; f, g \in \mathcal{H}.$$

これは $af + bg = af_1 + bg_1 + af_2 + bg_2$, $f_1, g_1 \in D$, $f_2, g_2 \in D^\perp$ と直和に分解すれば $P_D(af + bg) = af_1 + bg_1 = aP_D f + bP_D g$ となることからわかる．次に

$$(P_D f, g) = (f, P_D g)$$

が成り立つ．これは $f = f_1 + f_2$, $g = g_1 + g_2$ と直和に分解すれば $(P_D f, g) = (f_1, g_1 + g_2) = (f_1, g_1) = (f_1 + f_2, g_1) = (f, P_D g)$ からわかる．最後に

$$P_D^2 f = P_D f$$

が成り立つ．これは $P_D P_D f = f_1 = P_D f$ なのでわかる．

　P_D を一般化して正射影作用素の一般的な定義を与えよう．

定義 3.23　（射影作用素と正射影作用素）　ヒルベルト空間 $\mathcal{H}$ 上の線形作用素 P が $P^2 = P$ をみたすとき**射影作用素**とよび，さらに，

$$(Pf, g) = (f, Pg), \quad f, g \in \mathcal{H}$$

をみたすとき**正射影作用素**とよぶ．

定理 3.24　ヒルベルト空間 $\mathcal{H}$ 上の正射影作用素 P に対して $P\mathcal{H} = D$ とおく．このとき D は閉部分空間になり $P_D = P$ となる．また，$\mathbb{1} - P$ も正射影作用素になり $P_{D^\perp} = \mathbb{1} - P$ となる．

証明　$P\mathcal{H} = D$, $(\mathbb{1} - P)\mathcal{H} = E$ とすると，$D \perp E$ かつ任意の $f \in \mathcal{H}$ は $f = Pf + (\mathbb{1} - P)f$ と分解できるから補題 3.22 から $P\mathcal{H}$ は閉部分空間である．特に $\mathcal{H} = D \oplus E$

となる. 射影分解の一意性から $E = D^\perp$ である. ゆえに, $P_D = P$ かつ $P_{D^\perp} = \mathbb{1} - P$ となる. $\square$

以上から正射影作用素を与えることは閉部分空間を与えることと同値である. P を正射影作用素, $D = P\mathcal{H}$ とする. $\|Pf\|^2 + \|(\mathbb{1} - P)f\|^2 = \|f\|^2$ なので, $\|Pf\| = \|f\|$ であれば $f \in D$ であり, $\|Pf\| = 0$ であれば $f \in D^\perp$ である. いま 2 つの正射影作用素 P と Q を考える. 一般には $PQ \neq QP$ である.

$\boxed{\text{定理 3.25}}$ P と Q をヒルベルト空間 $\mathcal{H}$ 上の正射影作用素とし $M = P\mathcal{H}$, $N = Q\mathcal{H}$ とする. このとき次が成り立つ.

(1) $PQ = QP \iff PQ$ が正射影作用素.

さらに, このとき $PQ = P_{M \cap N}$ となる.

(2) $PQ = 0 \iff P + Q$ が正射影作用素.

さらに, このとき $M \perp N$ で $P + Q = P_{M+N}$ となる.

(3) $PQ = Q \iff P - Q$ が正射影作用素.

さらに, このとき $N \subset M$ で $P - Q = P_{M \cap N^\perp}$ となる.

証明 (1) ($\Longrightarrow$) 仮定から $(PQ)^2 = PQPQ = PPQQ = PQ$ となる. $(PQf, g) = (f, QPg) = (f, PQg)$ なので PQ は正射影作用素になる. $PQ = QP$ より $PQf = QPf$ なので $PQf \in M \cap N$ になる. 逆に $f \in M \cap N$ に対して $Pf = Qf$ なので $f = PQf$ が従う. ゆえに, $PQ = P_{M \cap N}$ になる.

($\Longleftarrow$) 仮定から $(PQ)^2 = PQ$ かつ $(PQf, g) = (f, PQg)$ である. 任意の f, g に対して $(PQf, g) = (f, QPg)$ なので $(f, QPg) = (f, PQg)$ となる. ゆえに, $QP = PQ$.

(2) ($\Longrightarrow$) $((P + Q)f, g) = (f, (P + Q)g)$ はすぐにわかる. また, $(P + Q)^2 = P^2 + PQ + QP + Q^2 = P + PQ + QP + Q$. 仮定より $PQ = 0 = QP$ となるから $P + Q$ は正射影作用素になる.

($\Longleftarrow$) $(P + Q)^2 = P + Q$ なので $PQ + QP = 0$. ゆえに, $0 = P(PQ + QP) = PQ + PQP$ かつ $0 = P(PQ + QP)P = 2PQP$ なので $PQ = 0$ になる. $(P + Q)f = Pf + Qf$ なので $(P + Q)f$ は $M + N$ に属する. また $f \in M + N$ は $f = g + h$, $g \in M$, $h \in N$ と表せる. $(P + Q)(g + h) = Pg + Qg + Ph + Qh = g + QPg + PQh + h = g + h$ なので $P + Q = P_{M+N}$ である.

(3) ($\Longrightarrow$) $(\mathbb{1} - P)Q = 0$ なので, $\mathbb{1} - (P - Q) = (\mathbb{1} - P) + Q$ が正射影作用素になる. ゆえに, $P - Q$ も正射影作用素になる.

($\Longleftarrow$) 上の議論を逆に辿れば $\mathbb{1} - (P - Q) = (\mathbb{1} - P) + Q$ も正射影作用素になるから $(\mathbb{1} - P)Q = 0$ となる. ゆえに, $PQ = Q$. 最後に $P - Q = P(\mathbb{1} - Q)$ なので $P - Q = P_{M \cap N^\perp}$. $\square$

3.4 完全正規直交系

ヒルベルト空間 $\mathcal{H}$ の基底について考えよう. $D \subset \mathcal{H}$ とする. 任意の相異なる $f, g \in D$ が

$$(f, g) = 0, \quad \|f\| = \|g\| = 1$$

となるとき D を**正規直交系**という.

補題 3.26 $\mathcal{H}$ が可分なヒルベルト空間のとき正規直交系 D に含まれるベクトルの個数 $\#D$ は高々可算個である.

証明 M を $\mathcal{H}$ の可算かつ稠密な部分集合とする. $f \in D$ の ε 近傍には少なくとも一つ $u_f \in M$ が存在して $\|f - u_f\| < \varepsilon$ となる. そうすると $g \in D \setminus \{f\}$ として

$$\sqrt{2} = \|f - g\| \le \|f - u_f\| + \|u_f - u_g\| + \|u_g - g\| \le 2\varepsilon + \|u_f - u_g\|$$

より, $0 < \varepsilon$ が十分小さいとき $\|u_f - u_g\| > 0$ となるから, 特に $u_f \ne u_g$. $[D] = \{u_f \mid f \in D\}$ とすれば, 写像

$$T: D \to [D], \quad Tf = u_f$$

は全単射になる. $[D] \subset M$ なので $\#D = \#[D] \le \#M$ となり $\#D$ は可算個である. $\square$

ヒルベルト空間 $\mathcal{H}$ は可分とする. そうすると, 正規直交系は $D = \{e_n\}_n$ のように番号をつけて表すことができる.

定理 3.27 (ベッセルの不等式) $\mathcal{H}$ を可分なヒルベルト空間とする. $\{e_n\}_n$ を $\mathcal{H}$ の正規直交系とする. このとき次が成り立つ.

$$\sum_{n=1}^{\infty} |(e_n, f)|^2 \le \|f\|^2, \quad f \in \mathcal{H}.$$

証明 任意の $N \in \mathbb{N}$ に対して

$$0 \le \left\| \sum_{n=1}^{N} (e_n, f) e_n - f \right\|^2 = \|f\|^2 - \sum_{n=1}^{N} |(e_n, f)|^2$$

なので $\sum_{n=1}^{N} |(e_n, f)|^2 \le \|f\|^2$ が従う. ゆえに, $\sum_{n=1}^{N} |(e_n, f)|^2$ は $N \to \infty$ のとき収束して定理の不等式が成り立つ. $\square$

定理 3.28 (パーセバルの等式) $\mathcal{H}$ を可分なヒルベルト空間とする. $D = \{e_n\}_n$ を正規直交系とし $\overline{\mathrm{LH}\{D\}} = \mathfrak{M}$ とする. このとき等式

$$\sum_{n=1}^{\infty} |(e_n, f)|^2 = \|f\|^2, \quad f \in \mathcal{H} \tag{3.7}$$

が成り立つための必要十分条件は $\mathcal{H} = \mathfrak{M}$ である.

証明　$f_m = \sum_{n=1}^{m}(e_n, f)e_n$ とおけば $\|f_m - f_l\|^2 = \sum_{n=m+1}^{l} |(e_n, f)|^2$ となる. ベッセルの不等式から右辺は $m, l \to \infty$ のとき 0 に収束するから $(f_m)_m$ はコーシー列で

$$\lim_{m \to \infty} f_m = \sum_{n=1}^{\infty} (e_n, f)e_n = g$$

が存在する. すぐに $(f - g, e_n) = 0 \, (\forall n \in \mathbb{N})$ がわかるから

$$(f - g, h) = 0, \quad h \in \mathrm{LH}\{D\}.$$

任意の $h \in \mathfrak{M}$ に対して $h_n \in \mathrm{LH}\{D\}$ で $\lim_{n\to\infty} h_n = h$ となるものが存在するから $(f - g, h) = \lim_{n\to\infty}(f - g, h_n) = 0$ となり $f - g \in \mathfrak{M}^\perp$ となる. $f = g + (f - g)$, $g \in \mathfrak{M}$, $f - g \in \mathfrak{M}^\perp$ に注意する. 射影定理により, $\mathcal{H} = \mathfrak{M} \oplus \mathfrak{M}^\perp$ なので, $\mathcal{H} = \mathfrak{M}$ のとき $f = g$. 逆に等号が任意の f で成立するとき $\mathcal{H} = \mathfrak{M}$ である. $\square$

定義 3.29（完全正規直交系）　D を $\mathcal{H}$ の正規直交系とする. $\mathcal{H} = \overline{\mathrm{LH}\{D\}}$ となるとき D を**完全正規直交系**という.

定理 3.30　$\mathcal{H}$ をヒルベルト空間とし $D = \{e_n\}_n$ を $\mathcal{H}$ の正規直交系とする. 次の (1)–(5) は同値である.

(1)　$\{e_n\}_n$ は $\mathcal{H}$ の完全正規直交系.

(2)　$f = \sum_{n=1}^{\infty}(e_n, f)e_n$, $f \in \mathcal{H}$.

(3)　$(f, g) = \sum_{n=1}^{\infty}(f, e_n)(e_n, g)$, $f, g \in \mathcal{H}$.

(4)　$\|f\|^2 = \sum_{n=1}^{\infty} |(e_n, f)|^2$, $f \in \mathcal{H}$.

(5)　$(f, e_n) = 0 \, (\forall n \geq 1)$ ならば $f = 0$.

証明　(1) $\Longrightarrow$ (2) これは定理 3.28 の証明から従う.

(2) $\Longrightarrow$ (3) $f = \sum_{n=1}^{\infty}(e_n, f)e_n$ と $g = \sum_{n=1}^{\infty}(e_n, g)e_n$ を (f, g) に代入すればよい.

(3) $\Longrightarrow$ (4) $f = g$ とすればよい.

(4) $\Longrightarrow$ (5) 自明である.

(5) $\Longrightarrow$ (1) 射影定理より $\mathcal{H} = \overline{\mathrm{LH}\{D\}} \oplus \overline{\mathrm{LH}\{D\}}^\perp$ である. 任意の $g \in \mathrm{LH}\{D\}$ に対して $(f, g) = 0$ ならば $f = 0$ なので $\overline{\mathrm{LH}\{D\}}^\perp = \{0\}$. ゆえに, $\overline{\mathrm{LH}\{D\}} = \mathcal{H}$ なので D は完全正規直交系になる. $\square$

上述のように完全正規直交系が存在すれば，有限次元空間のベクトルと同じような $f \in \mathcal{H}$ の展開 $f = \sum_{n=1}^{\infty}(e_n, f)e_n$ が可能である．以下で，完全正規直交系の存在を示そう．

定理 3.31（完全正規直交系の存在） 可分なヒルベルト空間 $\mathcal{H}$ には完全正規直交系が存在する．

証明 $D = \{e_k\}_k \subset \mathcal{H}$ は稠密な可算部分集合とする．任意の k で $e_k \neq 0$ としておく．次の規則で e_k を間引いていく．$e_k \in \mathrm{LH}\{e_1, \ldots, e_{k-1}\}$ なら省き，$e_k \notin \mathrm{LH}\{e_1, \ldots, e_{k-1}\}$ なら省かない．省かれずに残った $\{e_{k'}\}$ を，順番をくずさずに改めて $\{\bar{e}_k\}_k$ とおく．そうすると任意の n に対して $\bar{e}_1, \ldots, \bar{e}_n$ は線形独立になっている．**シュミットの直交化法**

$$
\begin{aligned}
\gamma_1 &= \bar{e}_1, & \varphi_1 &= \tfrac{1}{\|\gamma_1\|}\gamma_1, \\
\gamma_2 &= \bar{e}_2 - (\bar{e}_2, \varphi_1)\varphi_1, & \varphi_2 &= \tfrac{1}{\|\gamma_2\|}\gamma_2, \\
\gamma_3 &= \bar{e}_3 - (\bar{e}_3, \varphi_1)\varphi_1 - (\bar{e}_3, \varphi_2)\varphi_2, & \varphi_3 &= \tfrac{1}{\|\gamma_3\|}\gamma_3, \\
\cdots & & \cdots &
\end{aligned}
$$

によって，帰納的に正規直交系 $\{\varphi_k\}_k$ で次をみたすものが作れる．任意の n に対して φ_n は $\bar{e}_1, \ldots, \bar{e}_n$ の線形結合であり，同時に，$\bar{e}_n$ は $\varphi_1, \ldots, \varphi_n$ の線形結合である．正規直交系 $\{\varphi_k\}_k$ が完全正規直交系であることを示そう．任意の k に対して $(f, \varphi_k) = 0$ と仮定する．このとき $f = 0$ を示せばよい．仮定から任意の k に対して $(f, \bar{e}_k) = 0$ がわかる．$\{e_k\}_k$ の中で省かれた元は $\{\bar{e}_k\}_k$ の線形結合で表せるから，任意の k に対して $(f, e_k) = 0$ もわかる．$D = \{e_k\}_k$ は稠密だから $f = 0$. $\square$

例 3.32（ルジャンドル多項式） $L^2([-1, 1])$ において単項式 $\{x^n\}_n$ にシュミットの直交化法を行うと，完全正規直交系 $\{P_n\}_n$ を得る．

$$
P_n(x) = \frac{1}{2^n n!}\frac{d^n}{dx^n}(x^2 - 1)^n, \quad x \in \mathbb{R},\ n \geq 0
$$

は**ルジャンドル多項式**とよばれている．

例 3.33（エルミート多項式） **エルミート多項式** $h_m(x)$ を次で定める．

$$
h_m(x) = (-1)^m e^{x^2}\frac{d^m}{dx^m}e^{-x^2}, \quad x \in \mathbb{R},\ m \geq 0.
$$

このとき $\{h_m\}_m$ は $L^2(\mathbb{R})$ の完全正規直交系になる．

例 3.34（三角関数） $\{(2\pi)^{-1/2}e^{inx}\}_{n \in \mathbb{Z}}$ は $L^2([-\pi, \pi])$ の完全正規直交系である．

例 **3.35**（シフトとスケーリング）　$L^2(\mathbb{R}) \ni f, g$ の台が $\operatorname{supp} f \cap \operatorname{supp} g = \emptyset$ であれば，$(f, g) = 0$ であるから，仮に $\operatorname{supp} f$ がコンパクト集合であれば n を十分大きくすると $(f, f(\cdot + n))_{L^2} = 0$ になる．これから想像できるように，一つの関数からシフトとスケーリングにより完全正規直交系を構成することができる．$\psi(x) = \mathbb{1}_{[0,1/2)}(x) - \mathbb{1}_{[1/2,1)}(x)$ として，

$$\psi_{n,m}(x) = 2^{n/2}\psi(2^n x - m)$$

とすると $\{\psi_{n,m}\}_{n,m \in \mathbb{Z}}$ は $L^2(\mathbb{R})$ の完全正規直交系になる．

例 **3.36**　$\ell_2 \ni e_n$ を $e_n = (\delta_{mn})_m$ と定めると，$\{e_n\}_n$ は ℓ_2 の完全正規直交系になる．これを**標準的な完全正規直交系**という．

3.5　完　備　化

内積空間 $\mathcal{H}$ を拡大して完備な内積空間 $\bar{\mathcal{H}}$ を構成することができる．しかも，$\mathcal{H}$ は $\bar{\mathcal{H}}$ に稠密に埋め込むことができる．これを内積空間の**完備化**という．

定理 **3.37**（完備化）　$(\mathcal{H}, (\cdot, \cdot))$ を内積空間とする．このとき次をみたすヒルベルト空間 $(\bar{\mathcal{H}}, (\cdot, \cdot)_{\bar{\mathcal{H}}})$ と線形作用素 $J : \mathcal{H} \to \bar{\mathcal{H}}$ が存在する．

(1)　$J\mathcal{H}$ は $\bar{\mathcal{H}}$ で稠密である．

(2)　$(Jf, Jg)_{\bar{\mathcal{H}}} = (f, g)$,　$f, g \in \mathcal{H}$.

また，$\mathcal{H}$ は $\mathcal{K}$ で稠密で $f, g \in \mathcal{H}$ に対して $(f, g)_{\mathcal{H}} = (f, g)_{\mathcal{K}}$ をみたすヒルベルト空間 $(\mathcal{K}, (\cdot, \cdot)_{\mathcal{K}})$ が存在すれば，全単射 $T : \mathcal{K} \to \bar{\mathcal{H}}$ で

$$(Tf, Tg)_{\bar{\mathcal{H}}} = (f, g)_{\mathcal{K}},\quad f, g \in \mathcal{K} \tag{3.8}$$

をみたすものが存在する．

証明　$\mathcal{H}$ のコーシー列全体を $\mathcal{H}_{\mathrm{C}}$ とおく．$(f_n)_n, (g_n)_n \in \mathcal{H}_{\mathrm{C}}$ に対して

$$(f_n)_n \sim (g_n)_n \iff \lim_{n \to \infty} \|f_n - g_n\| = 0 \tag{3.9}$$

と定める．$\sim$ は同値関係になる．実際，$(f_n)_n \sim (f_n)_n$ は自明である．$(f_n)_n \sim (g_n)_n$ なら $(g_n)_n \sim (f_n)_n$ も自明である．$(f_n)_n \sim (g_n)_n$, $(g_n)_n \sim (h_n)_n$ ならば

$$\|f_n - h_n\| \le \|f_n - g_n\| + \|g_n - h_n\| \to 0 \,(n \to \infty)$$

となるから $(f_n)_n \sim (h_n)_n$ である．商空間 $\mathcal{H}_{\mathrm{C}}/\!\sim$ を $\bar{\mathcal{H}}$ と表し $\bar{\mathcal{H}}$ の元を $[f]$ と表す．ここで，$f = (f_n)_n \in \mathcal{H}_{\mathrm{C}}$ が代表元である．$\bar{\mathcal{H}}$ に内積を次で定義する．

$$([f], [g])_{\bar{\mathcal{H}}} = \lim_{n \to \infty} (f_n, g_n). \tag{3.10}$$

この定義は代表元の選び方によらない. 実際 $[f] = [f']$, $[g] = [g']$ とする. このとき

$$\left| \lim_{n \to \infty} (f'_n, g'_n) - \lim_{n \to \infty} (f_n, g_n) \right| \le \lim_{n \to \infty} \|f_n - f'_n\| \|g_n\| + \lim_{n \to \infty} \|f'_n\| \|g_n - g'_n\| = 0$$

となるから $([f], [g])_{\bar{\mathcal{H}}} = ([f'], [g'])_{\bar{\mathcal{H}}}$ である. 以下で内積空間 $(\bar{\mathcal{H}}, (\cdot, \cdot))$ の完備性を示す. $([f^N])_N$ を $\bar{\mathcal{H}}$ のコーシー列とする. つまり, 任意の $\varepsilon > 0$ に対してある $M_0 > 0$ が存在して,

$$\lim_{n \to \infty} \|f_n^N - f_n^M\| < \varepsilon, \quad N, M > M_0.$$

$(f_n^N)_n$ はコーシー列だから N ごとに k_N を適当に選んで,

$$\|f_n^N - f_m^N\| \le \frac{1}{N}, \quad n, m \ge k_N$$

とできる. $g_N = f_{k_N}^N \ (N \in \mathbb{N})$ とし $g = (g_N)_N$ とすれば $g \in \mathcal{H}_{\mathrm{C}}$ である. 実際, $n \ge \max\{k_N, k_M\}$ とすれば

$$\|g_N - g_M\| \le \|f_{k_N}^N - f_n^N\| + \|f_n^N - f_n^M\| + \|f_n^M - f_{k_M}^M\|$$
$$\le \frac{1}{N} + \frac{1}{M} + \|f_n^N - f_n^M\|$$

なので, さらに n を大きくとれば $N, M > M_0$ のとき

$$\|g_N - g_M\|_{\mathcal{H}_{\mathrm{C}}} \le \frac{1}{N} + \frac{1}{M} + \varepsilon$$

となるから $(g_N)_N$ はコーシー列である.

$$\|[f^N] - [g]\|_{\bar{\mathcal{H}}} = \lim_{n \to \infty} \|f_n^N - f_{k_n}^n\| \le \lim_{n \to \infty} \|f_n^N - f_{k_N}^N\| + \lim_{n \to \infty} \|f_{k_N}^N - f_{k_n}^n\|$$
$$\le \frac{1}{N} + \lim_{n \to \infty} \|f_{k_N}^N - f_{k_n}^n\|$$

となる. $(g_N)_N$ は $\bar{\mathcal{H}}$ のコーシー列なので, ある $M_1 > 0$ が存在して

$$\|f_{k_N}^N - f_{k_n}^n\| = \|g_N - g_n\| < \varepsilon, \quad N, n > M_1.$$

ゆえに, $N > M_1$ のとき

$$\|[f^N] - [g]\| < \frac{1}{N} + \varepsilon$$

となるから $\lim_{N \to \infty} [f^N] = [g]$ であり $\bar{\mathcal{H}}$ は完備である. (1) と (2) の埋め込み写像 J の存在を示そう. $f \in \mathcal{H}$ に対して $(f)_n = (f_n)_n$ と定義し, $J : \mathcal{H} \to \bar{\mathcal{H}}$ を

$$Jf = [(f)_n]$$

とする. (3.10) から

$$(Jf, Jg)_{\bar{\mathcal{H}}} = (f, g)$$

が成り立つ. また, 任意の $[h] \in \bar{\mathcal{H}}$ と任意の $\varepsilon > 0$ に対してある n_0 が存在して, 任意の $n, m \ge n_0$ で $\|h_n - h_m\| < \varepsilon$. ゆえに, $[g] = Jh_{n_0}$ とすれば

$$\|[h] - [g]\|_{\bar{\mathcal{H}}} = \lim_{n \to \infty} |h_n - h_{n_0}| < \varepsilon$$

となる. つまり, $J\mathcal{H}$ は $\bar{\mathcal{H}}$ で稠密である. これで (1) と (2) の証明が完了した.

後半の部分を証明する. $f \in \mathcal{K}$ に対して $\lim_{n\to\infty} f_n = f$ となる点列 $(f_n)_n$ が $\mathcal{H}$ に存在する. これは, コーシー列になる. ゆえに, $T : \mathcal{K} \to \bar{\mathcal{H}}$ を $Tf = [(f_n)_n]$ と定める. これは全単射である. 実際, $Tf = Tg$ ならば $[(f_n)_n] = [(g_n)_n]$ なので $\lim_{n\to\infty} \|f_n - g_n\| = 0$. ゆえに,

$$f = \lim_{n\to\infty} f_n = \lim_{n\to\infty} g_n = g$$

なので T は単射. 任意の $[(f_n)_n] \in \bar{\mathcal{H}}$ に対して $f = \lim_{n\to\infty} f_n \in \mathcal{K}$ が存在するので T は全射. また,

$$(Tf, Tg)_{\bar{\mathcal{H}}} = ([(f_n)_n], [(g_n)_n])_{\bar{\mathcal{H}}} = \lim_{n\to\infty}(f_n, g_n) = \lim_{n\to\infty}(f_n, g_n)_{\mathcal{K}} = (f, g)_{\mathcal{K}}$$

となるから (3.8) が従う. □

言外に $\mathcal{H}$ と $J\mathcal{H}$ を同一視することが多い. この同一視のもとで $\bar{\mathcal{H}}$ を $\mathcal{H}$ の完備な拡大とよぶ. 全射で内積不変な写像をユニタリー作用素という. 2 つのヒルベルト空間の間にユニタリー作用素が存在するとき同型なヒルベルト空間といい 2 つを同一視することがある. 詳細は次章の例 4.13 をみよ. 定理 3.37 の T は $\bar{\mathcal{H}}$ と $\mathcal{K}$ の間のユニタリー作用素であるから $\bar{\mathcal{H}}$ と $\mathcal{K}$ は同型である. この事実を完備化の一意性という.

例 3.38 　実数 $\mathbb{R}$ とは四則の公理, 順序の公理, 連続の公理をみたす体系である. 四則の公理, 順序の公理をみたす体系として有理数 $\mathbb{Q}$ が存在する. しかし, $\mathbb{Q}$ は連続の公理をみたさない. 連続の公理に同値な公理が数多く知られているが, その一つが完備性である. $\mathbb{Q}$ の完備化 $\bar{\mathbb{Q}}$ は $\mathbb{Q}$ のコーシー列全体 $\mathbb{Q}_{\mathrm{C}}$ に, 定理 3.37 の証明の中で与えられた同値関係 (3.9) を導入して $\bar{\mathbb{Q}} = \mathbb{Q}_{\mathrm{C}}/\sim$ と定義される. $\bar{\mathbb{Q}}$ は四則の公理と順序の公理をみたし, かつ完備である. すなわち $\mathbb{R} = \bar{\mathbb{Q}}$.

演習問題

3.1 $(f_n)_n$ はヒルベルト空間 $\mathcal{H}$ の列とし $f \in \mathcal{H}$ とする.

$$\lim_{n\to\infty}(f_n, g) = (f, g) \,(\forall g \in \mathcal{H}), \quad \lim_{n\to\infty} \|f_n\| = \|f\|$$

ならば $\lim_{n\to\infty} f_n = f$ となることを示せ.

3.2 $\psi(x) = \mathbb{1}_{[0,1/2)}(x) - \mathbb{1}_{[1/2,1)}(x)$ として, $\psi_{n,m}(x) = 2^{n/2}\psi(2^n x - m)$ とする. $\{\psi_{n,m}\}_{n,m\in\mathbb{Z}}$ は $L^2(\mathbb{R})$ の完全正規直交系になることを示せ.

3.3　無限次元ヒルベルト空間の単位球は半径が $\sqrt{2}/4$ の互いに交わらない無限個の球を含むことを示せ.

3.4　$\mathcal{H}$ を内積空間とし $\{e_n\}_{n=1}^N$ を正規直交系とする. このとき $\left\| f - \sum_{n=1}^N c_n e_n \right\|$ を最小にするのは $c_n = (e_n, f)$ であることを示せ.

3.5　$C = \{f \in C([0,1]) \mid$ 実数値, $f(0) = 0, \int_0^1 f(x)\,dx = 0\}$ とする.

(1)　C は $C([0,1])$ の閉凸部分空間であることを示せ.

(2)　$g(x) = x$ とする. $g \notin C$ で $\|f - g\|_\infty > 1/2\ (\forall f \in C)$ を示せ.

(3)　$\inf_{f \in C} \|f - g\|_\infty = 1/2$ を示せ.

3.6

(1)　$\mathcal{H} = \{f \in L^2((0,1)) \mid f(x) = 0$ a.e. $x \in (0,1/2)\}$ とする. $\mathcal{H}$ が $L^2((0,1))$ の閉部分空間であることを示せ. また $\mathcal{H}^\perp$ を求めよ.

(2)　$\mathcal{K} = \{f \in L^2((0,1)) \mid \int_0^1 f(x)\,dx = 0\}$ とする. $\mathcal{K}$ が $L^2((0,1))$ の閉部分空間であることを示せ. また $\mathcal{K}^\perp$ を求めよ.

3.7　$(e_n)_n$ を ℓ_2 の標準的な完全正規直交系とする. $X = \mathrm{LH}\{e_{2n-1} \mid n \geq 1\}$ とし, $Y = \mathrm{LH}\{e_{2n-1} + \frac{1}{n}e_{2n} \mid n \geq 1\}$ とする.

(1)　射影作用素 P_X と P_Y を求めよ.

(2)　$X \cap Y = \{0\}$ を示せ.

(3)　$X + Y$ は ℓ_2 で稠密かつ閉集合でないことを示せ.

3.8　$\mathbb{C}$ 上の測度 $d\mu(z) = \frac{1}{\pi}e^{-|z|^2}\,dz$ を考える. ここで dz は $\mathbb{C}$ 上のルベーグ測度とする. $A^2(\mathbb{C}) = \{f \colon \mathbb{C} \to \mathbb{C} \mid$ 解析関数, $\int_{\mathbb{C}} |f(z)|^2\,d\mu < \infty\}$ とする.

(1)　$\int_{\mathbb{C}} d\mu = 1$ を示せ.

(2)　$A^2(\mathbb{C})$ は $(f, g) = \int_{\mathbb{C}} \bar{f}(z)g(z)\,d\mu$ を内積としてヒルベルト空間であることを示せ.

(3)　$\{z^n/\sqrt{n!}\}_n$ は $A^2(\mathbb{C})$ の完全正規直交系であることを示せ.

第4章

有界作用素

　第4章の主役は線形作用素である．前章までは，バナッハ空間やヒルベルト空間の構造を調べたが，第4章では，これらの空間の間の写像である線形作用素について解説する．線形作用素の定義は 1.2 節で既に与えた．この章では，特に有界作用素に主眼をおく．有界作用素は連続な作用素であり，関数解析において最も基本的な作用素である．有界作用素の空間にもバナッハ空間の構造が入り，その幾何学的な考察が可能になる．

4.1 有界作用素

[定義 4.1]（有界作用素）　$\mathcal{H}$ と $\mathcal{K}$ をノルム空間とし，$A: \mathcal{H} \to \mathcal{K}$ を線形作用素とする．ある定数 $C > 0$ が存在して

$$\|Af\|_{\mathcal{K}} \le C\|f\|_{\mathcal{H}}, \quad f \in \mathsf{D}(A)$$

が成り立つとき A を**有界作用素**とよぶ．

　$\|Af\|_{\mathcal{K}} \le C\|f\|_{\mathcal{H}}\ (\forall f \in \mathsf{D}(A))$ となる定数 C のなかで最小のものを A の**作用素ノルム**という．つまり，有界作用素 A に対して

$$\|A\| = \sup_{\substack{f \ne 0, \\ f \in \mathsf{D}(A)}} \frac{\|Af\|_{\mathcal{K}}}{\|f\|_{\mathcal{H}}} = \sup_{\substack{\|f\|=1, \\ f \in \mathsf{D}(A)}} \|Af\|_{\mathcal{K}} = \sup_{\substack{\|f\| \le 1, \\ f \in \mathsf{D}(A)}} \|Af\|_{\mathcal{K}}.$$

A の作用素ノルムは簡単にノルムということもある．また

$$\|Af\|_{\mathcal{K}} \le \|A\|\|f\|_{\mathcal{H}}$$

が成立する．有界作用素 A の重要な性質に連続性がある．作用素 $A: \mathcal{H} \to \mathcal{K}$ は，$\lim_{n\to\infty} f_n = f\ (f_n, f \in \mathsf{D}(A))$ ならば $\lim_{n\to\infty} Af_n = Af$ となるとき**連続作用素**という．

補題 4.2 線形作用素 $A: \mathcal{H} \to \mathcal{K}$ に対して次は同値である.

(1) A は $\mathsf{D}(A)$ の全ての点で連続である.

(2) A は $\mathsf{D}(A)$ のある点 f で連続である.

(3) A は 0 で連続である.

証明 (1) $\Longrightarrow$ (2) 自明である.

(2) $\Longrightarrow$ (3) 仮定より $f_n \to f\,(n \to \infty)$ ならば $Af_n \to Af\,(n \to \infty)$. $g_n \in \mathsf{D}(A)$ で $g_n \to 0\,(n \to \infty)$ とする. このとき $f + g_n \to f\,(n \to \infty)$ なので, $Ag_n = A(g_n + f) - Af \to Af - Af = 0\,(n \to \infty)$ となり, 0 で連続である.

(3) $\Longrightarrow$ (1) $f_n \to 0\,(n \to \infty)$ ならば $Af_n \to 0\,(n \to \infty)$ なので, 任意の $g, g_n \in \mathsf{D}(A)$ で $g_n \to g\,(n \to \infty)$ のとき $g_n - g \to 0\,(n \to \infty)$. ゆえに $Ag_n = A(g_n - g) + Ag \to Ag\,(n \to \infty)$. $\square$

定理 4.3 線形作用素 $A: \mathcal{H} \to \mathcal{K}$ に対して有界性と連続性は同値である.

証明 $\|Af_n - Af\| \le \|A\|\|f_n - f\|$ なので $f_n \to f\,(n \to \infty)$ ならば $Af_n \to Af$ $(n \to \infty)$ になる. つまり, 有界作用素は連続作用素になる.

逆に A を連続作用素としてそれが有界作用素になることを示そう. 対偶を示す. つまり, A が有界でないと仮定して連続にならないことを示す. 有界でないとすれば, 任意の $N \in \mathbb{N}$ に対して $\|Af_N\| \ge N\|f_N\|$ となる f_N が存在する. $\tilde{f}_N = f_N / \|f_N\|$ とすれば $\|A\tilde{f}_N\| \ge N$ になる. つまり, $g_N = \tilde{f}_N / \|A\tilde{f}_N\|$ とすれば $\|g_N\| \le 1/N$ となるから $\lim_{N \to \infty} g_N = 0$ がわかる. 一方, $\|Ag_N\| = 1$ なので $\lim_{N \to \infty} Ag_N \ne 0$. ゆえに, A は連続でない. $\square$

$A: \mathcal{H} \to \mathcal{K}$ で $\mathsf{D}(A)$ が $\mathcal{H}$ で稠密なとき A は稠密に定義されているという. 次の拡大定理が成り立つ.

定理 4.4（有界作用素の拡大） $\mathcal{H}$ はノルム空間, $\mathcal{K}$ はバナッハ空間とする. $A: \mathcal{H} \to \mathcal{K}$ は稠密に定義された有界作用素とする. このとき有界作用素 $\bar{A}: \mathcal{H} \to \mathcal{K}$ で (1) $A \subset \bar{A}$, (2) $\|A\| = \|\bar{A}\|$ をみたすものがただ一つ存在する.

証明 $f \in \mathcal{H}$ に対して $f_n \in \mathsf{D}(A)$ かつ $f_n \to f\,(n \to \infty)$ という列 $(f_n)_n$ が存在する. $\|Af_n - Af_m\| \le \|A\|\|f_n - f_m\| \to 0\,(n, m \to \infty)$ となるから $(Af_n)_n$ は $\mathcal{K}$ のコーシー列である. そこで

$$\bar{A}f = \lim_{n \to \infty} Af_n$$

と定める. これは $(f_n)_n$ の選び方によらない. なぜならば, $g_n \to f\,(n \to \infty)$ として $\xi = \lim_{n \to \infty} Ag_n$ とする. このとき

$$\|\xi - \bar{A}f\| = \lim_{n \to \infty} \|Ag_n - Af_n\| \le \lim_{n \to \infty} \|A\|\|f_n - g_n\| = 0$$

となるからである. $f \in \mathsf{D}(A)$ のときは $f_n = f \, (\forall n \in \mathbb{N})$ とすれば $A \subset \bar{A}$ がわかる. $\|\bar{A}f\| = \lim_{n \to \infty} \|Af_n\| \le \lim_{n \to \infty} \|A\|\|f_n\| = \|A\|\|f\|$ なので $\|\bar{A}\| \le \|A\|$. 一方, $f \in \mathsf{D}(A)$ とすれば $\|Af\| = \|\bar{A}f\| \le \|\bar{A}\|\|f\|$ なので $\|\bar{A}\| \ge \|A\|$. ゆえに, $\|\bar{A}\| = \|A\|$. 最後に拡大の一意性を示す. $\mathsf{D}(B) = \mathcal{H}$ かつ $A \subset B$ となる有界作用素が存在すると仮定する. $f \in \mathcal{H}$ に対して $f_n \in \mathsf{D}(A)$ で $\lim_{n \to \infty} f_n = f$ とする. このとき $\lim_{n \to \infty} Af_n = \lim_{n \to \infty} Bf_n = Bf$ となるから $\bar{A} = B$ となり, 拡大は一意的である. $\square$

定理 4.4 から稠密に定義された有界作用素には $\mathcal{H}$ 全体への一意な拡大が存在するので, 以降, 断らない限り有界作用素の定義域はノルム空間全体とする. ノルム空間 $\mathcal{H}$ からノルム空間 $\mathcal{K}$ への有界作用素全体を $B(\mathcal{H}, \mathcal{K})$ で表す.

$$B(\mathcal{H}, \mathcal{K}) = \{\, \text{線形作用素 } A \colon \mathcal{H} \to \mathcal{K} \mid \mathsf{D}(A) = \mathcal{H} \text{ かつ有界} \,\}.$$

また, $B(\mathcal{H}) = B(\mathcal{H}, \mathcal{H})$ と表す.

補題 4.5 $(B(\mathcal{H}, \mathcal{K}), \|\cdot\|)$ はノルム空間である.

証明　$A, B \in B(\mathcal{H}, \mathcal{K})$ とすれば, $\mathsf{D}(A + B) = \mathsf{D}(A) \cap \mathsf{D}(B) = \mathcal{H}$, $\mathsf{D}(\alpha A) = \mathcal{H}$. また, $A + B$, αA は有界作用素であるから, $B(\mathcal{H}, \mathcal{K})$ は線形空間である. $\|A\| \ge 0$, また $\|A\| = 0$ ならば $A = 0$ は $\|A\|$ の定義から明らか. $\|(\alpha A)u\| = |\alpha|\|Au\|$ なので $\|\alpha A\| = |\alpha|\|A\|$. 最後に $\|(A + B)u\| \le \|Au\| + \|Bu\| \le (\|A\| + \|B\|)\|u\|$ なので $\|A + B\| \le \|A\| + \|B\|$ が従う. ゆえに, $\|\cdot\|$ は $B(\mathcal{H}, \mathcal{K})$ 上のノルムである. $\square$

$B(\mathcal{H}, \mathcal{K})$ に次の位相が定義される.

定義 4.6 (有界作用素の位相)　$\mathcal{H}$ と $\mathcal{K}$ をノルム空間とする. $A \in B(\mathcal{H}, \mathcal{K})$ かつ $A_n \in B(\mathcal{H}, \mathcal{K})\,(n \in \mathbb{N})$ とする.

(1)　A_n が A に $n \to \infty$ で**一様収束**するとは次が成り立つこと.

$$\lim_{n \to \infty} \|A - A_n\| = 0.$$

一様収束による $B(\mathcal{H}, \mathcal{K})$ の位相を**一様位相**という.

(2)　A_n が A に $n \to \infty$ で**強収束**するとは次が成り立つこと.

$$\lim_{n \to \infty} \|A_n f - Af\|_{\mathcal{K}} = 0, \quad f \in \mathcal{H}.$$

強収束による $B(\mathcal{H}, \mathcal{K})$ の位相を**強位相**という.

定義 4.6 (1) で一様収束という語が使われるのは $\|A_n - A\| \to 0$ が, 任意の $r > 0$ に対して $\lim_{n \to \infty} \sup_{\|u\| \le r} \|(A_n - A)u\| = 0$ なので, $\mathcal{H}$ の半径 r の

球上において Au_n が一様に収束することを意味するからである.

A_n が A に一様収束すれば A_n は A に強収束する. しかし, この逆は一般には成り立たない.

[例 4.7] $A_n \in B(\ell_p)\,(1 \leq p < \infty)$ を次のように定める.
$$A_n(u_1, u_2, \dots) = (u_n, u_{n+1}, \dots).$$
このとき強収束の意味で $A_n \to 0$ となるが, $\lim_{n\to\infty} \|A_n\| = 1$ である. 実際, $\|A_n u\|_{\ell_p}^p = \sum_{m=n}^{\infty} |u_n|^p$ なので $\lim_{n\to\infty} \|A_n u\|_{\ell_p} = 0$ である. 一方, $A_n \to A\,(n \to \infty)$ と一様収束すると仮定すれば $A_n \to A\,(n \to \infty)$ は強収束でもあるから $A = 0$ となる. しかし, $\|A_n\| = \sup_{u \neq 0} \|A_n u\|/\|u\| = 1$ なので $\lim_{n\to\infty} \|A_n\| = 1 \neq 0$ となる. よって, 強収束しても一様収束しない例になっていることがわかる.

[定理 4.8] (バナッハ空間 $\boldsymbol{B(\mathcal{H}, \mathcal{K})}$) $\mathcal{H}$ はノルム空間, $\mathcal{K}$ をバナッハ空間とする. このとき $(B(\mathcal{H}, \mathcal{K}), \|\cdot\|)$ は一様位相でバナッハ空間である.

証明 $(A_n)_n$ を $B(\mathcal{H}, \mathcal{K})$ 上のコーシー列とする. このとき $\|A_n\| \leq M\,(\forall n \in \mathbb{N})$ となる定数 M が存在する. $f \in \mathcal{H}$ に対して $(A_n f)_n$ は $\mathcal{K}$ 上のコーシー列になるから $\lim_{n\to\infty} A_n f$ が存在する. A を次で定める.
$$Af = \lim_{n\to\infty} A_n f.$$
このとき $\mathsf{D}(A) = \mathcal{H}$ であり, A が線形作用素であることもわかる. $\|Af\| = \lim_{n\to\infty} \|A_n f\| \leq M\|f\|$ なので $A \in B(\mathcal{H}, \mathcal{K})$. 最後に $\|A_n - A\| \to 0\,(n \to \infty)$ を示す. 任意の $\varepsilon > 0$ に対して十分大きな n, m をとれば, $\|A_n f - A_m f\| \leq \varepsilon \|f\|$ が成り立つ. ここで, $m \to \infty$ とすれば $\|A_n f - Af\| \leq \varepsilon \|f\|$ なので $\|A_n - A\| \leq \varepsilon$ である. ゆえに, $B(\mathcal{H}, \mathcal{K})$ は完備である. □

有界作用素には加法に加えて乗法が定義できる. $\mathcal{H}, \mathcal{K}, \mathcal{L}$ をノルム空間とする. $B \in B(\mathcal{H}, \mathcal{K})$, $A \in B(\mathcal{K}, \mathcal{L})$ とする. このとき $\|(AB)u\| \leq \|A\|\|Bu\| \leq \|A\|\|B\|\|u\|$ なので $\|AB\| \leq \|A\|\|B\|$ となる. 乗法に関して, 結合則 $(AB)C = A(BC)$ が成り立つことは容易にわかる. 4つ以上の作用素の積に対しても同様である. よって, 作用素の積は括弧をつけないで $A_1 A_2 \cdots A_n$ のように表す. さらに, 加法と乗法に関する分配法則 $(A + B)C = AC + BC$, $A(B + C) = AB + AC$ が成り立つ. また, $\alpha \in \mathbb{C}$ に対して $\alpha(AB) = (\alpha A)B = A(\alpha B)$ が成り立つ. $\mathcal{H}$ がバナッハ空間のとき定理 4.8 から $B(\mathcal{H})$ はバナッハ空間に

なる. また, $A, B \in B(\mathcal{H})$ に対して $AB \in B(\mathcal{H})$ になる. $B(\mathcal{H})$ は AB を積として多元環になる. 一般に, バナッハ空間に積が定義されていて多元環をなし, $\|AB\| \le \|A\|\|B\|$ をみたすとき**バナッハ環**という. $B(\mathcal{H})$ はバナッハ環である.

積の連続性について考えよう.

[補題 4.9] 写像 $B(\mathcal{K}, \mathcal{L}) \times B(\mathcal{H}, \mathcal{K}) \ni (A, B) \mapsto AB \in B(\mathcal{H}, \mathcal{L})$ は一様位相で連続である.

証明 $\lim_{n \to \infty} A_n = A$, $\lim_{n \to \infty} B_n = B$ とする. $(\|A_n\|)_n$ は $|\|A_n\| - \|A\|| \to 0$ $(n \to \infty)$ なので $\mathbb{R}$ の収束列である. ゆえに, $a = \sup_{n \in \mathbb{N}} \|A_n\| < \infty$. よって,
$$\|A_n B_n - AB\| \le \|A_n B_n - A_n B\| + \|A_n B - AB\|$$
$$\le a\|B_n - B\| + \|B\|\|A_n - A\| \to 0 \,(n \to \infty)$$
となって補題が証明された. □

[例 4.10] (有限次元ノルム空間上の線形作用素) $\mathcal{H}$ と $\mathcal{K}$ が有限次元ノルム空間のとき線形作用素 $A\colon \mathcal{H} \to \mathcal{K}$ は有界である. 証明しよう. $\dim \mathcal{H} = n$ とし $\mathcal{H}$ の完全正規直交系を $\{e_j\}_{j=1}^{n}$ とする. このとき任意の $f \in \mathcal{H}$ は $f = \sum_{j=1}^{n} \xi_j e_j$ と表せる. $\|f\|_\infty = \max_j |\xi_j|$ とすれば, $\|\cdot\|_\infty$ は $\mathcal{H}$ のノルムと同値であるから $\|f\|_\infty \le K\|f\|$ $(\forall f \in \mathcal{H})$ となる定数 K が存在する. $M = \max_{1 \le j \le n} \|Ae_j\|$ とすると $\|Af\| = \|\sum_{j=1}^{n} \xi_j Ae_j\| \le M \sum_{j=1}^{n} \|\xi_j\|$ となる. ゆえに, $\|Af\| \le nM\|f\|_\infty \le nMK\|f\|$ となるから A は有界である.

[例 4.11] (有界作用素の直和) A と B はそれぞれノルム空間 $\mathcal{H}$ と $\mathcal{K}$ 上の有界作用素とする. このとき $\mathcal{H} \oplus \mathcal{K}$ 上の作用素 $A \oplus B$ を $(A \oplus B)(f \oplus g) = Af \oplus Bg$ $(f \in \mathcal{H},\ g \in \mathcal{K})$ と定める. このとき
$$\|Af \oplus Bg\| = \|Af\|_{\mathcal{H}} + \|Bg\|_{\mathcal{K}} \le \|A\|\|f\|_{\mathcal{H}} + \|B\|\|g\|_{\mathcal{K}}$$
$$\le \max\{\|A\|, \|B\|\}\|f \oplus g\|_{\mathcal{H} \oplus \mathcal{K}}.$$
ゆえに, $A \oplus B$ は有界作用素である.

[例 4.12] (有界作用素の商) $\mathcal{H}$ はノルム空間で $\mathcal{K}$ はその閉部分空間とする. A は $\mathcal{H}$ 上の有界作用素で $A\mathcal{K} = \mathcal{K}$ とする. このとき $\mathcal{H}/\sim$ 上の作用素 $[A]$ を $[A][f] = [Af]$ と定める. これは, 代表元の選び方によらない. なぜならば,

$f \sim g$ とすると $Ag - Af = A(g - f) \in \mathcal{K}$ なので $[Af] = [Ag]$ である. また, $A\mathcal{K} = \mathcal{K}$ なので,

$$\|[Af]\|_\sim = \inf_{g \in \mathcal{K}} \|Af - g\| = \inf_{h \in \mathcal{K}} \|Af - Ah\|$$
$$\leq \|A\| \inf_{h \in \mathcal{K}} \|f - h\| = \|A\|\|[f]\|_\sim$$

なので $[A]$ は有界作用素である.

例 4.13 (ユニタリー作用素) $\mathcal{H}$ と $\mathcal{K}$ をヒルベルト空間とする. $T: \mathcal{H} \to \mathcal{K}$ が $\mathsf{D}(T) = \mathcal{H}$, $\mathrm{Ran}\,T = \mathcal{K}$, $\|Tu\|_\mathcal{K} = \|u\|_\mathcal{H}$ $(u \in \mathcal{H})$ となるとき T を**ユニタリー作用素**という. このとき $(Tu, Tv)_\mathcal{K} = (u, v)_\mathcal{H}$ $(u, v \in \mathcal{H})$ が成り立つ. また, $\mathcal{H}$ と $\mathcal{K}$ の間にユニタリー作用素が存在するとき $\mathcal{H}$ と $\mathcal{K}$ はヒルベルト空間として**同型**であるという.

例 4.14 (埋め込み作用素) Ω は $\mathbb{R}^d$ の可測集合で $\lambda(\Omega) < \infty$ とする. 補題 2.17 から, $1 \leq p_1 < p_2 < \infty$ のとき $L^{p_2}(\Omega) \subset L^{p_1}(\Omega)$ かつ $\|u\|_{L^{p_1}} \leq \lambda(\Omega)^{\frac{1}{p_1} - \frac{1}{p_2}} \|u\|_{L^{p_2}}$ となる. ここで, $\iota: L^{p_2}(\Omega) \to L^{p_1}(\Omega)$ を $\iota u = u$ と定義する. このとき

$$\|\iota u\|_{L^{p_1}} \leq \lambda(\Omega)^{\frac{1}{p_1} - \frac{1}{p_2}} \|u\|_{L^{p_2}}$$

であるから, ι は有界作用素で $\|\iota\| \leq \lambda(\Omega)^{\frac{1}{p_1} - \frac{1}{p_2}}$ である. さらに, $\|\iota\mathbb{1}\|_{L^{p_1}} = \lambda(\Omega)^{1/p_1} = \lambda(\Omega)^{\frac{1}{p_1} - \frac{1}{p_2}} \|\mathbb{1}\|_{L^{p_2}}$ であるから, $\|\iota\| = \lambda(\Omega)^{\frac{1}{p_1} - \frac{1}{p_2}}$ である.

例 4.15 (シフト作用素) $h \in \mathbb{R}^d$ に対して $\tau_h: L^p(\mathbb{R}^d) \to L^p(\mathbb{R}^d)$ を $\tau_h f = f(\cdot + h)$ とする. $\|\tau_h f\|_{L^p} = \|f\|_{L^p}$ であるから, τ_h は有界である. また, $\|\tau_h\| = 1$ となる.

例 4.16 (掛け算作用素) Ω を $\mathbb{R}^d$ の可測集合とする. $\rho \in L^\infty(\Omega)$ とする. $L^p(\Omega)$ における**掛け算作用素** M_ρ を次で定める.

$$M_\rho f(x) = \rho(x) f(x).$$

このとき次が成り立つ.

$$\|M_\rho f\|_{L^p}^p = \int_\Omega |\rho(x) f(x)|^p \, dx \leq M^p \|f\|_{L^p}^p.$$

ここで, $M = \operatorname{ess\,sup} |\rho|$. ゆえに, M_ρ は有界で, $\|M_\rho\| \le M$ である. 実は $\|M_\rho\| = M$ となる. 証明しよう. $\operatorname{ess\,sup} |\rho|$ の定義から, 任意の $\varepsilon > 0$ に対して $\lambda(\langle |\rho| > M - \varepsilon \rangle) \ne 0$ になる. $O_\varepsilon = \langle |\rho(x)| > M - \varepsilon \rangle$ として, $f = \mathbb{1}_{O_\varepsilon}/\|\mathbb{1}_{O_\varepsilon}\|_{L^p}$ とする. このとき $\|f\|_{L^p} = 1$. また,

$$\|M_\rho f\|_{L^p}^p = \frac{\int_\Omega |\rho(x)|^p \mathbb{1}_{O_\varepsilon}(x)\, dx}{\int_\Omega \mathbb{1}_{O_\varepsilon}(x)\, dx} \ge (M - \varepsilon)^p$$

となるから $\|M_\rho\| \ge M - \varepsilon$ である. $\varepsilon > 0$ は任意なので $\|M_\rho\| \ge M$ が従う. ゆえに, $\|M_\rho\| = M$.

$\boxed{\text{例 4.17}}$ (積分作用素)　Ω は $\mathbb{R}^d$ の可測集合とし $K \in L^2(\Omega \times \Omega)$ とする. A を

$$Af(x) = \int_\Omega K(x, y) f(y)\, dy$$

で定め, $\nu(A) = \|K\|_{L^2(\Omega \times \Omega)}$ とする. シュワルツの不等式から

$$|Af(x)|^2 \le \int_\Omega |K(x, y)|^2\, dy \times \int_\Omega |f(y)|^2\, dy$$

なので $\|Af\|_{L^2}^2 = \int_\Omega |Af(x)|^2\, dx \le \nu(A)^2 \|f\|_{L^2}^2$. ゆえに, A は有界かつ $\|A\| \le \nu(A)$ である. $\{e_n\}_n$ を $L^2(\Omega)$ の完全正規直交系とする. $e_n(x)e_m(y) \in L^2(\Omega \times \Omega)$ を $e_n \otimes e_m$ と表す. このとき $\{e_n \otimes e_m\}_{n,m}$ は $L^2(\Omega \times \Omega)$ の完全正規直交系になる. ゆえに, $K = \sum_{n,m=1}^\infty (K, e_n \otimes e_m) e_n \otimes e_m$ と展開できる. $(K, e_n \otimes e_m) = M_{nm}$ とおくと $Af = \sum_{\alpha,\beta=1}^\infty M_{\alpha\beta}(e_\beta, f)e_\alpha$ となるから,

$$\begin{aligned}
\sum_{n=1}^\infty \|Ae_n\|_{L^2(\Omega)}^2 &= \sum_{n=1}^\infty \sum_{\alpha,\beta=1}^\infty \sum_{\alpha',\beta'=1}^\infty \bar{M}_{\alpha\beta} M_{\alpha'\beta'}(e_\alpha, e_{\alpha'})\overline{(e_\beta, e_n)}(e_{\beta'}, e_n) \\
&= \sum_{n=1}^\infty \sum_{\alpha=1}^\infty \sum_{\beta,\beta'=1}^\infty \bar{M}_{\alpha\beta} M_{\alpha\beta'} \overline{(e_\beta, e_n)}(e_{\beta'}, e_n) \\
&= \sum_{\alpha=1}^\infty \sum_{\beta=1}^\infty |M_{\alpha\beta}|^2 = \|K\|_{L^2(\Omega \times \Omega)}^2 < \infty.
\end{aligned}$$

$\sum_{n=1}^\infty \|Ae_n\|_{L^2(\Omega)}^2 = \operatorname{Tr}(A^*A)$ と書かれ A^*A の**トレース**とよばれている. トレースの詳細は 9.3 節で解説する. 上のように $K \in L^2(\Omega \times \Omega)$ から定まる有

界作用素 A を**ヒルベルト–シュミットクラス**とよぶ. また, $\nu(A)$ を A の**ヒルベルト–シュミットノルム**とよぶ. 一般論は 9.4 節で解説する.

例 4.18(畳み込み作用素) $\mathbb{R}^d$ 上の可測関数 ρ が与えられたとする. A を

$$Af(x) = \int_{\mathbb{R}^d} \rho(x-y)f(y)\,dy, \quad f \in L^p(\mathbb{R}^d) \tag{4.1}$$

で定める. 右辺を $\rho * f$ と表し, ρ と f の**畳み込み**という. $\rho \in L^1(\mathbb{R}^d)$ ならば, $1 \le p \le \infty$ に対して $A \in B(L^p(\mathbb{R}^d))$ で,

$$\|Af\|_{L^p} \le \|\rho\|_{L^1}\|f\|_{L^p}$$

である. これは次のようにして示すことができる. $p = \infty$ の場合は容易なので, $1 \le p < \infty$ とする. 正数 q を p の共役指数とする. ヘルダーの不等式から

$$|Af(x)| \le \left(\int_{\mathbb{R}^d} |\rho(x-y)|\,dy \right)^{1/q} \left(\int_{\mathbb{R}^d} |\rho(x-y)|^{p(1-1/q)}|f(y)|^p\,dy \right)^{1/p}$$

$$= \left(\int_{\mathbb{R}^d} |\rho(x-y)|\,dy \right)^{1/q} \left(\int_{\mathbb{R}^d} |\rho(x-y)||f(y)|^p\,dy \right)^{1/p}$$

$$= \|\rho\|_{L^1}^{1/q} \left(\int_{\mathbb{R}^d} |\rho(x-y)||f(y)|^p\,dy \right)^{1/p}.$$

この不等式の両辺を p 乗してから x について積分し, フビニの定理を用いれば

$$\|Af\|_{L^p}^p \le \|\rho\|_{L^1}^{p/q} \int_{\mathbb{R}^d} \left(\int_{\mathbb{R}^d} |\rho(x-y)|\,dx \right) |f(y)|^p\,dy = \|\rho\|_{L^1}^{1+p/q}\|f\|_{L^p}^p.$$

ゆえに, $\|Af\|_{L^p} \le \|\rho\|_{L^1}\|f\|_{L^p}$ となる. 実は, この不等式は一般化することができる. それは**ヤングの不等式**とよばれている.

命題 4.19(ヤングの不等式) A を (4.1) で定め, $1 \le r, p \le \infty$, $\frac{1}{p} + \frac{1}{r} \ge 1$ と仮定する. $\rho \in L^r(\mathbb{R}^d)$, $f \in L^p(\mathbb{R}^d)$ とする.

$$\frac{1}{q} + 1 = \frac{1}{p} + \frac{1}{r}$$

によって定まる q に関して $Af \in L^q(\mathbb{R}^d)$ で次が成り立つ.

$$\|Af\|_{L^q} \le \|\rho\|_{L^r}\|f\|_{L^p}.$$

つまり, $A \in B(L^p(\mathbb{R}^d), L^r(\mathbb{R}^d))$.

最後に有界作用素として実現できない作用素の例をあげる．作用素の積が定義されていると，**交換子** $[A, B] = AB - BA$ を考えることができる．$c \in \mathbb{C}$ が存在して $[A, B] = c\mathbb{1}$ をみたす線形作用素 A, B を適当な線形空間 $\mathcal{H}$ 上に構成したい．例えば，$\mathcal{H} = \mathbb{C}^d$ とすれば A, B は行列で表せるが，$[A, B]$ の定義より $\mathrm{Tr}([A, B]) = 0$ となる．一方，$\mathrm{Tr}(c\mathbb{1}) = cd$ なので $[A, B] = c\mathbb{1}$ は $\mathbb{C}^d$ 上に実現できない．

[定理 4.20]（ウインクルの定理）　A と B はノルム空間 $\mathcal{H}$ 上の線形作用素とし $[A, B] = c\mathbb{1}$ をみたすとする．このとき A と B の少なくともどちらか一方は有界でない．

証明　A と B がともに有界とする．$[A, B] = c\mathbb{1}$ から $AB^n - B^n A = cnB^{n-1}$ が導かれる．よって $\|AB^n - B^n A\| = n|c|\|B^{n-1}\|$ なので
$$n|c|\|B^{n-1}\| \leq 2\|A\|\|B^n\| \leq 2\|A\|\|B\|\|B^{n-1}\|$$
となる．ゆえに，$n|c| \leq 2\|A\|\|B\|$ が任意の n で成り立ち $\|A\|$ と $\|B\|$ のどちらかは有界ではない．$\square$

4.2　軟化作用素

　関数をなめらかな関数に変形することを考えよう．そのためにはフリードリクスの軟化作用素が便利である．ちなみに「軟化」は仏語「mollifier＝和らげる」に由来する．ρ は次をみたすとする．

(1)　$\rho \in C_0^\infty(\mathbb{R}^d)$ かつ $\rho(x) \geq 0 \, (x \in \mathbb{R}^d)$.

(2)　$\mathrm{supp}\,\rho \subset \{x \in \mathbb{R}^d \mid |x| < 1\}$.

(3)　$\int_{\mathbb{R}^d} \rho(x)\,dx = 1$.

　例えば，ρ として次の関数がある．
$$\rho(x) = \begin{cases} Ce^{-\frac{1}{1-|x|^2}} & |x| < 1 \\ 0 & |x| \geq 1. \end{cases}$$
任意の $\varepsilon > 0$ に対して
$$\rho_\varepsilon(x) = \frac{1}{\varepsilon^d}\rho\left(\frac{x}{\varepsilon}\right)$$
とする．ρ_ε は上記 (1) と (3) をみたし，台は $\mathrm{supp}\,\rho_\varepsilon \subset \{x \in \mathbb{R}^d \mid |x| < \varepsilon\}$ となる．関数列 $\{\rho_\varepsilon\}_\varepsilon$ を**軟化子**または**フリードリクスの軟化子**という．$f \in$

$\mathcal{L}^1_{\mathrm{loc}}(\mathbb{R}^d)$ に対して

$$f_\varepsilon(x) = \rho_\varepsilon * f(x) = \int_{\mathbb{R}^d} \rho_\varepsilon(x - y) f(y) \, dy$$

とおく. $J_\varepsilon \colon f \mapsto f_\varepsilon$ を**軟化作用素**または**フリードリクスの軟化作用素**という. $\varepsilon \downarrow 0$ のとき, ρ_ε の台は $\{0\}$ に近づくので, 直観的には $f_\varepsilon(x) \to f(x)$ が予想できる.

補題 4.21 $f \in \mathcal{L}^1_{\mathrm{loc}}(\mathbb{R}^d)$ とする. このとき $J_\varepsilon f \in C^\infty(\mathbb{R}^d)$ である. さらに, $\operatorname{supp} f$ がコンパクトならば $J_\varepsilon f \in C_0^\infty(\mathbb{R}^d)$ である.

証明 $J_\varepsilon f(x) = \int_{\mathbb{R}^d} \rho_\varepsilon(x - y) f(y) \, dy$ の右辺の積分範囲は $|x - y| \le \varepsilon$ に限ってよいから, $f \in \mathcal{L}^1_{\mathrm{loc}}(\mathbb{R}^d)$ ならば, 積分は絶対収束している. $z \in \mathbb{R}^d$ を任意に固定し, $M_z = \{x \in \mathbb{R}^d \mid |z - x| < 1\}$ の範囲で考えると, ρ_ε の台がコンパクトなので

$$J_\varepsilon f(x) = \int_{|z-y| \le 1+\varepsilon} \rho_\varepsilon(x - y) f(y) \, dy, \quad x \in M_z \tag{4.2}$$

となる. $\alpha \in \mathbb{Z}_+^d$ として $\{(x, y) \in \mathbb{R}^{2d} \mid |z - x| < 1 \text{ かつ } |z - y| \le 1 + \varepsilon\}$ 上で $D_x^\alpha \{\rho_\varepsilon(x - y) f(y)\}$ は可積分なので (4.2) の右辺で積分と微分 D_x^α の順序交換ができる. $\alpha \in \mathbb{Z}_+^d$ と $z \in \mathbb{R}^d$ は任意なので $J_\varepsilon f \in C^\infty(\mathbb{R}^d)$ となる. また, f の台がコンパクトなときは, $x \notin \{z + y \in \mathbb{R}^d \mid z \in \operatorname{supp} f, |y| < \varepsilon\}$ ならば, $J_\varepsilon f(x) = 0$ なので $\operatorname{supp} J_\varepsilon f$ はコンパクトになる. $\square$

定理 4.22 $\rho \in L^1(\mathbb{R}^d)$ は $\int_{\mathbb{R}^d} \rho(x) \, dx = 1$ とする. $\rho_\varepsilon(x) = \rho(x/\varepsilon)/\varepsilon^d$ とおく. $1 \le p < \infty$ に対して $f \in L^p(\mathbb{R}^d)$ のとき

$$\lim_{\varepsilon \downarrow 0} \|\rho_\varepsilon * f - f\|_{L^p} = 0. \tag{4.3}$$

特に ρ_ε が軟化子のときは (4.3) が成り立つ.

証明 (第 1 段) $f, \rho \in C_0(\mathbb{R}^d)$, $\rho(x) \ge 0 \ (x \in \mathbb{R}^d)$, $\int_{\mathbb{R}^d} \rho(x) \, dx = 1$ と仮定する. このとき

$$\rho_\varepsilon * f(x) - f(x) = \int_{\mathbb{R}^d} \rho(y)(f(x - \varepsilon y) - f(x)) \, dy.$$

両辺の L^p ノルムをとると

$$\|\rho_\varepsilon * f - f\|_{L^p}^p \le \int_{\mathbb{R}^d} |\rho(y)| \|f(\,\cdot\, - \varepsilon y) - f\|_{L^p}^p \, dy.$$

$\|f(\,\cdot\, - \varepsilon y) - f\|_{L^p} \to 0 \ (\varepsilon \to 0)$ かつ $\|f(\,\cdot\, - \varepsilon y) - f\|_{L^p} \le 2\|f\|_{L^p}$ なので, ルベーグの収束定理により, $\lim_{\varepsilon \downarrow 0} \|\rho_\varepsilon * f - f\|_{L^p} = 0$.

（第2段）　$f \in L^p(\mathbb{R}^d)$, $\rho \in C_0(\mathbb{R}^d)$, $\int_{\mathbb{R}^d} \rho(x)\,dx = 1$ と仮定する．任意の $\delta > 0$ に対して $g \in C_0(\mathbb{R}^d)$ で $\|f - g\|_{L^p} < \delta$ となるものを選ぶ．そうすると

$$\|\rho_\varepsilon * f - f\|_{L^p} \leq \|\rho_\varepsilon * f - \rho_\varepsilon * g\|_{L^p} + \|\rho_\varepsilon * g - g\|_{L^p} + \|g - f\|_{L^p}$$
$$\leq \|\rho_\varepsilon\|_{L^1} \|f - g\|_{L^p} + \|\rho_\varepsilon * g - g\|_{L^p} + \|g - f\|_{L^p}$$
$$\leq (\|\rho_\varepsilon\|_{L^1} + 1)\delta + \|\rho_\varepsilon * g - g\|_{L^p}.$$

第1段により，$\lim_{\varepsilon\downarrow 0} \|\rho_\varepsilon * g - g\|_{L^p} \leq (\|\rho_\varepsilon\|_{L^1} + 1)\delta$ となる．δ は任意なので $\lim_{\varepsilon\downarrow 0} \|\rho_\varepsilon * f - f\|_{L^p} = 0$.

（第3段）　$f \in L^p(\mathbb{R}^d)$, $\int_{\mathbb{R}^d} \rho(x)\,dx = 1$ とする．任意の $\delta > 0$ に対して $g \in C_0(\mathbb{R}^d)$ で $\|\rho - g\|_{L^1} < \delta$ となるものを選ぶ．$|\|g\|_{L^1} - 1| = |\|g\|_{L^1} - \|\rho\|_{L^1}| \leq \|g - \rho\|_{L^1} < \delta$ なので $1 - \delta < \|g\|_{L^1} < 1 + \delta$ になる．$\tilde{g} = g/\|g\|_{L^1}$ とすると

$$\|\tilde{g} - \rho\|_{L^1} \leq \|\tilde{g} - g\|_{L^1} + \|g - \rho\|_{L^1} \leq \left| \frac{1}{\|g\|_{L^1}} - 1 \right| \|g\|_{L^1} + \delta \leq 2\delta$$

となる．$\tilde{g}_\varepsilon(x) = \tilde{g}(x/\varepsilon)\varepsilon^{d/2}$ とする．

$$\|\rho_\varepsilon * f - f\|_{L^p} \leq \|\rho_\varepsilon * f - \tilde{g}_\varepsilon * f\|_{L^p} + \|\tilde{g}_\varepsilon * f - f\|_{L^p}$$
$$\leq \|\rho_\varepsilon - \tilde{g}_\varepsilon\|_{L^1} \|f\|_{L^p} + \|\tilde{g}_\varepsilon * f - f\|_{L^p}$$
$$\leq 2\delta \|f\|_{L^p} + \|\tilde{g}_\varepsilon * f - f\|_{L^p}$$

となる．$\tilde{g} \in C_0(\mathbb{R}^d)$ かつ $\|\tilde{g}\| = 1$ となるから第2段より $\lim_{\varepsilon\downarrow 0} \|\tilde{g}_\varepsilon * f - f\|_{L^p} = 0$ なので $\lim_{\varepsilon\downarrow 0} \|\rho_\varepsilon * f - f\|_{L^p} \leq 2\delta \|f\|_{L^p}$ となる．δ は任意なので (4.3) が従う．□

定理 4.22 から導かれる次の定理は重要である．**変分法の基本補題**とよばれ既に 2.6 節で紹介した．ここで証明を与える．

定理 4.23（変分法の基本補題）　Ω を $\mathbb{R}^d$ の開集合とする．$f \in \mathcal{L}^1_{\mathrm{loc}}(\Omega)$ が

$$\int_\Omega f(x)\phi(x)\,dx = 0, \quad \phi \in C_0^\infty(\Omega)$$

をみたすならば $f = 0$ a.e. である．

証明　$\psi \in C_0^\infty(\Omega)$ とする．ψf を $\mathbb{R}^d$ 上の関数とみなす．ここで，Ω の外部での値を 0 とみなす．仮定より，

$$\int_{\mathbb{R}^d} \phi(x)(\psi f)(x)\,dx = 0, \quad \phi \in C_0^\infty(\mathbb{R}^d).$$

ρ_ε をフリードリクスの軟化子とすると，再び仮定より，$\rho_\varepsilon * (\psi f) = 0$ である．このとき $\|\rho_\varepsilon * (\psi f) - \psi f\|_{L^1} \to 0 \, (n \to \infty)$ なので $\psi f = 0$ a.e. となる．$\psi \in C_0^\infty(\mathbb{R}^d)$ だから $f = 0$ a.e. となる．□

4.3 不動点定理

$F: \mathcal{H} \to \mathcal{H}$ を写像とする. ただし, 線形とは限らない. $f(u) = u$ となる $u \in \mathcal{H}$ を F の**不動点**という.

[定義 4.24] （縮小写像） $\mathcal{H}$ と $\mathcal{K}$ をノルム空間とする. $F: \mathcal{H} \to \mathcal{K}$ が**縮小写像**であるとは任意の $u, v \in \mathsf{D}(F)$ に対して $\|F(u) - F(v)\|_{\mathcal{K}} \le r\|u - v\|_{\mathcal{H}}$ となる定数 $0 \le r < 1$ が存在することである.

[定理 4.25] （不動点定理） $\mathcal{H}$ をバナッハ空間とする. S を空でない $\mathcal{H}$ の閉部分空間とする. $F: S \to S$ を縮小写像とする. このとき S の中に F の不動点がただ一つ存在する.

証明 $u, v \in S$ を F の不動点とする. $\|u - v\| = \|F(u) - F(v)\| \le r\|u - v\|$ で $r < 1$ なので $\|u - v\| = 0$. ゆえに, $u = v$ となるから不動点は存在すれば一意である. 以下で不動点の存在を示す. $u_0 \in S$ を任意に選び, 帰納的に点列を $u_{n+1} = F(u_n)$ と定める. これは, $\|u_{n+1} - u_n\| \le r\|u_n - u_{n-1}\| \le r^n\|u_1 - u_0\|$ なので,

$$\|u_0\| + \sum_{n=0}^{\infty} \|u_{n+1} - u_n\| \le \|u_0\| + \frac{1}{1-r}\|u_1 - u_0\| < \infty.$$

よって, $u_k = u_0 + \sum_{n=0}^{k-1}(u_{n+1} - u_n)$ は収束する. $\lim_{n \to \infty} u_n = u$ とおけば $u \in S$ かつ $u = \lim_{n \to \infty} u_{n+1} = \lim_{n \to \infty} F(u_n) = F(u)$ なので u は不動点になる. $\square$

4.4 基本定理

これまで, バナッハ空間やヒルベルト空間といった**完備距離空間**を解説してきた. ここでは, 一般の完備距離空間の性質について紹介する. x-y 平面 $\mathbb{R}^2$ を想像して, x 軸に平行に数直線 $\mathbb{R}$ を y 軸方向にしきつめる. しかし, 可算個の数直線 $\mathbb{R}$ をいくらしきつめても決して $\mathbb{R}^2$ を覆うことはできない. つまり,

$$\mathbb{R}^2 \ne \bigcup_{\text{可算個}} \mathbb{R}.$$

この事実を一般化したものが次のベールのカテゴリー定理である. ベールのカテゴリー定理から様々な関数解析の基本的定理が導かれる. 本書では (1) 一様有界性定理, (2) 開写像定理, (3) 閉グラフ定理, (4) 閉値域定理を紹介する. ただし, 閉値域定理は第5章で紹介する.

4.4.1　ベールのカテゴリー定理 ▬▬▬▬▬▬▬▬▬

定理 4.26（ベールのカテゴリー定理）　V は空でない完備距離空間とする. $V = \bigcup_{n=1}^{\infty} V_n$ かつ $V_n \, (n \in \mathbb{N})$ が閉集合ならば, 少なくとも一つの V_n は V の内点を含む.

証明　背理法で示す. 全ての V_n が内点を含まないと仮定する. $V \neq \emptyset$ なので $x \in V$ が存在して, $B_\varepsilon(x) \subset V \, (\varepsilon > 0)$ となるから内点が存在する. V_1 は内点を含まないから, 特に $V \neq V_1$ であり, また, $V \setminus V_1$ は開集合であるから,

$$B_{r_1}(x_1) \subset V \setminus V_1$$

であるような $x_1 \in V$ と $0 < r_1 < 1$ が存在する. 次に, V_2 が内点を含まない閉集合であることから, $B_{r_1}(x_1) \setminus V_2$ は空でない開集合になる. ゆえに

$$B_{r_2}(x_2) \subset B_{r_1}(x_1) \setminus V_2$$

となる $x_2 \in V$ と $0 < r_2 < 1/2$ が存在する. 以下, 点列 $(x_n)_n$ と正数列 $(r_n)_n$ を, $0 < r_n < \frac{1}{2^{n-1}}$ かつ

$$B_{r_k}(x_k) \subset B_{r_{k-1}}(x_{k-1}) \setminus V_k$$

のようにとることができる. このとき $d(x_{k+1}, x_k) \leq r_k \leq \frac{1}{2^{k-1}}$ なので $(x_n)_n$ はコーシー列で, V が完備なので $\lim_{n \to \infty} x_n = x$ が存在する. 一方 $x_k \in B_{r_l}(x_l) \subset V \setminus V_l$ が $k \geq l$ で成り立つ. ゆえに, $x \in B_{r_l}(x_l) \subset V \setminus V_l$ が $l \geq 1$ で成り立つから, $x \in V \setminus \bigcup_{l=1}^{\infty} V_l = \emptyset$ で矛盾する. □

　内点を含まない閉集合の可算和で表される集合を**疎な集合**という. 一般に位相空間 X の部分集合 A が**第 1 類の集合**とは A が可算個の疎な集合の和集合で表されることである. 第 1 類の集合でない集合を**第 2 類の集合**という. 任意の第 1 類の部分集合 A の補集合 $X \setminus A$ が X で稠密なとき X を**ベール空間**という. ベールのカテゴリー定理により, 完備距離空間は第 2 類の集合である.

4.4.2　一様有界性定理 ▬▬▬▬▬▬▬▬▬

　一様有界性定理は有界作用素の族 $\{A_\lambda\}_\lambda$ が各点 f で有界, つまり, $\sup_\lambda \|A_\lambda f\| < \infty$ であれば, $\{\|A_\lambda\|\}_\lambda$ が有界であるという驚くべき事実を主張するものである.

定理 4.27（一様有界性定理）　$\mathcal{H}$ はバナッハ空間, $\mathcal{K}$ はノルム空間とする. $\{A_\lambda\}_{\lambda \in \Lambda} \subset B(\mathcal{H}, \mathcal{K})$ を有界作用素の族とし, 任意の $f \in \mathcal{H}$ に対して $\sup_{\lambda \in \Lambda} \|A_\lambda f\| < \infty$ とする. このとき $\sup_{\lambda \in \Lambda} \|A_\lambda\| < \infty$ となる.

証明 $\mathcal{H}_n = \{f \in \mathcal{H} \mid \sup_{\lambda \in \Lambda} \|A_\lambda f\| \le n\}$ とする. これは閉集合で, しかも $\mathcal{H} = \bigcup_{n=1}^{\infty} \mathcal{H}_n$ であるから, ベールのカテゴリー定理より, 少なくとも一つの $\mathcal{H}_n$ は開球を含む. つまり, $B_r(g) \subset \mathcal{H}_n$ となる $n \in \mathbb{N}$, $r > 0$, $g \in \mathcal{H}_n$ が存在する. $\|A_\lambda\|$ を評価しよう. $\|f\| < r$ をみたす任意の f に対して $f = f - g + g$ なので $f - g, g \in B_r(g)$ となる. ゆえに,

$$\sup_{\lambda \in \Lambda} \|A_\lambda f\| \le \sup_{\lambda \in \Lambda} \|A_\lambda (f - g)\| + \sup_{\lambda \in \Lambda} \|A_\lambda g\| \le 2n$$

となる. $\|f\| < 1$ ならば $\sup_{\lambda \in \Lambda} \|A_\lambda f\| \le 2n/r$ となるから,

$$\|A_\lambda\| = \sup_{\|f\| \le 1} \|A_\lambda f\| = \sup_{\|f\| < 1} \|A_\lambda f\| \le \frac{2n}{r}$$

である. ゆえに, $\sup_{\lambda \in \Lambda} \|A_\lambda\| \le 2n/r$. $\square$

系 4.28 (バナッハ–スタインハウスの定理) $\mathcal{H}$ はバナッハ空間, $\mathcal{K}$ はノルム空間とする. $T_n \in B(\mathcal{H}, \mathcal{K})$ $(\forall n \in \mathbb{N})$ は $\lim_{n \to \infty} T_n u$ が任意の $u \in \mathcal{H}$ で存在すると仮定する. $Tu = \lim_{n \to \infty} T_n u$ とおく. このとき $T \in B(\mathcal{H}, \mathcal{K})$ で $\|T\| \le \liminf_{n \to \infty} \|T_n\|$ が成り立つ.

証明 T の線形性は自明である. 一様有界性定理から $a = \sup_{n \in \mathbb{N}} \|T_n\| < \infty$ なので, $\|Tu\| = \lim_{n \to \infty} \|T_n u\| \le a \|u\|$ となり, T は有界作用素である. よって, $T \in B(\mathcal{H}, \mathcal{K})$. また,

$$\|Tu\| = \lim_{n \to \infty} \|T_n u\| = \liminf_{n \in \mathbb{N}} \|T_n u\| \le \left(\liminf_{n \in \mathbb{N}} \|T_n\| \right) \|u\|$$

なので $\|T\| \le \liminf_{n \in \mathbb{N}} \|T_n\|$. $\square$

4.4.3 開写像定理

位相空間の間の写像 $f \colon (V, \mathcal{O}_V) \to (W, \mathcal{O}_W)$ が連続とは任意の $A \in \mathcal{O}_W$ に対して $f^{-1}(A) \in \mathcal{O}_V$ となることである. つまり, 'f が連続 $\iff$ f^{-1} は開集合を開集合に移す' ということである. 一方, f が開集合を開集合に移すとき**開写像**という. 実は, 全射な有界作用素は開写像になる.

定理 4.29 (開写像定理) $\mathcal{H}$ と $\mathcal{K}$ をバナッハ空間とし $T \in B(\mathcal{H}, \mathcal{K})$ は全射とする. このとき T は開写像である.

証明 $B_{\mathcal{H}}(r) = \{u \in \mathcal{H} \mid \|u\| < r\}$ とする. また $B_{\mathcal{K}}(r) = \{u \in \mathcal{K} \mid \|u\| < r\}$ とし $F_n = \overline{T B_{\mathcal{H}}(n)}$ とする. T は全射なので $\mathcal{K} = \bigcup_{n=1}^{\infty} F_n$ になる. F_n は閉集合なので, ベールのカテゴリー定理によって, ある $m \in \mathbb{N}$ が存在して, F_m は内点をもつ. つま

り，$v \in \mathcal{K}$ と $r > 0$ が存在して，$B_\mathcal{K}(v, r) \subset \overline{TB_\mathcal{H}(m)}$ となる．ここで，$B_\mathcal{K}(v, r) = \{u \in \mathcal{K} \mid \|u - v\| < r\}$．$T(-u) = -Tu$ なので $B_\mathcal{K}(-v, r) \subset \overline{TB_\mathcal{H}(m)}$．また，$u \in B_\mathcal{K}(r)$ に対して $u = \frac{1}{2}(v + u) + \frac{1}{2}(-v + u)$ なので，

$$B_\mathcal{K}(r) \subset \frac{1}{2}\overline{TB_\mathcal{H}(m)} + \frac{1}{2}\overline{TB_\mathcal{H}(m)} = \overline{TB_\mathcal{H}(m)}$$

となる．さらに，

$$B_\mathcal{K}(r) \subset TB_\mathcal{H}(2m)$$

が次のようにして従う．$u \in B_\mathcal{K}(r)$ とする．このとき $u \in \overline{TB_\mathcal{H}(m)}$ でもあるから，$u = \lim_{n\to\infty} Tu_n$，$u_n \in B_\mathcal{H}(m)$ と表せる．$u = Tu_n + u - Tu_n$ と表せば，$n \to \infty$ のとき $\|u - Tu_n\| \to 0$ なので $u = Tu_1 + v_1$ で，$u_1 \in B_\mathcal{H}(m)$，$\|v_1\| < \frac{r}{2}$ と表せる．$2v_1 \in B_\mathcal{K}(r)$ なので $2v_1 = Tu_2 + v_2$ で，$u_2 \in B_\mathcal{H}(m)$，$\|v_2\| < \frac{r}{2}$ と表せる．これを繰り返すと，

$$u = T\sum_{k=1}^{n+1}\frac{1}{2^{k-1}}u_k + \frac{1}{2^n}v_{n+1} \tag{4.4}$$

となる．$\lim_{n\to\infty}\|\frac{1}{2^n}v_{n+1}\| = 0$ で，

$$\lim_{n\to\infty}\left\|\sum_{k=1}^{n+1}\frac{1}{2^{k-1}}u_k\right\| \le \sum_{k=1}^{\infty}\frac{1}{2^{k-1}}\|u_k\| < m\sum_{k=1}^{\infty}\frac{1}{2^{k-1}} = 2m$$

となるから，$\mathcal{H}$ の完備性から (4.4) の右辺は収束する．T は有界作用素なので

$$v = T\sum_{k=1}^{\infty}\frac{1}{2^{k-1}}u_k \in TB_\mathcal{H}(2m)$$

となる．ゆえに，$B_\mathcal{K}(r) \subset TB_\mathcal{H}(2m)$ が示せた．

　U を $\mathcal{H}$ の開集合とする．$T(U)$ も開集合であることを示す．$Tu \in T(U)$ とする．$B_\mathcal{H}(u, \varepsilon) \subset U$ とできるから，$T(B_\mathcal{H}(u, \varepsilon)) \subset T(U)$．$T(B_\mathcal{H}(u, \varepsilon)) = Tu + T(B_\mathcal{H}(\varepsilon)) = Tu + \frac{\varepsilon}{2m}T(B_\mathcal{H}(2m))$ なので，$r_0 = \frac{\varepsilon}{2m}r$ とすれば

$$B_\mathcal{K}(Tu, r_0) = Tu + \frac{\varepsilon}{2m}B_\mathcal{K}(r) \subset TB_\mathcal{H}(u, \varepsilon) \subset T(U)$$

となり Tu は $T(U)$ の内点であるから $T(U)$ は開集合である．□

　開写像定理から即座に次が導かれる．

系 4.30　$\mathcal{H}$ と $\mathcal{K}$ をバナッハ空間とし $T \in B(\mathcal{H}, \mathcal{K})$ は全単射とする．このとき $T^{-1} \in B(\mathcal{K}, \mathcal{H})$．

証明　T は全単射なので T^{-1} が定義できる．$T = (T^{-1})^{-1}$ は開写像なので T^{-1} は連続である．ゆえに，$T^{-1} \in B(\mathcal{K}, \mathcal{H})$．□

4.4.4 閉グラフ定理

$\mathcal{H}$ と $\mathcal{K}$ をバナッハ空間とする. 写像 $T\colon \mathcal{H} \to \mathcal{K}$ は $\mathsf{D}(T) = \mathcal{H}$ とする. このとき集合

$$G(T) = \{(u, Tu) \in \mathcal{H} \times \mathcal{K} \mid u \in \mathcal{H}\}$$

を T の**グラフ**という. $\mathsf{D}(T) = \mathcal{H}$ とならない場合のグラフは 8.1 節で解説する. 直積 $\mathcal{H} \times \mathcal{K}$ のノルムを $\|(u, v)\| = \|u\|_{\mathcal{H}} + \|v\|_{\mathcal{K}}$ と定義すれば $(\mathcal{H} \times \mathcal{K}, \|\cdot\|)$ はバナッハ空間になる.

[定理 4.31]（閉グラフ定理）　$\mathcal{H}$ と $\mathcal{K}$ をバナッハ空間とする. 線形作用素 $T\colon \mathcal{H} \to \mathcal{K}$ は $\mathsf{D}(T) = \mathcal{H}$ とする. T が有界であるための必要十分条件は T のグラフ $G(T)$ が直積ノルムで閉となることである.

証明　$(u_n, Tu_n) \in G(T)$ とする. T が有界作用素のとき, $\lim_{n\to\infty}(u_n, Tu_n) = (u, v)$ ならば $v = Tu$ となり, $(u, v) \in G(T)$ となる. ゆえに, $G(T)$ は閉である. 逆に $G(T)$ が閉とする. このとき $G(T)$ は $\mathcal{H} \times \mathcal{K}$ の閉部分空間なのでバナッハ空間になる. $\pi_1(u, Tu) = u$, $\pi_2(u, Tu) = Tu$ と定めると, $\|\pi_1(u, Tu)\| = \|u\|_{\mathcal{H}} \le \|(u, Tu)\|$ かつ $\|\pi_2(u, Tu)\| = \|Tu\|_{\mathcal{K}} \le \|(u, Tu)\|$ なので共に有界である. 特に π_1 は全単射である. 開写像定理から, π_1^{-1} も有界である. ゆえに, $Tu = \pi_2(u, Tu) = \pi_2\pi_1^{-1}u$ となるから $T = \pi_2\pi_1^{-1}$ なので T は有界である. $\square$

射影定理によりヒルベルト空間 $\mathcal{H}$ の閉部分空間 D に対して $\mathcal{H} = D \oplus D^{\perp}$ と直和分解できる. バナッハ空間でも同じことが示せる. バナッハ空間 $\mathcal{H}$ の閉部分空間 D と E が $D \cap E = \{0\}$ かつ任意の $f \in \mathcal{H}$ が一意に $f = g + h$, $g \in D$, $h \in E$ と表せるとき $\mathcal{H} = D \oplus E$ と表す.

[系 4.32]　$\mathcal{H}$ をバナッハ空間, D と E がその閉部分空間で $\mathcal{H} = D \oplus E$ とする. $f = g + h$, $g \in D$, $h \in E$ と表したとき, f に g を対応させる作用素を P とする. このとき P は有界で $P^2 = P$ をみたし, $P\mathcal{H} = D$ かつ $(\mathbb{1} - P)\mathcal{H} = E$ となる.

証明　P が線形作用素であることは容易にわかる. P の有界性は, $G(P)$ が閉であることを示せばよい. $G(P) \ni (u_n, Pu_n)$ とし $(u_n, Pu_n) \to (u, v)$ $(n \to \infty)$ とする. D は閉なので $v \in D$. また, $u_n - Pu_n \to u - v$ $(n \to \infty)$ なので $u - v \in E$ となる. ゆえに, $u = v + (u - v)$ で, $v \in D$ かつ $u - v \in E$ となるから $Pu = v$ となり, $(u, v) \in G(P)$ なので $G(P)$ は閉である. $u = v + w$, $v \in D$, $w \in E$ とすると,

$Pu = P^2 u = v$ なので $P = P^2$ になる. $P\mathcal{H} \subset D$ は自明である. $u \in D$ に対しては $Pu = u$ なので $D \subset P\mathcal{H}$. ゆえに, $P\mathcal{H} = D$. $(\mathbb{1} - P)u = u - v = w \in E$ なので $(\mathbb{1} - P)\mathcal{H} \subset E$. また, $w \in E$ ならば $(\mathbb{1} - P)w = w$ なので $(\mathbb{1} - P)\mathcal{H} = E$. □

閉グラフ定理を応用すると補題 1.45 の条件を弱めることができる.

系 4.33　Ω を $\mathbb{R}^d$ の可測集合とする. $1 \le p \le \infty$ とし q をその共役指数とする. $u \in L^p(\Omega)$ であるための必要十分条件は, 任意の $v \in L^q(\Omega)$ に対して次が成り立つことである.

$$uv \in L^1(\Omega).$$

また, 上記が成り立つとき次が成り立つ.

$$\|u\|_{L^p} = \sup_{\|v\|_{L^q} \le 1} \int_\Omega |u(x)v(x)| \, dx. \tag{4.5}$$

証明　必要条件はヘルダーの不等式から従うので, 十分条件を示す. 線形作用素 $T: L^q(\Omega) \ni v \mapsto uv \in L^1(\Omega)$ を考える. このとき, $G(T)$ は閉である. 実際, $v_n \to v$ $(n \to \infty)$ かつ $Tv_n = uv_n \to w$ $(n \to \infty)$ とすれば, ある部分列 $v_{n(k)}$ を選んで, $v_{n(k)} \to v$ $(n \to \infty)$ a.e. とできる. その結果, $uv_{n(k)} \to uv$ $(k \to \infty)$ a.e. であるから $w = uv$ a.e. となる. 閉グラフ定理により T は有界なので

$$\|uv\|_{L^1} = \|Tv\|_{L^1} \le M\|v\|_{L^q}$$

となる. ゆえに, 補題 1.45 から, $u \in L^p(\Omega)$ と $\|u\|_{L^p} \le M$ が従う. $M = \sup_{\|v\|_{L^q} \le 1} \int_\Omega |u(x)v(x)| \, dx$ なので

$$\|u\|_{L^p} \le \sup_{\|v\|_{L^q} \le 1} \int_\Omega |u(x)v(x)| \, dx$$

となる. 逆向きの不等式はヘルダーの不等式から従う. □

4.5　逆作用素

バナッハ空間 $\mathcal{H}$ 上で

$$f - Af = g$$

を解くことを考えよう. $g \in \mathcal{H}$ は与えられたベクトル, f は未知ベクトル, $A \in B(\mathcal{H})$ である. この式は $(\mathbb{1} - A)f = g$ と表せるから, 逆作用素 $(\mathbb{1} - A)^{-1}$ が存在すれば $f = (\mathbb{1} - A)^{-1}g$ となって f の存在がわかる. そこで $(\mathbb{1} - A)^{-1} \in B(\mathcal{H})$ となるための十分条件を求めよう.

定理 4.34（**ノイマン展開**）　$\mathcal{H}$ はバナッハ空間とし $A \in B(\mathcal{H})$ とする．この とき $\|A\| < 1$ ならば $\mathbb{1} - A$ は単射で，$(\mathbb{1} - A)^{-1} \in B(\mathcal{H})$ となる．さらに， 以下が成り立つ．

$$(\mathbb{1} - A)^{-1} = \sum_{n=0}^{\infty} A^n. \tag{4.6}$$

証明　$S = \sum_{n=0}^{\infty} A^n$ とおく．$\|A\| < 1$ なので

$$\sum_{n=0}^{\infty} \|A^n\| \leq \frac{1}{1 - \|A\|} < \infty$$

となる．ゆえに，$S \in B(\mathcal{H})$ である．$S_N = \sum_{n=0}^{N} A^n$ とする．そうすると

$$AS = \lim_{N \to \infty} AS_N = \sum_{n=1}^{\infty} A^n = S - \mathbb{1}$$

なので $(\mathbb{1} - A)S = \mathbb{1}$ が従う．同様に $S(\mathbb{1} - A) = \mathbb{1}$ も導かれるから，$S = (\mathbb{1} - A)^{-1}$ である．□

(4.6) は $(\mathbb{1} - A)^{-1}$ の**ノイマン展開**とよばれる．ノイマン展開を用いて有界 作用素の逆作用素を考えよう．$\mathcal{H}$ 上の可逆な有界作用素全体を $I(\mathcal{H})$ で表す．

$$I(\mathcal{H}) = \{A \in B(\mathcal{H}) \mid BA = AB = \mathbb{1} \text{をみたす} B \in B(\mathcal{H}) \text{が存在する}\}. \tag{4.7}$$

$BA = AB = \mathbb{1}$ なるとき

$$B = A^{-1}$$

と表す．行列は $AB = E$ ならば $BA = E$ であるが，一般に，無限次元線形空 間上の有界作用素は $AB = \mathbb{1}$ から $BA = \mathbb{1}$ は従わない．$I(\mathcal{H})$ は共役 $*$ と積で 閉じている．つまり $*$-代数である．$A \in B(\mathcal{H})$ が $A \in I(\mathcal{H})$ となる条件を求め よう．例えば $x \in \mathbb{R}$ に対して $|1 - x| < 1$ ならば

$$\frac{1}{x} = \frac{1}{1 - (1 - x)} = \sum_{m=0}^{\infty} (1 - x)^m$$

が成り立つ．有界作用素に対しても同様なことが成り立つことは容易に想像で きるだろう．

系 4.35 $A \in B(\mathcal{H})$ で $\|\mathbb{1} - A\| < 1$ とする. このとき $A \in I(\mathcal{H})$ であり, A の逆は次で与えられる.

$$A^{-1} = \sum_{n=0}^{\infty} (\mathbb{1} - A)^n.$$

証明　定理 4.34 で $\mathbb{1} - A$ を改めて A とおけばよい. □

定理 4.36　$\mathcal{H}$ をバナッハ空間とする. $A \in B(\mathcal{H})$ について, $\overline{\mathrm{Ran}\, A} = \mathcal{H}$ かつ $\|Au\| \geq c\|u\| \, (\forall u \in \mathcal{H})$ となる $c > 0$ が存在すると仮定する. このとき $A \in I(\mathcal{H})$.

証明　不等式 $\|Au\| \geq c\|u\|$ から A は単射である. $\overline{\mathrm{Ran}\, A} = \mathcal{H}$ なので $g \in \mathcal{H}$ に対して $\lim_{n \to \infty} \|Af_n - g\| = 0$ となる $f_n \in \mathcal{H}$ が存在する. ゆえに,

$$c\|f_n - f_m\| \leq \|A(f_n - f_m)\| \leq \|Af_n - g\| + \|g - Af_m\| \to 0 \, (n \to \infty)$$

なので $(f_n)_n$ はコーシー列になる. $\lim_{n \to \infty} f_n = f$ とおく. このとき $g = \lim_{n \to \infty} Af_n = Af$ であるから, A は全射である. 以上から A^{-1} が存在する. さらに, $\|A^{-1}u\| \leq (1/c)\|u\|$ となるから A^{-1} は有界作用素になる. □

定理 4.37　次が成り立つ.

(1)　$I(\mathcal{H})$ は $B(\mathcal{H})$ の開集合である.

(2)　写像 $I(\mathcal{H}) \ni A \mapsto A^{-1} \in B(\mathcal{H})$ は連続である.

証明　(1) $A \in I(\mathcal{H})$, $B \in B(\mathcal{H})$ で $\|A - B\|$ が十分小さければ $B \in I(\mathcal{H})$ を示す. $\|BA^{-1} - \mathbb{1}\| \leq \|B - A\|\|A^{-1}\|$ になるから $\|A - B\| < 1/\|A^{-1}\|$ であれば BA^{-1} の右逆 C が存在して $BA^{-1}C = \mathbb{1}$. 同様に, $\|A - B\|$ が小さいときに $A^{-1}B$ の左逆 D が存在して $DA^{-1}B = \mathbb{1}$ となる. これより, $A^{-1}C = DA^{-1}$ もわかるから, $B \in I(\mathcal{H})$ となる. これは $I(\mathcal{H})$ が開集合であることをいっている.

(2) $A_n, A \in I(\mathcal{H})$ で $A_n \to A \, (n \to \infty)$ とする.

$$\|A_n^{-1} - A^{-1}\| \leq \|A^{-1}\|\|AA_n^{-1} - \mathbb{1}\|.$$

ここで $AA_n^{-1} = (A_n A^{-1})^{-1}$ なので

$$\|AA_n^{-1} - \mathbb{1}\| \leq \sum_{m=1}^{\infty} \|\mathbb{1} - A_n A^{-1}\|^m$$

$$\leq \sum_{m=1}^{\infty} \|A - A_n\|^m \|A^{-1}\|^m = \frac{\|A - A_n\|\|A^{-1}\|}{1 - \|A - A_n\|\|A^{-1}\|}.$$

右辺は $n \to \infty$ のとき 0 に収束するから $A_n^{-1} \to A^{-1} \, (n \to \infty)$ となる. □

●●●●●●●●●●●●●●●●●●●●●● **演 習 問 題** ●●●●●●●●●●●●●●●●●●●●●●

4.1

(1)　位相空間 X の任意の稠密開部分集合 O_n の可算共通部分 $\bigcap_n O_n$ が X で稠密になることは X がベール空間であることの必要十分条件であることを示せ.

(2)　局所コンパクトハウスドルフ空間はベール空間であることを示せ.

4.2　$\{f_n\}_n$ は位相空間 X 上の連続関数族で各点収束すると仮定し $\lim_{n\to\infty} f_n(x) = f(x)$ とおく. $F = \{z \in X \mid f(x) \text{ は } x = z \text{ で不連続}\}$ は第 1 類の集合であることを示せ. 特に X がベール空間であれば f は稠密集合 $X \setminus F$ 上の連続関数になる.

4.3　$\mathbb{R}$ 上の関数列 $e_n(x) = \sqrt{n/\pi}\, e^{-nx^2}$ $(n \in \mathbb{N})$ を考える. $f \in C_0^\infty(\mathbb{R})$ に対して $\lim_{n\to\infty} \int_{\mathbb{R}} f(x) e_n(x)\, dx = f(0)$ を示せ.

4.4　$\{e_n\}_n$ を ℓ_2 の標準的な完全正規直交系とし $\mathcal{K}_2 = \mathrm{LH}\{e_n\}_n$ とする. $P_n\colon \ell_2 \to \ell_2$ は 1 次元空間 $\mathrm{LH}\{e_n\}$ への射影作用素とする. このとき $\lim_{n\to\infty} n P_n a = 0$ $(\forall a \in \mathcal{K}_2)$ かつ $\lim_{n\to\infty} \|n P_n\| = \infty$ を示せ.

4.5　$\mathcal{H}$ と $\mathcal{K}$ を線形空間とし C を $\mathcal{H}$ の凸部分集合とする. 任意の $x, y \in C$ と任意の $0 \le t \le 1$ に対して $T\colon C \to \mathcal{K}$ が $T(tx + (1-t)y) = tTx + (1-t)Ty$ をみたすとき T を**アファイン写像**という. X を局所凸空間とし C を X のコンパクト凸部分集合とする. $T\colon C \to C$ が連続アファイン写像なとき T の不動点が存在することを示せ.

4.6　$\mathcal{H} = \{f \in C([0,1]) \mid 0 \le f \le 1, f(0) = 0, f(1) = 1\}$ とし $\|f\| = \sup_{x \in [0,1]} |f(x)|$ とする. M_x は x の掛け算作用素とする.

(1)　$\mathcal{H}$ は $C([0,1])$ の有界凸閉集合であることを示せ.

(2)　$M_x \mathcal{H} \subset \mathcal{H}$ かつ $\|M_x f - M_x g\| \le \|f - g\|$ を示せ.

(3)　M_x の不動点は存在しないことを示せ.

4.7　$\mathcal{H}$ をバナッハ空間とし $T_n, T \in B(\mathcal{H})$ とし $\lim_{n\to\infty} T_n = T$（強収束）とする. このとき $\sup_n \|T_n\| < \infty$ かつ $\|T\| \le \liminf_{n\to\infty} \|T_n\|$ が成り立つことを示せ.

4.8　$\mathcal{H}$ をバナッハ空間とし $T_n, T \in B(\mathcal{K}, \mathcal{H})$, $S_n, S \in B(\mathcal{H}, \mathcal{L})$ とする. このとき $\lim_{n\to\infty} S_n = S$（強収束）かつ $\lim_{n\to\infty} T_n = T$（強収束）ならば $\lim_{n\to\infty} S_n T_n = ST$（強収束）を示せ.

共 役 空 間

閉区間 $[a, b]$ 上の有限測度 μ を考える. 連続関数空間 $C([a, b])$ の元 f に積分値 $\phi(f) = \int_a^b f(x)\, d\mu(x)$ を対応させると, 線形作用素 $\phi \colon C([a, b]) \to \mathbb{C}$ を導く. 歴史的には, この逆問題が考察された. つまり, $C([a, b])$ 上の複素数値線形作用素は上のように表せるのか? 第 5 章では, その一般化である, ノルム空間 $\mathcal{H}$ の共役空間 $\mathcal{H}^*$ を考察する. 共役空間を考察することにより, 作用素 $T \colon \mathcal{H} \to \mathcal{K}$ の共役作用素 $T^* \colon \mathcal{K}^* \to \mathcal{H}^*$ が自然に定義できる. さらに, 第 2 共役空間 $\mathcal{H}^{**}$ や, 自然な埋め込み $J \colon \mathcal{H} \to \mathcal{H}^{**}$ が定義できる. これらの概念は, ノルム空間の位相やコンパクト性と非常に深い関係がある.

5.1 有界線形汎関数

線形空間 $\mathcal{H}$ またはその部分空間 $\mathcal{K}$ のベクトル u に係数体 $\mathbb{K}$ の要素 $f(u)$ を対応させる写像を**汎関数**という.

定義 5.1 (共役空間) ノルム空間 $\mathcal{H}$ の係数体を $\mathbb{K}$ とする. $(B(\mathcal{H}, \mathbb{K}), \|\cdot\|)$ を $\mathcal{H}$ の**共役空間**といい $\mathcal{H}^*$ と表す.

$f \in B(\mathcal{H}, \mathbb{K})$ は $\mathcal{H}$ 上の**有界線形汎関数**ともよばれる. 係数体 $\mathbb{K}$ はバナッハ空間なので $\mathcal{H}^*$ はノルム

$$\|f\| = \sup_{u \in \mathcal{H}, u \neq 0} \frac{|f(u)|}{\|u\|_{\mathcal{H}}}$$

でバナッハ空間になる. つまり, $\mathcal{H}$ が完備でなくても $\mathcal{H}^*$ は完備になる.

例 5.2 有界線形汎関数の例を紹介する.

(1) $\mathcal{H}$ をヒルベルト空間とし $v \in \mathcal{H}$ とする. $f(u) = (v, u)_{\mathcal{H}}$ とすれば, シュワルツの不等式により $|f(u)|/\|u\|_{\mathcal{H}} \leq \|v\|_{\mathcal{H}}$ なので $f \in \mathcal{H}^*$ である. また, $|f(v)|/\|v\|_{\mathcal{H}} = \|v\|_{\mathcal{H}}$ なので $\|f\| = \|v\|_{\mathcal{H}}$ になる.

(2) 任意の $u \in L^1(\Omega)$ に対して $f(u) = \int_\Omega u(x)\,dx$ とすれば $f \in L^1(\Omega)^*$
   となる. このとき $\|f\| = 1$ になる.

2 つのバナッハ空間 $\mathcal{H}$ と $\mathcal{K}$ が **同型** とは等長全単射 $U \in B(\mathcal{H}, \mathcal{K})$ が存在することである. $\mathcal{H}$ と $\mathcal{K}$ が同型のとき $\mathcal{H} \cong \mathcal{K}$ のように表す.

補題 5.3 $\mathcal{H}$ はノルム空間, D は $\mathcal{H}$ の稠密な部分空間とする. このとき $\mathcal{H}^* \cong D^*$ となる.

証明 $f \in \mathcal{H}^*$ に対して $f\lceil_D \in D^*$ である. $U : \mathcal{H}^* \to D^*$ を $Uf = f\lceil_D$ と定義する. これは全単射かつ等長である. 実際, $Uf = Ug$ のとき $f(u) = g(u)\,(\forall u \in D)$. D は稠密なので $f(u) = g(u)\,(\forall u \in \mathcal{H})$ となるから U は単射. また, $f \in D^*$ のとき f の $\mathcal{H}$ 上の有界作用素への拡大が一意に存在する. それを $\tilde{f}$ と表せば $\tilde{f} \in \mathcal{H}^*$. 明らかに $U\tilde{f} = f$ なので U は全射. 最後に D は稠密な部分空間なので,

$$\|Uf\| = \sup_{u \in D, u \neq 0} \frac{|Uf(u)|}{\|u\|} = \sup_{u \in \mathcal{H}, u \neq 0} \frac{|f(u)|}{\|u\|} = \|f\|$$

となり, U は等長作用素になる. □

5.2 $L^p(\Omega)^*$ 空間

$L^p(\Omega)$ の共役空間を考察する. そのために, 以下で補題 1.45 を拡張する.

系 5.4 Ω を $\mathbb{R}^d$ の可測集合とする. $1 \leq p \leq \infty$ とし q をその共役指数とする. $u \in L^p(\Omega)$ であるための必要十分条件は, ある $M \geq 0$ と稠密な部分空間 $D \subset L^q(\Omega)$ が存在して, 任意の $v \in D$ に対して $uv \in L^1(\Omega)$ かつ次が成り立つことである.

$$\int_\Omega |u(x)v(x)|\,dx \leq M\|v\|_{L^q}.$$

また, 上記が成り立つとき $\|u\|_{L^p} \leq M$ が成り立つ.

証明 補題 1.45 との違いは, $L^q(\Omega)$ が稠密な部分空間 D に置き換わっているところである. 必要条件はヘルダーの不等式から従う. 十分条件を示す. 写像 $T : D \to L^1(\Omega)$, $v \mapsto uv$ は有界作用素である. また, D は稠密なので T を $L^q(\Omega)$ 全体に一意に拡大できる. それを $\bar{T}$ と表す. 任意の $v \in L^q(\Omega)$ に対して D に列 $(v_n)_n$ が存在して, $v_n \to v\,(n \to \infty)$ が L^p ノルムで, $\bar{T}v_n = uv_n \to \bar{T}v\,(n \to \infty)$ が L^1 ノルムで成り立つ. 部分列をとれば, $\bar{T}v = \lim_{k \to \infty} \bar{T}v_{n_k} = \lim_{k \to \infty} uv_{n_k} = uv$ a.e. なので $uv \in L^1\,(\forall v \in L^q)$ になる. また, $\|uv\|_{L^1} = \|\bar{T}v\|_{L^1} \leq M\|v\|_{L^q}$ となる. ゆ

えに，補題 1.45 から系が従う．□

定理 5.5 ($L^p(\Omega)^* \cong L^q(\Omega)$) Ω を $\mathbb{R}^d$ の可測集合とする．$1 \le p < \infty$ とし q を p の共役指数とする．このとき $L^p(\Omega)^* \cong L^q(\Omega)$ となる．

証明 $f \in L^p(\Omega)$，$g \in L^q(\Omega)$ のとき，ヘルダーの不等式より $\left|\int_\Omega f(x)g(x)\,dx\right| \le \|f\|_{L^p}\|g\|_{L^q}$ が成り立つ．ゆえに，

$$F_g(f) = \int_\Omega f(x)g(x)\,dx, \quad f \in L^p(\Omega)$$

は $L^p(\Omega)$ 上の有界線形汎関数である．逆向きの主張を証明する．

（$\lambda(\Omega) < \infty$ の場合）$F \in L^p(\Omega)^*$ とする．可測集合 $E \subset \Omega$ に対して $\nu(E) = F(\mathbb{1}_E)$ と定める．$\{E_n\}_n$ は互いに交わらない可測集合の族とすれば $\lambda(\Omega) < \infty$ なので $L^p(\Omega)$ で $\lim_{n\to\infty} \sum_{j=1}^n \mathbb{1}_{E_j} = \mathbb{1}_{\bigcup_{j=1}^\infty E_j}$ となるから

$$\nu\left(\bigcup_{j=1}^\infty E_j\right) = \lim_{n\to\infty} \sum_{j=1}^n \nu(E_j).$$

ゆえに，ν は複素測度である．さらに，$\lambda(E) = 0$ ならば $\nu(E) = 0$ なので ν はルベーグ測度に対して絶対連続である．ラドン–ニコディムの定理より，$g \in L^1(\Omega)$ が存在して $d\nu = g\,dx$ となる．$\mathcal{M}$ は Ω 上の単関数全体を表すとすると

$$F(f) = \int_\Omega f(x)g(x)\,dx, \quad f \in \mathcal{M} \tag{5.1}$$

となる．よって，

$$\left|\int_\Omega f(x)g(x)\,dx\right| = |F(f)| \le \|f\|_{L^p}\|F\|, \quad f \in \mathcal{M}. \tag{5.2}$$

$\mathcal{M}$ は $L^p(\Omega)$ で稠密なので，系 5.4 より，(5.2) は $g \in L^q$ かつ $\|g\|_{L^q} \le \|F\|$ を意味する．また，(5.1) は $f \in L^p(\Omega)$ に対して成り立つことが極限操作でわかる．

（$\lambda(\Omega) = \infty$ の場合）$\Omega_1 \subset \Omega_2 \subset \cdots$ で $\Omega = \bigcup_{n=1}^\infty \Omega_n$ かつ $\lambda(\Omega_n) < \infty\,(\forall n \in \mathbb{N})$ となるように Ω_n を定める．$F \in L^p(\Omega)^*$ に対して $F_n = F\lceil_{L^p(\Omega_n)}$ とすれば $F_n \in L^p(\Omega_n)^*$ になる．F_n に対して $g_n \in L^q(\Omega_n)$ が存在して，$\|g_n\|_{L^q} \le \|F_n\| \le \|F\|$ かつ $F_n(f) = \int_{\Omega_n} f(x)g_n(x)\,dx$ になる．ラドン–ニコディムの定理から g_n は一意なので，$m \le n$ ならば $g_n\lceil_{\Omega_m} = g_m$ となる．$g\colon \Omega \to \mathbb{C}$ を $g(x) = g_n(x)\,(x \in \Omega_n)$ と定義する．$1 < q < \infty$ のときは

$$\|g\|_{L^q}^q = \int_\Omega |g(x)|^q\,dx = \lim_{n\to\infty} \int_{\Omega_n} |g(x)|^q\,dx = \lim_{n\to\infty} \int_{\Omega_n} |g_n(x)|^q\,dx \le \|F\|^q. \tag{5.3}$$

$q = \infty$ のときは，測度零の集合 $N_n \subset \Omega_n$ が存在して $|g_n(x)| \le \|F\|\,(\forall x \in \Omega_n \setminus N_n)$ なので $N = \bigcup_{n=1}^\infty N_n$ とすれば $|g(x)| \le \|F\|\,(\forall x \in \Omega \setminus N)$ が成り立つ．よって，

$$\|g\|_{L^\infty} \le \|F\| \tag{5.4}$$

となる. いま, $f \in L^p(\Omega)$ のとき

$$F(f) = \lim_{n\to\infty} F(\mathbb{1}_{\Omega_n} f) = \lim_{n\to\infty} \int_{\Omega_n} f(x) g_n(x)\, dx$$
$$= \lim_{n\to\infty} \int_{\Omega_n} f(x) g(x)\, dx = \int_{\Omega} f(x) g(x)\, dx.$$

ゆえに, 任意の $F \in L^p(\Omega)^*$ は $F = F_g, \ g \in L^q(\Omega)$ と表せる.

以上より, $T : L^q(\Omega) \to L^p(\Omega)^*$ を $Tg = F_g$ と定義すれば T は全射になる. (5.3) および (5.4) から $\|F_g\| \geq \|g\|_{L^q}$ が従う. また, $|F_g(f)| \leq \|g\|_{L^q} \|f\|_{L^p}$ から $\|F_g\| \leq \|g\|_{L^q}$ なので $\|Tg\| = \|F_g\| = \|g\|_{L^q}$ が従う. ゆえに, T は等長全単射なので $L^p(\Omega)^* \cong L^q(\Omega)$ となる. $\square$

次に $p = \infty$ の場合を考える.

[定理 5.6] ($\boldsymbol{L^1(\Omega) \subset L^\infty(\Omega)^*}$)　Ω を $\mathbb{R}^d$ の可測集合とする. このとき $L^1(\Omega) \subset L^\infty(\Omega)^*$ となる.

証明　任意の $g \in L^1(\Omega)$ に対して $F_g \in L^\infty(\Omega)^*$ を $F_g(f) = \int_\Omega f(x) g(x)\, dx$ と定める. $T : L^1(\Omega) \to L^\infty(\Omega)^*$ を $Tg = F_g$ と定義すると, 定理 5.5 と同様に, T が等長であることが示せる. ゆえに, f と F_f を同一視すれば $L^1(\Omega) \subset L^\infty(\Omega)^*$ がわかる. $\square$

注意 5.7　一般には, $F \in L^\infty(\Omega)^*$ は F_g の形では表現できない. 例をあげる. $\Omega = \mathbb{R}$ とする. $F \in C_0^\infty(\mathbb{R})^*$ を $F(f) = f(0)$ と定める. これは, $\|F\| = 1$ となる. したがって, 5.6 節で説明するハーン–バナッハの定理により, F は $L^\infty(\Omega)$ 上の有界線形汎関数 $\tilde{F}$ に拡大できる. つまり $\tilde{F} \in L^\infty(\Omega)^*$. ある $g \in L^1(\mathbb{R})$ が存在して

$$\tilde{F}(f) = \int_\mathbb{R} f(x) g(x)\, dx, \quad f \in L^\infty(\mathbb{R})$$

と表せると仮定すると, 任意の $f \in C_0^\infty(\mathbb{R} \setminus \{0\})$ に対して $\tilde{F}(f) = F(f) = f(0) = 0$ となる. 変分法の基本補題より, $\mathbb{R} \setminus \{0\}$ 上で $g(x) = 0$ a.e. になるから, $\mathbb{R}$ 上では, $g(x) = 0$ a.e. となる. ゆえに, 任意の $f \in L^\infty(\Omega)$ に対して $\tilde{F}(f) = 0$ である. 一方, $f(0) \neq 0$ となる $f \in C_0^\infty(\mathbb{R})$ に対して $\tilde{F}(f) = F(f) = f(0) \neq 0$ であるから矛盾である.

5.3 ℓ_p^* 空間

5.2 節では関数空間 $L^p(\Omega)$ の共役空間を考察した. 数列空間 ℓ_p についても同様のことが示せる.

[定理 5.8] ($\boldsymbol{\ell_p^* \cong \ell_q}$)　$1 < p < \infty$ とし q を p の共役指数とする. このとき $\ell_p^* \cong \ell_q$ となる.

証明　$a = (a_n)_n \in \ell_q$ とする. 任意の $b = (b_n)_n \in \ell_p$ に対して

$$f_a(b) = \sum_{n=1}^{\infty} a_n b_n$$

と定義する. $J\colon \ell_q \to \ell_p^*$ を $Ja = f_a$ と定めると, J は全単射で $\|Ja\|_{\ell_p^*} = \|a\|_{\ell_q}$ となることを以下で示す. ヘルダーの不等式から

$$|f_a(b)| \leq \sum_{n=1}^{\infty} |a_n b_n| \leq \|a\|_{\ell_q} \|b\|_{\ell_p}$$

となるから $f_a \in \ell_p^*$ で $\|f_a\| \leq \|a\|_{\ell_q}$ がわかる. 逆向きの不等式を示そう. $a = (a_n)_n$ で, $a_n = |a_n|e^{i\theta_n}$ $(\theta_n \in \mathbb{R})$ とする. $p(q-1) = q$ なので $b_n = |a_n|^{q-1}e^{i\theta_n}$ とすれば $\sum_{n=1}^{\infty} |b_n|^p = \sum_{n=1}^{\infty} |a_n|^q < \infty$ である. ゆえに, $b = (b_n)_n \in \ell_p$ かつ $\|b\|_{\ell_p} = \|a\|_{\ell_q}^{q/p}$ が成り立つ. そうすると

$$f_a(b) = \|a\|_{\ell_q}^q = \|a\|_{\ell_q}\|a\|_{\ell_q}^{q-1} = \|a\|_{\ell_q}\|b\|_{\ell_p}$$

となるから $\|f_a\| \geq \|a\|_{\ell_q}$ となる. ゆえに, $\|f_a\| = \|a\|_{\ell_q}$. 逆に, 任意の $f \in \ell_p^*$ が $f = f_a$ と表されることを示そう. $e^{(j)} = (\delta_{nj})_n$ とする. $a_j = f(e^{(j)})$, $a = (a_n)_n$ とする. $a \in \ell_q$ を示そう.

$$\sum_{n=1}^{N} |a_n|^q = \sum_{n=1}^{N} |a_n|^{q-1}a_n e^{-i\theta_n} = \sum_{n=1}^{N} |a_n|^{q-1}f(e^{(n)})e^{-i\theta_n} = f(b^{(N)}).$$

ここで, $b^{(N)} = \sum_{n=1}^{N} |a_n|^{q-1}e^{-i\theta_n}e^{(n)}$ である. $|f(b^{(N)})| \leq \|f\|\|b^{(N)}\|_{\ell_p} = \|f\|\left(\sum_{n=1}^{N} |a_n|^q\right)^{1/p}$ なので,

$$\sum_{n=1}^{N} |a_n|^q \leq \|f\|\left(\sum_{n=1}^{N} |a_n|^q\right)^{1/p}.$$

$f \neq 0$ だから N が十分大きければ $\sum_{n=1}^{N} |a_n|^q \neq 0$ なので,

$$\lim_{N \to \infty}\left(\sum_{n=1}^{N} |a_n|^q\right)^{1-1/p} \leq \|f\|.$$

ゆえに, $a \in \ell_q$ となる. $f_a(e^{(j)}) = f(e^{(j)})$ かつ $\overline{\mathrm{LH}\{e^{(j)}\}}_j = \ell_p$ なので $f(b) = f_a(b)\,(\forall b \in \ell_p)$. よって, 任意の $f \in \ell_p^*$ は $f = f_a$, $a \in \ell_q$ と表せる. $T\colon \ell_q \to \ell_p^*$ を $Ta = f_a$ と定義すれば, T は等長全単射なので $\ell_p^* \cong \ell_q$ である. $\square$

ℓ_1 の共役空間も同様に求めることができる.

定理 5.9 $(\boldsymbol{\ell_1^* \cong \ell_\infty})$　$\ell_1^* \cong \ell_\infty$ が成り立つ.

証明　$b = (b_n)_n \in \ell_\infty$ とする. $a = (a_n)_n \in \ell_1$ に対して $f_b \in \ell_1^*$ を $f_b(a) = \sum_{n=1}^{\infty} a_n b_n$ と定める. $f_b(a) \leq \|b\|_{\ell_\infty} \|a\|_{\ell_1}$ となり, $f_b \in \ell_1^*$ がわかる. 逆に, 任意の $f \in \ell_1^*$ に対して $a = (a_n)_n \in \ell_1$ は,

$$\lim_{n \to \infty} \left\| a - \sum_{j=1}^{n} a_j e^{(j)} \right\|_{\ell_1} = 0$$

なので $f(a) = \lim_{n \to \infty} \sum_{j=1}^{n} a_j f(e^{(j)})$ となる. $b_j = f(e^{(j)})$ とおくと $|b_j| \leq \|f\|$ なので $b = (b_n)_n \in \ell_\infty$ かつ $\|b\|_{\ell_\infty} \leq \|f\|$ である. ゆえに, $f(a) = f_b(a) = \sum_{j=1}^{\infty} a_j b_j$ となる. また, $|f(a)| \leq \|f\| \|a\|_{\ell_1}$ かつ $|\sum_{j=1}^{\infty} a_j b_j| \leq \|b\|_{\ell_\infty} \|a\|_{\ell_1}$ から $\|f\| \leq \|b\|_{\ell_\infty}$ がわかり $\|f\| = \|b\|_{\ell_\infty}$ を得る. $T: \ell_\infty \to \ell_1^*$ を $Tb = f_b$ と定めると T は等長全単射になるから $\ell_1^* = \ell_\infty$ となる. $\square$

　関数空間と同様に, $\ell_\infty^* \ncong \ell_1$ である. 実は次が成り立つ.

定理 5.10 $(\boldsymbol{c_0^* \cong \ell_1})$　$c_0^* \cong \ell_1$ が成り立つ.

証明　$b = (b_n)_n \in \ell_1$ とする. $a = (a_n)_n \in c_0$ に対して $f_b \in c_0^*$ を $f_b(a) = \sum_{n=1}^{\infty} a_n b_n$ と定める. $f_b(a) \leq \|b\|_{\ell_1} \|a\|_{\ell_\infty}$ となり $f_b \in c_0^*$ がわかる. 逆に, 任意の $f \in c_0^*$ に対して $a = (a_n)_n \in c_0$ は,

$$\lim_{n \to \infty} \left\| a - \sum_{j=1}^{n} a_j e^{(j)} \right\|_{\ell_\infty} = 0 \tag{5.5}$$

なので $f(a) = \sum_{j=1}^{\infty} a_j f(e^{(j)})$ となる. $b_j = f(e^{(j)})$ とおいて $b_j = |b_j| e^{i\theta_j}$ $(\theta_j \in \mathbb{R})$ とする. $a = \{e^{-i\theta_1}, e^{-i\theta_2}, \dots, e^{-i\theta_n}, 0, 0, \dots\}$ とすれば $a \in c_0$ であるから, $\sum_{j=1}^{n} |b_j| = \sum_{j=1}^{n} e^{-i\theta_j} b_j = f_b(a)$ となり,

$$\sum_{j=1}^{n} |b_j| \leq \|f\| \|a\|_{\ell_\infty} = \|f\|.$$

これから, $\sum_{j=1}^{\infty} |b_j| \leq \|f\|$ なので $b \in \ell_1$ になる. ゆえに, $f(a) = f_b(a)$, $b \in \ell_1$ かつ $\|f\| \geq \|b\|_{\ell_1}$ となる. また, $|f(a)| \leq \|f\| \|a\|_{\ell_\infty}$ かつ $|\sum_{j=1}^{\infty} a_j b_j| \leq \|b\|_{\ell_1} \|a\|_{\ell_\infty}$ なので $\|f\| \leq \|b\|_{\ell_1}$ となり, $\|f\| = \|b\|_{\ell_1}$ である. $T: \ell_1 \to c_0^*$ を $Tb = f_b$ と定めると T は等長全単射になるから $c_0^* \cong \ell_1$ となる. $\square$

注意 5.11　$\ell_\infty^* \cong \ell_1$ とならない理由を考えよう. $a \in c_0$ のとき (5.5) が定理 5.10 の証明のキーであった. しかし, $a \in \ell_\infty$ のとき $\lim_{n \to \infty} \|a - \sum_{j=1}^{n} a_j e^{(j)}\|_{\ell_\infty} \neq 0$ である. ゆえに, $f \in \ell_\infty^*$ に対して $f(a) = \lim_{n \to \infty} \sum_{j=1}^{n} a_j f(e^{(j)})$ とはならない.

5.4 $C_\infty(X)^*$ 空 間

有限測度と共役空間には深い関係がある．例えば，$K \subset \mathbb{R}$ をコンパクト集合として K 上の連続関数空間 $C(K)$ を考える．$(K, \mathcal{B}, \mu)$ を K 上の有限測度空間とする．そうすると積分作用素

$$\varphi(f) = \int_K f(x)\,d\mu(x), \quad f \in C(K)$$

が定義できる．このとき

$$|\varphi(f)| \leq \|f\|_\infty \mu(K)$$

なので $\varphi \in C(K)^*$ になる．これから，有限測度 μ は共役空間の元を与えることがわかるだろう．実は，以下にみるように，適当な条件下でこの逆が成立する．

X が位相空間のとき $\mathcal{B}(X)$ は X 上のボレルシグマ代数を表す．X をハウスドルフ空間とする．$(X, \mathcal{B}(X))$ 上の測度 μ が**内部正則**とは任意の $E \in \mathcal{B}(X)$ に対して

$$\mu(E) = \sup_{\substack{K \subset E \\ K : \text{コンパクト}}} \mu(K)$$

となることである．**外部正則**とは任意の $E \in \mathcal{B}(X)$ に対して

$$\mu(E) = \inf_{\substack{O \supset E \\ O : \text{開集合}}} \mu(O)$$

となることである．内部正則かつ外部正則な測度を**正則測度**という．複素測度 μ は $\mu = \operatorname{Re}\mu + i\operatorname{Im}\mu$ と 2 つの符号測度 $\operatorname{Re}\mu$ と $\operatorname{Im}\mu$ に分解できて，さらに，ジョルダン分解で $\operatorname{Re}\mu$ と $\operatorname{Im}\mu$ は正の有限測度と負の有限測度に分解できる．結局，複素測度 μ は 4 つの正の有限測度に分解できる．

$$\mu = \mu_1 - \mu_2 + i(\mu_3 - \mu_4).$$

定義 5.12 （ラドン測度） X を局所コンパクトハウスドルフ空間とする．可測空間 $(X, \mathcal{B}(X))$ 上の複素測度が内部正則な有限測度の一次結合で表されるとき，その測度を**ラドン測度**という．$(X, \mathcal{B}(X))$ 上のラドン測度全体を $\mathfrak{R}(X)$ と表す．

一般にラドン測度はハウスドルフ空間 X のボレルシグマ代数 $\mathcal{B}(X)$ 上に定義されるが本書ではこの部分に深入りせず，定義 5.12 をラドン測度の定義とする．任意の $\varepsilon > 0$ に対して $\{x \in X \mid |f(x)| \geq \varepsilon\}$ がコンパクト集合となるとき関数 f は ʼ無限遠点で消えているʼ という．

$$C_\infty(X) = \{f \in C(X) \mid f \text{ は無限遠点で消えている}\}$$

とする．$C_\infty(X)$ は $C_{\mathrm{b}}(X)$ の閉部分空間なので $(C_\infty(X), \|\cdot\|_\infty)$ はバナッハ空間である．$\varphi \in C_\infty(X)^*$ は $f \geq 0$ に対して $\varphi(f) \geq 0$ なるとき**正値**という．

$\boxed{\text{定理 5.13}}$ （リース–マルコフ–角谷の定理）　X を局所コンパクトハウスドルフ空間とする．このとき $\varphi \in C_\infty(X)^*$ に対して

$$\varphi(f) = \int_X f(x)\,d\mu(x), \quad f \in C_\infty(X) \tag{5.6}$$

となる $\mu \in \mathfrak{R}(X)$ が一意に存在する．逆に $\mu \in \mathfrak{R}(X)$ に対して上のように φ を定義すれば $\varphi \in C_\infty(X)^*$ になる．さらに，(5.6) のとき $\|\varphi\|_\infty = \|\mu\|$ となる．つまり，

$$(C_\infty(X), \|\cdot\|_\infty)^* \cong (\mathfrak{R}(X), \|\cdot\|)$$

である．特に $(\mathfrak{R}(X), \|\cdot\|)$ はバナッハ空間である．

また，$\varphi \in C_\infty(X)^*$ が正値ならば，$\mu \in \mathfrak{R}(X)$ は正測度で，逆に $\mu \in \mathfrak{R}(X)$ が正測度ならば $\varphi \in C_\infty(X)^*$ は正値になる．

注意 5.14　X が距離付け可能な位相空間ならば，$(X, \mathcal{B}(X))$ 上の有限測度は正則になることが知られている．ちなみに，局所コンパクトハウスドルフ空間は第 2 可算公理をみたせば距離付け可能である．X を距離付け可能な位相空間とし $(X, \mathcal{B}(X))$ 上の複素測度全体を $\mathfrak{M}(X, \mathcal{B}(X))$ とすれば，これは $\mathfrak{R}(X)$ に一致する．

$\boxed{\text{例 5.15}}$　閉区間 $[a, b]$ 上のラドン測度全体を $\mathfrak{R}([a, b])$ で表す．定理 5.13 により，

$$C([a, b])^* \cong \mathfrak{R}([a, b])$$

で $(\mathfrak{R}([a, b]), \|\cdot\|)$ はバナッハ空間になる．また，注意 5.14 から

$$\mathfrak{R}([a, b]) = \mathfrak{M}([a, b], \mathcal{B}([a, b]))$$

である．

5.5 リースの表現定理

ヒルベルト空間 $\mathcal{H}$ の共役空間 $\mathcal{H}^*$ を考えよう. 例 5.2 (1) で説明したように, $F_f: g \mapsto (f,g)$ は $F_f \in \mathcal{H}^*$ である. 実はこの逆もいえる.

定理 5.16(リースの表現定理) $F \in \mathcal{H}^*$ に対して $f \in \mathcal{H}$ が一意に存在して

$$F(h) = F_f(h), \quad h \in \mathcal{H}$$

と表せる. また, $\|F\| = \|f\|$ となる.

証明 ($\operatorname{Ker} F = \mathcal{H}$ の場合) このとき $F(g) = 0$ が全ての $g \in \mathcal{H}$ で成立しているから $f = 0$ とすれば $F(g) = (0,g) = 0$ となる.

($\operatorname{Ker} F \neq \mathcal{H}$ の場合) $\dim \operatorname{Ran} F = 1$ なので $\operatorname{Ker} F$ の余次元は 1 次元になる. つまり,

$$\mathcal{H} = \operatorname{Ker} F \oplus (\operatorname{Ker} F)^\perp$$

と直和分解したとき $\dim(\operatorname{Ker} F)^\perp = 1$ となることに注意しよう. $\operatorname{LH}\{g\} = (\operatorname{Ker} F)^\perp$ とすると $F(\cdot) = (\alpha g, \cdot)$ と予想できる. $\alpha \in \mathbb{C}$ は後で決める. $a \in \operatorname{Ker} F$ の場合は $F(a) = (\alpha g, a) = 0$ なので α は任意. $b = cg \in (\operatorname{Ker} F)^\perp$ のときは $F(b) = cF(g) = (\alpha g, cg)$ となるから

$$\alpha = \frac{\overline{F(g)}}{\|g\|^2}$$

とすれば十分. 結局 $f = (\overline{F(g)}/\|g\|^2)g$ とすれば, 任意の $h \in \mathcal{H}$ は

$$h = h - \frac{F(h)}{F(g)}g + \frac{F(h)}{F(g)}g,$$

$h - \frac{F(h)}{F(g)}g \in \operatorname{Ker} F$, $\frac{F(h)}{F(g)}g \in (\operatorname{Ker} F)^\perp$ と分解できるので, $F(h) = (f,h)\,(\forall h \in \mathcal{H})$ となる. また, $\|f\| = |F(g)|/\|g\| = \|F\|$ も従う. $\square$

系 5.17($\mathcal{H}^* \cong \mathcal{H}$) $\mathcal{H}$ をヒルベルト空間とする. このとき $\mathcal{H}^* \cong \mathcal{H}$.

証明 リースの表現定理により, $\iota: \mathcal{H} \to \mathcal{H}^*$ を $\iota f = F_f$ と定めれば, それは等長で全単射である. ゆえに, $\mathcal{H}^* \cong \mathcal{H}$ がわかる. $\square$

リースの表現定理からわかるように ι は反線形である. つまり,

$$\iota(\alpha F + \beta G) = \bar\alpha \iota F + \bar\beta \iota G.$$

$\mathcal{H}^*$ の内積を

$$(\iota f, \iota g)_{\mathcal{H}^*} = (g, f)_{\mathcal{H}}$$

と定める. f, g の順に注意せよ. これは内積の公理をみたす.

$$(\iota f, \alpha \iota g + \beta \iota h)_{\mathcal{H}^*} = (\iota f, \iota \bar{\alpha} g + \iota \bar{\beta} h)_{\mathcal{H}^*} = (\bar{\alpha} g + \bar{\beta} h, f)_{\mathcal{H}}$$
$$= \alpha(g, f)_{\mathcal{H}} + \beta(h, f)_{\mathcal{H}} = \alpha(\iota f, \iota g)_{\mathcal{H}^*} + \beta(\iota f, \iota h)_{\mathcal{H}^*},$$
$$\overline{(\iota f, \iota g)_{\mathcal{H}^*}} = \overline{(g, f)_{\mathcal{H}}} = (f, g)_{\mathcal{H}} = (\iota g, \iota f)_{\mathcal{H}^*},$$
$$(\iota f, \iota f)_{\mathcal{H}^*} = (f, f)_{\mathcal{H}} \geq 0.$$

そして, $(\iota f, \iota f)_{\mathcal{H}^*} = 0$ なら $f = 0$ である. ゆえに, $(\mathcal{H}^*, (\cdot, \cdot)_{\mathcal{H}^*})$ はヒルベルト空間である.

5.2 節と 5.3 節では $L^p(\Omega)^* \cong L^q(\Omega)$, $\ell_p^* \cong \ell_q$, $c_0^* \cong \ell_1$ を示した. これらを単に $L^p(\Omega)$ の共役空間は $L^q(\Omega)$ であるとか, ℓ_p の共役空間は ℓ_q であるということがある. しかし一般には, $\mathcal{H}^* \cong \mathcal{K}$ を示すには等長全単射 $T: \mathcal{K} \to \mathcal{H}^*$ を明示する必要がある. 同様に, ヒルベルト空間 $\mathcal{H}$ の共役空間 $\mathcal{H}^*$ は $\mathcal{H}$ 自身に等しいということもあるが, 等長全単射の暗黙の了解があってのことである. 実際, 次のようなことが起こり得る.

ϱ は $\varrho(x) \geq 1 \, (\forall x \in \mathbb{R}^d)$ となる可測関数とする. 例えば, $\varrho(x) = 1 + |x|^2$, $s \in \mathbb{R}$ として

$$\mathcal{L}^{2,s}(\mathbb{R}^d) = \left\{ f : 可測関数 \ \middle| \ \int_{\mathbb{R}^d} \varrho(x)^s |f(x)|^2 \, dx < \infty \right\}$$

を考える. $\mathcal{L}^{2,s}(\mathbb{R}^d)/\sim = L^{2,s}(\mathbb{R}^d)$ と表すと, $L^{2,s}(\mathbb{R}^d)$ は内積を

$$(f, g)_{L^{2,s}} = \int_{\mathbb{R}^d} \varrho(x)^s \bar{f}(x) g(x) \, dx$$

としてヒルベルト空間になる. リースの表現定理により

$$L^{2,s}(\mathbb{R}^d)^* \cong L^{2,s}(\mathbb{R}^d) \tag{5.7}$$

であり, $F \in L^{2,s}(\mathbb{R}^d)^*$ に対して

$$F(g) = \int_{\mathbb{R}^d} \varrho(x)^s \bar{f}(x) g(x) \, dx, \quad g \in L^{2,s}(\mathbb{R}^d)$$

となる $f \in L^{2,s}(\mathbb{R}^d)$ が存在する. F を F_f と表して, F_f と f を同一視するのがリースの表現定理である.

$L^{2,s}(\mathbb{R}^d)^*$ の異なる同一視を考えよう.

$$L^{2,s}(\mathbb{R}^d)^* \cong L^{2,-s}(\mathbb{R}^d)$$

という同一視が存在する.実際,次のようにすればよい.$U\colon L^{2,s}(\mathbb{R}^d) \to L^{2,-s}(\mathbb{R}^d)$ を $Uf = \varrho^s f$ と定義すると,これは,$L^{2,s}(\mathbb{R}^d)$ から $L^{2,-s}(\mathbb{R}^d)$ への等長全単射になる.そこでリースの表現定理と U を組み合わせて,$L^{2,s}(\mathbb{R}^d)^*$ と $L^{2,-s}(\mathbb{R}^d)$ を同一視する.$\iota\colon L^{2,s}(\mathbb{R}^d) \to L^{2,s}(\mathbb{R}^d)^*$ を (5.7) の同型を与える等長全単射とすれば,$\iota f = F_f$ で,

$$U\iota^{-1}\colon L^{2,s}(\mathbb{R}^d)^* \to L^{2,-s}(\mathbb{R}^d)$$

は等長全単射になる(図5.1).その結果,$F \in L^{2,s}(\mathbb{R}^d)^*$ に対して $h = U\iota^{-1}F \in L^{2,-s}(\mathbb{R}^d)$ とおけば $F = \iota U^{-1}h$ なので $F = F_{U^{-1}h}$ となって,

$$F_{U^{-1}h}(g) = (U^{-1}h, g)_{L^{2,s}} = \int_{\mathbb{R}^d} \bar{h}(x)g(x)\,dx$$

となる.このようにして,F と h を同一視する.

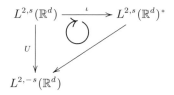

図5.1　ι と U は等長全単射.

以上,$L^{2,s}(\mathbb{R}^d)^*$ に対して2つの同一視を構成した.一つは $L^{2,s}(\mathbb{R}^d)$,もう一つは $L^{2,-s}(\mathbb{R}^d)$ である.ただし,これらの議論から安易に $L^{2,s}(\mathbb{R}^d) = L^{2,-s}(\mathbb{R}^d)$ としてはいけない.集合としての包含関係は $s > 0$ のとき

$$L^{2,s}(\mathbb{R}^d) \subset L^2(\mathbb{R}^d) \subset L^{2,-s}(\mathbb{R}^d)$$

である.このとき

$$L^{2,s}(\mathbb{R}^d)^* \supset L^2(\mathbb{R}^d)^* \supset L^{2,-s}(\mathbb{R}^d)^*$$

になる.実際,$f \in L^2(\mathbb{R}^d)^*$ とすると,$u \in L^{2,s}(\mathbb{R}^d)$ に対して $f(u)$ は定義できて,さらに,$\lim_{n\to\infty} u_n = u$ が $L^{2,s}(\mathbb{R}^d)$ で成り立てば $\lim_{n\to\infty} u_n = u$ は $L^2(\mathbb{R}^d)$ でも成り立つので,$\lim_{n\to\infty} f(u_n) = f(u)$ となり,$f \in L^{2,s}(\mathbb{R}^d)^*$ となる.同様に $L^2(\mathbb{R}^d)^* \supset L^{2,-s}(\mathbb{R}^d)^*$ も示せる.

5.6 ハーン–バナッハの定理

5.5 節で, $L^p(\Omega)$, ℓ_p, $C_\infty(X)$, ヒルベルト空間の共役空間を決定した. その結果, 例えば $u \in L^p(\Omega)$ が $f(u) = 0\,(\forall f \in L^p(\Omega)^*)$ をみたすならば, $L^p(\Omega)^*$ を $L^q(\Omega)$ と同一視して $f(u) = \int_\Omega u(x)f(x)\,dx = 0\,(\forall f \in L^q(\Omega))$ なので $u = 0$ が結論できる. これは, $L^p(\Omega)^*$ の元, つまり $L^q(\Omega)$ の元が豊富にあることの帰結である. 具体的な例を述べたが, 抽象的な線形空間 $\mathcal{H}$ の共役空間の元がたくさんあることが, 本節で紹介するハーン–バナッハの定理で保証されている. そのために, **ツォルンの補題**を復習しよう. 一般に, 順序集合 $(X, \leq)$ の元 $x \in X$ に対して $x < y$ となる y が存在しないとき x は X の**極大元**という. 極大元は複数個存在することもある. 任意の $x, y \in X$ が, $x \leq y$ または $y \leq x$ となるとき X を**全順序集合**という. 順序集合 X の部分集合 Y で, 全順序集合となるようなものを, **全順序部分集合**という. 順序集合 X は, その任意の全順序部分集合 Y が X の中に上界 (任意の $y \in Y$ に対して $y \leq x$ となるような元 $x \in X$) をもつとき**帰納的順序集合**という.

[補題 5.18] (ツォルンの補題) 任意の空でない帰納的順序集合は極大元をもつ.

[定理 5.19] (実線形空間のハーン–バナッハの定理) $\mathcal{H}$ は実線形空間とする. $p\colon \mathcal{H} \to \mathbb{R}$ は次をみたすとする.

(1) $p(u + v) \leq p(u) + p(v),\ u, v \in \mathcal{H}$.

(2) $p(\alpha u) = \alpha p(u),\ \alpha \geq 0$.

$\mathcal{K}$ は $\mathcal{H}$ の部分空間とし, $\mathcal{K}$ 上の線形汎関数 $f\colon \mathcal{K} \to \mathbb{R}$ が

$$f(u) \leq p(u), \quad u \in \mathcal{K}$$

をみたすとする. このとき $\mathcal{H}$ 上の線形汎関数 F で次をみたすものが存在する.

(1) $F(u) \leq p(u),\ u \in \mathcal{H}$.

(2) $f \subset F$.

証明 f の拡大の集合

$$\mathscr{A} = \{\Phi\colon \mathsf{D}(\Phi) \to \mathbb{R} \mid f \subset \Phi \text{ かつ } \Phi(u) \leq p(u),\ u \in \mathsf{D}(\Phi)\}$$

を考える. $\Phi', \Phi \in \mathscr{A}$ が $\Phi \subset \Phi'$ のとき $\Phi \leq \Phi'$ と定める. このとき $(\mathscr{A}, \leq)$ は順序集合になる. $\mathscr{A}$ に極大元が存在することをツォルンの補題を使って示す. $f \in \mathscr{A}$ なので $\mathscr{A} \neq \emptyset$. $\mathscr{B} \subset \mathscr{A}$ が $\mathscr{A}$ の全順序部分集合であるとして, $\mathscr{B}$ が上界をもつこと

を示す．$D = \bigcup_{\Phi \in \mathscr{B}} \mathsf{D}(\Phi)$ とおく．D 上の汎関数 Ψ を次で定義する．$u \in D$ に対して $u \in \mathsf{D}(\Phi)$ となる Φ が存在するから，$\Psi(u) = \Phi(u)$ とする．この定義は Φ の選び方によらない．実際，$u \in \mathsf{D}(\Phi_1) \cap \mathsf{D}(\Phi_2)$ のとき，$\Phi_1 \leq \Phi_2$ または $\Phi_1 \geq \Phi_2$ で，どちらでも同じなので $\Phi_1 \leq \Phi_2$ とする．このとき $\Phi_1(u) = \Phi_2(u)$ である．$\Phi \subset \Psi$ $(\forall \Phi \in \mathscr{B})$，および $\Psi(u) \leq p(u) \, (\forall u \in D)$ が成り立つ．Ψ の線形性を示す．$u_1, u_2 \in D$ とする．$u_1 \in \mathsf{D}(\Phi_1)$ かつ $u_2 \in \mathsf{D}(\Phi_2)$ とする．上と同じく，$\Phi_1 \leq \Phi_2$ と仮定してよい．このとき $u_1, u_2 \in \mathsf{D}(\Phi_2)$ となり，任意の $\alpha, \beta \in \mathbb{R}$ に対して

$$\Psi(\alpha u_1 + \beta u_2) = \Phi_2(\alpha u_1 + \beta u_2) = \alpha \Phi_2(u_1) + \beta \Phi_2(u_2) = \alpha \Psi(u_1) + \beta \Psi(u_2)$$

となる．以上より，$(\mathscr{A}, \leq)$ はツォルンの補題の仮定をみたすので $\mathscr{A}$ は極大元をもつ．その一つを F とする．$\mathsf{D}(F) = \mathcal{H}$ を背理法で示す．$\mathsf{D}(F) \neq \mathcal{H}$ とする．$u_0 \in \mathcal{H} \setminus \mathsf{D}(F)$ とする．

$$\mathcal{K} = \{v + \alpha u_0 \mid \alpha \in \mathbb{R}, v \in \mathsf{D}(F)\}$$

とおく．F が $F(u) \leq p(u) \, (u \in \mathsf{D}(F))$ を保ったまま，1 次元大きな空間 $\mathcal{K}$ に拡大可能であることを示す．$u = v + \alpha u_0 \in \mathcal{K}$ に対して $\Phi(u) = F(v) + \alpha c$ と定義する．$c \in \mathbb{R}$ は後で決める．Φ は F の拡大になっている．さて，$\Phi(u) \leq p(u) \, (\forall u \in \mathcal{K})$ となるように c を決める．

$$F(v) + \alpha c \leq p(v + \alpha u_0), \quad v + \alpha u_0 \in \mathcal{K} \tag{5.8}$$

なので，$\alpha > 0$ の場合，これを $c \leq p(\alpha^{-1} v + u_0) - F(\alpha^{-1} v)$ と変形する．

$$\{\alpha^{-1} v \mid \alpha \in (0, \infty), v \in \mathcal{K}\} = \mathcal{K}$$

なので (5.8) は

$$c \leq \inf_{w \in \mathcal{K}} \{p(w + u_0) - F(w)\} \tag{5.9}$$

と同じことである．同様に，$\alpha < 0$ の場合，(5.8) は，

$$c \geq \sup_{w \in \mathcal{K}} \{F(w) - p(w - u_0)\} \tag{5.10}$$

と同じことである．つまり，(5.8) は (5.9) かつ (5.10) と同値である．(5.9) と (5.10) を同時にみたす c が存在するための必要十分条件は

$$\sup_{w \in \mathcal{K}} \{F(w) - p(w - u_0)\} \leq \inf_{w \in \mathcal{K}} \{p(w + u_0) - F(w)\}$$

が成立することである．これは

$$F(w) - p(w - u_0) \leq p(w' + u_0) - F(w'), \quad w, w' \in \mathcal{K} \tag{5.11}$$

が成立することと同値である．

$$F(w) + F(w') = F(w + w') \leq p(w + w')$$
$$\leq p(w - u_0) + p(w' + u_0), \quad w, w' \in \mathcal{K}$$

であるから，確かに (5.11) が成立する．

以上，$\mathsf{D}(F)$ より 1 次元大きい部分空間 $\mathcal{K}$ が存在し，$\mathcal{K}$ 上の線形汎関数 Φ で $\Phi(u) \leq p(u) \, (u \in \mathcal{K})$ で $F \leq \Phi$ かつ $F \neq \Phi$ なるものが存在する．しかし，これは F が極大であることに矛盾する．ゆえに，$\mathsf{D}(F) = \mathcal{H}$ となり，定理が証明された．$\square$

定理 5.19 は複素線形空間に拡張できる.

定理 5.20（複素線形空間のハーン–バナッハの定理） $\mathcal{H}$ は複素線形空間とし $p\colon \mathcal{H} \to \mathbb{R}$ は次をみたすとする.

(1) $p(u) \geq 0,\ u \in \mathcal{H}$.

(2) $p(u + v) \leq p(u) + p(v),\ u, v \in \mathcal{H}$.

(3) $p(\alpha u) = |\alpha| p(u),\ \alpha \in \mathbb{C}$.

$\mathcal{K}$ は $\mathcal{H}$ の部分空間とし, $\mathcal{K}$ 上の線形汎関数 $f\colon \mathcal{K} \to \mathbb{C}$ が

$$|f(u)| \leq p(u), \quad u \in \mathcal{K}$$

をみたすとする. このとき $\mathcal{H}$ 上の線形汎関数 F で次をみたすものが存在する.

(1) $|F(u)| \leq p(u),\ u \in \mathcal{H}$.

(2) $f \subset F$.

証明 $\mathcal{H}$ を実線形空間とみなす. また, $\mathcal{K}$ も実線形空間としての $\mathcal{H}$ の部分空間とみなす. $g(u) = \operatorname{Re} f(u)\,(u \in \mathcal{K})$ とおくと g は $\mathcal{K}$ 上の実線形汎関数になる. $g(u) \leq |f(u)| \leq p(u)$ であるから, 定理 5.19 を適用すれば g の $\mathcal{H}$ 上への拡大 G で $G(u) \leq p(u)\,(\forall u \in \mathcal{H})$ となるものが存在する. そこで

$$F(u) = G(u) - iG(iu)$$

とおいて, F が求める性質をもつことを示す. $u \in \mathcal{K}$ ならば, $F(u) = \operatorname{Re} f(u) + i \operatorname{Im} f(u) = f(u)$ なので $f \subset F$. F の実線形性はすぐにわかる. さらに $F(iu) = G(iu) - iG(-u) = G(iu) + iG(u) = iF(u)$ であるから $F((a + ib)u) = F(au) + F(ibu) = aF(u) + ibF(u) = (a + ib)F(u)$ が成り立つ. よって, F は複素線形であることがわかる. 最後に $F(u) = |F(u)|e^{i\theta}$ とすれば,

$$|F(u)| = F(u)e^{-i\theta} = F(e^{-i\theta}u) = G(e^{-i\theta}u) - iG(ie^{-i\theta}u)$$
$$= G(e^{-i\theta}u) \leq p(e^{-i\theta}u) = p(u)$$

となり, $|F(u)| \leq p(u)$ が成り立つ. $\square$

系 5.21 $\mathcal{H}$ はノルム空間とし $\mathcal{K}$ はその部分空間とする. このとき任意の $f \in \mathcal{K}^*$ に対して $\mathcal{H}^*$ への f の拡大 F で $\|f\| = \|F\|$ となるものが存在する.

証明 $f \in \mathcal{K}^*$ に対して $p(u) = \|u\|\|f\|$ と定めると, $|f(u)| \leq p(u)$ をみたすので, 定理 5.20 より, $f \subset F$ で $|F(u)| \leq p(u) = \|u\|\|f\|$ となる $F \in \mathcal{H}^*$ が存在する. ゆえに, $\|F\| \leq \|f\|$ となる. 一方, $|f(u)| = |F(u)|\,(\forall u \in \mathcal{K})$ なので $\|f\| \leq \|F\|$ がわかる. ゆえに, $\|f\| = \|F\|$ となる. $\square$

系 5.22 $\mathcal{H}$ をノルム空間とし $u \in \mathcal{H}$ とする．このとき次が成り立つ．

$$\|u\| = \sup_{\substack{\|g\| \leq 1 \\ g \in \mathcal{H}^*}} |g(u)|. \tag{5.12}$$

証明 $u = 0$ のときは明らかに成り立つので，$u \neq 0$ とする．$\mathcal{K} = \mathrm{LH}\{u\}$ とする．$f \in \mathcal{K}^*$ を $f(tu) = t\|u\|$ と定めると $\|f\| = 1$ になる．系 5.21 から $F \in \mathcal{H}^*$ で $f \subset F$ かつ $\|f\| = \|F\| = 1$ となるものが存在する．そうすると

$$\|u\| = f(u) = F(u) \leq \sup_{\|g\| \leq 1, g \in \mathcal{H}^*} |g(u)|$$

となる．一方で，

$$\sup_{\substack{\|g\| \leq 1 \\ g \in \mathcal{H}^*}} |g(u)| \leq \|u\|$$

なので (5.12) が従う．□

系 5.23 $\mathcal{H}$ をバナッハ空間とする．$\mathcal{K}$ は $\mathcal{H}$ の閉部分空間で $\mathcal{K} \neq \mathcal{H}$ とし，$u \in \mathcal{H} \setminus \mathcal{K}$ とする．このとき次をみたす $f \in \mathcal{H}^*$ が存在する．

$$f(u) \neq 0, \tag{5.13}$$

$$f(v) = 0, \quad \forall v \in \mathcal{K}. \tag{5.14}$$

証明 $\|u\| = 1$ とし，$\mathcal{K}_0 = \mathrm{LH}\{u, v \in \mathcal{K}\}$ とする．まず，

$$\|u + v\| \geq C\|u\|, \quad v \in \mathcal{K} \tag{5.15}$$

となる C が存在することを示そう．もし，存在しないと仮定すると，任意の $n \in \mathbb{N}$ に対して $\|u + v_n\| < \frac{1}{n}\|u\|$ となる v_n が存在する．その結果 $\lim_{n \to \infty} \|u + v_n\| = 0$ となる．これは $-v_n \to u \, (n \to \infty)$ といっているのに他ならない．$\mathcal{K}$ は閉空間なので $u \in \mathcal{K}$ となり，これは矛盾である．ゆえに，(5.15) をみたす C が存在する．線形汎関数 $\phi : \mathcal{K}_0 \to \mathbb{R}$ を $\phi(v) = 0 \, (v \in \mathcal{K})$ かつ $\phi(u) = 1$ と定める．(5.15) より

$$\|au + v\| = |a|\left\|u + \frac{v}{a}\right\| \geq C|a|\|u\| = C\|au\|, \quad a \in \mathbb{C}, \, v \in \mathcal{K}$$

となるから

$$|\phi(au + v)| = |a| = |a|\|u\| = \|au\| \leq \frac{1}{C}\|au + v\|, \quad a \in \mathbb{C}, \, v \in \mathcal{K}$$

である．よって，$\|\phi\| \leq 1/C$ である．系 5.21 より，$\phi \subset f$ かつ $|f(v)| \leq 1/C\|v\|$ となる $f \in \mathcal{H}^*$ が存在する．この f は (5.13) と (5.14) をみたす．□

5.7 共役作用素

定義 5.24 （バナッハ空間上の共役作用素） $\mathcal{H}$ と $\mathcal{K}$ をノルム空間，$T \in B(\mathcal{H},\mathcal{K})$ とする．このとき $T^*: \mathcal{K}^* \to \mathcal{H}^*$ を次で定義する．

$$(T^*g)(u) = g(Tu), \quad u \in \mathcal{H}, \ g \in \mathcal{K}^*.$$

T^* を T の**共役作用素**という．

定理 5.25 $\mathcal{H}$ と $\mathcal{K}$ をノルム空間，$T \in B(\mathcal{H},\mathcal{K})$ とする．このとき $T^* \in B(\mathcal{K}^*,\mathcal{H}^*)$ で $\|T^*\| = \|T\|$ である．

証明 T^* の線形性はすぐにわかる．$\|T^*g\| \le \|T\|\|g\|$ なので T^* は有界作用素．つまり $T^* \in B(\mathcal{K}^*,\mathcal{H}^*)$ で $\|T^*\| \le \|T\|$．一方，系 5.22 から

$$\|Tu\| = \sup_{g \in \mathcal{K}^*, \|g\| \le 1} |g(Tu)| = \sup_{g \in \mathcal{K}^*, \|g\| \le 1} |(T^*g)(u)|$$
$$\le \sup_{g \in \mathcal{K}^*, \|g\| \le 1} \|T^*g\|\|u\| \le \|T^*\|\|u\|$$

なので $\|T\| \le \|T^*\|$ になるから $\|T\| = \|T^*\|$ となる．□

定理 5.26 $\mathcal{H}$ と $\mathcal{K}$ をノルム空間とする．$T: \mathcal{H} \to \mathcal{K}$ は等長全単射とする．このとき $T^*: \mathcal{K}^* \to \mathcal{H}^*$ も等長全単射になる．特に $\mathcal{H}$ と $\mathcal{K}$ が同型ならば $\mathcal{H}^*$ と $\mathcal{K}^*$ も同型である．

証明 $S = T^{-1}$ とする．このとき $(S^*T^*g)(u) = (T^*g)(Su) = g(TSu) = g(u)$ なので $S^*T^* = \mathbb{1}_{\mathcal{K}^*}$ になる．同様に $T^*S^* = \mathbb{1}_{\mathcal{H}^*}$ になる．すなわち，$S^* = (T^*)^{-1}$ である．$T^*S^* = \mathbb{1}_{\mathcal{H}^*}$ なので $\mathrm{Ran}\,T^* = \mathcal{H}^*$ となる．

$$\|T^*g\| \le \|T^*\|\|g\| = \|T\|\|g\| = \|g\| = \|S^*T^*g\|$$
$$\le \|S^*\|\|T^*g\| = \|S\|\|T^*g\| = \|T^*g\| \tag{5.16}$$

なので $\|T^*g\| = \|g\|$ である．ゆえに，T^* は等長全単射である．□

ヒルベルト空間上の有界作用素の共役作用素について次が成り立つ．

定理 5.27 （ヒルベルト空間上の共役作用素） $\mathcal{H}$ をヒルベルト空間とし，$T \in B(\mathcal{H})$ とする．このとき次をみたす $S \in B(\mathcal{H})$ が一意に存在する．

$$(f, Tg) = (Sf, g), \quad f, g \in \mathcal{H}. \tag{5.17}$$

証明 リースの表現定理により，反線形等長全単射 $\iota: \mathcal{H} \to \mathcal{H}^*$ が存在する．そうすると，$(f, Tg) = \iota f(Tg) = T^*\iota f(g) = (\iota^{-1}T^*\iota f, g)$ となる．$S = \iota^{-1}T^*\iota$ とおけば，

$S \in B(\mathcal{H})$ となる. 一意性も容易にわかる. □

(5.17) の S も T の共役作用素といい T^* と表す. $x \in \mathbb{R}$ が $|x| \leq 1$ のとき

$$\sqrt{x} = \sum_{n=0}^{\infty} c_n (1-x)^n$$

と展開できる. ここで, $c_n = (-1)^n \binom{1/2}{n}$ である. T をヒルベルト空間 $\mathcal{H}$ の有界作用素とする. $A = \|T\|^{-2} T^* T$ に対して

$$B = \sum_{n=0}^{\infty} c_n (\mathbb{1} - A)^n$$

とすれば, B が有界作用素で, $B^* = B$ かつ $B^2 = A$ になることがわかる. $\|T\|B = |T|$ と表す.

定理 5.28 (有界作用素の極分解)　T はヒルベルト空間 $\mathcal{H}$ 上の有界作用素とする. このとき $T = U|T|$ となる部分等長作用素 U で $\operatorname{Ker} U = \operatorname{Ker} T$ をみたすものがただ一つ存在する.

証明　$U\colon \operatorname{Ran}|T| \to \operatorname{Ran} T$ を $U(|T|f) = Tf$ と定義する. U を $\overline{\operatorname{Ran}|T|}$ から $\overline{\operatorname{Ran} T}$ に一意に拡大する. さらに, $\mathcal{H} = \operatorname{Ker}|T| \oplus \overline{\operatorname{Ran}|T|}$ なので $U\!\restriction_{\operatorname{Ker}|T|} = 0$ と定めると $U\colon \mathcal{H} \to \mathcal{H}$ は部分等長作用素になる. $|T|f = 0 \iff Tf = 0$ なので $\operatorname{Ker} U = \operatorname{Ker}|T| = \operatorname{Ker} T$. 一意性を示す. S を $T = S|T|$ で $\operatorname{Ker} S = \operatorname{Ker} T$ となる部分等長作用素とする.

$$\mathcal{H} = \operatorname{Ker} T \oplus \overline{\operatorname{Ran} T^*},$$
$$\operatorname{Ker} U = \operatorname{Ker} S = \operatorname{Ker} T$$

なので $U = S$ を $\overline{\operatorname{Ran} T^*}$ 上で示せばよい.

$$\operatorname{Ker} T = \operatorname{Ker}|T|,$$
$$\mathcal{H} = \operatorname{Ker}|T| \oplus \overline{\operatorname{Ran}|T|} = \operatorname{Ker} T \oplus \overline{\operatorname{Ran} T^*}$$

なので $\overline{\operatorname{Ran} T^*} = \overline{\operatorname{Ran}|T|}$ となる. $|T|f \in \operatorname{Ran}|T|$ に対して $U|T|f = Tf = S|T|f$. $g \in \overline{\operatorname{Ran}|T|}$ に対しては, $\operatorname{Ran}|T| \ni |T|f_n \to g\ (n \to \infty)$ かつ $U|T|f_n = S|T|f_n$ となる点列 $(f_n)_n$ が存在するので $Ug = Sg$ となる. □

　本書では極分解を $T = U|T|$ と書いたときは常に $\operatorname{Ker} U = \operatorname{Ker} T$ とする.

5.8 第2共役空間

ノルム空間の共役空間 $\mathcal{H}^*$ の，さらにその共役空間 $(\mathcal{H}^*)^*$ を**第2共役空間**という．これを $\mathcal{H}^{**}$ と表す．はじめに，自然な埋め込み $J\colon \mathcal{H} \to \mathcal{H}^{**}$ の存在を示そう．$u \in \mathcal{H}$ に対して $\phi_u \in \mathcal{H}^{**}$ を

$$\phi_u(f) = f(u), \quad f \in \mathcal{H}^*$$

と定め $Ju = \phi_u$ と定義する．

定理 5.29（自然な埋め込みの存在） $\mathcal{H}$ をノルム空間とし $u \in \mathcal{H}$ とする．このとき $Ju \in \mathcal{H}^{**}$ であり $\|Ju\|_{\mathcal{H}^{**}} = \|u\|_{\mathcal{H}}$ が成り立つ．つまり，J は $\mathcal{H}$ から $\mathcal{H}^{**}$ への等長作用素である．

証明 $Ju(\alpha f + \beta g) = \phi_u(\alpha f + \beta g) = \alpha f(u) + \beta g(u) = \alpha \phi_u(f) + \beta \phi_u(g) = \alpha Ju(f) + \beta Ju(g)$ なので J は線形作用素である．また，$|Ju(f)| = |f(u)| \leq \|f\|\|u\|_{\mathcal{H}}$ なので Ju は有界作用素である．ゆえに，$Ju \in \mathcal{H}^{**}$．系 5.22 から，

$$\|\phi_u\|_{\mathcal{H}^{**}} = \sup_{f \in \mathcal{H}^*, \|f\| \leq 1} |\phi_u(f)| = \sup_{f \in \mathcal{H}^*, \|f\| \leq 1} |f(u)| = \|u\|_{\mathcal{H}}$$

となる．ゆえに，$\|Ju\|_{\mathcal{H}^{**}} = \|u\|_{\mathcal{H}}$ となる．$\square$

定義 5.30（自然な埋め込み） 等長作用素 $J\colon \mathcal{H} \to \mathcal{H}^{**}$ を**自然な埋め込み**という．

定義 5.31（反射的） $\mathcal{H}$ をノルム空間とする．自然な埋め込み $J\colon \mathcal{H} \to \mathcal{H}^{**}$ が $\operatorname{Ran} J = \mathcal{H}^{**}$ をみたすとき $\mathcal{H}$ は**反射的**という．

注意 5.32 $\mathcal{H}$ が反射的なとき $\mathcal{H} \cong \mathcal{H}^{**}$ であるから，$\mathcal{H}$ は完備になる．つまり $\mathcal{H}$ はバナッハ空間である．

例 5.33（ヒルベルト空間の反射性） ヒルベルト空間は反射的である．これをみよう．リースの表現定理から $\mathcal{H} \cong \mathcal{H}^* \cong \mathcal{H}^{**}$ なので直観的にヒルベルト空間が反射的とみてもよいのだが，自然な埋め込みが全射であることを直接確かめてみよう．リースの表現定理から反線形等長全単射 $\iota\colon \mathcal{H} \to \mathcal{H}^*$ が存在して，$\iota u = (u, \cdot)$ $(u \in \mathcal{H})$ かつ $f = (\iota^{-1}f, \cdot)$ $(f \in \mathcal{H}^*)$ となる．$ju = \bar{u}$ $(u \in \mathcal{H})$ とし $\boldsymbol{j}f(u) = \overline{f(ju)}$ $(f \in \mathcal{H}^*)$ とする．そうすると $\iota j = \boldsymbol{j}\iota$ が成り立つ．$\boldsymbol{j}\iota$ は線形作用素であることを注意しよう．実際，$\boldsymbol{j}\iota\alpha u(v) = \overline{(\alpha u, \bar{v})} = \alpha\overline{(u, \bar{v})} = $

$\alpha \boldsymbol{j} \iota u(v)$ となる. その結果, $(\boldsymbol{j}\iota)^*$ が存在する. $\phi \in \mathcal{H}^{**}$ とする. $f \in \mathcal{H}^*$ に対して $jj = \mathbb{1}$ だから

$$\phi(f) = \phi(\iota j j \iota^{-1} f) = \phi(\boldsymbol{j} \iota j \iota^{-1} f) = (\boldsymbol{j}\iota)^* \phi(j \iota^{-1} f) = \iota^{-1}(\boldsymbol{j}\iota)^* \phi, j\iota^{-1} f)$$
$$= (\iota^{-1} f, j\iota^{-1}(\boldsymbol{j}\iota)^* \phi) = f(j\iota^{-1}(\boldsymbol{j}\iota)^* \phi)$$

となる. ゆえに, $u_\phi = j\iota^{-1}(\boldsymbol{j}\iota)^* \phi$ とおけば $\phi(f) = f(u_\phi)\,(f \in \mathcal{H}^*)$ なので自然な埋め込み J が全射である. ちなみに $J = ((\boldsymbol{j}\iota)^*)^{-1}\iota j^{-1}$ である. 図 5.2 をみよ.

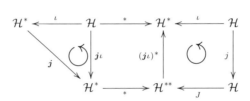

図 5.2　J は自然な埋め込み.

例 5.34 ($\ell_p(1 < p < \infty)$ の反射性) $\ell_p\,(1 < p < \infty)$ が反射的であることは, $\ell_p^* \cong \ell_q$ かつ $\ell_q^* \cong \ell_p$ なので $\ell_p^{**} \cong \ell_p$ となり, ℓ_p^{**} と ℓ_p の間に等長全単射 $T: \ell_p \to \ell_p^{**}$ が存在するという事実からわかる. しかし, 反射的の定義が, 自然な埋め込み $\ell_p \to \ell_p^{**}$ が全射であることだから, T が自然な埋め込み J であることを確認する必要がある. $\ell_q \cong \ell_p^*,\ \ell_p \cong \ell_q^*$ なので, その等長全単射を $J_{qp}: \ell_q \to \ell_p^*,\ J_{pq}: \ell_p \to \ell_q^*$ と表す. 復習すると, $(J_{pq}(u))(v) = \sum_{n=1}^{\infty} u_n v_n$ である. $J_{qp}^{-1}: \ell_p^* \to \ell_q$ で $(J_{qp}^{-1})^*: \ell_q^* \to \ell_p^{**}$ は等長全単射である. ゆえに, $(J_{qp}^{-1})^* J_{pq}: \ell_p \to \ell_p^{**}$ となり, これがまさに T である. 実は, $(J_{qp}^{-1})^* J_{pq}$ は自然な埋め込み J である. 確かめよう.

$$\left((J_{qp}^{-1})^* J_{pq} u\right)(f) = J_{pq} u(J_{qp}^{-1} f), \quad f \in \ell_p^*,\ u \in \ell_p.$$

ここで, $J_{qp}^{-1} f = (v_n)_n$ とおくと,

$$J_{pq} u(J_{qp}^{-1} f) = \sum_{n=1}^{\infty} u_n v_n = (J_{qp} v)(u) = f(u) = Ju(f)$$

となる. ゆえに, $J = (J_{qp}^{-1})^* J_{pq}$ である. 図 5.3 をみよ.

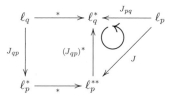

図 5.3 J は自然な埋め込み.

例 5.35 Ω を $\mathbb{R}^d$ の可測集合とする.このとき $L^p(\Omega)\,(1 < p < \infty)$ は反射的である.証明は読者に任せる.

例 5.36 (反射的でないバナッハ空間の例) 数列空間 c_0 は反射的でない.$c_0^* \cong \ell_1$ かつ $\ell_1^* \cong \ell_\infty$ なので $c_0^{**} \cong \ell_\infty$ となる.しかし,c_0 は可分,ℓ_∞ は非可分なので $c_0 \cong c_0^{**}$ にはなり得ない.特に c_0 は反射的でない.

5.9 閉値域定理

4.4 節で予告したように閉値域定理の説明をする.$\mathcal{H}$ をノルム空間とする.$\mathcal{H}$ の部分集合 A の**消滅作用素**の集合を次で定義する.

$$A^\perp = \{f \in \mathcal{H}^* \mid f(u) = 0,\ \forall u \in A\}.$$

$\mathcal{H}^*$ の部分集合 B の**前消滅作用素**の集合を次で定義する.

$$^\perp B = \{u \in \mathcal{H} \mid f(u) = 0,\ \forall f \in B\}.$$

補題 5.37 $\mathcal{H}$ と $\mathcal{K}$ をバナッハ空間とする.$T \in B(\mathcal{H}, \mathcal{K})$ に対して

$$\overline{\mathrm{Ran}(T)} = {}^\perp \mathsf{Ker}(T^*)$$

が成り立つ.

証明 ($\overline{\mathrm{Ran}(T)} \subset {}^\perp\mathsf{Ker}(T^*)$) $v = Tu \in \mathrm{Ran}(T)$ とする.このとき $f \in \mathsf{Ker}(T^*)$ に対して $f(v) = f(Tu) = T^*f(u) = 0$ なので $v \in {}^\perp\mathsf{Ker}(T^*)$.これから,$\mathrm{Ran}(T) \subset {}^\perp\mathsf{Ker}(T^*)$ が従う.${}^\perp\mathsf{Ker}(T^*)$ は閉集合なので $\overline{\mathrm{Ran}(T)} \subset {}^\perp\mathsf{Ker}(T^*)$ となる.

($\overline{\mathrm{Ran}(T)} \supset {}^\perp\mathsf{Ker}(T^*)$) $u \notin \overline{\mathrm{Ran}(T)}$ ならば,系 5.23 より,$f \in \mathcal{K}^*$ で $f(u) \neq 0$ かつ $f\lceil_{\overline{\mathrm{Ran}(T)}} = 0$ となるものが存在する.このとき $T^*f(v) = f(Tv) = 0\,(\forall v \in \mathcal{H})$ なので $f \in \mathsf{Ker}(T^*)$.$f(u) \neq 0$ なので $u \notin {}^\perp\mathsf{Ker}(T^*)$.ゆえに,$\overline{\mathrm{Ran}(T)} \supset {}^\perp\mathsf{Ker}(T^*)$ となる.□

定理 5.38 （閉値域定理） $\mathcal{H}$ と $\mathcal{K}$ をバナッハ空間とする. $T \in B(\mathcal{H}, \mathcal{K})$ で, $\mathrm{Ran}(T)$ は閉集合とする. このとき次が成り立つ.

$$\mathrm{Ran}(T^*) = \mathrm{Ker}(T)^{\perp}.$$

証明 （$\mathrm{Ran}(T^*) \subset \mathrm{Ker}(T)^{\perp}$） $g = T^*f$ とする. このとき $u \in \mathrm{Ker}\,T$ に対して $g(u) = T^*f(u) = f(Tu) = 0$ なので $g \in \mathrm{Ker}\,T^{\perp}$.

（$\mathrm{Ran}(T^*) \supset \mathrm{Ker}(T)^{\perp}$） $g \in \mathrm{Ker}\,T^{\perp}$ とする. $v = Tu \in \mathrm{Ran}\,T$ に対して
$$\phi(v) = g(u)$$
と定義する. $v = Tw$ のとき $T(u - w) = v - v = 0$ なので $u - w \in \mathrm{Ker}\,T$. ゆえに, $g(u - w) = 0$ なので $g(u) = g(w)$ となるから g は矛盾なく定義されている. 任意の $w \in \mathrm{Ker}\,T$ に対して $\phi(v) = g(u - w)$ で $|\phi(v)| \leq \|u - w\|\|g\|$. これから,
$$|\phi(v)| \leq d(u, \mathrm{Ker}\,T)\|g\|, \quad \forall v = Tu \in \mathrm{Ran}\,T.$$
$d(u, \mathrm{Ker}\,T)$ は $\mathrm{Ker}\,T$ と u の距離を表す. さて, 商空間 $\mathcal{H}/\sim = \mathcal{H}/\mathrm{Ker}\,T$ を考えると $d(u, \mathrm{Ker}\,T) = \|[u]\|_{\sim}$ である. ここで, $[u]$ は代表元 u の同値類を表す.
$$[T]: \mathcal{H}/\mathrm{Ker}\,T \to \mathrm{Ran}\,T$$
を $[T][u] = Tu\,(u \in \mathcal{H})$ と定義する. これは代表元の選び方によらない. $[T]$ は有界かつ全単射である. また, $\mathrm{Ran}\,T$ が閉なので開写像定理より $[T]^{-1}$ も有界である. ゆえに, $\mathcal{H}/\mathrm{Ker}\,T \cong \mathrm{Ran}\,T$ になる. $\|[T]^{-1}[u]\| \leq C\|[u]\|$ とすると,
$$d(u, \mathrm{Ker}\,T) = \|[T]^{-1}[T][u]\|_{\sim} \leq C\|[T][u]\|_{\sim} = C\|Tu\|$$
となる. これから,
$$|\phi(v)| \leq C\|Tu\|\|g\| = C\|v\|\|g\|, \quad v \in \mathrm{Ran}\,T$$
となり ϕ は $\mathrm{Ran}\,T$ 上の線形汎関数である. ハーン–バナッハの定理により, ϕ の拡大 $f \in \mathcal{K}^*$ が存在する. そうすると $T^*f(v) = f(Tv) = \phi(Tv) = g(v)$ なので $g = T^*f \in \mathrm{Ran}(T^*)$ となる. $\square$

演習問題

5.1 $1 < p < \infty$ とし, q を p の共役指数とする. $(X, \mathcal{B}, \mu)$ を測度空間とする. ただし, X はシグマ有限とは限らない.
(1) $L^p(X)^* \cong L^q(X)$ を示せ.
(2) X がシグマ有限でないとき $L^1(X)^* \cong L^\infty(X)$ が成り立たない例をあげよ.

5.2 $\mathcal{H}$ をノルム空間とする. $\mathcal{H}^*$ が可分ならば $\mathcal{H}$ も可分であることを示せ.

5.3 $\mathcal{H}$ を $\mathbb{K}$ 上のバナッハ空間とする. $f \in \mathcal{H}^*\,(f \neq 0)$ とする.
(1) $\mathcal{H}/\mathrm{Ker}\,f \cong \mathbb{K}$ を示せ.

(2)　$\|f\|=1$ とする．$\pi\colon \mathcal{H} \to \mathcal{H}/\operatorname{Ker} f$ を自然な全射とするとき次を示せ.

$$\|\pi u\| = |f(u)|, \quad \forall u \in \mathcal{H}.$$

5.4　$\mathcal{H}$ をバナッハ空間とし $(X, \mathcal{B}, \mu)$ を測度空間とする．$f\colon X \to \mathcal{H}$ とする．$\mathcal{H}$ 値関数の強可測, ボレル可測, 弱可測を次のように定義する.

(i)　f が**強可測**とはほとんど至るところの x で $\lim_{n\to\infty} f_n(x) = f(x)$ となる階段関数 $f_n = \sum_{j=1}^{m_n} a_j(n) \mathbb{1}_{E_j(n)}$ が存在すること. ここで $a_j \in \mathcal{H}$, $E_j \in \mathcal{B}$ である.

(ii)　f が**ボレル可測**とは任意の開集合 $O \subset \mathcal{H}$ に対して $f^{-1}(O) \in \mathcal{B}$ となること.

(iii)　f が**弱可測**とは任意の $\phi \in \mathcal{H}^*$ に対して $\phi(f(\cdot))$ が可測関数であること.

(1)　強可測ならばボレル可測, ボレル可測ならば弱可測であることを示せ.

(2)　$\mathcal{H}$ が可分なヒルベルト空間のとき強可測, ボレル可測, 弱可測は同値であることを示せ.

5.5　$1 \le p < \infty$ とする.

(1)　$T\colon L^p((0,1)) \to L^p((0,1))$ を $(Tf)(t) = \int_0^t f(s)\,ds$ と定める. このとき T が有界作用素であることを示し, その共役作用素 T^* を求めよ.

(2)　$T\colon L^p((0,1)) \to C([0,1])$ を $(Tf)(t) = \int_0^t f(s)\,ds$ と定める. このとき T が有界作用素であることを示し, その共役作用素 T^* を求めよ.

第6章

コンパクト集合

本章では無限次元ノルム空間 $\mathcal{H}$ のコンパクト集合について解説する．それは有限次元ノルム空間のコンパクト集合と様子が大きく異なる．弱位相と汎弱位相を定義して $\mathcal{H}$ と $\mathcal{H}^*$ のコンパクト集合を考察する．

6.1 関数空間のコンパクト性

ユークリッド空間 $\mathbb{R}^d$ では

$$\text{コンパクト集合 = 有界閉集合}$$

である．しかし，定理 1.35 で示したように，$\mathcal{H}$ が無限次元ノルム空間の場合，$\mathcal{H}$ や $\mathcal{H}^*$ の閉単位球は強位相に関してコンパクトではない．関数解析の舞台である無限次元空間では

$$\text{コンパクト集合} \neq \text{有界閉集合}$$

である．そのため，$\mathcal{H}$ や $\mathcal{H}^*$ の有界な点列が強位相に関して収束する部分列をもつことが保証されない．そこで，関数空間のコンパクト部分集合の正体をはっきりさせるための大きな方針が2つある．一つは位相を変えることである．$\mathcal{H}$ をバナッハ空間とすれば，その共役空間 $\mathcal{H}^*$ の閉単位球は汎弱位相でコンパクトである（バナッハ–アラオグルの定理）．また，バナッハ空間 $\mathcal{H}$ が反射的であれば，その閉単位球は弱位相でコンパクトである（定理 6.8）といった類の主張である．これらは次節で解説する．もう一つは，具体的にコンパクト集合を特徴づける方針である．次が知られている．

定理 6.1 （クレイン–ミルマンの定理） バナッハ空間 $\mathcal{H}$ のコンパクト凸集合 S は，S の端点集合の凸閉包である．

もう少し，具体的な例をあげよう．

定理 6.2 (アスコリ–アルツェラの定理)　X をコンパクトハウスドルフ空間とする．このとき $C(X)$ の部分集合 S がノルム $\|\cdot\|_\infty$ によって導かれる位相において前コンパクトであるための必要十分条件は，S が同程度連続かつ各点有界であることである．

　$L^p(\mathbb{R}^d)$ の単位球はもちろんコンパクトではない．それでは一体どんな形をしているのだろうか？　非常に興味が湧くところである．$L^p(\mathbb{R}^d)$ の前コンパクト集合の特徴付けが与えられている．それはアスコリ–アルツェラの定理の L^p 版ともよばれるものである．

定理 6.3 (フレシェ–コルモゴロフのコンパクト定理)　$1 \le p < \infty$ とする．τ_h を $L^p(\mathbb{R}^d)$ 上のシフト作用素とする．このとき $L^p(\mathbb{R}^d)$ の部分集合 S が前コンパクトであるための必要十分条件は次をみたすことである．
  (1)　$\lim_{|h|\to 0} \sup_{f\in S} \|\tau_h f - f\|_{L^p} = 0.$
  (2)　$\lim_{\rho\to\infty} \sup_{f\in S} \int_{|x|\ge\rho} |f(x)|^p\,dx = 0.$

　さらに，滑らかさを仮定すれば次の定理が成り立つ．

定理 6.4 (レリッヒ–コンドラショフのコンパクト定理)　Ω は $\mathbb{R}^d$ の有界開集合で，境界 $\partial\Omega$ は C^1 級とする．p,q を $1 \le p < d$ かつ $1 \le q \le \frac{dp}{d-p}$ とする．このとき $W^{1,p}(\Omega) \subset L^q(\Omega)$ で，$W^{1,p}(\Omega)$ の有界集合 D は $L^q(\Omega)$ で前コンパクトである．

6.2　弱位相と汎弱位相におけるコンパクト性

　弱位相と汎弱位相を定義し，バナッハ空間のコンパクト性について解説する．ノルム空間 $\mathcal{H}$ とその共役空間 $\mathcal{H}^*$ に位相を定義しよう．

定義 6.5 (弱位相と汎弱位相)　$\mathcal{H}$ をノルム空間とする．$\mathcal{H}^*$ の元を全て連続にするような $\mathcal{H}$ の位相で最弱なものを $\mathcal{H}$ の**弱位相**といい，$\sigma(\mathcal{H},\mathcal{H}^*)$ と表す．また，$J: \mathcal{H} \to \mathcal{H}^{**}$ を自然な埋め込みとして，全ての $J(u): \mathcal{H}^* \to \mathbb{K}\,(u \in \mathcal{H})$ を連続にするような $\mathcal{H}^*$ の位相で最弱なものを $\mathcal{H}^*$ の**汎弱位相**または***-弱位相**といい，$\sigma(\mathcal{H}^*,\mathcal{H})$ と表す．

最弱な位相を復習しよう．$(X, \mathcal{O}_X)$ を位相空間とし Y を集合とする．写像 $f\colon Y \to X$ を連続にする最弱な位相は

$$\mathcal{O}_Y = \{f^{-1}(A) \mid A \in \mathcal{O}_X\}$$

である．$f \in \mathcal{H}^*$ は $f\colon \mathcal{H} \to \mathbb{K}$ の連続写像である．$\mathcal{H}$ にはたくさんの開集合が存在していて，少なくとも全ての $f \in \mathcal{H}^*$ を連続にするくらい豊富にある．しかし，$\mathcal{H}$ の弱位相は位相空間としての $\mathcal{H}$ から余計な開集合を除き，高々全ての $f \in \mathcal{H}^*$ を連続にする程度の位相として定義される．具体的には以下を含む最小の位相である．

$$\{f^{-1}(A) \mid f \in \mathcal{H}^*,\ A \text{ は } \mathbb{K} \text{ の開集合}\}.$$

$\mathcal{H}^*$ の汎弱位相も同様である．

定義 6.6 （弱収束と汎弱収束）　$\mathcal{H}$ をノルム空間とする．

(1)　$\mathcal{H}$ の点列 $(u_n)_n$ が $u \in \mathcal{H}$ に**弱収束**するとは任意の $f \in \mathcal{H}^*$ に対して $\lim_{n\to\infty} f(u_n) = f(u)$ となることである．

(2)　$\mathcal{H}^*$ の点列 $(f_n)_n$ が $f \in \mathcal{H}^*$ に**汎弱収束**するとは任意の $u \in \mathcal{H}$ に対して $\lim_{n\to\infty} f_n(u) = f(u)$ となることである．

ここで，弱収束は弱位相での収束に他ならない．同様に，汎弱収束は汎弱位相での収束に他ならない．

$\mathcal{H}$ を無限次元のノルム空間とすれば，その単位球はコンパクトではない．しかし，共役空間 $\mathcal{H}^*$ の閉単位球は汎弱位相でコンパクトである．それを主張するのが次の定理である．

定理 6.7 （バナッハ–アラオグルの定理）　ノルム空間 $\mathcal{H}$ の共役空間 $\mathcal{H}^*$ の単位球 $B = \{f \in \mathcal{H}^* \mid \|f\| \leq 1\}$ は汎弱位相でコンパクトである．

証明　$u \in \mathcal{H}$ に対してコンパクト集合を $K_u = \{\lambda \in \mathbb{C} \mid |\lambda| \leq \|u\|\}$ で定める．チコノフの定理によって $K = \prod_{u \in \mathcal{H}} K_u$ は積位相でコンパクトハウスドルフ空間となる．ここで，積位相で $k^{(n)} = (k_u^{(n)})_{u \in \mathcal{H}} \in K$ が $k = (k_u)_{u \in \mathcal{H}}$ に収束するとは $\lim_{n\to\infty} k_u^{(n)} = k_u\ (\forall u \in \mathcal{H})$ のことである．写像 $\Phi\colon B \to K$ を

$$\Phi(f) = (f(u))_{u \in \mathcal{H}}$$

で定める．実際，$|f(u)| \leq \|u\|$ なので $f(u) \in K_u$ である．Φ が B と $\Phi(B)$ の間の同相写像になることを示そう．Φ が全射であることは自明である．$\Phi(f) = \Phi(g)$ ならば $f(u) = g(u)\ (\forall u \in \mathcal{H})$ なので $f = g$ となるから Φ は単射である．次に Φ と

Φ^{-1} の連続性を示す. $\mathcal{H}^*$ 上の汎弱位相で $f_n \to f$ $(n \to \infty)$ とは $f_n(u) \to f(u)$ $(n \to \infty)$ $(\forall u \in \mathcal{H})$ のことである. ゆえに, 汎弱位相で $f_n \to f$ $(n \to \infty)$ のとき $\Phi(f_n) \to \Phi(f)$ $(n \to \infty)$ が積位相で成り立つから Φ は連続である. 次に, Φ^{-1} の連続性を示す. $g \in B$ の基本近傍系は任意有限個の $v_1, \ldots, v_m \in \mathcal{H}$ と $\delta > 0$ で定まる集合

$$V(v_1, \ldots, v_m, \delta) = \{h \in B \mid |h(v_i) - g(v_i)| < \delta, 1 \le i \le m\}$$

全体である. $\Phi(g) \in K$ の近傍として

$$U(u_1, \ldots, u_n, \varepsilon) = \{(k_u)_{u \in \mathcal{H}} \in K \mid |k_{u_i} - g(u_i)| < \varepsilon, 1 \le i \le n\}$$

を考えると,

$$U(u_1, \ldots, u_n, \varepsilon) \supset \Phi(V(u_1, \ldots, u_n, \varepsilon))$$

となる. よって, Φ^{-1} も連続である. ゆえに, B と $\Phi(B)$ は同相なので $\Phi(B)$ がコンパクトであれば B もコンパクトである. さらに, K はコンパクトハウスドルフ空間なので $\Phi(B)$ が積位相で閉集合であれば $\Phi(B)$ はコンパクトになる. いまから, $\Phi(B)$ が積位相で閉集合であることを示す. つまり, $\overline{\Phi(B)} = \Phi(B)$ を示す. $\overline{\Phi(B)} \supset \Phi(B)$ は自明なので $\overline{\Phi(B)} \subset \Phi(B)$ を示す. $(\lambda_u)_{u \in \mathcal{H}} \in \overline{\Phi(B)}$ とする. $g \colon \mathcal{H} \to \mathbb{C}$ を

$$g \colon u \mapsto \lambda_u$$

で定める. g が $\mathcal{H}$ 上の線形汎関数になることを示そう. 任意有限個の $u_1, \ldots, u_n \in \mathcal{H}$ と $\varepsilon > 0$ に対して

$$U_\lambda(u_1, \ldots, u_n, \varepsilon) = \{(k_u)_{u \in \mathcal{H}} \in K \mid |k_{u_i} - \lambda_{u_i}| < \varepsilon, 1 \le i \le n\}$$

は $(\lambda_u)_{u \in \mathcal{H}}$ の近傍だから $\Phi(h) \in U_\lambda(u_1, \ldots, u_n, \varepsilon)$ となる有界線形汎関数 h が B に存在する. このとき $|h(u_i) - \lambda_{u_i}| < \varepsilon$ $(1 \le i \le n)$ が成り立つ. 特に $u, v \in \mathcal{H}$ に対して $u_1 = u$, $u_2 = v$, $u_3 = u + v$ とすると $|f(u) - \lambda_u| < \varepsilon$, $|f(v) - \lambda_v| < \varepsilon$, $|f(u+v) - \lambda_{u+v}| < \varepsilon$ をみたす線形汎関数 f が B に存在する.

$$\begin{aligned}|\lambda_{u+v} - \lambda_u - \lambda_v| &\le |\lambda_{u+v} - \lambda_u - \lambda_v - f(u+v) + f(u) + f(v)| \\ &\le |\lambda_{u+v} - f(u+v)| + |\lambda_u - f(u)| + |\lambda_v - f(v)| < 3\varepsilon\end{aligned}$$

となり $\varepsilon > 0$ は任意なので $\lambda_{u+v} = \lambda_u + \lambda_v$ $(u, v \in \mathcal{H})$ となる. 同様に $\lambda_{\alpha u} = \alpha \lambda_u$ $(\alpha \in \mathbb{C}, u \in \mathcal{H})$ も示せる. また, $|\lambda_u| \le \|u\|$ $(u \in \mathcal{H})$ だから $g \in \mathcal{H}^*$ がわかる. よって $\Phi(g) = (g(u))_{u \in \mathcal{H}} = (\lambda_u)_{u \in \mathcal{H}}$ なので $(\lambda_u)_{u \in \mathcal{H}} \in \Phi(B)$ となる. □

　バナッハ–アラオグルの定理により, $\mathcal{H}^*$ を改めてノルム空間とみなせば $\mathcal{H}^{**}$ の単位球が汎弱位相でコンパクトであることがわかる. さらに, $\mathcal{H}$ が $\mathcal{H}^{**}$ に埋め込めることは既に説明した. 証明はしないが, $\mathcal{H}$ の単位球に関する次の定理が成り立つ.

[定理 6.8]（反射的バナッハ空間であるための必要十分条件）　$\mathcal{H}$ をバナッハ空間とする. $\mathcal{H}$ が反射的であるための必要十分条件は単位球 $\{u \in \mathcal{H} \mid \|u\| \le 1\}$ が弱位相でコンパクトになることである.

　応用上，閉単位球がコンパクトであることの利点の一つは，閉単位球内の点列に収束部分列が存在することである．しかし，一般にコンパクト性だけからは，そのような収束部分列の存在を主張できない．

例 6.9　ℓ_∞^* の閉単位球内の点列 $(f_n)_n$ を次で定める．$a = (a_m)_m \in \ell_\infty$ に対して $f_n(a) = a_n$ とする．確かに $|f_n(a)| \le \|a\|$ であるから $\|f_n\| \le 1$ となり，$(f_n)_n$ は閉単位球内の点列である．仮に，$(f_n)_n$ が汎弱位相で収束する部分列 $(f_{n(k)})_k$ をもつならば，$f_{n(k)}(a) \to f(a)\,(k \to \infty)\,(\forall a \in \ell_\infty)$ となる．しかし，

$$a = (a_n)_n = \begin{cases} (-1)^k & n = n(k) \\ 0 & n \ne n(k), \ \forall k \in \mathbb{N} \end{cases}$$

とすれば $f_{n(k)}(a) = (-1)^k$ となり収束しない．ゆえに，$(f_n)_n$ は汎弱位相で収束する部分列をもたない．

　例 6.9 の ℓ_∞ は非可分なノルム空間である．実は，ノルム空間 $\mathcal{H}$ が可分であれば $\mathcal{H}^*$ が汎弱位相で距離付け可能になる．さらに，距離空間のコンパクトな部分集合には収束部分列が存在する．

定理 6.10　$\mathcal{H}$ を可分なノルム空間とする．このとき $\mathcal{H}^*$ の有界集合を汎弱位相の備わった位相空間とみなしたとき距離付け可能である．特に $\mathcal{H}^*$ のコンパクト集合内の任意の点列には，汎弱位相で収束する部分列が存在する．

証明　D を $\mathcal{H}^*$ の有界集合とし $M = \sup\{\|h\| \mid h \in D\}$ とする．$\mathcal{H}$ の稠密集合を $\{e_n\}_n$ とする．

$$d(f,g) = \sum_{n=1}^\infty \frac{1}{2^n} \frac{|f(e_n) - g(e_n)|}{1 + |f(e_n) - g(e_n)|}, \quad f, g \in D$$

は D 上の距離になる．任意の $f \in D$ を固定し $U_\varepsilon = \{g \in D \mid d(f,g) < \varepsilon\}$ とおく．距離 d から定まる位相が $\mathcal{H}^*$ の汎弱位相と一致することを示す．そのためには f の汎弱位相での近傍 W に対して $U_\varepsilon \subset W$ となる $\varepsilon > 0$ の存在と，逆に $f \in D$ の近傍 U_ε に対して $f \in D$ の汎弱位相での近傍 W で $W \subset U_\varepsilon$ となるものが存在することを示せばよい．はじめに，$f \in D$ の汎弱位相での近傍

$$W(u_1, \ldots, u_n, \delta) = \{g \in D \mid |f(u_j) - g(u_j)| < \delta, 1 \le j \le n\}$$

に対して $U_\varepsilon \subset W(u_1, \ldots, u_n, \delta)$ となる $\varepsilon > 0$ の存在を示す．$g \in D$ は $d(f,g) < \varepsilon$ をみたすとする．

$$|f(u_j) - g(u_j)| \le |f(u_j) - f(e_{m_j})| + |f(e_{m_j}) - g(e_{m_j})| + |g(e_{m_j}) - g(u_j)|$$
$$\le 2M\|u_j - e_{m_j}\| + |f(e_{m_j}) - g(e_{m_j})|$$

となるから $\|u_j - e_{m_j}\| < a$ となるように e_{m_j} を選ぶ．また，$d(f,g) < \varepsilon$ なので，

$$\frac{1}{2^{m_j}} \frac{|f(e_{m_j}) - g(e_{m_j})|}{1 + |f(e_{m_j}) - g(e_{m_j})|} \le d(f,g) < \varepsilon, \quad 1 \le j \le n.$$

$N = \max\{m_1, \ldots, m_n\}$ とすれば

$$\frac{|f(e_{m_j}) - g(e_{m_j})|}{1 + |f(e_{m_j}) - g(e_{m_j})|} \le 2^{m_j} d(f,g) < 2^N \varepsilon, \quad 1 \le j \le n.$$

ゆえに，

$$|f(e_{m_j}) - g(e_{m_j})| \le \frac{2^N \varepsilon}{1 - 2^N \varepsilon}, \quad 1 \le j \le n.$$

全部合わせると，

$$|f(u_j) - g(u_j)| \le 2Ma + \frac{2^N \varepsilon}{1 - 2^N \varepsilon}, \quad 1 \le j \le n. \tag{6.1}$$

$a > 0$, $\varepsilon > 0$ は任意だったから，a と ε を十分小さくとれば (6.1) の右辺は $< \delta$ となる．ゆえに，$U_\varepsilon \subset W(u_1, \ldots, u_n, \delta)$ が示せた．次に U_ε に含まれる汎弱位相での f の近傍 W の存在を示す．$\frac{1}{2^N} < \frac{\varepsilon}{2}$ となる $N \in \mathbb{N}$ を選ぶ．$g \in W(u_1, \ldots, u_N, \varepsilon/2)$ とすると，

$$d(f,g)$$
$$= \sum_{n=1}^{N} \frac{1}{2^n} \frac{|f(e_n) - g(e_n)|}{1 + |f(e_n) - g(e_n)|} + \sum_{n=N+1}^{\infty} \frac{1}{2^n} \frac{|f(e_n) - g(e_n)|}{1 + |f(e_n) - g(e_n)|} < \frac{\varepsilon}{2} + \frac{1}{2^N} < \varepsilon$$

なので $g \in U_\varepsilon$ となる．つまり，$W(u_1, \ldots, u_N, \varepsilon/2) \subset U_\varepsilon$ となる．□

$\boxed{\text{系 6.11}}$ $\mathcal{H}$ をノルム空間とし $\mathcal{H}^*$ は可分とする．このとき $\mathcal{H}$ の有界集合を弱位相の備わった位相空間とみなしたとき距離付け可能である．特に $\mathcal{H}$ のコンパクト集合内の任意の点列には，弱位相で収束する部分列が存在する．

証明　$\mathcal{H}^*$ の可算な稠密集合を $\{f_n\}_n$ とし D を $\mathcal{H}$ の有界集合とする．このとき

$$d(u,v) = \sum_{n=1}^{\infty} \frac{1}{2^n} \frac{|f_n(u-v)|}{1 + |f_n(u-v)|}, \quad u,v \in D$$

は D 上の距離関数になることがわかる．この距離から定まる位相が $\mathcal{H}$ の弱位相と一致することを示すためには，$u \in D$ の弱位相での近傍 $W = W(f_1, \ldots, f_n, \delta) = \{v \in D \mid |f_j(u) - f_j(v)| < \delta, 1 \le j \le n\}$ に対して $\{v \in D \mid d(u,v) < \varepsilon\} \subset W$ となる $\varepsilon > 0$ の存在と，逆に u の近傍 $\{v \in D \mid d(u,v) < \varepsilon\}$ に対して $u \in D$ の弱位相での近傍 W で $W \subset \{v \in D \mid d(u,v) < \varepsilon\}$ となるものが存在することを示せばよい．証明は定理 6.10 と同様なので読者に任せる．□

例 **6.12**　$1 < p < \infty$ とする．$L^p(\Omega)$ は反射的なので定理 6.8 から，$L^p(\Omega)$ の単位球は弱位相でコンパクトである．これを以下で直接みよう．q は p の共役指数とする．$L^q(\Omega)^* \cong L^p(\Omega)$ の同一視を与える等長全単射 $T: L^p(\Omega) \to L^q(\Omega)^*$ は

$$Tu(v) = F_u(v) = \int_\Omega u(x)v(x)\,dx, \quad v \in L^q(\Omega)$$

である．$L^q(\Omega)^*$ には汎弱位相が備わっている．つまり，$L^q(\Omega)^*$ で $f_n \to f\,(n \to \infty)$ とは $f_n(v) \to f(v)\,(n \to \infty)$ が任意の $v \in L^q(\Omega)$ で成り立つことである．ゆえに，$T^{-1}f_n = u_n$ とすると，$f_n(v) \to f(v)\,(n \to \infty)$ は $F_{u_n}(v) \to F_u(v)\,(n \to \infty)$ を意味する．つまり，

$$\int_\Omega u_n(x)v(x)\,dx \to \int_\Omega u(x)v(x)\,dx\,(n \to \infty), \quad v \in L^q(\Omega).$$

これは，$L^p(\Omega)$ の弱位相で $u_n \to u\,(n \to \infty)$ となることをいっている．逆に，$L^p(\Omega)$ の弱位相で $u_n \to u\,(n \to \infty)$ ならば，$Tu_n = f_n$ とおけば，$L^q(\Omega)^*$ の汎弱位相で $f_n \to f\,(n \to \infty)$ となる．以上から，位相空間として，$(L^p(\Omega), \sigma(L^p(\Omega), L^p(\Omega)^*))$ と $(L^q(\Omega)^*, \sigma(L^q(\Omega)^*, L^q(\Omega)))$ は同相である．$L^q(\Omega)^* \cong L^p(\Omega)$ なのでバナッハ–アラオグルの定理から $L^p(\Omega)$ の単位球は弱位相でコンパクトである．$L^q(\Omega) \cong L^p(\Omega)^*$ で $L^q(\Omega)$ は可分，ゆえに，$L^p(\Omega)^*$ が可分なので系 6.11 から $L^p(\Omega)$ の単位球内の任意の点列は弱位相で収束する部分列をもつ．

例 **6.13**　ヒルベルト空間は反射的なので定理 6.8 より単位球が弱位相でコンパクトである．ここで，ヒルベルト空間 $\mathcal{H}$ の弱位相について考えよう．リースの表現定理により，反線形等長全単射 $\iota: \mathcal{H} \to \mathcal{H}^*$ が存在して $\iota f = (f, \cdot)$ となる．ゆえに，u_n が u に $n \to \infty$ で**弱収束**するとは

$$\lim_{n \to \infty} (f, u_n) = (f, u), \quad \forall f \in \mathcal{H}$$

に他ならない．例えば，$\{e_n\}_n$ を完全正規直交系とする．$\|e_n - e_m\| = \sqrt{2}$ なので強収束する部分列を含まないが，

$$\lim_{n \to \infty} (f, e_n) = 0, \quad \forall f \in \mathcal{H}$$

がパーセバルの等式から従う．つまり，$(e_n)_n$ は $n \to \infty$ で 0 に弱収束する．

バナッハ空間 $\mathcal{H}$ の弱位相による有界性とノルムによる有界性の関係をみよう. $\mathcal{H}$ の部分集合 S が弱位相で有界とは次が成り立つことである.

$$\sup_{u \in S} |f(u)| < \infty, \quad \forall f \in \mathcal{H}^*.$$

系 6.14 バナッハ空間 $\mathcal{H}$ の部分集合 S がノルムで有界であるための必要十分条件は弱位相で有界になることである.

証明 S がノルムで有界と仮定する. $\sup\{\|u\| \mid u \in S\} = M$ とおく. 任意の $f \in \mathcal{H}^*$ に対して $\sup_{u \in S} |f(u)| \leq \sup_{u \in S} \|f\|\|u\| \leq \|f\|M$ なので弱位相で有界である. 逆に S が弱位相で有界と仮定する. $J: \mathcal{H} \to \mathcal{H}^{**}$ を自然な埋め込みとする. 任意の $f \in \mathcal{H}^*$ に対して $|(Ju)(f)| = |f(u)|$ で $\sup_{u \in \mathcal{H}} |f(u)| < \infty$ なので一様有界性定理から $\sup_{u \in S} \|Ju\| < \infty$ となる. $\|Ju\| = \|u\|$ なので $\sup_{u \in S} \|u\| < \infty$ である. $\square$

系 6.15 $\mathcal{H}$ をバナッハ空間とし, $u_n, u \in \mathcal{H}$, $f_n, f \in \mathcal{H}^*$ とする. このとき次が成り立つ.

(1) $\lim_{n \to \infty} f_n(v) = f(v) \, (\forall v \in \mathcal{H})$ ならば $\{f_n\}_n$ は有界である.

(2) $\lim_{n \to \infty} g(u_n) = g(u) \, (\forall g \in \mathcal{H}^*)$ ならば $\{u_n\}_n$ は有界である.

証明 (1) は一様有界性定理から従う. (2) は系 6.14 から従う. $\square$

系 6.15 (2) は**共鳴定理**とよばれることがある. バナッハ–アラオグルの定理の重要な帰結を最後に述べる.

定理 6.16 $\mathcal{H}$ をバナッハ空間とする. このときあるコンパクトハウスドルフ空間 X が存在して $\mathcal{H}$ は $(C(X), \|\cdot\|_\infty)$ のある閉部分空間と同型である.

証明 $X = \{f \in \mathcal{H}^* \mid \|f\| \leq 1\}$ とすれば, バナッハ–アラオグルの定理により, 汎弱位相で X はコンパクトハウスドルフ空間になる. $u \in \mathcal{H}$ に対して X 上の関数 $\hat{u}$ を $\hat{u}(f) = f(u) \, (f \in X)$ で定義する. このとき $\hat{u}$ は汎弱位相で連続である. 言い換えれば各点で連続であるから $\hat{u} \in C(X)$. $\Phi: \mathcal{H} \to C(X)$ を $\Phi(u) = \hat{u}$ と定める. Φ は明らかに線形で $\|\Phi(u)\|_\infty = \|\hat{u}\|_\infty = \|u\|$ であるから等長である. ゆえに, $\Phi: \mathcal{H} \to \Phi(\mathcal{H})$ は等長全単射になり $\mathcal{H} \cong \Phi(\mathcal{H})$ になる. $\Phi(\mathcal{H})$ は閉部分空間なので定理が示された. $\square$

定理 6.16 により, バナッハ空間はいつでも, 適当なコンパクトハウスドルフ空間上の連続関数空間 $C(X)$ の閉部分空間とみなせる.

6.1　距離空間のコンパクトな部分集合には収束部分列が存在することを示せ.

6.2　$f \in L^2(\mathbb{R})$ に対し $f_n(x) = e^{inx} f(x)$ とおく. 関数列 $(f_n)_n$ が 0 に $L^2(\mathbb{R})$ で弱収束することを示せ.

6.3　ヒルベルト空間 $\mathcal{H}$ 上の作用素の列 $(T_n)_n$ は, 任意の $f \in \mathcal{H}$ に対して $\lim_{n\to\infty} T_n f = 0$ (弱収束) となるとき $\{T_n\}_n$ は有界であることを示せ.

6.4　ℓ_2 の部分集合

$$H_2 = \left\{ a = (a_n)_n \ \middle| \ |a_n| < \frac{1}{n}, \ n \in \mathbb{N} \right\}$$

は強位相でコンパクトであることを示せ. また, H_2 に含まれる任意の点 a に対して H_2 は a の近傍にならないことを確かめよ. H_2 は**ヒルベルト立方体**とよばれている.

6.5　ℓ_1 の閉単位球は弱位相でコンパクトでないことを示せ.

6.6　$(a_n)_n$ は ℓ_∞ の列で

$$a_n = (\underbrace{0,\ldots,0}_{n\,個}, 1, 1, \ldots), \quad n \in \mathbb{N}$$

と定める. $(a_n)_n$ には弱収束する部分列が存在しないことを示せ.

6.7　$\ell_1 \supset f_n, f$ とする. このとき $\lim_{n\to\infty} f_n = f$ (強収束) と $\lim_{n\to\infty} f_n = f$ (弱収束) が同値であることを示せ. これは ℓ_1 の**シューア性**といわれている.

6.8　$(X, \mathcal{B}, \mu)$ は確率空間とする. $(f_n)_n$ は $L^1(X)$ の有界列とし

$$\lim_{r\to\infty} \sup_{n\geq 1} \|\mathbb{1}_{\{|f_n|>r\}} f_n\|_{L^1} = 0$$

とする. このとき $(f_n)_n$ に弱収束する部分列が存在することを示せ.

6.9　定理 6.8 を証明せよ.

6.10　系 6.11 の証明を完成させよ.

第 **7** 章

フーリエ解析

　フーリエ級数は無限級数を用いて周期的な関数を正弦波と余弦波の和に分解するための手法である．関数を正弦波と余弦波の和で表現することにより関数の解析が容易になる．また，フーリエ変換は $L^2(\mathbb{R}^d)$ 上のユニタリー作用素として定義される．これは，現代数学で最も重要なユニタリー作用素の一つである．第 7 章では，フーリエ級数の収束と反転公式，フーリエ変換のユニタリー性に主眼をおいて，フーリエ級数とフーリエ変換の基礎を解説する．

7.1　フーリエ級数とディリクレ核

　周期関数 f のフーリエ級数について考えよう．簡単のために周期は 2π とする．つまり $f\colon \mathbb{R} \to \mathbb{C}$ で $f(\theta) = f(\theta + 2\pi)$ が任意の $\theta \in \mathbb{R}$ で成り立つと仮定する．さらに，f は一周期 $[-\pi, \pi]$ 上で可積分とする．

$$\hat{f}(n) = \frac{1}{2\pi} \int_{-\pi}^{\pi} f(\theta) e^{-in\theta} \, d\theta, \quad n \in \mathbb{Z}$$

とし $\hat{f}(n)$ を f の**フーリエ係数**とよぶ．フーリエ係数の対称和を

$$\hat{f}_N(\theta) = \sum_{n=-N}^{N} \hat{f}(n) e^{in\theta}$$

と定義する．可積分関数 f, g に対して $[-\pi, \pi]$ 上の関数 $f * g$ を次で定める．

$$(f * g)(\theta) = \frac{1}{2\pi} \int_{-\pi}^{\pi} f(\phi) g(\theta - \phi) \, d\phi = \frac{1}{2\pi} \int_{-\pi}^{\pi} f(\theta - \phi) g(\phi) \, d\phi.$$

これを f と g の**畳み込み**という．**ディリクレ核** $D_N(\theta)$ を

$$D_N(\theta) = \sum_{n=-N}^{N} e^{in\theta} = \frac{\sin(N + \frac{1}{2})\theta}{\sin\frac{\theta}{2}}$$

と定義するとき $\hat{f}_N(\theta)$ は次のように表せる．

$$\hat{f}_N(\theta) = (f * D_N)(\theta), \quad \theta \in [-\pi, \pi].$$

次の無限級数を f の**フーリエ級数**という.

$$\lim_{N \to \infty} \hat{f}_N(\theta) = \sum_{n=-\infty}^{\infty} \hat{f}(n) e^{in\theta}.$$

例 7.1　$f(\theta) = \theta,\ \theta \in [-\pi, \pi]$ のとき $\hat{f}(n) = \delta_{n0} \dfrac{(-1)^n i}{n}$ になる. ゆえに,

$$\lim_{N \to \infty} \hat{f}_N(\theta) = 2 \sum_{n=1}^{\infty} \frac{(-1)^{n+1} \sin n\theta}{n}.$$

いまから，**反転公式**

$$\lim_{N \to \infty} \hat{f}_N(\theta) = f(\theta)$$

が成り立つための条件を考える. これは，f の滑らかさに深く関係している.

補題 7.2　f は $[-\pi, \pi]$ 上の可積分関数とする. また，任意の $n \in \mathbb{Z}$ に対して $\hat{f}(n) = 0$ と仮定する. このとき f が $\theta = \psi$ で連続であれば $f(\psi) = 0$ となる.

証明　簡単のために $\psi = 0$ とする. また，f は実数値関数とする. 背理法で示す. $f(0) > 0$ とする. 仮定より，任意の $n \in \mathbb{Z}$ に対して

$$\int_{-\pi}^{\pi} f(\theta) \cos n\theta \, d\theta = \int_{-\pi}^{\pi} f(\theta) \sin n\theta \, d\theta = 0$$

となる. ゆえに，任意の $\varepsilon \in \mathbb{R}$ と $k \in \mathbb{N}$ に対して

$$0 = \int_{-\pi}^{\pi} (\varepsilon + \cos \theta)^k f(\theta) \, d\theta \tag{7.1}$$

となる. δ と η を次のように選ぶ. $0 < \eta \leq \delta$ かつ,

$$\begin{cases} f(\theta) > f(0)/2 & |\theta| < \delta \\ \varepsilon + \cos \theta > 0 & |\theta| < \delta \\ \varepsilon + \cos \theta > 1 + \varepsilon/2 & |\theta| < \eta \\ |\varepsilon + \cos \theta| < 1 - \varepsilon/2 & \delta < |\theta| \leq \pi. \end{cases}$$

(7.1) の右辺の積分範囲を $\int_{-\pi}^{\pi} = \int_{|\theta| < \eta} + \int_{\eta \leq |\theta| \leq \delta} + \int_{\delta < |\theta| \leq \pi}$ と 3 つの範囲に分ける. 第 1 項目は

$$\int_{|\theta| < \eta} (\varepsilon + \cos \theta)^k f(\theta) \, d\theta > \left(1 + \frac{\varepsilon}{2} \right)^k \eta f(0)$$

と評価できる. 第 2 項目は非負で，第 3 項目は

$$\int_{\delta < |\theta| \leq \pi} (\varepsilon + \cos \theta)^k f(\theta)\, d\theta < \left(1 - \frac{\varepsilon}{2}\right)^k \int_{-\pi}^{\pi} |f(\theta)|\, d\theta$$

となるから,

$$(7.1) \text{の右辺} \geq \left(1 + \frac{\varepsilon}{2}\right)^k \eta f(0) - \left(1 - \frac{\varepsilon}{2}\right)^k \int_{-\pi}^{\pi} |f(\theta)|\, d\theta$$

となり, (7.1) の右辺は $k \to \infty$ のとき無限大に発散する. これは矛盾である. f が複素数値関数の場合は, $f(\theta) = u(\theta) + iv(\theta)$ として, $\hat{u} = \frac{1}{2}(\hat{f} + \hat{\bar{f}})$ と表せることに注意する. $\hat{\bar{f}}(n) = \overline{\hat{f}(-n)} = 0$ なので $\hat{u}(n) = 0\,(\forall n \in \mathbb{Z})$. $\hat{v}(n) = 0\,(\forall n \in \mathbb{Z})$ も同様にわかる. 以上より, $f(0) = 0$ となる. $\square$

定理 7.3　f は $[-\pi, \pi]$ で連続で, $\sum_{n=-\infty}^{\infty} |\hat{f}(n)| < \infty$ とする. このとき

$$\lim_{N \to \infty} \hat{f}_N(\theta) = f(\theta), \quad \theta \in [-\pi, \pi]. \tag{7.2}$$

この収束は $[-\pi, \pi]$ 上で一様である.

証明　$g(\theta) = \sum_{n=-\infty}^{\infty} \hat{f}(n) e^{in\theta}$ とおく. 仮定よりこの無限級数は θ に関して一様収束するので g は連続である. g のフーリエ係数は $\hat{g}(n) = \hat{f}(n)$ であるから, $h = f - g$ とすると, $\hat{h}(n) = 0\,(\forall n \in \mathbb{Z})$ となる. また, h は連続関数なので補題 7.2 から $h(\theta) = 0\,(\forall \theta \in [-\pi, \pi])$ が従う. ゆえに, $f(\theta) = g(\theta)\,(\forall \theta \in [-\pi, \pi])$ となる. $\square$

定理 7.3 から $|\hat{f}(n)|$ が $n \to \infty$ で十分はやく 0 に収束していれば反転公式が成立することがわかる.

系 7.4　$f \in C^2(\mathbb{R})$ とする. このとき (7.2) が成り立つ.

証明　部分積分から $\widehat{f'}(n) = in\hat{f}(n)$ がわかり $\widehat{f''}(n) = -n^2 \hat{f}(n)$ になる. ゆえに, $|\hat{f}(n)| \leq \sup_{\theta \in [-\pi, \pi]} |f''(\theta)| |n|^{-2}$ となり $\sum_{n=-\infty}^{\infty} |\hat{f}(n)| < \infty$ なので系が従う. $\square$

系 7.4 の証明から $f \in C^p(\mathbb{R})$ ならば, ある $M > 0$ が存在して任意の $n \in \mathbb{N}$ に対して $|\hat{f}(n)| \leq M|n|^{-p}$ となることがわかる. このように, 関数の滑らかさと, $n \to \infty$ での $|\hat{f}(n)|$ の挙動には深い関係がある.

7.2　チェザロ平均とフェイエール核

4.2 節で軟化子 ρ_ε の性質を解説し, 定理 4.22 で $\rho_\varepsilon * f$ が L^p の意味で f の近似になることを示した. ここでは, 各点での近似を議論する.

補題 7.5 $[-\pi, \pi]$ 上の関数族 $\{K_n\}_{n=1}^{\infty}$ が次をみたすとする.

(1) $\frac{1}{2\pi} \int_{-\pi}^{\pi} K_n(\theta) \, d\theta = 1 \ (\forall n \in \mathbb{N})$.

(2) ある $M > 0$ が存在して $\int_{-\pi}^{\pi} |K_n(\theta)| \, d\theta \leq M \ (\forall n \in \mathbb{N})$.

(3) 任意の $\delta > 0$ に対して $\lim_{n \to \infty} \int_{\delta \leq |\theta| \leq \pi} |K_n(\theta)| \, d\theta = 0$.

f は $[-\pi, \pi]$ 上の可積分関数で $\theta = \psi$ で連続とする. このとき

$$\lim_{n \to \infty} (f * K_n)(\psi) = f(\psi). \tag{7.3}$$

特に f が $[-\pi, \pi]$ 上連続のとき, この収束は一様収束である.

証明 $\theta = \psi$ で連続なので, 任意の $\varepsilon > 0$ に対してある $\delta > 0$ が存在して, $|\theta| \leq \delta$ のとき $|f(\psi - \theta) - f(\psi)| < \varepsilon$ となる.

$$|(f * K_n)(\psi) - f(\psi)| \leq \frac{1}{2\pi} \int_{-\pi}^{\pi} |K_n(\theta)||f(\psi - \theta) - f(\psi)| \, d\theta.$$

右辺の積分範囲を $\int_{|\theta| < \delta} + \int_{|\theta| \geq \delta}$ に分けて評価すると,

$$|(f * K_n)(\psi) - f(\psi)| \leq \frac{\varepsilon M}{2\pi} + \frac{B}{\pi} \int_{|\theta| \geq \delta} |K_n(\theta)| \, d\theta.$$

ここで, $B = \sup_{|\theta| \leq \pi} |f(\theta)|$ とおいた. ゆえに, $\lim_{n \to \infty} |(f * K_n)(\psi) - f(\psi)| \leq \frac{\varepsilon M}{2\pi}$ なので, これは (7.3) を意味する. また, f が $[-\pi, \pi]$ 上連続のとき $[-\pi, \pi]$ 上一様連続であるから, $\delta > 0$ を ψ に無関係に選ぶことができる. よって, (7.3) は一様収束である. $\square$

次の定理は連続関数が多項式で一様近似できることを主張するものである.

定理 7.6（ワイエルシュトラスの多項式近似定理） $f \in C([a, b])$ とする. 任意の $\varepsilon > 0$ に対して次をみたす多項式 p が存在する.

$$\sup_{x \in [a, b]} |f(x) - p(x)| < \varepsilon.$$

証明 $f \in C([-1, 1])$ とし $Q_n(t) = a_n(1 - t^2)^n$ とする. ここで, $\int_{-1}^{1} Q_n(t) \, dt = 1$ となるように a_n を定める. 定数 α が存在して $a_n \leq \alpha \sqrt{n} \ (\forall n \in \mathbb{N})$ となることが示せる. 任意の $\delta > 0$ に対して $\lim_{n \to \infty} \int_{|t| > \delta} Q_n(t) \, dt = 0$ となるから, 補題 7.5 と同様に

$$\lim_{n \to \infty} \sup_{x \in [-1, 1]} |f * Q_n(x) - f(x)| = 0$$

を示すことができる.

$$(f * Q_n)(x) = a_n \int_{-1}^{1} f(y)(1 - (x-y)^2)^n \, dy$$

が多項式なので定理が従う. $f \in C([a,b])$ に対しては $g(x) = f(a + \frac{b-a}{2}(x+1))$ とすれば $g \in C([-1,1])$ となるから, 任意の $\varepsilon > 0$ に対して $\sup_{x \in [-1,1]} |g(x) - p(x)| < \varepsilon$ となる多項式 p が存在する. $\tilde{p}(x) = p(2\frac{x-a}{b-a} - 1)$ とすれば

$$\sup_{x \in [a,b]} |f(x) - \tilde{p}(x)| < \varepsilon$$

となる. $\square$

反転公式 (7.2) を考えよう. $\hat{f}_N(\theta) = (f * D_N)(\theta)$ と表せたが, 残念ながら D_N は補題 7.5 の仮定をみたさない. そこでチェザロ平均を導入する.

[定義 7.7] (チェザロ総和可能) $(a_n)_n$ に対し $s_n = \sum_{m=0}^{n} a_m$ とする.

$$\sigma = \lim_{N \to \infty} \frac{s_0 + s_1 + \cdots + s_{N-1}}{N}$$

が存在するとき $(a_n)_n$ は σ に**チェザロ総和可能**といい, σ を**チェザロ平均**という.

[補題 7.8] $a = \sum_{n=0}^{\infty} a_n$ が収束するとき $(a_n)_n$ はチェザロ総和可能でチェザロ平均は a に一致する.

証明 各自確かめよ. $\square$

[例 7.9] 数列 $((-1)^n)_n$ を考える. 級数 $\sum_{n=0}^{\infty} (-1)^n$ は収束しないが, $((-1)^n)_n$ はチェザロ総和可能でチェザロ平均は $1/2$ である.

フーリエ級数のチェザロ平均について考える.

$$\sigma_N(f)(\theta) = \frac{\hat{f}_0(\theta) + \hat{f}_1(\theta) + \cdots + \hat{f}_{N-1}(\theta)}{N}$$

とすれば, $\hat{f}_N(\theta) = (f * D_N)(\theta)$ なので

$$\sigma_N(f)(\theta) = (f * F_N)(\theta)$$

と表すことができる. ここで, F_N は**フェイエール核**とよばれ次で定義される.

$$F_N(\theta) = \frac{D_0(\theta) + D_1(\theta) + \cdots + D_{N-1}(\theta)}{N} = \frac{1}{N} \frac{\sin^2(N\theta/2)}{\sin^2(\theta/2)}.$$

$\boxed{\text{定理 7.10}}$ （連続な場合のフェイエールの定理）　f は $[-\pi, \pi]$ 上の可積分関数とする．このとき f が $\theta = \psi$ で連続であれば $(\hat{f}_N(\psi))_N$ は $f(\psi)$ にチェザロ総和可能である．つまり，

$$\lim_{N \to \infty} \sigma_N(f)(\psi) = f(\psi).$$

また，f が連続であれば $(\hat{f}_N(\theta))_N$ は $f(\theta)$ に一様にチェザロ総和可能である．

証明　フェイエール核は補題 7.5 の仮定をみたすので，$\sigma_N(f)(\theta) = (f * F_N)(\theta)$ という事実と補題 7.5 から定理が従う．□

　フェイエールの定理により，f の滑らかさの仮定なしに $f(\theta)$ をフーリエ級数からチェザロ総和の意味で導き出すことができる．実は，フェイエールの定理は関数が不連続な場合にも成り立つ．証明は連続な場合とほぼ同じである．

$\boxed{\text{定理 7.11}}$ （不連続な場合のフェイエールの定理）　f は $[-\pi, \pi]$ 上の可積分関数で $\theta = \psi$ での右極限 $f(\psi + 0) = \lim_{\varepsilon \downarrow 0} f(\psi + \varepsilon)$ と左極限 $f(\psi - 0) = \lim_{\varepsilon \uparrow 0} f(\psi + \varepsilon)$ が存在すると仮定する．このとき次が成り立つ．

$$\lim_{N \to \infty} \sigma_N(f)(\psi) = \frac{1}{2}(f(\psi + 0) + f(\psi - 0)).$$

証明　任意の $\varepsilon > 0$ に対してある $\delta > 0$ が存在して $|\theta| < \delta$ ならば

$$\left| \frac{f(\psi + \theta) + f(\psi - \theta)}{2} - \frac{f(\psi + 0) + f(\psi - 0)}{2} \right| < \varepsilon$$

となる．

$$(F_N * f)(\psi) - f(\psi + 0) = \frac{1}{2\pi} \int_{-\pi}^{\pi} F_N(\theta)(f(\psi + \theta) - f(\psi + 0)) \, d\theta,$$

$$(F_N * f)(\psi) - f(\psi - 0) = \frac{1}{2\pi} \int_{-\pi}^{\pi} F_N(\theta)(f(\psi - \theta) - f(\psi - 0)) \, d\theta$$

なので，平均をとれば

$$(F_N * f)(\psi) - \frac{f(\psi + 0) + f(\psi - 0)}{2}$$
$$= \frac{1}{2\pi} \int_{-\pi}^{\pi} F_N(\theta)\left(\frac{f(\psi + \theta) + f(\psi - \theta)}{2} - \frac{f(\psi + 0) + f(\psi - 0)}{2} \right) d\theta.$$

積分範囲を $|\theta| < \delta$ と $|\theta| \geq \delta$ に分けて定理 7.10 の証明と同様に評価すればよい．□

　$p(x) = \sum_{k=-n}^{n} a_k e^{2\pi i k x / L}$，$L > 0$ の形の関数を**三角多項式**という．**ワイエルシュトラスの多項式近似定理の三角多項式近似版**が存在する．

系 7.12 $f \in C([-\pi, \pi])$ とする. 任意の $\varepsilon > 0$ に対して次をみたす三角多項式 p が存在する.

$$\sup_{x \in [-\pi, \pi]} |f(x) - p(x)| < \varepsilon.$$

証明 定理 7.10 より, f が連続関数であれば $\hat{f}_N(\theta)$ は $f(\theta)$ に一様にチェザロ総和可能である. $\hat{f}_N(\theta)$ はまさに三角多項式なので系が従う. □

最後にワイルの一様分布定理を紹介しよう.

補題 7.13 f は周期 1 の連続関数とし γ を正の無理数とする. このとき次が成り立つ.

$$\lim_{N \to \infty} \frac{1}{N} \sum_{n=1}^{N} f(n\gamma) = \int_0^1 f(x)\, dx.$$

証明 任意の $\varepsilon > 0$ に対して系 7.12 から三角多項式 $P(x) = \sum_{k=-n}^{n} c_k e^{2\pi i k x}$ で $\sup_{x \in [-\pi, \pi]} |f(x) - P(x)| < \varepsilon$ となるものが存在する. このとき

$$\int_0^1 P(x)\, dx = c_0$$

に注意すると,

$$\left| \int_0^1 f(x)\, dx - \frac{1}{N} \sum_{n=1}^{N} f(n\gamma) \right|$$

$$\leq \int_0^1 |f(x) - P(x)|\, dx + \left| \int_0^1 P(x)\, dx - \frac{1}{N} \sum_{n=1}^{N} P(n\gamma) \right| + \frac{1}{N} \sum_{n=1}^{N} |P(n\gamma) - f(n\gamma)|$$

$$\leq 2\varepsilon + \left| c_0 - \frac{1}{N} \sum_{n=1}^{N} P(n\gamma) \right|$$

となる. いま, γ が正の無理数なので

$$\lim_{N \to \infty} \frac{1}{N} \sum_{n=1}^{N} e^{2\pi i k n \gamma} = 0$$

が任意の $k \in \mathbb{Z} \setminus \{0\}$ で成り立つから

$$\lim_{N \to \infty} \left| c_0 - \frac{1}{N} \sum_{n=1}^{N} P(n\gamma) \right| = 0$$

である. ゆえに, 補題が成り立つ. □

定理 7.14 （ワイルの一様分布定理）　γ を正の無理数とする．$\langle n\gamma \rangle$ を $n\gamma$ の小数部分とし $(a,b) \subset [0,1)$ とする．このとき次が成り立つ．

$$\lim_{N\to\infty} \frac{\#\{1 \le n \le N \mid \langle n\gamma \rangle \in (a,b)\}}{N} = b - a.$$

証明　$(a,b)=(0,1)$ のときは，$\#\{1 \le n \le N \mid \langle n\gamma \rangle \in (0,1)\} = N$ なので定理が成り立つ．$(a,b) \ne (0,1)$ とする．$b \ne 1$ の場合を考える．$a \ne 0$ の場合も同様である．$X = \bigcup_{k=0}^{\infty}(a+k, b+k)$ とおく．

$$\#\{1 \le n \le N \mid \langle n\gamma \rangle \in (a,b)\} = \sum_{n=1}^{N} \mathbb{1}_X(n\gamma)$$

であるから，

$$\lim_{N\to\infty} \frac{1}{N} \sum_{n=1}^{N} \mathbb{1}_X(n\gamma)$$

を求めればよい．$\mathbb{1}_X$ は周期 1 の周期関数であるが連続ではないので，次のように連続関数で近似する．$\varepsilon > 0$ を十分小さく選んで $[0,1)$ 上の連続関数を次で定義する．

$$f_\varepsilon^-(x) = \begin{cases} \frac{x-a}{\varepsilon} & a \le x < a+\varepsilon \\ 1 & a+\varepsilon \le x \le b-\varepsilon \\ \frac{b-\varepsilon-x}{\varepsilon}+1 & b-\varepsilon < x \le b, \end{cases}$$

$$f_\varepsilon^+(x) = \begin{cases} \frac{x-a+\varepsilon}{\varepsilon} & a-\varepsilon \le x < a \\ 1 & a \le x \le b \\ \frac{b+\varepsilon-x}{\varepsilon}+1 & b \le b+\varepsilon. \end{cases}$$

$f_\varepsilon^\pm$ を周期的に $\mathbb{R}$ の関数に拡張して $\tilde{f}_\varepsilon^\pm$ と表す．このとき

$$\tilde{f}_\varepsilon^-(x) \le \mathbb{1}_X(x) \le \tilde{f}_\varepsilon^+(x), \quad x \in \mathbb{R}.$$

よって，

$$\frac{1}{N}\sum_{n=1}^{N}\tilde{f}_\varepsilon^-(n\gamma) \le \frac{1}{N}\sum_{n=1}^{N}\mathbb{1}_X(n\gamma) \le \frac{1}{N}\sum_{n=1}^{N}\tilde{f}_\varepsilon^+(n\gamma)$$

なので，補題 7.13 より $N \to \infty$ のとき

$$\int_0^1 \tilde{f}_\varepsilon^-(x)\,dx \le \lim_{N\to\infty}\frac{1}{N}\sum_{n=1}^{N}\mathbb{1}_X(n\gamma) \le \int_0^1 \tilde{f}_\varepsilon^+(x)\,dx.$$

ゆえに，

$$b-a-\varepsilon \le \lim_{N\to\infty}\frac{1}{N}\sum_{n=1}^{N}\mathbb{1}_X(n\gamma) \le b-a+\varepsilon.$$

ε は十分小さな任意の正数なので定理が従う．□

γ を正の無理数とする．ワイルの一様分布定理から，$\{\langle n\gamma \rangle \mid n \in \mathbb{N}\}$ は一様に $[0,1)$ に分布し，$\overline{\{\langle n\gamma \rangle \mid n \in \mathbb{N}\}} = [0,1]$ となることがわかる．特に任意の区間 $(a,b) \subset (0,1)$ に対して $\langle n\gamma \rangle \in (a,b)$ となる $n \in \mathbb{N}$ が存在する．これは**クロネッカーの稠密定理**とよばれている．

$\boxed{例\ 7.15}$ 数列 $(\sin n)_n$ を考える．$\sin n = \sin(2\pi\langle \frac{1}{2\pi}n \rangle)$ と変形すれば $\overline{\{\langle \frac{1}{2\pi}n \rangle \mid n \in \mathbb{N}\}} = [0,1]$ となることより，閉区間 $[-1,1]$ の中の点は全てこの数列の集積点である．

7.3 アーベル平均とポアソン核

チェザロの総和法とは異なる総和法を紹介する．

$\boxed{定義\ 7.16}$ （アーベル総和可能） $(a_n)_n$ を数列とする．任意の $0 \le r < 1$ に対して $b(r) = \sum_{m=0}^{\infty} a_m r^m$ が収束し，さらに，$b = \lim_{r\uparrow 1} b(r)$ が存在するとき $(a_n)_n$ は**アーベル総和可能**といい，b を**アーベル平均**という．

$\boxed{定理\ 7.17}$ $s = \sum_{n=1}^{\infty} a_n$ が収束するとき $(a_n)_n$ はアーベル総和可能でアーベル平均は s である．

証明 $s_n = \sum_{k=1}^{n} a_k$ とおく．$0 \le r < 1$ とし，恒等式

$$\sum_{k=1}^{n} a_k r^k = (1-r)\sum_{k=1}^{n} s_k r^k + s_n r^{n+1}$$

の両辺で $n \to \infty$ とすると

$$\sum_{k=1}^{\infty} a_k r^k = (1-r)\sum_{k=1}^{\infty} s_k r^k.$$

ここで $\lim_{k\to\infty} s_k = s$ なので，任意の $\varepsilon > 0$ に対してある N が存在して $|s_k - s| \le \varepsilon$ $(\forall k \ge N)$ となる．$(1-r)\sum_{k=1}^{\infty} r^k = r$ に気をつけて，

$$\left| \sum_{k=1}^{\infty} a_k r^k - rs \right| \le (1-r)\sum_{k=1}^{N-1} |s_k - s| r^k + (1-r)\sum_{k=N}^{\infty} |s_k - s| r^k$$

$$\le (1-r)\sum_{k=1}^{N-1} |s_k - s| r^k + \varepsilon r^N.$$

ここで，$r \uparrow 1$ とすると，$\lim_{r\uparrow 1} \left| \sum_{k=1}^{\infty} a_k r^k - rs \right| \le \varepsilon$ となる．ゆえに，

$$\lim_{r\uparrow 1}\left|\sum_{k=1}^{\infty}a_k r^k - s\right| \le \lim_{r\uparrow 1}\left|\sum_{k=1}^{\infty}a_k r^k - rs\right| + \lim_{r\uparrow 1}(1-r)|s| \le \varepsilon$$

であるから，$(a_n)_n$ はアーベル総和可能でアーベル平均は s である．□

実は，もう少し強い主張が成り立つ．

定理 7.18 $(a_n)_n$ がチェザロ総和可能とする．つまり，$s_n = \sum_{k=1}^{n} a_k$ とおいて $\sum_{n=1}^{\infty} s_n/n = \sigma$．このとき $(a_n)_n$ はアーベル総和可能でアーベル平均は σ である．

証明　$\sigma_n = \sum_{k=1}^{n} s_k/n$ とおくと，$n\sigma_n = \sum_{k=1}^{n} s_k$．$0 \le r < 1$ とし，定理 7.17 の証明と同様にして次が成り立つ．

$$\sum_{k=1}^{\infty} s_k r^k = (1-r)\sum_{k=1}^{\infty} k\sigma_k r^k.$$

一方，$\sum_{k=1}^{\infty} s_k r^k$ が収束するから $\sum_{k=1}^{\infty} a_k r^k$ も収束して

$$\sum_{k=1}^{\infty} a_k r^k = (1-r)\sum_{k=1}^{\infty} s_k r^k$$

となる．ゆえに，

$$\sum_{k=1}^{\infty} a_k r^k = (1-r)^2 \sum_{k=1}^{\infty} k\sigma_k r^k.$$

定理 7.17 の証明と同様に，$(1-r)^2 \sum_{k=1}^{\infty} kr^k = r$ に気をつければ，任意の $\varepsilon > 0$ に対して $\lim_{r\uparrow 1}\left|\sum_{k=1}^{\infty} a_k r^k - r\sigma\right| \le \varepsilon$ が示せる．ゆえに，$(a_n)_n$ はアーベル総和可能でアーベル平均は σ である．□

まとめると次のようになる．

$$\sum_{n=1}^{\infty} a_n \text{ が収束} \Longrightarrow (a_n)_n \text{ がチェザロ総和可能} \Longrightarrow (a_n)_n \text{ がアーベル総和可能}.$$

しかし，逆向きは一般には成り立たない．

例 7.19 $((-1)^n(n+1))_n$ は $1/4$ にアーベル総和可能であるがチェザロ総和可能ではない．

アーベル平均とフーリエ級数の関係をみよう．定理 7.10 より，連続関数 f に対して $(\sum_{n=-N}^{N} \hat{f}(n)e^{in\theta})_N$ は f にチェザロ総和可能なのでアーベル総和可能でもある．そこで

$$A_r(f)(\theta) = \sum_{n=-\infty}^{\infty} r^{|n|} \hat{f}(n) e^{in\theta}$$

とすれば $A_r(f)$ は

$$A_r(f)(\theta) = (f * P_r)(\theta)$$

と表せる. ここで,

$$P_r(\theta) = \sum_{n=-\infty}^{\infty} r^{|n|} e^{in\theta} = \frac{1 - r^2}{1 - 2r\cos\theta + r^2}, \quad 0 \le r < 1$$

は**ポアソン核**とよばれている.

[定理 7.20] f は $[-\pi, \pi]$ 上の可積分関数とする. このとき f が $\theta = \psi$ で連続であれば $(\hat{f}_N(\psi))_N$ は $f(\psi)$ にアーベル総和可能である. また, f が連続関数であれば $(\hat{f}_N(\theta))_N$ は $f(\theta)$ に一様にアーベル総和可能である.

証明 ポアソン核は補題 7.5 の条件 (1), (2), (3) をみたす. つまり,
  (1) $\frac{1}{2\pi} \int_{-\pi}^{\pi} P_r(\theta)\, d\theta = 1\, (0 < \forall r < 1)$.
  (2) ある $M > 0$ が存在して $\int_{-\pi}^{\pi} |P_r(\theta)|\, d\theta \le M\, (0 < \forall r < 1)$.
  (3) 任意の $\delta > 0$ に対して $\lim_{r \uparrow 1} \int_{\delta \le |\theta| \le \pi} |P_r(\theta)|\, d\theta = 0$.
ゆえに, $A_r(f)(\theta) = (f * P_r)(\theta)$ という事実と補題 7.5 から定理が従う. □

7.4 フーリエ変換

フーリエ級数の理論は周期的な関数の理論であった. それは, 例えば円周上の関数の理論とみなすことができる. 本節では $\mathbb{R}$ および $\mathbb{R}^d$ 上で定義された周期的ではない関数に対して類似の理論を展開する.

[定義 7.21] (フーリエ変換) $f \in L^1(\mathbb{R}^d)$ に対して次で定まる $\hat{f}$ を f の**フーリエ変換**という.

$$\hat{f}(k) = (2\pi)^{-d/2} \int_{\mathbb{R}^d} e^{-ikx} f(x)\, dx, \quad k \in \mathbb{R}^d.$$

ここで, $kx = \sum_{j=1}^{d} k_j x_j$ である.

$f \in L^1(\mathbb{R}^d)$ なので右辺の積分は絶対収束する. 写像 $f \mapsto \hat{f}$ を F で表す.

例 7.22　$d = 1$ かつ $f = \mathbb{1}_{[-1,1]}$ とする. このとき $\hat{f}$ は次のようになる.

$$\hat{f}(k) = \sqrt{\frac{2}{\pi}} \frac{\sin k}{k}.$$

例 7.23　ガウス型関数

$$G(x) = e^{-|x|^2/2} \tag{7.4}$$

のフーリエ変換を求めよう.

$$\hat{G}(k) = \prod_{j=1}^{d} \frac{1}{\sqrt{2\pi}} \int_{-\infty}^{\infty} e^{-|x_j|^2/2} e^{-ikx_j} \, dx_j$$

なので $\hat{g}(k) = \frac{1}{\sqrt{2\pi}} \int_{-\infty}^{\infty} e^{-|z|^2/2} e^{-ikz} \, dz$ を計算する. $\hat{g}'(k) = -k\hat{g}(k)$ となるから $h(k) = \hat{g}(k)e^{k^2/2}$ は $h'(k) = 0$ かつ $h(0) = 1$ となることがわかる. ゆえに, $h(k) = 1 \; (k \in \mathbb{R})$. つまり, $\hat{g}(k) = e^{-k^2/2}$ となる. したがって,

$$\hat{G}(k) = e^{-|k|^2/2} = G(k)$$

である. つまり, G はフーリエ変換で不変である.

補題 7.24　フーリエ変換 F は $F \in B(L^1(\mathbb{R}^d), L^\infty(\mathbb{R}^d))$ かつ次が成り立つ.

$$\|Ff\|_{L^\infty} \leq (2\pi)^{-d/2} \|f\|_{L^1}.$$

証明　各自確かめよ. □

5.4 節でみたように, $C_\infty(\mathbb{R}^d)$ は $\mathbb{R}^d$ 上の連続関数で無限遠方で 0 に収束する関数全体を表す.

$$C_\infty(\mathbb{R}^d) = \left\{ f \in C(\mathbb{R}^d) \; \middle| \; \lim_{|x| \to \infty} f(x) = 0 \right\}.$$

補題 7.25　$f \in L^1(\mathbb{R}^d)$ とする. このとき $\hat{f} \in C_\infty(\mathbb{R}^d)$ である.

証明　ルベーグの収束定理より $\hat{f}(k)$ が各点 k で連続であることはすぐにわかる. $\lim_{|k| \to \infty} f(k) = 0$ を示そう. f を次のような単関数とする.

$$f = \sum_{i=1}^{n} \alpha_i \mathbb{1}_{A_i}.$$

ここで, $\alpha_i \in \mathbb{C}$, A_i は $[a_1^{(i)}, b_1^{(i)}] \times \cdots \times [a_d^{(i)}, b_d^{(i)}]$ と表せる. 例えば,

$$A = [a_1, b_1] \times \cdots \times [a_d, b_d]$$

とすれば $f = \mathbb{1}_A$ のフーリエ変換はすぐに計算できる.

$$\hat{f}(k) = \frac{1}{(2\pi)^{d/2} i} \prod_{j=1}^{d} e^{-ib_j k_j} \frac{e^{i((b_j - a_j)k_j)} - 1}{k_j}.$$

$r > 0$ を任意にとり $|k| \geq r$ とすれば, ある j で $|k_j| \geq r/\sqrt{d}$ である. 簡単のために $j = 1$ とすると

$$|\hat{f}(k)| \leq \frac{1}{(2\pi)^{d/2}} \frac{2\sqrt{d}}{r} \prod_{j=2}^{d} M_j.$$

ここで, $M_j = \sup_{y \in \mathbb{R} \setminus \{0\}} \left| \frac{e^{i((b_j - a_j)y)} - 1}{y} \right|$. $r > 0$ は任意だから $\lim_{|k| \to \infty} |\hat{f}(k)| = 0$ となる. ゆえに, $f = \sum_{i=1}^{n} \alpha_i \mathbb{1}_{A_i}$ のフーリエ変換は無限遠方で 0 に収束する. $\sum_{i=1}^{n} \alpha_i \mathbb{1}_{A_i}$ のような単関数全体を $\mathfrak{M}$ と表す. $\mathfrak{M}$ は $L^1(\mathbb{R}^d)$ で稠密である. また, フーリエ変換 F は,

$$F \colon \mathfrak{M} \to C_\infty(\mathbb{R}^d)$$

である. ここで, $C_\infty(\mathbb{R}^d)$ は $L^\infty(\mathbb{R}^d)$ の閉部分空間なのでバナッハ空間であることに注意しよう. $F \lceil_{\mathfrak{M}}$ の $L^1(\mathbb{R}^d)$ への拡大は, 拡大の一意性から F そのものであるから F は $L^1(\mathbb{R}^d)$ を $C_\infty(\mathbb{R}^d)$ へうつす. $\square$

微分や関数の乗法とフーリエ変換の間には非常に深い関係がある.

[補題 7.26] $f \in C_0^\infty(\mathbb{R}^d)$ とし $\alpha \in \mathbb{Z}_+^d$ とする. このとき

$$\widehat{\partial_x^\alpha f}(k) = i^{|\alpha|} k^\alpha \hat{f}(k),$$
$$\widehat{x^\alpha f}(k) = i^{|\alpha|} \partial_k^\alpha \hat{f}(k).$$

証明 $f \in C_0^\infty(\mathbb{R}^d)$ に対して $\int_{\mathbb{R}^d} (\partial_x^\alpha f)(x) e^{-ikx} \, dx$ で部分積分を行えばよい. $\square$

フーリエ逆変換について考えよう. G は (7.4) のガウス型関数とし

$$G_\lambda(x) = \lambda^{-d/2} G(x/\lambda), \quad \lambda > 0$$

とする. 次の補題は定理 4.22 で証明した.

[補題 7.27] $1 \leq p < \infty$ とし $f \in L^p(\mathbb{R}^d)$ とする. このとき次が成り立つ.

$$\lim_{\lambda \downarrow 0} \|(2\pi)^{-d/2} G_\lambda * f - f\|_{L^p} = 0.$$

補題 7.27 を使って反転公式を示すことができる.

補題 7.28 $f \in L^1(\mathbb{R}^d)$ かつ $\hat{f} \in L^1(\mathbb{R}^d)$ とする．このとき次が成り立つ．

$$f(x) = (2\pi)^{-d/2} \int_{\mathbb{R}^d} e^{+ikx} \hat{f}(k)\,dk \quad \text{a.e.}$$

証明　$\hat{G}(k) = G(k)$ なので，

$$G(x) = \hat{G}(x) = (2\pi)^{-d/2} \int_{\mathbb{R}^d} e^{-ikx} G(k)\,dk = (2\pi)^{-d/2} \int_{\mathbb{R}^d} e^{+ikx} G(k)\,dk$$

$\lambda > 0$ とすると

$$G_\lambda(x) = \lambda^{-d/2} G(x/\lambda) = (2\pi)^{-d/2} \int_{\mathbb{R}^d} e^{-ikx} G(\lambda k)\,dk.$$

$\lim_{\lambda \to \infty} \|(2\pi)^{-d/2} G_\lambda * f - f\|_{L^1} = 0$ なので λ の適当な部分列 $(\lambda_n)_n$ を選べば

$$\lim_{n \to \infty} (2\pi)^{-d/2} G_{\lambda_n} * f(x) = f(x) \quad \text{a.e.}$$

となる．ゆえに，フビニの定理により，

$$
\begin{aligned}
f(x) &= \lim_{n \to \infty} (2\pi)^{-d/2} \int_{\mathbb{R}^d} G_{\lambda_n}(y) f(x-y)\,dy \\
&= \lim_{n \to \infty} (2\pi)^{-d/2} \int_{\mathbb{R}^d} \left((2\pi)^{-d/2} \int_{\mathbb{R}^d} e^{iky} G(\lambda_n k)\,dk \right) f(x-y)\,dy \\
&= \lim_{n \to \infty} (2\pi)^{-d/2} \int_{\mathbb{R}^d} e^{ikx} \left((2\pi)^{-d/2} \int_{\mathbb{R}^d} f(x-y) e^{-i(x-y)k}\,dy \right) G(\lambda_n k)\,dk \\
&= \lim_{n \to \infty} (2\pi)^{-d/2} \int_{\mathbb{R}^d} e^{ikx} \hat{f}(k) G(\lambda_n k)\,dk \\
&= (2\pi)^{-d/2} \int_{\mathbb{R}^d} e^{ikx} \hat{f}(k)\,dk.
\end{aligned}
$$

ゆえに，補題が成り立つ．□

定義 7.29（フーリエ逆変換）　$f \in L^1(\mathbb{R}^d)$ とする．このとき

$$\check{f}(x) = (2\pi)^{-d/2} \int_{\mathbb{R}^d} e^{+ikx} f(k)\,dk$$

を f の**フーリエ逆変換**という．

　フーリエ逆変換とフーリエ変換は $\check{f}(-k) = \hat{f}(k)$ という関係でつながっている．また，$\overline{\hat{f}(k)} = \check{\bar{f}}(k)$ でもある．

7.5 L^2 理 論

7.4 節で $F \in B(L^1(\mathbb{R}^d), L^\infty(\mathbb{R}^d))$ を示した. これを $L^2(\mathbb{R}^d)$ 上のユニタリー作用素に拡大する. 次の補題は, $L^2(\mathbb{R}^d)$ 上のフーリエ変換を定義するためのキーである.

補題 7.30 $f \in L^1(\mathbb{R}^d) \cap L^2(\mathbb{R}^d)$ とする. このとき $\hat{f} \in L^2(\mathbb{R}^d)$ かつ $\|\hat{f}\|_{L^2} = \|f\|_{L^2}$ である.

証明 $\hat{f} \in C_\infty(\mathbb{R}^d)$ なので $\int_{\mathbb{R}^d} e^{-\lambda|k|^2/2} |\hat{f}(k)|^2 \, dk$ は収束する. これを変形する.

$$\int_{\mathbb{R}^d} e^{-\lambda|k|^2/2} |\hat{f}(k)|^2 \, dk$$
$$= \frac{1}{(2\pi)^d} \int_{\mathbb{R}^d} e^{-\lambda|k|^2/2} \left(\int_{\mathbb{R}^d} f(x) e^{-ikx} \, dx \int_{\mathbb{R}^d} \bar{f}(y) e^{+iky} \, dy \right) dk$$
$$= \int_{\mathbb{R}^d} \int_{\mathbb{R}^d} \left(\frac{1}{(2\pi)^d} \int_{\mathbb{R}^d} e^{-\lambda|k|^2/2} e^{-ik(x-y)} \, dk \right) f(x) \bar{f}(y) \, dx \, dy$$
$$= \int_{\mathbb{R}^d} \int_{\mathbb{R}^d} \frac{1}{(2\pi\lambda)^{d/2}} e^{-\frac{1}{2}|x-y|^2/\lambda} f(x) \bar{f}(y) \, dx \, dy$$
$$= \int_{\mathbb{R}^d} \frac{1}{(2\pi)^{d/2}} (f * G_\lambda)(y) \bar{f}(y) \, dy.$$

$\lim_{\lambda \downarrow 0} \|(2\pi)^{-d/2} f * G_\lambda - f\|_{L^2} = 0$ なので

$$\lim_{\lambda \downarrow 0} (2\pi)^{-d/2} \int_{\mathbb{R}^d} (f * G_\lambda)(y) \bar{f}(y) \, dy = \|f\|_{L^2}^2.$$

ゆえに, 単調収束定理から, $\hat{f} \in L^2(\mathbb{R}^d)$ かつ次が成り立つ.

$$\|f\|^2 = \lim_{\lambda \downarrow 0} \int_{\mathbb{R}^d} e^{-\lambda|k|^2/2} |\hat{f}(k)|^2 \, dk = \|\hat{f}\|^2. \tag{7.5}$$

$\square$

$\mathfrak{D}$ を次で定める.

$$\mathfrak{D} = \{ f \in L^1(\mathbb{R}^d) \cap L^2(\mathbb{R}^d) \mid \hat{f} \in L^1(\mathbb{R}^d) \cap L^2(\mathbb{R}^d) \}.$$

補題 7.31 フーリエ変換 F は $\mathfrak{D}$ から $\mathfrak{D}$ への等長全単射である.

証明 $f \in \mathfrak{D}$ とする. $\|Ff\|_{L^2} = \|f\|_{L^2}$ なので等長である. $g(k) = \hat{f}(-k)$ とすると $Fg = f$ なので全射である. $\square$

[補題 7.32] $\mathfrak{D}$ は $L^2(\mathbb{R}^d)$ で稠密である.

証明 $C_0^\infty(\mathbb{R}^d)$ は $L^p(\mathbb{R}^d)$ で稠密だから $C_0^\infty(\mathbb{R}^d) \subset \mathfrak{D}$ を示せば十分. $f \in C_0^\infty(\mathbb{R}^d)$, $\alpha \in \mathbb{Z}_+^d$ とする. $f \in L^1(\mathbb{R}^d) \cap L^2(\mathbb{R}^d)$ は明らか. $\widehat{\partial^\alpha f}(k) = i^{|\alpha|} k^\alpha \hat{f}(k)$ である. $\partial^\alpha f \in L^1(\mathbb{R}^d)$ なので $\widehat{\partial^\alpha f} \in L^\infty(\mathbb{R}^d)$ であり, 結局 $k^\alpha \hat{f}(k)$ が有界であることを意味する. つまり, $(1+|k|^n)\hat{f}$ は任意の $n \geq 1$ で有界であるから, $np > d$ のとき

$$\int_{\mathbb{R}^d} |\hat{f}(k)|^p \, dk \leq \|(1+|k|^n)|\hat{f}|^p\|_{L^\infty} \int_{\mathbb{R}^d} \frac{1}{(1+|k|^n)^p} \, dk < \infty.$$

ゆえに, $\hat{f} \in L^1(\mathbb{R}^d) \cap L^2(\mathbb{R}^d)$ となる. □

[定理 7.33] フーリエ変換 F の $L^1(\mathbb{R}^d) \cap L^2(\mathbb{R}^d)$ への制限は $L^2(\mathbb{R}^d)$ から $L^2(\mathbb{R}^d)$ への等長全単射への一意な拡大 $\tilde{F}$ をもつ.

証明 フーリエ変換 $F \colon \mathfrak{D} \to \mathfrak{D}$ は等長全単射で, $\mathfrak{D}$ は $L^2(\mathbb{R}^d)$ で稠密だから, $L^2(\mathbb{R}^d)$ への一意な拡大 $\tilde{F}$ が存在して, それは, $L^2(\mathbb{R}^d)$ から $L^2(\mathbb{R}^d)$ への等長作用素である. F が全射であることを示す. $f \in L^2(\mathbb{R}^d)$ に対して点列 $(f_n)_n$ と $(h_n)_n$ が $\mathfrak{D}$ に存在して $\lim_{n\to\infty} f_n = f$ かつ $f_n = Fh_n$ が成り立つ. $F^{-1}f_n = h_n$ なので $(h_n)_n$ はコーシー列になる. ゆえに, $\lim_{n\to\infty} h_n = h$ が存在する. 結局, $\lim_{n\to\infty} Fh_n = f$ かつ $\lim_{n\to\infty} h_n = h$ なので $\tilde{F}h = f$ となり, $\tilde{F}$ は全射である. □

[定義 7.34] (L^2 上のフーリエ変換) $\tilde{F} \colon L^2(\mathbb{R}^d) \to L^2(\mathbb{R}^d)$ を L^2 上のフーリエ変換, または単にフーリエ変換という. $\tilde{F}$ も F と表す.

$f \in L^2(\mathbb{R}^d)$ に対しても $Ff = \hat{f}$, $F^{-1}f = \check{f}$ と表す.

[定理 7.35] (プランシュレルの定理) 次が成り立つ.

$$(Ff, Fg) = (f, g), \quad f, g \in L^2(\mathbb{R}^d).$$

証明 $\|Ff\| = \|f\|$ なので偏極恒等式から定理が導かれる. □

[系 7.36] 任意の $f, g \in L^2(\mathbb{R}^d)$ に対して次が成り立つ.

$$(\overline{Ff}, g) = (\bar{f}, Fg), \tag{7.6}$$

$$(\overline{Ff}, Fg) = (\bar{f}, \tilde{g}). \tag{7.7}$$

ここで $\tilde{g}(k) = g(-k)$ である.

証明 等式 $(Ff, g) = (f, F^{-1}g)$ を積分で表すと

$$\int_{\mathbb{R}^d} \overline{Ff}(k) \cdot g(k) \, dk = \int_{\mathbb{R}^d} \bar{f}(k) \cdot F^{-1}g(k) \, dk.$$

$\overline{Ff}(k) = F^{-1}\bar{f}(k)$ なので，$\bar{f} = h$ とおけば

$$\int_{\mathbb{R}^d} F^{-1}h(k) \cdot g(k) \, dk = \int_{\mathbb{R}^d} h(k) \cdot F^{-1}g(k) \, dk.$$

フーリエ変換とフーリエ逆変換を入れ替えて次が成り立つ.

$$\int_{\mathbb{R}^d} Ff(k) \cdot g(k) \, dk = \int_{\mathbb{R}^d} f(k) \cdot Fg(k) \, dk.$$

これはまさに (7.6) である．さらに，g を Fg に置き換えると $\int_{\mathbb{R}^d} Ff(k) \cdot Fg(k) \, dk = \int_{\mathbb{R}^d} f(k) \cdot F^2g(k) \, dk$ になるが，$F^2g(k) = g(-k)$ なので次が成り立つ.

$$\int_{\mathbb{R}^d} Ff(k) \cdot Fg(k) \, dk = \int_{\mathbb{R}^d} f(k) \cdot g(-k) \, dk.$$

これはまさに (7.7) である． $\square$

実際に L^2 の意味でのフーリエ変換の計算の仕方を考えてみよう．もちろん，$f \in L^1(\mathbb{R}^d)$ であれば問題ないが，$f \in L^2(\mathbb{R}^d) \setminus L^1(\mathbb{R}^d)$ の場合には非自明である.

$\boxed{\text{定理 7.37}}$ $f \in L^2(\mathbb{R}^d)$ とする．このとき次が成り立つ.

$$\hat{f}(k) = \operatorname*{s\text{-}lim}_{L \to \infty} (2\pi)^{-d/2} \int_{|x| \le L} f(x) e^{-ikx} \, dx \tag{7.8}$$

$$= \operatorname*{s\text{-}lim}_{L \to \infty} (2\pi)^{-d/2} \int_{|x| \le L} \left(1 - \frac{|x|}{L}\right) f(x) e^{-ikx} \, dx \tag{7.9}$$

$$= \operatorname*{s\text{-}lim}_{\varepsilon \downarrow 0} (2\pi)^{-d/2} \int_{\mathbb{R}^d} e^{-\varepsilon|x|} f(x) e^{-ikx} \, dx \tag{7.10}$$

$$= \operatorname*{s\text{-}lim}_{\varepsilon \downarrow 0} (2\pi)^{-d/2} \int_{\mathbb{R}^d} e^{-\varepsilon|x|^2} f(x) e^{-ikx} \, dx. \tag{7.11}$$

ここで，右辺の収束は k の関数として L^2 での強収束の意味である.

証明 $\hat{f}_L = \widehat{f \mathbb{1}_{|x| \le L}}$ とすると，

$$\|\hat{f}_L - \hat{f}\|_{L^2} = \|Ff \mathbb{1}_{|x| \le L} - Ff\|_{L^2} = \|f \mathbb{1}_{|x| \le L} - f\|_{L^2}$$

となる．$\lim_{L \to \infty} \|f \mathbb{1}_{|x| \le L} - f\|_{L^2} = 0$ なので (7.8) が従う．(7.9)–(7.11) も同様に示すことができる． $\square$

(7.9) は**チェザロ総和法**，(7.10) は**アーベル総和法**，(7.11) は**ガウス総和法**とよばれている.

畳み込みとフーリエ変換には美しい代数的な関係が存在する.

定理 7.38　$f, g \in L^1(\mathbb{R}^d)$ とする. このとき $f * g \in L^1(\mathbb{R}^d)$ であり, 次が成り立つ.

$$\widehat{f * g} = (2\pi)^{d/2} \hat{f} \cdot \hat{g}.$$

証明　$f * g \in L^1(\mathbb{R}^d)$ は例 4.18 で示した. フビニの定理から

$$(2\pi)^{d/2} \widehat{f * g}(k) = \int_{\mathbb{R}^d} e^{-ikx} \, dx \int_{\mathbb{R}^d} f(x-y) g(y) \, dy$$
$$= \int_{\mathbb{R}^d} g(y) e^{-iky} \, dy \int_{\mathbb{R}^d} f(x-y) e^{-ik(x-y)} \, dx = (2\pi)^d \hat{f}(k) \hat{g}(k)$$

より, 等式が従う. □

定理 7.38 を $L^2(\mathbb{R}^d)$ 上のフーリエ変換 F に拡大する. この場合は, 定理 7.38 のように直接の計算はできない.

定理 7.39　$f \in L^2(\mathbb{R}^d)$, $g \in L^1(\mathbb{R}^d)$ とする. このとき $f * g \in L^2(\mathbb{R}^d)$ で,

$$\widehat{f * g} = (2\pi)^{d/2} \hat{f} \cdot \hat{g} \quad \text{a.e.}$$

証明　$f * g \in L^2(\mathbb{R}^d)$ は例 4.18 で示した. 以下の証明では, 混乱を避けるために, L^1 上のフーリエ変換を $\hat{f}$, L^2 上のフーリエ変換を Ff と表すことにする. $f_L = f \mathbb{1}_{|x| \le L}$ とする. このとき $f_L \in L^1(\mathbb{R}^d) \cap L^2(\mathbb{R}^d)$ であるから $f_L * g \in L^1(\mathbb{R}^d) \cap L^2(\mathbb{R}^d)$. ゆえに, $\widehat{f_L * g} = (2\pi)^{d/2} \hat{f_L} \cdot \hat{g}$ である. 一方, $F(f_L * g) = \widehat{f_L * g}$ かつ $Ff_L = \hat{f_L}$ であるから,

$$F(f_L * g) = (2\pi)^{d/2} Ff_L \cdot \hat{g}.$$

ここで, $L \to \infty$ を L^2 の意味で考える.

$$\|F(f_L * g) - F(f * g)\| = \|(f_L * g) - (f * g)\|$$
$$= \|(f_L - f) * g\|$$
$$\le \|f_L - f\|_{L^2} \|g\|_{L^1},$$
$$\|Ff_L \cdot \hat{g} - Ff \cdot \hat{g}\| \le \|g\|_{L^\infty} \|Ff_L - Ff\|_{L^2}$$
$$= \|g\|_{L^\infty} \|f_L - f\|_{L^2}$$

なので,

$$\lim_{L \to \infty} \|F(f_L * g) - F(f * g)\| = 0,$$
$$\lim_{L \to \infty} \|Ff_L \cdot \hat{g} - Ff \cdot \hat{g}\| = 0.$$

よって,

$$\|F(f*g) - (2\pi)^{d/2} Ff \cdot \hat{g}\|$$
$$\leq \|F(f*g) - F(f_L * g)\| + \|F(f_L * g) - (2\pi)^{d/2} Ff \cdot \hat{g}\| \to 0 \ (L \to \infty)$$

となるので, 定理が従う. □

　さらに, $f, g \in L^2(\mathbb{R}^d)$ のときはどうなるだろうか. つまり, $*$ を $L^2(\mathbb{R}^d)$ 上の演算とみなせるだろうか. 残念ながら, ヤングの不等式によれば, $f*g \in L^\infty(\mathbb{R}^d)$ である. しかし, $\hat{g} \in L^\infty(\mathbb{R}^d)$ という条件を加えると, 次の美しい定理が成り立つ.

$\boxed{\text{定理 7.40}}$　$f, g \in L^2(\mathbb{R}^d)$, $\hat{g} \in L^\infty(\mathbb{R}^d)$ とする. このとき $f*g \in L^2(\mathbb{R}^d)$ で, 次が成り立つ.

$$\widehat{f*g} = (2\pi)^{d/2} \hat{f} \cdot \hat{g} \quad \text{a.e.}$$

証明　以下の証明でも, 定理 7.39 の証明と同様に L^1 上のフーリエ変換を $\hat{f}$, L^2 上のフーリエ変換を Ff と表す. $g_M = g\mathbb{1}_{|x|\leq M}$ とすると $g_M \in L^1(\mathbb{R}^d) \cap L^2(\mathbb{R}^d)$. 定理 7.39 から $F(f*g_M) = (2\pi)^{d/2} Ff \cdot \widehat{g_M}$ となる. 両辺のフーリエ逆変換をとると,

$$f*g_M = (2\pi)^{d/2} F^{-1}(Ff \cdot \widehat{g_M}). \tag{7.12}$$

$Ff \in L^2(\mathbb{R}^d)$, $\widehat{g_M} \in L^2(\mathbb{R}^d)$ なので $\int_{\mathbb{R}^d} Ff(k) \cdot \widehat{g_M}(k) e^{ikx} dx$ は絶対収束している. また, $\widehat{g_M} = Fg_M$ であり $\|Fg_M - Fg\|_{L^2} = \|g_M - g\|_{L^2} \to 0 \ (M \to \infty)$ となるから, 各点 $x \in \mathbb{R}^d$ で

$$\lim_{M\to\infty} \int_{\mathbb{R}^d} Ff(k) \cdot \widehat{g_M}(k) e^{ikx} dk = \int_{\mathbb{R}^d} Ff(k) \cdot Fg(k) e^{ikx} dk.$$

一方, $g \in L^2(\mathbb{R}^d)$ なので, 各点 $x \in \mathbb{R}^d$ で

$$\lim_{M\to\infty} (f*g_M)(x) = \lim_{M\to\infty} \int_{\mathbb{R}^d} f(x-y) g_M(y)\, dy = \int_{\mathbb{R}^d} f(x-y) g(y)\, dy$$

となる. ゆえに, (7.12) の両辺で $M \to \infty$ とすれば

$$(f*g)(x) = \int_{\mathbb{R}^d} Ff(k) \cdot Fg(k) e^{ikx} dk \quad \text{a.e.}$$

となる. $Fg \in L^\infty(\mathbb{R}^d) \cap L^2(\mathbb{R}^d)$ なので $Ff \cdot Fg \in L^2(\mathbb{R}^d) \cap L^1(\mathbb{R}^d)$. ゆえに,

$$\int_{\mathbb{R}^d} Ff(k) \cdot Fg(k) e^{ikx} dk = (2\pi)^{d/2} \widetilde{Ff \cdot Fg} = (2\pi)^{d/2} F^{-1}(Ff \cdot Fg).$$

以上から, $f*g \in L^2(\mathbb{R}^d)$ で, $F(f*g) = (2\pi)^{d/2} Ff \cdot Fg$ が成り立つ. □

7.6 $\mathscr{S}$ 理 論

フーリエ変換 F はシュワルツの急減少関数空間 $\mathscr{S}(\mathbb{R}^d)$ と相性が良い. $\mathscr{S}(\mathbb{R}^d) \subset L^1(\mathbb{R}^d)$ なので, $f \in \mathscr{S}(\mathbb{R}^d)$ のとき Ff は通常のフーリエ変換である.

補題 7.41 フーリエ変換 F は $\mathscr{S}(\mathbb{R}^d)$ を $\mathscr{S}(\mathbb{R}^d)$ にうつす.

証明 $f \in \mathscr{S}(\mathbb{R}^d)$, $\alpha, \beta \in \mathbb{Z}_+^d$ とする. このとき積分 $\int$ と偏微分 ∂_k^β は交換できて

$$k^\alpha \partial_k^\beta \hat{f}(k) = \frac{1}{(2\pi)^{d/2}} \int_{\mathbb{R}^d} (-ix)^\beta f(x) k^\alpha e^{-ikx}\, dx$$
$$= \frac{1}{(2\pi)^{d/2}} \int_{\mathbb{R}^d} (-ix)^\beta f(x) i^{|\alpha|} (\partial_x^\alpha e^{-ikx})\, dx.$$

さらに, 部分積分すると,

$$k^\alpha \partial_k^\beta \hat{f}(k) = \frac{1}{(2\pi)^{d/2}} (-i)^{|\alpha|} \int_{\mathbb{R}^d} \partial_x^\alpha ((-ix)^\beta f(x)) e^{-ikx}\, dx \qquad (7.13)$$

となる. $f \in \mathscr{S}(\mathbb{R}^d)$ なので

$$|\partial_x^\alpha ((-ix)^\beta f(x))| \leq \frac{c}{(1+|x|)^{d+1}}, \quad x \in \mathbb{R}^d.$$

ゆえに,

$$\sup_{k \in \mathbb{R}^d} |k^\alpha \partial_k^\beta \hat{f}(k)| \leq \int_{\mathbb{R}^d} \frac{c}{(1+|x|)^{d+1}}\, dx < \infty$$

で $Ff \in \mathscr{S}(\mathbb{R}^d)$ となる. $\square$

$F^{-1}f(k) = Ff(-k)$ なので F^{-1} も $\mathscr{S}(\mathbb{R}^d)$ をそれ自身にうつす. ゆえに, フーリエ変換 F は $\mathscr{S}(\mathbb{R}^d)$ 上の全単射である. $(-ix)^\alpha \colon \mathscr{S}(\mathbb{R}^d) \to \mathscr{S}(\mathbb{R}^d)$, $(-i\partial)^\beta \colon \mathscr{S}(\mathbb{R}^d) \to \mathscr{S}(\mathbb{R}^d)$ であり, 補題 7.41 の証明中の (7.13) から, $f \in \mathscr{S}(\mathbb{R}^d)$ に対して次がわかる.

$$F^{-1} k^\alpha \partial_k^\beta F f = (-i\partial_x)^\alpha (-ix)^\beta f.$$

可換図式で表せば図 7.1 と図 7.2 のようになる.

次に畳み込みについて考える.

補題 7.42 $f, g \in \mathscr{S}(\mathbb{R}^d)$ のとき $f * g \in \mathscr{S}(\mathbb{R}^d)$ である.

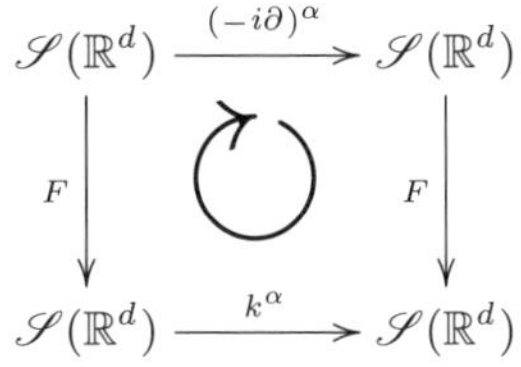

図 7.1　F と $(-i\partial)^\alpha$.

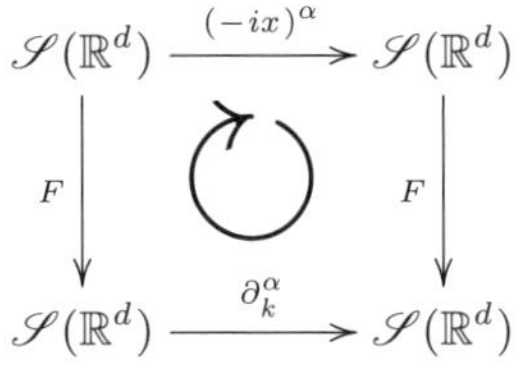

図 7.2　F と $(-ix)^\alpha$.

証明　$f \in \mathscr{S}(\mathbb{R}^d)$ より，任意の $x, y \in \mathbb{R}^d$ と任意の $\alpha \in \mathbb{Z}_+^d$ に対し $|x^\alpha f(x-y)| \le \frac{c_\alpha |x|^{|\alpha|}}{(1+|x-y|)^{|\alpha|}}$ が成り立つ．この右辺を評価する．$|x| \le 2|y|$ のとき

$$\frac{|x|^{|\alpha|}}{(1+|x-y|)^{|\alpha|}} \le |2y|^{|\alpha|}.$$

また，$|x| > 2|y|$ のとき

$$\frac{|x|^{|\alpha|}}{|x-y|^{|\alpha|}} \frac{|x-y|^{|\alpha|}}{(1+|x-y|)^{|\alpha|}} \le \frac{|x|^{|\alpha|}}{|x-y|^{|\alpha|}} \le \left(\frac{|x|}{|x|-|y|}\right)^{|\alpha|} \le 2^{|\alpha|}.$$

これらを合わせて，$\sup_{x \in \mathbb{R}^d} |x^\alpha f(x-y)| \le c_\alpha (1+|y|)^{|\alpha|}$．ゆえに，

$$\sup_{x \in \mathbb{R}^d} |x^\alpha \partial_x^\beta (f * g)(x)| \le \sup_{x \in \mathbb{R}^d} \int_{\mathbb{R}^d} |x^\alpha \partial_x^\beta f(x-y)| |g(y)|\, dy$$

$$\le \int_{\mathbb{R}^d} c_\alpha (1+|y|)^{|\alpha|} |g(y)|\, dy < \infty$$

となるから $f * g \in \mathscr{S}(\mathbb{R}^d)$ である．□

既に示したように，$\widehat{f * g} = (2\pi)^{d/2} \hat{f} \cdot \hat{g}$ である．ゆえに，$\mathscr{S}(\mathbb{R}^d)$ 上では，加法，乗法，畳み込み，フーリエ変換などの操作が全て閉じていることがわかる．次に，$C_0^\infty(\mathbb{R}^d)$ 上のフーリエ変換を考えよう．$C_0^\infty(\mathbb{R}^d) \subset \mathscr{S}(\mathbb{R}^d)$ なので $FC_0^\infty(\mathbb{R}^d) \subset \mathscr{S}(\mathbb{R}^d)$ であるが，$C_0^\infty(\mathbb{R}^d)$ の F による値域についてはもう少し強いことがいえる．$f \in C_0^\infty(\mathbb{R}^d)$ に対して

$$\hat{f}(z) = \frac{1}{(2\pi)^{d/2}} \int_{\mathbb{R}^d} e^{-izx} f(x)\, dx, \quad z \in \mathbb{C}^d \tag{7.14}$$

とすれば，f の台がコンパクトなのでこの積分は絶対収束している．(7.14) は $z \in \mathbb{C}^d$ であるが，これも f のフーリエ変換とよぶことにする．直観的に $\mathbb{C}^d$ 上の関数 (7.14) は，$z = (z_1, \ldots, z_d)$ としたとき，全ての z_j で微分できるので解析関数であることがわかる．次の定理はその逆を示すものである．簡単のために $d = 1$ とする．

定理 7.43 （ペーリー–ウィーナーの定理）　f を $\mathbb{C}$ 上の複素関数とし $R > 0$ とする．このとき次は同値である．

(1) f は $\operatorname{supp} \rho \subset \bar{B}_R(0)$ となる $\rho \in C_0^\infty(\mathbb{R}^d)$ のフーリエ変換である．

(2) f は解析関数で任意の $N \in \mathbb{N}$ に対して定数 C_N が存在して次が成り立つ．

$$|f(z)| \le \frac{C_N e^{R|\operatorname{Im} z|}}{(1 + |z|)^N}, \quad z \in \mathbb{C}. \tag{7.15}$$

証明　$(1) \Longrightarrow (2)$

$$\frac{d}{dz} f(z) = \frac{1}{(2\pi)^{1/2}} \int_{|x| \le R} e^{-izx}(-ix)\rho(x)\, dx$$

なので f は $\mathbb{C}$ 上の解析関数である．さらに，$\operatorname{supp} \rho \subset \bar{B}_R(0)$ とすれば，任意の $\alpha \in \mathbb{Z}_+$ に対して

$$(iz)^\alpha f(z) = \frac{1}{(2\pi)^{1/2}} \int_{|x| \le R} e^{-izx} \frac{d}{dz^\alpha} \rho(x)\, dx.$$

両辺の絶対値をとると次のようになる．

$$\begin{aligned}
|f(z)| &\le \frac{C_\alpha e^{R|\operatorname{Im} z|}}{|(iz)^\alpha|} \\
&\le \frac{C_\alpha e^{R|\operatorname{Im} z|}}{(1 + |z|)^\alpha}.
\end{aligned}$$

$\alpha \in \mathbb{Z}_+$ は任意なので (7.15) が成り立つ．

$(1) \Longleftarrow (2)$ $z = x + iy$, $x, y \in \mathbb{R}$ とする．$f(x + iy) = g(x, y)$ とおく．このとき x に関して $g \in \mathscr{S}(\mathbb{R})$ である．これを示そう．$w = x + iy \in \mathbb{C}$ を中心とした半径 r の円周を S_r とすると，

$$\begin{aligned}
\left(\frac{d^n}{dz^n} f \right)(w) &= \frac{n!}{2\pi i} \oint_{S_r} \frac{f(z)}{(z - w)^{n+1}}\, dz \\
&= \frac{n!}{2\pi i} \int_0^{2\pi} \frac{f(w + re^{i\theta})}{r^{n+1} e^{i(n+1)\theta}} ire^{i\theta}\, d\theta.
\end{aligned}$$

ここで，$r = 1/2$ とすると，任意の $N \in \mathbb{N}$ に対して

$$\begin{aligned}
\left| \left(\frac{d^n}{dz^n} f \right)(w) \right| &\le C \sup_{|z| \le 1/2} |f(\omega + z)| \\
&\le \frac{C'}{(|x| + 1/2)^N}
\end{aligned}$$

となる．$\frac{\partial^n}{\partial x^n} g = \frac{d^n}{dz^n} f$ なので $g \in \mathscr{S}(\mathbb{R})$ となる．そこで

$$\rho(k) = (2\pi)^{-1/2} \int_{\mathbb{R}} e^{ikx} g(x, 0)\, dx$$

とおく. このとき $\rho \in \mathscr{S}(\mathbb{R}^d)$ かつ

$$\hat{\rho}(x) = f(x), \quad x \in \mathbb{R}. \tag{7.16}$$

ゆえに, f は $\mathscr{S}(\mathbb{R})$ に含まれる関数 ρ のフーリエ変換である. 次に, $\mathrm{supp}\,\rho \subset \bar{B}_R(0)$ を示す. 積分経路 C_L を図 7.3 のようにとる. このときコーシーの積分公式より $\int_{C_L} e^{ikz} f(z)\,dz = 0$ となる. (7.15) によって,

$$\left| \int_{\mathrm{II}} e^{ikz} f(z)\,dz \right| = \left| \int_0^y e^{ik(L+it)} f(L+it) i\,dt \right| \leq y \frac{C_N e^{R|y|}}{(1+L)^N}$$

となるから $\lim_{L\to\infty} \left| \int_{\mathrm{II}} e^{ikz} f(z)\,dz \right| = 0$. 同様に $\lim_{L\to\infty} \left| \int_{\mathrm{IV}} e^{ikz} f(z)\,dz \right| = 0$ となる. ゆえに,

$$\int_{-L}^{L} e^{ikx} f(x)\,dx = \int_{-L}^{L} e^{ik(x+iy)} f(x+iy)\,dx.$$

$L \to \infty$ とすれば

$$\rho(k) = (2\pi)^{-1/2} \int_{\mathbb{R}} e^{ik(x+iy)} f(x+iy)\,dx.$$

ゆえに,

$$|\rho(k)| \leq \frac{e^{R|y|-ky}}{(2\pi)^{1/2}} \int_{\mathbb{R}} \frac{C_N}{(1+|x+iy|)^N}\,dx \leq \frac{e^{R|y|-ky}}{(2\pi)^{1/2}} \int_{\mathbb{R}} \frac{C_N}{(1+|x|)^N}\,dx. \tag{7.17}$$

ここで, 積分が収束するように十分大きな N をとった. $\rho(k)$ は y に無関係であることに注意する. $R|y| - ky = |y|(R - \frac{ky}{|y|})$ なので, $|k| > R$ ならば $R - \frac{ky}{|y|} < 0$ になる方向に $|y| \to \infty$ とできるから, その極限をとれば (7.17) の右辺は 0 となる. ゆえに, $k \in \bar{B}_R(0)^c$ のとき $\rho(k) = 0$ で, $\mathrm{supp}\,\rho \subset \bar{B}_R(0)$ となる. よって,

$$\hat{\rho}(z) = (2\pi)^{-1/2} \int_{\mathbb{R}} e^{izx} f(x)\,dx, \quad z \in \mathbb{C}$$

が定義できて, 解析接続の一意性から $\hat{\rho}(z) = f(z)$ となる.

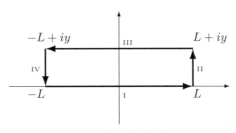

図 7.3 $\mathbb{C}$ 内の積分経路 C_L.

$\square$

7.7 **フーリエ掛け算作用素**

定義 7.44 （フーリエ掛け算作用素）　$m \in L^\infty(\mathbb{R}^d)$ とし M_m を m の掛け算作用素とする．このとき**フーリエ掛け算作用素** $T_m \colon L^2(\mathbb{R}^d) \to L^2(\mathbb{R}^d)$ を次で定める．

$$T_m f = F^{-1} M_m F f.$$

補題 7.45 　$m \in L^\infty(\mathbb{R}^d)$ とする．このとき T_m は有界作用素で $\|T_m\| = \|m\|_{L^\infty}$ となる．また，$T_{m_1+m_2} = T_{m_1} + T_{m_2}$，$T_{m_1 m_2} = T_{m_1} T_{m_2}$ が成り立つ．

証明　フーリエ変換 F の作用素ノルムの大きさは $\|F\| = 1$ である．$\|M_m\| = \|m\|_{L^\infty}$ なので $\|T_m\| \le \|m\|_{L^\infty}$ となる．また，任意の $\varepsilon > 0$ に対して $(\|m\|_{L^\infty} - \varepsilon)\|f\| \le \|M_m f\|$ という $f \in L^2(\mathbb{R}^d)$ が存在するから $\|T_m\| \ge \|m\|_{L^\infty} - \varepsilon$ となる．$\varepsilon > 0$ は任意なので $\|T_m\| = \|m\|_{L^\infty}$ となる．$T_{m_1+m_2} = T_{m_1} + T_{m_2}$ と $T_{m_1 m_2} = T_{m_1} T_{m_2}$ の証明は容易である．□

　τ_h $(h \in \mathbb{R}^d)$ を $L^2(\mathbb{R}^d)$ 上のシフト作用素とする．$L^2(\mathbb{R}^d)$ 上で任意のシフト作用素と可換な有界作用素はフーリエ掛け算作用素に限ることを示す．

補題 7.46 　$1 \le p \le \infty$ とし有界作用素 $T \colon L^p(\mathbb{R}^d) \to L^p(\mathbb{R}^d)$ を考える．このとき次は同値である．

(1)　T はある $m \in L^\infty(\mathbb{R}^d)$ の掛け算作用素 $T = M_m$ である．

(2)　T は $\{M_m \mid m \in L^\infty(\mathbb{R}^d)\}$ と可換である．

(3)　T は $\{M_{e_k} \mid k \in \mathbb{R}^d\}$ と可換である．ここで，$e_k(x) = e^{ikx}$．

証明　(1) $\Longrightarrow$ (2) 自明である．

(2) $\Longrightarrow$ (1) $f \in L^p(\mathbb{R}^d) \cap L^\infty(\mathbb{R}^d)$ とする．
$$Tf = TM_f \mathbb{1} = M_f T \mathbb{1} = f T \mathbb{1} = T \mathbb{1} \cdot f = M_{T\mathbb{1}} f$$
なので $\|M_{T\mathbb{1}} f\|_{L^p} = \|Tf\|_{L^p} \le \|T\| \|f\|_{L^p}$ となる．$L^p(\mathbb{R}^d) \cap L^\infty(\mathbb{R}^d)$ は $L^p(\mathbb{R}^d)$ で稠密なので，掛け算作用素 $M_{T\mathbb{1}}$ は $L^p(\mathbb{R}^d)$ 上の有界作用素 S に一意に拡大できる．$f \in L^p(\mathbb{R}^d)$ に対して $f_n \in L^p(\mathbb{R}^d) \cap L^\infty(\mathbb{R}^d)$ で，$\lim_{n\to\infty} f_n = f$ なるものが存在する．$Sf = \lim_{n\to\infty} M_{T\mathbb{1}} f_n$ なので，適当な部分列 $n(k)$ を選べば $(T\mathbb{1}) \cdot f_{n(k)} \to Sf$ $(k \to \infty)$ a.e. さらに，$n(k)$ の適当な部分列 $n(k)'$ を選ぶと $f_{n(k)'} \to f$ $(k \to \infty)$ a.e. である．$n(k)'$ を改めて n とおき $T\mathbb{1} = m$ とおく．このとき測度零

の集合 N が存在して $x \in \mathbb{R}^d \setminus N$ に対して $m(x)f_n(x) \to (Sf)(x)$ かつ $f_n(x) \to f(x) \, (n \to \infty)$ となる. $m(x) \neq 0$ となる x では $f_n(x) \to (Sf)(x)/m(x) \, (n \to \infty)$ なので $(Sf)(x)/m(x) = f(x)$. 一方, $m(x) = 0$ となる x では $m(x)f_n(x) = 0$ なので $0 = (Sf)(x) = m(x)f(x)$. ゆえに,

$$(Sf)(x) = m(x)f(x), \quad x \in \mathbb{R}^d \setminus N$$

となるから $S = M_m$ である. また, M_m が有界であるから $m \in L^\infty(\mathbb{R}^d)$ である.

(2) $\Longrightarrow$ (3) 自明である.

(3) $\Longrightarrow$ (2) $f \in L^p(\mathbb{R}^d)$ とし $f_r = f\mathbb{1}_{[-r,r]}$ とする. $p(x) = \sum_{k=-N}^{N} a_k e^{i2\pi kx/2r}$ とすれば

$$Tpf_r = pTf_r.$$

系 7.12 により $C([-r,r]^d)$ に含まれる関数 m は周期 $2r$ の三角多項式で一様に近似できる. そこで近似操作をすれば

$$Tmf_r = mTf_r, \quad m \in C([-r,r]^d).$$

ゆえに, $m \in C_{\mathrm{b}}(\mathbb{R}^d)$ に対して $m_r = m\mathbb{1}_{[-r,r]}$ とすれば $Tm_rf_r = m_rTf_r$. ここで, $m_rf_r \to mf$ かつ $m_rTf_r \to mTf \, (r \to \infty)$ が L^p で成り立つので

$$Tmf = mTf, \quad m \in C_{\mathrm{b}}(\mathbb{R}^d).$$

最後に $m \in L^\infty(\mathbb{R}^d)$ に対して $C_{\mathrm{b}}(\mathbb{R}^d)$ の点列 $(m_n)_n$ で $m_n \to m \, (n \to \infty)$ a.e. かつ $\sup_{n \in \mathbb{N}} \|m_n\|_{L^\infty} < \infty$ となるものが存在するので, $m_nf \to mf$ かつ $m_nTf \to mTf \, (n \to \infty)$ が L^p で成り立つ. ゆえに

$$Tmf = mTf, \quad m \in L^\infty(\mathbb{R}^d)$$

となり (2) が従う. $\square$

$\boxed{\text{定理 7.47}}$ $T \in B(L^2(\mathbb{R}^d))$ は $\tau_h T = T\tau_h \, (\forall h \in \mathbb{R}^d)$ をみたすとする. このときある $m \in L^\infty(\mathbb{R}^d)$ が一意に存在して $T = T_m$ である.

証明 $\widehat{\tau_h f} = e_h \hat{f}$ かつ $\widecheck{\tau_h \check{f}} = \widetilde{e_h \check{f}}$ より $M_{e_h} FTF^{-1} = FTF^{-1} M_{e_h}$ が成り立つ. 補題 7.46 から, $FTF^{-1} = M_m$ となる $m \in L^\infty(\mathbb{R}^d)$ が存在するから $T = F^{-1}M_mF$ となる. $\square$

$\boxed{\text{定義 7.48}}$ （ヒルベルト変換） $m(x) = -i\,\mathrm{sign}(x)$, $x \in \mathbb{R}$ とする. ここで,

$$\mathrm{sign}(x) = \begin{cases} 1 & x > 0 \\ 0 & x = 0 \\ -1 & x < 0. \end{cases}$$

このとき $H = T_m$ は $L^2(\mathbb{R})$ 上の**ヒルベルト変換**とよばれる.

ヒルベルト変換は典型的なフーリエ掛け算作用素でその表現が知られている.

補題 7.49　ヒルベルト変換 H は $f \in L^2(\mathbb{R})$ に対して

$$Hf(x) = \lim_{\varepsilon \downarrow 0} \frac{1}{\pi} \int_{|y|>\varepsilon} \frac{f(x-y)}{y}\, dy \qquad (7.18)$$

と表すことができる．ここで，右辺の収束は L^2 の意味である．

証明

$$H_\varepsilon f(x) = \frac{1}{\pi} \int_{|y|>\varepsilon} \frac{f(x-y)}{y}\, dy$$

とおけば，$H_\varepsilon = f * \phi_\varepsilon$ である．ここで，$\phi_\varepsilon(x) = \frac{1}{\pi x} \mathbb{1}_{\{|x|>\varepsilon\}}(x)$ は $\phi_\varepsilon \in L^2(\mathbb{R})$ であるから $H_\varepsilon f \in L^2(\mathbb{R})$ である．$\hat{\phi}_\varepsilon$ は直接計算すると，

$$\hat{\phi}_\varepsilon(k) = \frac{-i}{\pi\sqrt{2\pi}} \operatorname{sign}(k) \int_{\pi/2}^{3\pi/2} e^{|k|\varepsilon e^{i\theta}}\, d\theta$$

となる．右辺の積分は $\varepsilon \to 0$ のとき π に収束するから，ルベーグの収束定理により

$$\lim_{\varepsilon \downarrow 0} \left\| \hat{\phi}_\varepsilon - \frac{-i}{\sqrt{2\pi}} \operatorname{sign} \right\|_{L^2} = 0.$$

その結果，$\lim_{\varepsilon \downarrow 0} \widehat{H_\varepsilon f} = \sqrt{2\pi} \lim_{\varepsilon \downarrow 0} \hat{\phi}_\varepsilon \hat{f} = -i \operatorname{sign} Ff$．ゆえに，

$$\lim_{\varepsilon \downarrow 0} H_\varepsilon f = F^{-1}(-i \operatorname{sign})Ff = Hf$$

となり (7.18) が従う．□

　ヒルベルト変換 H は定義から $\widehat{Hf} = -i \operatorname{sign} \hat{f}$ かつ $\|Hf\| = \|f\|$ をみたすことがわかる．また，$H^2 f = -f$ である．ヒルベルト変換の特徴づけを紹介しよう．$\delta > 0$ に対して**伸張作用素** D_δ を

$$D_\delta f(x) = f(\delta x)$$

と定義する．ヒルベルト変換はシフト作用素と伸張作用素で不変な有界作用素として特徴づけられる．

定理 7.50　$T \in B(L^2(\mathbb{R}))$ は $\tau_h T = T\tau_h\ (\forall h \in \mathbb{R})$ かつ $D_\delta T = TD_\delta\ (\forall \delta > 0)$ をみたすとする．このとき $T = a\mathbb{1} + bH,\ a, b \in \mathbb{C}$ である．

証明　シフト不変性から，$m \in L^\infty(\mathbb{R})$ が存在して $T = T_m$ となる．$(T_m D_\delta f)(x) = (T_{D_\delta m}f)(\delta x)$ かつ $(D_\delta T_m f)(x) = (T_m f)(\delta x)$ なので $D_\delta T_m = T_m D_\delta\ (\forall \delta > 0)$ となるための必要十分条件は $T_{D_\delta m} = T_m\ (\forall \delta > 0)$，つまり $m(\delta x) = m(x)\ (\forall \delta > 0)$ である．これをみたす関数は線形和 $a\mathbb{1}_{(-\infty,0]} + b\mathbb{1}_{[0,\infty)}$ に限られ，これは $a'\mathbb{1} + b' \operatorname{sign}$ とも表せる．ゆえに，$T_m = a'\mathbb{1} + b'H$ である．□

●●●●●●●●●●●●●●●●●●●●●●●**演 習 問 題**●●●●●●●●●●●●●●●●●●●●●●●

7.1 $a_n = (-1)^n\ (n \in \mathbb{N})$ とする．$\sum_{n=1}^{\infty} a_n$ のチェザロ平均とアーベル平均を求めよ．

7.2 $\sum_{n=1}^{\infty} a_n$ がチェザロ総和可能なとき次を示せ.

$$\lim_{n\to\infty}\frac{a_n}{n}=0.$$

7.3 $\sum_{n=1}^{\infty} a_n$ はアーベル総和可能でアーベル平均が s とする．さらに $\lim_{n\to\infty} n|a_n| = 0$ をみたすとする．このとき $\sum_{n=1}^{\infty} a_n = s$ となることを示せ．これは**タウバーの定理**といわれている．

7.4 $f \in \mathscr{S}(\mathbb{R})$ とする．次を示せ.

$$\sum_{n\in\mathbb{Z}} f(x+2\pi n)=\sum_{n\in\mathbb{Z}}\frac{1}{\sqrt{2\pi}}\hat{f}(n)e^{inx}.$$

これは**ポアソンの和公式**とよばれている．

7.5 (7.9), (7.10), (7.11) を証明せよ.

7.6 $f(x)=\frac{1}{x+i}$ の $L^2(\mathbb{R})$ の意味でのフーリエ変換 Ff を求めよ.

7.7 $\phi_\varepsilon(x)=\frac{1}{\pi x}\mathbb{1}_{\{|x|>\varepsilon\}}(x)$ とする．次を示せ.

$$\hat{\phi}_\varepsilon(k)=\frac{-i}{\pi\sqrt{2\pi}}\operatorname{sign}(k)\int_{\pi/2}^{3\pi/2} e^{|k|\varepsilon e^{i\theta}}\,d\theta.$$

7.8 $f \in L^1(\mathbb{R}^d)$ とする．f が球対称ならば $\hat{f}$ も球対称であることを示せ.

7.9 定理 7.20 の証明中の (1), (2), (3) を証明せよ.

7.10 $f \in \mathscr{S}(\mathbb{R}^d)$ に対して次を示せ.

$$F^{-1}k^\alpha \partial_k^\beta F f=(-i\partial_x)^\alpha(-ix)^\beta f.$$

第 **8** 章

非有界作用素

　第 8 章では閉作用素，可閉作用素，共役作用素，対称作用素，対称閉作用素，自己共役作用素，極大対称作用素，本質的自己共役作用素を定義し，その性質を解説する．また，自己共役作用素については拡大定理について詳述する．

8.1 閉 作 用 素

⌜定義 8.1⌝（非有界作用素）　$\mathcal{H}$ と $\mathcal{K}$ をノルム空間とする．線形作用素 $A\colon \mathcal{H} \to \mathcal{K}$ が有界でないとき**非有界作用素**という．

　非有界作用素の代数的性質や解析的性質は有界作用素に比べて複雑である．その主な理由は定義域が $\mathcal{H}$ 全体でないことや作用素が連続でないことにある．

⌜補題 8.2⌝　S_1, S_2, T を線形空間 $\mathcal{H}$ 上の線形作用素とする．このとき次が成り立つ．

$$T(S_1 + S_2) \supset TS_1 + TS_2,$$
$$(S_1 + S_2)T = S_1T + S_2T.$$

証明　これは両辺の定義域を忠実にチェックすればよい．

$$
\begin{aligned}
\mathsf{D}(T(S_1 + S_2)) &= \{f \in \mathsf{D}(S_1) \cap \mathsf{D}(S_2) \mid S_1f + S_2f \in \mathsf{D}(T)\} \\
&\supset \{f \in \mathsf{D}(S_1) \cap \mathsf{D}(S_2) \mid S_1f \in \mathsf{D}(T) \text{ かつ } S_2f \in \mathsf{D}(T)\} \\
&= \mathsf{D}(TS_1 + TS_2).
\end{aligned}
$$

ゆえに，第 1 の包含関係が成立する．一方，

$$
\begin{aligned}
\mathsf{D}(S_1T + S_2T) &= \{f \in \mathsf{D}(T) \mid Tf \in \mathsf{D}(S_1) \cap \mathsf{D}(S_2)\} \\
&= \{f \in \mathsf{D}(T) \mid Tf \in \mathsf{D}(S_1 + S_2)\} \\
&= \mathsf{D}((S_1 + S_2)T)
\end{aligned}
$$

であるから，第 2 の等式が成立する．□

補題 8.2 のように，定義域が $\mathcal{H}$ 全体でないときには分配法則が一般に成立しない．また，非有界作用素は不連続作用素なので極限操作に注意が必要である．例えば，$\mathsf{D}(T)$ の点列 $(f_n)_n$ が $f_n \to f\,(n \to \infty)$ かつ $Tf_n \to g\,(n \to \infty)$ としても，一般には $Tf = g$ とはいえない．非有界作用素を扱うときはこれらを常に意識する必要がある．線形とは限らない作用素 $T\colon \mathcal{H} \to \mathcal{K}$ に対して

$$G(T) = \{(f, Tf) \in \mathcal{H} \oplus \mathcal{K} \mid f \in \mathsf{D}(T)\}$$

を T の**グラフ**という．T が線形作用素のとき，$G(T)$ は $\mathcal{H} \oplus \mathcal{K}$ の部分空間になり $(0, y) \in G(T)$ ならば $y = 0$ になる．

定理 8.3 $\mathcal{H}$ と $\mathcal{K}$ をノルム空間とし，G は $\mathcal{H} \oplus \mathcal{K}$ の部分空間とする．このとき次が成り立つ．

$(0, g) \in G$ ならば $g = 0$. $\iff$ $G = G(T)$ となる線形作用素 T が存在する．

証明 ($\Longleftarrow$) 自明である．
　($\Longrightarrow$) $(f, g), (f, g') \in G$ のとき $(f, g) - (f, g') = (0, g - g') \in G$ なので $g = g'$. ゆえに，$(f, g) \in G$ に対して写像 $T\colon f \mapsto g$ が定義できる．T の線形性の確認は容易である．さらに，T のグラフを考えると $G = G(T)$ は自明である．$\square$

定義 8.4（閉作用素）　$\mathcal{H}$ と $\mathcal{K}$ をノルム空間とする．線形作用素 $T\colon \mathcal{H} \to \mathcal{K}$ のグラフ $G(T)$ が $\mathcal{H} \oplus \mathcal{K}$ で閉集合のとき T を**閉作用素**という．

閉作用素の定義から，線形作用素 $T\colon \mathcal{H} \to \mathcal{K}$ が閉作用素であるための必要十分条件は，$f_n \in \mathsf{D}(T)$ が $f_n \to f$ かつ $Tf_n \to g\,(n \to \infty)$ のとき，$f \in \mathsf{D}(T)$ かつ $Tf = g$ となることである．いま

$$\|f\|_T = \sqrt{\|f\|_{\mathcal{H}}^2 + \|Tf\|_{\mathcal{K}}^2}$$

なるノルムを $\mathsf{D}(T)$ 上に定義する．$\mathcal{H}$ と $\mathcal{K}$ をバナッハ空間とする．$(f_n)_n$ がこのノルムでコーシー列とは

$$\|f_n - f_m\|_{\mathcal{H}}^2 + \|Tf_n - Tf_m\|_{\mathcal{K}}^2 \to 0\,(n, m \to \infty)$$

のことである．$\mathcal{H}$ と $\mathcal{K}$ は完備なので，ある $f \in \mathcal{H}$ と $g \in \mathcal{K}$ が存在して $f_n \to f\,(n \to \infty)$ かつ $Tf_n \to g\,(n \to \infty)$ が成り立つ．ここで，T が閉作用素であれば $f \in \mathsf{D}(T)$ かつ $g = Tf$ となるから $\|f_n - f\|_T \to 0\,(n \to \infty)$ となり，$(\mathsf{D}(T), \|\cdot\|_T)$ はバナッハ空間になる．同様に，$\mathcal{H}$ と $\mathcal{K}$ が内積空間のとき

$$(f,g)_T = (f,g)_{\mathcal{H}} + (Tf, Tg)_{\mathcal{K}}$$

は，$\mathsf{D}(T)$ 上の内積になる．さらに，$\mathcal{H}$ と $\mathcal{K}$ がヒルベルト空間のとき，T が閉作用素であれば $(\mathsf{D}(T), (\cdot, \cdot)_T)$ はヒルベルト空間になる．

$\boxed{\text{定理 8.5}}$　$\mathcal{H}$ と $\mathcal{K}$ をバナッハ空間とする．このとき $T: \mathcal{H} \to \mathcal{K}$ が閉作用素かつ $\mathsf{D}(T) = \mathcal{H}$ ならば T は有界作用素である．

証明　閉グラフ定理による．□

　定理 8.5 は，'非有界な閉作用素の定義域は空間全体にはなり得ない'という重要な帰結を導く．例えば，閉作用素 P, Q が

$$[P, Q] = c\mathbb{1}$$

をみたせばウインクルの定理から，少なくとも P と Q のどちらか一方は非有界作用素である．ゆえに，定理 8.5 から P と Q のどちらか一方の定義域は空間全体に広がらないことになる．つまり，交換子 $[P, Q]$ の定義域も自明ではなくなる．

$\boxed{\text{例 8.6}}$（掛け算作用素）　$L^2(\mathbb{R})$ 上の掛け算作用素

$$M_x f(x) = x f(x),$$
$$\mathsf{D}(M_x) = \{ f \in L^2(\mathbb{R}) \mid xf \in L^2(\mathbb{R}) \}$$

は閉作用素である．これをみよう．$f_n \in \mathsf{D}(M_x)$ で $f_n \to f$ かつ $M_x f_n \to g$ $(n \to \infty)$ とする．つまり，

$$\int_{\mathbb{R}} |f_n(x) - f(x)|^2 \, dx \to 0,$$
$$\int_{\mathbb{R}} |x f_n(x) - g(x)|^2 \, dx \to 0.$$

適当な部分列 $n(k)$ を選べば $f_{n(k)}(x) \to f(x)\,(k \to \infty)$ かつ $x f_{n(k)}(x) \to g(x)\,(k \to \infty)$ a.e. が成り立つから

$$xf(x) = g(x) \text{ a.e.}$$

がわかる．$g \in L^2(\mathbb{R})$ なので $f \in \mathsf{D}(M_x)$ で $M_x f = g$ となる．つまり，M_x は閉作用素である．

例 8.7 （微分作用素） $L^2(\mathbb{R})$ 上の微分作用素

$$pf = \frac{d}{dx}f,$$

$$\mathsf{D}(p) = \left\{ f \in L^2(\mathbb{R}) \ \middle| \ f \in C^1(\mathbb{R}), \ \frac{d}{dx}f \in L^2(\mathbb{R}) \right\}$$

は閉作用素ではない．なぜならば $f_n(x) = e^{-\sqrt{x^2 + \frac{1}{n}}}$ とすると，$f_n \in \mathsf{D}(p)$, $f_n(x) \to e^{-|x|}$ かつ $pf_n(x) \to -\mathrm{sign}(x)e^{-|x|} \ (n \to \infty)$ となるが $e^{-|x|}$ は $x = 0$ で微分できないので $e^{-|x|} \notin \mathsf{D}(p)$ となるからである．

8.2 可閉作用素

線形作用素の定義域を拡大して閉作用素を構成する方法を説明しよう．

定義 8.8 （可閉作用素） $\mathcal{H}$ と $\mathcal{K}$ をノルム空間とする．このとき線形作用素 $T\colon \mathcal{H} \to \mathcal{K}$ が閉作用素の拡大をもつとき**可閉作用素**という．つまり，$T \subset S$ となる閉作用素 S が存在するとき T を可閉作用素という．

補題 8.9 $\mathcal{H}$ と $\mathcal{K}$ をノルム空間とする．次は同値である．

(1) $T\colon \mathcal{H} \to \mathcal{K}$ が可閉作用素である．

(2) $\lim_{n\to\infty} f_n = 0$ かつ $\lim_{n\to\infty} Tf_n = g$ ならば $g = 0$ である．

証明 (1) $\Longrightarrow$ (2) T を可閉作用素とする．その閉拡大を S とする．$\lim_{n\to\infty} f_n = 0$ かつ $\lim_{n\to\infty} Tf_n = g$ ならば $\lim_{n\to\infty} Sf_n = g$ となる．S は閉作用素なので $g = 0$ となる．

(1) $\Longleftarrow$ (2) $\overline{G(T)} \ni (f,g),(f,g')$ とする．これらは $G(T)$ の集積点なので $\lim_{n\to\infty}(f_n, Tf_n) = (f,g)$ かつ $\lim_{n\to\infty}(h_n, Th_n) = (f,g')$ となる $(f_n)_n, (h_n)_n \subset \mathsf{D}(T)$ が存在する．$\lim_{n\to\infty}(f_n - h_n) = 0$ かつ $\lim_{n\to\infty} T(f_n - h_n) = g - g'$ なので，仮定より $g = g'$ を得る．よって，$f \in \mathcal{H}$ に対して $(f,g) \in \overline{G(T)}$ となる g が存在すればただ一つに決まるので S を $Sf = g$ と定義できる．このとき $\overline{G(T)} = G(S)$ となり S は T の閉拡大になる． $\square$

可閉作用素の閉拡大は一般には無限個存在する．ただし，以下のように最小の閉拡大を定めることができる．

定理 8.10 （作用素の閉包）　$\mathcal{H}$ と $\mathcal{K}$ をノルム空間とする. $T: \mathcal{H} \to \mathcal{K}$ が可閉作用素のとき $\bar{T}$ を次で定める.

$$\mathsf{D}(\bar{T}) = \left\{ f \in \mathcal{H} \ \middle| \ \begin{array}{l} f_n \to f \, (n \to \infty) \text{ かつ } (Tf_n)_n \text{ が収束列となる} \\ \text{点列 } (f_n)_n \text{ が } \mathsf{D}(T) \text{ に存在する.} \end{array} \right\},$$
$$\bar{T}f = \lim_{n \to \infty} Tf_n.$$

このとき $\bar{T}$ は T の最小閉拡大である.

証明　$\bar{T}$ の定義が点列の選び方によらないことを示そう. $g_n \to f \, (n \to \infty)$ かつ $(Tg_n)_n$ が収束するような $(g_n)_n$ をとってくる. T は可閉作用素なので $T \subset S$ となる閉作用素 S が存在する. つまり, $(Sg_n)_n$ と $(Tg_n)_n$ は収束する. S の閉性から, 共に Sf に収束するので極限は点列の選び方によらない. $\bar{T}$ の定義から, $G(\bar{T})$ に含まれる任意の $(f, \bar{T}f)$ は $G(T)$ の集積点である. 逆に, $G(T)$ の任意の集積点は $G(\bar{T})$ に含まれる. ゆえに, $G(\bar{T})$ は $G(T)$ の閉包であり, 特に閉集合なので $\bar{T}$ は閉作用素である. 最後に $\bar{T}$ が T の最小の閉拡大であることをみよう. S を T の閉拡大とする. $\bar{T} \subset S$ をいえばよい. $f \in \mathsf{D}(\bar{T})$ とすると $f_n \in \mathsf{D}(T)$ で $f_n \to f$ かつ $Tf_n \to \bar{T}f \, (n \to \infty)$ となるものが存在する. S は T の閉拡大なので $f_n \in \mathsf{D}(S)$ で $f_n \to f$ $(n \to \infty)$ かつ $Sf_n \to \bar{T}f \, (n \to \infty)$ は $f \in \mathsf{D}(S)$ を意味する. よって $\mathsf{D}(\bar{T}) \subset \mathsf{D}(S)$ かつ $\bar{T}f = Sf$ となる. $\square$

　$\bar{T}$ を T の**閉包**とよぶ. 非有界作用素は不連続なので閉性がとても重要である. 作用素が可閉であることがわかれば, その閉包を考えることができるので, 特に可閉性が重要になる. 閉包はグラフを使えばわかりやすい.

定理 8.11　T は可閉作用素とする. このとき次が成り立つ.

(1) $\overline{G(T)} = G(\bar{T})$.

(2) $\overline{G(T)} = G(S)$ ならば $S = \bar{T}$.

証明　(1) $\overline{G(T)} \subset G(\bar{T})$ は自明なので $\overline{G(T)} \supset G(\bar{T})$ を示す. $(f, \bar{T}f) \in G(\bar{T})$ とすれば $G(T) \ni (f_n, Tf_n)$ で $(f_n, Tf_n) \to (f, \bar{T}f) \, (n \to \infty)$ となる点列が存在するから $(f, Tf) \in \overline{G(T)}$.

(2) (1) より $G(\bar{T}) = G(S)$ なので $S = \bar{T}$ になる. $\square$

　最後に閉作用素の芯の定義を与える.

定義 8.12 （閉作用素の芯）　T を閉作用素とする. $\overline{T\restriction_D} = T$ となるとき D を T の**芯**という.

8.3 共役作用素

$\mathcal{H}$ をヒルベルト空間とする. $A \in B(\mathcal{H})$ に対して $(f, Ag) = (A^*f, g)$ となる有界作用素 A^* を A の共役作用素とよんだ. これを非有界作用素に拡張する.

定義 8.13 (非有界な共役作用素) $\mathcal{H}$ と $\mathcal{K}$ をヒルベルト空間とする. このとき稠密に定義された線形作用素 $T: \mathcal{H} \to \mathcal{K}$ に対し, **共役作用素** $T^*: \mathcal{K} \to \mathcal{H}$ を次で定義する.

$$\mathsf{D}(T^*) = \left\{ f \in \mathcal{K} \,\middle|\, \begin{array}{l} (f, Tg)_{\mathcal{K}} = (h, g)_{\mathcal{H}} \, (\forall g \in \mathsf{D}(T)) \\ \text{をみたす } h \text{ が存在する.} \end{array} \right\},$$
$$T^*f = h.$$

T の共役作用素の定義では, $\mathsf{D}(T)$ が稠密なので h は存在すれば一意である. しかし, $\mathsf{D}(T^*)$ は稠密とは限らないので $(T^*)^* = T^{**}$ を即座には定義できない.

補題 8.14 $\mathcal{H}$ と $\mathcal{K}$ をヒルベルト空間とする. このとき稠密に定義された線形作用素 $S, T: \mathcal{H} \to \mathcal{K}$ に対して次が成り立つ.

(1) $T \subset S$ のとき $T^* \supset S^*$ となる.

(2) $T + S$ が稠密に定義されているとき $(T + S)^* \supset T^* + S^*$ となる.

(3) ST が稠密に定義されているとき $(ST)^* \supset T^*S^*$ となる.

証明 各自確かめよ. □

T と S のどちらかが有界なときは, 次が成り立つ.

系 8.15 $\mathcal{H}$ と $\mathcal{K}$ をヒルベルト空間とする. このとき稠密に定義された線形作用素 $S: \mathcal{H} \to \mathcal{K}$ と有界作用素 $T: \mathcal{H} \to \mathcal{K}$ に対して次が成り立つ.

(1) $(T + S)^* = T^* + S^*$.

(2) $(TS)^* = S^*T^*$.

証明 各自確かめよ. □

補題 8.16 $\mathcal{H}$ と $\mathcal{K}$ をヒルベルト空間とする. $T: \mathcal{H} \to \mathcal{K}$ は稠密に定義された線形作用素とする. このとき次が成り立つ.

(1) T^* は閉作用素である.

(2) T が可閉作用素 $\iff$ $\mathsf{D}(T^*)$ が稠密である.

(3) T が可閉作用素のとき $T^{**} = \bar{T}$ かつ $(\bar{T})^* = T^* = \overline{(T^*)}$ となる.

証明 証明の準備をする. $G(T)^\perp \ni (g, h)$ とすれば $((f, Tf), (g, h))_{\mathcal{H} \oplus \mathcal{K}} = 0\,(\forall f \in \mathsf{D}(T))$ なので $(Tf, h) = (f, -g)\,(\forall f \in \mathsf{D}(T))$ が従う. これは $h \in \mathsf{D}(T^*)$ かつ $T^* h = -g$ を示している. また,逆もいえる. つまり,

$$G(T)^\perp \ni (g, h) \iff (g, h) = (-T^* h, h).$$

$U: \mathcal{H} \oplus \mathcal{K} \to \mathcal{H} \oplus \mathcal{K}$ を $U(f, g) = (g, -f)$ とする. このとき $U^* = -U$. これを使えば $U^*(h, T^* h) = (-T^* h, h)$ なので $G(T)^\perp = U^* G(T^*)$. $U^* U = UU^* = \mathbb{1}$ より U は $\mathcal{H} \oplus \mathcal{K}$ 上のユニタリー作用素でもある. ゆえに,

$$G(T^*) = U\big(G(T)^\perp\big).$$

(1) 右辺は閉集合 $G(T)^\perp$ のユニタリー変換なので閉集合である. つまり,左辺 $G(T^*)$ が閉集合となり T^* は閉作用素である. 特に $\overline{(T^*)} = T^*$ となる.

(2) ($\Longleftarrow$) $\mathsf{D}(T^*)$ が稠密ならば T^{**} が定義できて

$$G(T^{**}) = U(G(T^*)^\perp) = (UG(T^*))^\perp = (G(T)^\perp)^\perp = \overline{G(T)}$$

となるから $G(T^{**}) = \overline{G(T)}$ である. つまり,T は可閉作用素である. さらに,$T^{**} = \bar{T}$ がわかる.

($\Longrightarrow$) まずはじめに,S が閉作用素のとき $\mathsf{D}(S^*)$ は稠密になることを示そう. $(v, g) = 0\,(\forall g \in \mathsf{D}(S^*))$ とする. このとき $(0, v) \perp U(g, S^* g)\,(\forall g \in \mathsf{D}(S^*))$ になるから $(0, v) \in (UG(S^*))^\perp$. 結局 $(0, v) \in G(S)$ なので $v = 0$. ゆえに,$\mathsf{D}(S^*)$ は稠密である. T が可閉作用素なら $T \subset \bar{T}$ なので,両辺の共役をとれば $(\bar{T})^* \subset T^*$ となる. また,$\mathsf{D}((\bar{T})^*)$ が稠密なので $\mathsf{D}(T^*)$ は稠密になる.

(3) T が可閉作用素とする. $T^{**} = \bar{T}$ と $T^* = \overline{(T^*)}$ は既に示した.

$$G((\bar{T})^*) = U(G(\bar{T})^\perp) = U((\overline{G(T)})^\perp) = U(G(T)^\perp) = G(T^*).$$

よって $(\bar{T})^* = T^*$ となる. $\square$

補題 8.17 $\mathcal{H}$ と $\mathcal{K}$ をヒルベルト空間とする. $T: \mathcal{H} \to \mathcal{K}$ は稠密に定義された線形作用素とする. このとき次が成り立つ.

$$\mathcal{K} = \operatorname{Ker} T^* \oplus \overline{\operatorname{Ran} T}. \tag{8.1}$$

証明 T^* が閉作用素なので $\operatorname{Ker} T^*$ は閉部分空間になる. 正射影定理より

$$\mathcal{K} = \operatorname{Ker} T^* \oplus (\operatorname{Ker} T^*)^\perp$$

となる. $f \in \operatorname{Ker} T^*$ とする. $g \in \operatorname{Ran} T$ ならば $g = Th$ で $(Th, f) = (h, T^* f) = 0$ になるから $\operatorname{Ran} T \subset (\operatorname{Ker} T^*)^\perp$. つまり,$\overline{\operatorname{Ran} T} \subset (\operatorname{Ker} T^*)^\perp$. また $g \in (\operatorname{Ran} T)^\perp$ ならば $(g, Tf) = 0$ が任意の $f \in \mathsf{D}(T)$ で成立するから $g \in \mathsf{D}(T^*)$ かつ $T^* g = 0$. ゆ

えに, $g \in \mathrm{Ker}\, T^*$ であるから $(\mathrm{Ran}\, T)^{\perp} \subset \mathrm{Ker}\, T^*$. よって $(\mathrm{Ran}\, T)^{\perp\perp} = \overline{\mathrm{Ran}\, T} \supset (\mathrm{Ker}\, T^*)^{\perp}$. 結局 $\overline{\mathrm{Ran}\, T} = (\mathrm{Ker}\, T^*)^{\perp}$ となり (8.1) が成り立つ. $\square$

8.4 対称作用素

行列 A がエルミート行列のとき $(u, Av) = (Au, v)\,(\forall u, v \in \mathbb{C}^n)$ となる. 非有界作用素にも同様の概念が存在する. しかし, $T\colon \mathcal{H} \to \mathcal{H}$ が

$$(f, Tg) = (Tf, g), \quad f, g \in \mathsf{D}(T)$$

をみたすとき, 共役作用素の定義から $T = T^*$ が $\mathsf{D}(T)$ 上で成り立つことしかいっていない. これは $T = T^*$ という主張とは大きく異なる. そこで対称作用素を以下で定義する.

[定義 8.18]（対称作用素） $\mathcal{H}$ をヒルベルト空間とする. 稠密に定義された作用素 $T\colon \mathcal{H} \to \mathcal{H}$ が

$$T \subset T^*$$

となるとき**対称作用素**という. また, 対称作用素 T が $(f, Tf) \geq 0\,(\forall f \in \mathsf{D}(T))$ となるとき T は**非負対称作用素**といい $T \geq 0$ と表す.

[補題 8.19] 対称作用素 T は可閉で, $\bar{T}$ は**対称閉作用素**である.

証明 T を対称作用素とすれば $T \subset T^*$ で T^* は閉作用素なので T は可閉作用素でもある. さらに $(\bar{T})^* = T^*$ なので $T \subset T^*$ から $\bar{T} = T^{**} \subset T^* = (\bar{T})^*$ となり $\bar{T}$ は対称閉作用素になる. $\square$

[系 8.20]（ヘリンガー–テープリッツの定理） T はヒルベルト空間 $\mathcal{H}$ 全体で定義された対称作用素とする. このとき T は有界作用素である.

証明 T は可閉作用素であるが $\mathsf{D}(T) = \mathcal{H}$ なので $\bar{T} = T$ である. 定理 8.5 より T は有界作用素である. $\square$

[例 8.21] ヒルベルト空間 $L^2(\mathbb{R}^d)$ 上の作用素

$$\mathsf{D}(p_j) = C_0^{\infty}(\mathbb{R}^d),$$

$$p_j f = -i\frac{\partial}{\partial x_j} f$$

を考える. $f, g \in C_0^{\infty}(\mathbb{R}^d)$ に対して部分積分をすれば

$$(f, p_j g) = \int_{\mathbb{R}^d} \bar{f}(x)(p_j g)(x)\, dx = \int_{\mathbb{R}^d} \overline{(p_j f)(x)} g(x)\, dx = (p_j f, g)$$

となる. これは $\mathsf{D}(p_j^*) \supset C_0^\infty(\mathbb{R}^d)$ かつ $p_j = p_j^*$ が $C_0^\infty(\mathbb{R}^d)$ 上で成り立つといっている. つまり, p_j は対称作用素であり, $\bar{p}_j$ は対称閉作用素になる.

対称作用素 T には, ノルムの評価に関する特筆すべき性質がある. $a, b \in \mathbb{R}$ とすれば $|a+ib|^2 = |a|^2 + |b|^2$ となるが対称作用素にも類似のことが成り立つ.

[補題 8.22] T を対称作用素とする. このとき任意の $\lambda \in \mathbb{R}$ に対して次が成り立つ.

$$\|(T \pm i\lambda \mathbb{1})f\|^2 = \|Tf\|^2 + |\lambda|^2\|f\|^2, \quad f \in \mathsf{D}(T).$$

証明 直接の計算により
$$\|(T \pm i\lambda \mathbb{1})f\|^2 = \|Tf\|^2 \pm 2\,\mathrm{Re}\,(Tf, if) + |\lambda|^2\|f\|^2$$
となる. ここで,
$$\overline{(Tf, if)} = -i(f, Tf) = -(Tf, if)$$
なので (Tf, if) は純虚数. ゆえに, 補題が成り立つ. $\square$

対称作用素 T に対して $((T \pm i\lambda \mathbb{1})f_n)_n$ が収束列であれば, 自動的に $(f_n)_n$ も収束列になる. なぜならば, $((T \pm i\lambda \mathbb{1})f_n)_n$ が収束列であれば, コーシー列であり,

$$\|(T \pm i\lambda \mathbb{1})(f_n - f_m)\| \geq |\lambda|^2\|f_n - f_m\|$$

であるから, $(f_n)_n$ もコーシー列になる. よって, $f_n \to f\,(n \to \infty)$ が存在するからである.

[定理 8.23]
(1) T が対称閉作用素ならば任意の $\lambda \in \mathbb{R} \setminus \{0\}$ に対して $\mathsf{Ran}(T \pm i\lambda \mathbb{1})$ は閉集合である. つまり,
$$\overline{\mathsf{Ran}(T \pm i\lambda \mathbb{1})} = \mathsf{Ran}(T \pm i\lambda \mathbb{1}) = \mathsf{Ker}(T^* \mp i\lambda \mathbb{1})^\perp.$$
(2) T が対称閉作用素で $T \geq 0$ ならば, $\mathrm{Re}\, z < 0$ なる任意の $z \in \mathbb{C}$ に対して $\mathsf{Ran}(T - z\mathbb{1})$ は閉集合である. つまり,
$$\overline{\mathsf{Ran}(T - z\mathbb{1})} = \mathsf{Ran}(T - z\mathbb{1}) = \mathsf{Ker}(T^* - \bar{z}\mathbb{1})^\perp.$$

証明 (1) $\mathsf{Ran}(T \pm i\lambda\mathbb{1}) \ni f_n$ が $f_n \to f\,(n \to \infty)$ ならば，$f_n = (T \pm i\lambda\mathbb{1})h_n$ と表せて，これが収束するので $h_n \to h\,(n \to \infty)$ と収束する．よって，$f = (T \pm i\lambda\mathbb{1})h$ となるから $\mathsf{Ran}(T \pm i\lambda\mathbb{1})$ は閉集合である．一方，$\overline{\mathsf{Ran}(T \pm i\lambda\mathbb{1})} = \mathsf{Ker}(T^* \mp i\lambda\mathbb{1})^\perp$ だから等式が成り立つ．

(2) $T \geq 0$ の場合は，$z = -a + ib,\ a > 0,\ b \in \mathbb{R}$ とすると，
$$\|(T - z\mathbb{1})f\|^2 = \|(T + a\mathbb{1})f\|^2 + |b|^2\|f\|^2 \geq \|(T + a\mathbb{1})f\|^2 \geq \|Tf\|^2 + |a|^2\|f\|^2$$
となるから (1) と同様に証明できる．□

系 8.24

(1) T が対称作用素ならば，任意の $\lambda \in \mathbb{R} \setminus \{0\}$ に対して次が成り立つ．
$$\overline{\mathsf{Ran}(T \pm i\lambda\mathbb{1})} = \mathsf{Ran}(\bar{T} \pm i\lambda\mathbb{1}) = \mathsf{Ker}(T^* \mp i\lambda\mathbb{1}).$$

(2) T が対称作用素で $T \geq 0$ ならば，$\mathrm{Re}\,z < 0$ なる任意の $z \in \mathbb{C}$ に対して次が成り立つ．
$$\overline{\mathsf{Ran}(T - z\mathbb{1})} = \mathsf{Ran}(\bar{T} - z\mathbb{1}) = \mathsf{Ker}(T^* - \bar{z}\mathbb{1}).$$

証明 (1) $\mathsf{Ran}(T \pm i\lambda\mathbb{1}) \subset \mathsf{Ran}(\bar{T} \pm i\lambda\mathbb{1})$ かつ $\mathsf{Ran}(\bar{T} \pm i\lambda\mathbb{1})$ は閉部分空間なので $\overline{\mathsf{Ran}(T \pm i\lambda\mathbb{1})} \subset \mathsf{Ran}(\bar{T} \pm i\lambda\mathbb{1})$ となる．逆向きの包含関係を示す．$f \in \mathsf{Ran}(\bar{T} \pm i\lambda\mathbb{1})$ とすると，$f = \bar{T}g \pm i\lambda g$ となる g が存在する．$\bar{T}$ の定義から，$\mathsf{D}(T)$ 内の点列 $(g_n)_n$ で $\bar{T}g = \lim_{n\to\infty} Tg_n$ かつ $\lim_{n\to\infty} g_n = g$ となるものが存在する．ゆえに，$f \in \overline{\mathsf{Ran}(T \pm i\lambda\mathbb{1})}$ である．

(2) (1) と同様に示すことができる．□

8.5 自己共役作用素

非有界作用素の最も重要なクラスである自己共役作用素について説明する．

定義 8.25（自己共役作用素）$\mathcal{H}$ はヒルベルト空間とする．稠密に定義された線形作用素 $T: \mathcal{H} \to \mathcal{H}$ が
$$T^* = T$$
となるとき**自己共役作用素**という．

自己共役作用素は $T^* = T$ であるから対称閉作用素である．有界作用素 T が対称な場合は $\mathsf{D}(T) = \mathcal{H} = \mathsf{D}(T^*)$ なので自己共役作用素になる．多くの具体的な問題では，形式的に定義された作用素 T が自己共役作用素となる定義域を

決定することは非常に困難である.

　自己共役作用素の特徴づけを与える有用な定理を紹介しよう.

定理 8.26　T をヒルベルト空間 $\mathcal{H}$ 上の対称作用素とする. 次は同値である.

(1)　T は自己共役作用素である.

(2)　T が閉作用素で $\mathsf{Ker}(T^* \pm i\mathbb{1}) = \{0\}$.

(3)　$\mathsf{Ran}(T \pm i\mathbb{1}) = \mathcal{H}$.

証明　(1) $\Longrightarrow$ (2) T は自己共役作用素なので $\mathsf{D}(T) = \mathsf{D}(T^*)$ であることに注意する. 系 8.15 より $(T \pm i\mathbb{1})^* = T^* \mp i\mathbb{1}$ なので, $u \in \mathsf{Ker}(T^* + i\mathbb{1})$ ならば, $u \in \mathsf{D}(T)$ で, $((T - i\mathbb{1})u, u) = (u, (T^* + i\mathbb{1})u) = 0$. ゆえに, $(Tu, u) + i\|u\|^2 = 0$. $(Tu, u) \in \mathbb{R}$ なので $u = 0$ となる. つまり, $\mathsf{Ker}(T^* + i\mathbb{1}) = \{0\}$ である. 同様に $\mathsf{Ker}(T^* - i\mathbb{1}) = \{0\}$ もわかる.

　(2) $\Longrightarrow$ (3) 定理 8.23 から従う.

　(3) $\Longrightarrow$ (1) $T \subset T^*$ なので $\mathsf{D}(T) \supset \mathsf{D}(T^*)$ を示せばよい. $v \in \mathsf{D}(T^*)$ とすると仮定より, $(T - i\mathbb{1})u = (T^* - i\mathbb{1})v$ となる $u \in \mathsf{D}(T)$ が存在する. 仮定より $T \subset T^*$ なので $(T^* - i\mathbb{1})(v - u) = 0$ である. $\mathsf{Ran}(T + i\mathbb{1}) = \mathcal{H}$ なので $\{0\} = \mathsf{Ran}(T + i\mathbb{1})^\perp = \mathsf{Ker}(T^* - i\mathbb{1})$ となる. ゆえに, $u = v$ である. $u \in \mathsf{D}(T)$ なので $v \in \mathsf{D}(T)$ となり, $\mathsf{D}(T^*) \subset \mathsf{D}(T)$ が従う. $\square$

定理 8.27　自己共役作用素 T の逆作用素が存在するとき T^{-1} も自己共役作用素である.

証明　$T = T^*$ はグラフの等式 $G(T) = G(T^*)$ と同値である. $G(T^*) = (UG(T))^\perp$ なので, 結局, $G(T) = (UG(T))^\perp$ と T が自己共役作用素であることが同値である.

$$G(T^{-1}) = \{(f, T^{-1}f) \mid f \in \mathsf{Ran}\, T\} = \{(Tg, g) \mid g \in \mathsf{D}(T)\}$$
$$= \{(-Tg, -g) \mid g \in \mathsf{D}(T)\} = UG(-T).$$

$-T$ は自己共役作用素なので $G(-T) = (UG(-T))^\perp$ となるから,

$$(UG(T^{-1}))^\perp = G(-T)^\perp = (UG(-T))^{\perp\perp}$$
$$= \overline{UG(-T)} = UG(-T) = G(T^{-1})$$

となり, T^{-1} は自己共役作用素である. $\square$

系 8.28　T をヒルベルト空間 $\mathcal{H}$ 上の対称作用素とする. このとき次が成り立つ.

(1)　$\mathsf{D}(T) = \mathcal{H}$ ならば T は自己共役作用素である.

(2)　$\mathsf{Ran}(T) = \mathcal{H}$ ならば T は自己共役作用素である.

証明 (1) $\mathcal{H} = \mathsf{D}(T) \subset \mathsf{D}(T^*)$ なので $\mathcal{H} = \mathsf{D}(T^*)$. よって T は自己共役作用素である.

(2) $\operatorname{Ker} T \ni f$ とする. $0 = (Tf, g) = (f, Tg)$ が $g \in \mathsf{D}(T)$ で成り立つ. ところが, $\operatorname{Ran} T = \mathcal{H}$ なので $0 = (f, h)$ $(\forall h \in \mathcal{H})$ となるから $f = 0$. つまり, T は単射である. ゆえに, T^{-1} が $\operatorname{Ran} T$ 上に定義できる. $T^{-1} = S$ とおく. $F = Tf$, $G = Tg$ $(f, g \in \mathsf{D}(T))$ とすると $(SF, G) = (STf, Tg) = (f, Tg) = (Tf, g) = (F, SG)$ より S は対称作用素になる. $\mathsf{D}(S) = \mathcal{H}$ なので S は自己共役作用素である. 定理 8.27 より $T = S^{-1}$ も自己共役作用素である. □

8.6 スペクトル

スペクトルという概念は線形作用素の性質や振る舞いを調べる上で重要な役割を果たす. スペクトルは行列の固有値の一般化になっていて線形作用素のスペクトルを決定することは関数解析学における中心テーマの一つである.

定義 8.29 (レゾルベントとレゾルベント集合) T を可閉作用素とする. $\lambda \in \mathbb{C}$ が $\lambda \in \rho(T)$ とは以下をみたすことである.

(1) $\operatorname{Ker}(T - \lambda \mathbb{1}) = \{0\}$.
(2) $\operatorname{Ran}(T - \lambda \mathbb{1})$ が $\mathcal{H}$ で稠密である.
(3) $(T - \lambda \mathbb{1})^{-1}$ が $\operatorname{Ran}(T - \lambda \mathbb{1})$ 上で有界作用素になる.

$\rho(T)$ を T の**レゾルベント集合**という. また, $(T - \lambda \mathbb{1})^{-1}$ を**レゾルベント**という.

補題 8.30 T は可閉作用素とする. このとき $\rho(T)$ は $\mathbb{C}$ の開集合である.

証明 $\mu \in \rho(T)$ とすれば, $(T - \mu \mathbb{1})^{-1}$ は有界なので
$$T - \lambda \mathbb{1} = (\mathbb{1} - (\lambda - \mu)(T - \mu \mathbb{1})^{-1})(T - \mu \mathbb{1})$$
と変形できる. $\|(\lambda - \mu)(T - \mu \mathbb{1})^{-1}\| < 1$ であればノイマン展開することにより, $(\mathbb{1} - (\lambda - \mu)(T - \mu \mathbb{1})^{-1})^{-1}$ が存在して有界になるから $|\lambda - \mu| < \|(T - \mu \mathbb{1})^{-1}\|^{-1}$ のとき $\lambda \in \rho(T)$ であることがわかる. ゆえに, $\rho(T)$ は開集合である. □

定義 8.31 (スペクトル) T を可閉作用素とする. このとき T の**スペクトル** $\sigma(T)$ を次で定義する.
$$\sigma(T) = \mathbb{C} \setminus \rho(T).$$

$\rho(T)$ は $\mathbb{C}$ の開集合なので $\sigma(T)$ は閉集合である．$\sigma(T)$ を分類しよう．

[定義 8.32]（スペクトルの分類）　$T - \lambda\mathbb{1} = T_\lambda$ とおく．

$\sigma_{\mathrm{p}}(T) = \{\lambda \in \mathbb{C} \mid T_\lambda$ が単射でない $\}$．

$\sigma_{\mathrm{r}}(T) = \{\lambda \in \mathbb{C} \mid T_\lambda$ が単射で $\mathrm{Ran}\, T_\lambda$ は稠密でない $\}$．

$\sigma_{\mathrm{c}}(T) = \{\lambda \in \mathbb{C} \mid T_\lambda$ が単射，$\mathrm{Ran}\, T_\lambda$ が稠密で，T_λ^{-1} は非有界 $\}$．

$\sigma_{\mathrm{p}}(T)$ を**点スペクトル**，$\sigma_{\mathrm{r}}(T)$ を**剰余スペクトル**，$\sigma_{\mathrm{c}}(T)$ を**連続スペクトル**という．特に $\mathbb{C} = \rho(T) \cup \sigma_{\mathrm{p}}(T) \cup \sigma_{\mathrm{r}}(T) \cup \sigma_{\mathrm{c}}(T)$ と直和に分解できる．

$\mathbb{C}_{\pm} = \{z \in \mathbb{C} \mid \mathrm{Im}\, z \gtrless 0\}$ を上（下）半複素平面とする．このとき $\mathbb{C}$ 上の写像 $f_T \colon \lambda \mapsto \dim \mathrm{Ker}(\lambda\mathbb{1} - T^*)$ は $\mathbb{C}_+$ および $\mathbb{C}_-$ 上で不変であることが示せる．

[補題 8.33]

(1)　T を対称作用素とする．このとき f_T は $\mathbb{C}_{\pm}$ で一定である．

(2)　T を非負対称作用素とする．このとき f_T は $\mathbb{C} \setminus [0, \infty)$ で一定である．

証明　(1) これは $|\eta| < |\mathrm{Im}\,\lambda|$ であれば
$$\dim \mathrm{Ker}(\lambda\mathbb{1} - T^*) = \dim \mathrm{Ker}((\lambda + \eta)\mathbb{1} - T^*) \tag{8.2}$$
という事実から従う．ゆえに，(8.2) を示そう．そのためには
$$\dim \mathrm{Ker}(\lambda\mathbb{1} - T^*) \le \dim \mathrm{Ker}((\lambda + \eta)\mathbb{1} - T^*),$$
$$\dim \mathrm{Ker}(\lambda\mathbb{1} - T^*) \ge \dim \mathrm{Ker}((\lambda + \eta)\mathbb{1} - T^*)$$
を示せばよい．どちらも証明は同じなので後者を背理法で示す．
$$\dim \mathrm{Ker}(\lambda\mathbb{1} - T^*) < \dim \mathrm{Ker}((\lambda + \eta)\mathbb{1} - T^*)$$
と仮定する．一般に $\dim M > \dim N$ のとき，$M = (M \cap N) \oplus (M \cap N^\perp)$ と直和に分解すれば $M \cap N \ne M$ なので $M \cap N^\perp \ne \emptyset$ になる．ゆえに，
$$\mathrm{Ker}((\lambda + \eta)\mathbb{1} - T^*) \cap \mathrm{Ker}(\lambda\mathbb{1} - T^*)^\perp = \emptyset$$
を示せば，矛盾を導いたことになる．$f \in \mathrm{Ker}((\lambda + \eta)\mathbb{1} - T^*) \cap \mathrm{Ker}(\lambda\mathbb{1} - T^*)^\perp$ とすれば，$\mathrm{Ker}(\lambda\mathbb{1} - T^*)^\perp = \mathrm{Ran}(\bar\lambda\mathbb{1} - T)$ なので $f = (\bar\lambda\mathbb{1} - T)u$ と表せる．ここで $((\lambda + \eta)\mathbb{1} - T^*)f = 0$ なので
$$0 = (((\lambda + \eta)\mathbb{1} - T^*)f, u) = \|(\bar\lambda\mathbb{1} - T)u\|^2 + \bar\eta((\bar\lambda\mathbb{1} - T)u, u).$$
そうすると，$0 \ge \|u\|(|\mathrm{Im}\,\lambda| - |\eta|)$ となるが，$|\mathrm{Im}\,\lambda| > |\eta|$ なので矛盾する．

(2) $\mathbb{C}_{\pm}$ で次元が不変であることは (1) の証明と同じように証明できる．$\lambda < 0$ とする．$|\lambda| > |\eta|$ をみたす $\eta \in \mathbb{C}$ をとってくる．このとき $\dim \mathrm{Ker}(\lambda\mathbb{1} - T^*) = \dim \mathrm{Ker}((\lambda + \eta)\mathbb{1} - T^*)$ となることが (1) と同じように証明できる．□

補題 8.33 より定理 8.26 を次のように拡張できる.

[系 8.34] T をヒルベルト空間 $\mathcal{H}$ 上の対称作用素とする. このとき次は同値である.

(1) T は自己共役作用素である.
(2) T が閉作用素で $\mathrm{Ker}(T^* \pm i\lambda\mathbb{1}) = \{0\}$ となる非零の $\lambda \in \mathbb{R}$ が存在する.
(3) $\mathrm{Ran}(T \pm i\lambda\mathbb{1}) = \mathcal{H}$ となる非零の $\lambda \in \mathbb{R}$ が存在する.

証明 定理 8.26 と補題 8.33 から従う. $\square$

対称閉作用素のスペクトルに関して次のことがわかる.

[定理 8.35] (**対称閉作用素のスペクトル**) T を対称閉作用素とする. このとき $\sigma(T)$ は $\mathbb{R}$ の部分集合, $\bar{\mathbb{C}}_+$, $\bar{\mathbb{C}}_-$, $\mathbb{C}$ の何れかである.

証明 $\lambda \in \mathbb{C} \setminus \mathbb{R}$ とする. このとき $\|(\lambda\mathbb{1}-T)f\| \geq |\mathrm{Im}\,\lambda|\|f\|$ なので $\mathrm{Ker}(\lambda\mathbb{1}-T) = \{0\}$ となる. よって, $\lambda\mathbb{1}-T$ の逆が存在して

$$\|(\lambda\mathbb{1}-T)^{-1}f\| \leq \frac{1}{|\mathrm{Im}\,\lambda|}\|f\|$$

が $f \in \mathrm{Ran}(\lambda\mathbb{1}-T)$ に対して成り立つ. 特に $\mathrm{Ran}(\lambda\mathbb{1}-T) = \mathcal{H}$ のとき $(\lambda\mathbb{1}-T)^{-1}$ は有界作用素になる. $\mathrm{Ker}(\lambda\mathbb{1}-T^*) = \mathrm{Ran}(\bar{\lambda}\mathbb{1}-T)^\perp$ だから $\lambda \in \mathbb{C} \setminus \mathbb{R}$ のとき, $\mathrm{Ran}(\lambda\mathbb{1}-T) = \mathcal{H}$ であるための必要十分条件は $\dim \mathrm{Ker}(\bar{\lambda}\mathbb{1}-T^*) = 0$ であるから

$$\lambda \in \rho(T) \iff \dim \mathrm{Ker}(\bar{\lambda}\mathbb{1}-T^*) = 0.$$

補題 8.33 より, $\sigma(T)$ は $\bar{\mathbb{C}}_+$, $\bar{\mathbb{C}}_-$, $\mathbb{C}$ のどれかになる. また, 任意の $\lambda \in \mathbb{C} \setminus \mathbb{R}$ に対して $\dim \mathrm{Ker}(\bar{\lambda}\mathbb{1}-T^*) \neq 0$ のときは, $\mathbb{C} \setminus \mathbb{R} \subset \rho(T)$ なので $\sigma(T)$ は $\mathbb{R}$ の部分集合である. $\square$

[系 8.36] (**自己共役作用素のスペクトル**) T を対称閉作用素とする. このとき T が自己共役作用素であるための必要十分条件は $\sigma(T) \subset \mathbb{R}$ となることである.

証明 T は自己共役作用素とする. このとき系 8.34 により, $\mathbb{C}_\pm$ は T のレゾルベント集合に含まれるので, $\sigma(T) \subset \mathbb{R}$ になる. 逆に, $\sigma(T) \subset \mathbb{R}$ と仮定する. このとき $\mathbb{C}_\pm$ は T のレゾルベント集合に含まれるので, $\mathrm{Im}\,\lambda \neq 0$ に対して $\mathrm{Ran}(T-\lambda\mathbb{1})$ は $\mathcal{H}$ で稠密で T は閉作用素なので, 結局 $\mathrm{Ran}(T-\lambda\mathbb{1}) = \mathcal{H}$ である. よって, 系 8.34 により, T は自己共役作用素である. $\square$

8.7 フォン・ノイマンの拡大定理

対称作用素の自己共役拡大の理論がフォン・ノイマンにより構築されている。S を T の対称拡大とする。$T \subset S$ で両辺の共役をとれば $T \subset S \subset S^* \subset T^*$ なので S は T^* の制限になることがわかる。つまり，

$$S = T^* \lceil_D \tag{8.3}$$

のように表せる。ここで，$\mathsf{D}(T) \subset D \subset \mathsf{D}(T^*)$ である。よって，T の対称拡大 S を定義することは (8.3) をみたす部分空間 D を定義することに帰着される。

定義 8.37 (不足指数) T を対称作用素とする。

$$\mathcal{K}_\pm = \mathsf{Ker}(i \mathbb{1} \mp T^*)$$

とし $n_\pm = \dim \mathcal{K}_\pm$ とする。(n_+, n_-) を T の**不足指数**という。

$\mathsf{D}(T^*)$ 上に次の内積を定義する。

$$(f, g)_{T^*} = (T^* f, T^* g) + (f, g).$$

また，$\|f\|_{T^*} = \sqrt{(f, f)_{T^*}}$ とする。T が対称閉作用素のとき $(\mathsf{D}(T^*), (\cdot, \cdot)_{T^*})$ はヒルベルト空間になる。$\mathsf{D}(T^*)$ の部分空間 D が **T^*-閉**とはノルム $\|\cdot\|_{T^*}$ で閉部分空間であることとし，D が **T^*-対称**とは

$$(T^* f, g) = (f, T^* g), \quad f, g \in D$$

が成り立つこととする。D が T^*-閉かつ T^*-対称なとき T^*-対称閉という。

補題 8.38 T を対称閉作用素とする。このとき次が成り立つ。

(1) $\mathsf{D}(T)$ は T^*-対称閉である。

(2) $\mathcal{K}_\pm$ は T^*-閉である。

証明 T が対称作用素のとき，$f, g \in \mathsf{D}(T)$ に対して $(T^* f, g) = (f, T^* g)$ なので $\mathsf{D}(T)$ は T^*-対称である。また，$\mathsf{D}(T)$ が T^*-閉であることもすぐわかる。ゆえに，$\mathsf{D}(T)$ は T^*-対称閉である。$\mathcal{K}_\pm$ が T^*-閉であることは自明である。□

一般に $\mathcal{K}_\pm \neq \{0\}$ のとき $\mathcal{K}_\pm$ は T^*-対称ではない。実際 $f, g \in \mathcal{K}_+, (f, g) \neq 0$ とすると $(T^* f, g) - (f, T^* g) = -2i(f, g) \neq 0$ となる。

補題 8.39 T を対称閉作用素とする. このとき次が成り立つ.

$$\mathsf{D}(T^*) = \mathsf{D}(T) \dot{\oplus} \mathcal{K}_+ \dot{\oplus} \mathcal{K}_-.$$

ここで, $\dot{\oplus}$ はヒルベルト空間 $(\mathsf{D}(T^*), (\cdot, \cdot)_{T^*})$ における直和を表す. $(\mathcal{H}, (\cdot, \cdot)_{\mathcal{H}})$ における直和 $\oplus$ と記号を区別する.

証明 $\mathsf{D}(T)$, $\mathcal{K}_+$, $\mathcal{K}_-$ は $(\cdot, \cdot)_{T^*}$ で互いに直交していることを示そう. $f \in \mathsf{D}(T)$, $g \in \mathcal{K}_\pm$ とすれば

$(f, g)_{T^*} = (f, g) + (T^*f, T^*g) = (f, g) + (Tf, \pm ig) = (f, g) - (f, g) = 0.$

また, $f \in \mathcal{K}_+$, $g \in \mathcal{K}_-$ とすれば

$(f, g)_{T^*} = (f, g) + (if, -ig) = (f, g) - (f, g) = 0.$

ゆえに, $\mathsf{D}(T)$, $\mathcal{K}_+$, $\mathcal{K}_-$ は互いに直交している. $f \in (\mathsf{D}(T) \dot{\oplus} \mathcal{K}_+ \dot{\oplus} \mathcal{K}_-)^\perp$ として $f = 0$ を示す. $g \in \mathsf{D}(T)$ とすれば $0 = (f, g)_{T^*} = (f, g) + (T^*f, T^*g)$ なので $-(f, g) = (T^*f, Tg)$ となる. これは $T^*f \in \mathsf{D}(T^*)$ で $T^*T^*f = -f$ といっているに他ならないから $(T^* + i\mathbb{1})(T^* - i\mathbb{1})f = 0$ となる. つまり, $(T^* - i\mathbb{1})f \in \mathcal{K}_-$ である.

一方, $h \in \mathcal{K}_-$ に対して

$$\begin{aligned} 0 = (h, f)_{T^*} &= (h, f) + (T^*h, T^*f) \\ &= (h, f) + (-ih, T^*f) = i(h, (T^* - i\mathbb{1})f). \end{aligned}$$

よって, $(T^* - i\mathbb{1})f \in \mathcal{K}_-^\perp$ でもある. ゆえに, $(T^* - i\mathbb{1})f = 0$ なので $f \in \mathcal{K}_+$ となるから $f = 0$ になる. $\square$

補題 8.40 T は対称閉作用素で $\mathsf{D}(T) \subset D \subset \mathsf{D}(T^*)$ とする. このとき次は同値である.

(1) $T^*\lceil_D$ は対称閉作用素である.

(2) D は T^*-対称閉である.

(3) T^*-対称閉な E が存在して $D = \mathsf{D}(T) \dot{\oplus} E$ となる.

証明 (1) $\Longrightarrow$ (2) $f_n \in D$, $f \in \mathsf{D}(T^*)$, $\|f_n - f\|_{T^*} \to 0 \, (n \to \infty)$ と仮定する. $S = T^*\lceil_D$ とおく. このとき $f_n \to f$ かつ $Sf_n \to T^*f \, (n \to \infty)$. S は閉作用素なので $f \in D$ かつ $T^*f = Sf$. ゆえに, D は T^*-閉である. T^*-対称性は

$$(T^*f, g) - (f, T^*g) = (Sf, g) - (f, Sg) = 0, \quad f, g \in D$$

からわかる.

(1) $\Longleftarrow$ (2) $f_n \to f$ かつ $Sf_n \to g \, (n \to \infty)$ とする. このとき $(f_n)_n$ も $(Sf_n)_n$ もコーシー列なので $\|f_n - f_m\|_{T^*} \to 0 \, (n, m \to \infty)$ となる. よって $\|f_n - h\|_{T^*} \to 0$ $(n \to \infty)$ となる $h \in D$ が存在する. 極限の一意性から $h = f$, $g = T^*h$ となる. これはまさに S が閉作用素といっている. 任意の $f, g \in D$ に対して $(f, T^*g) = (T^*f, g)$ なので $(f, Sg) = (Sf, g)$. ゆえに, S の対称性も示せた.

(2) $\Longrightarrow$ (3)　$E = D \cap (\mathcal{K}_+ \dot{\oplus} \mathcal{K}_-)$ と定義する. そうすると, 補題 8.39 より, $D = \mathsf{D}(T) \dot{\oplus} E$ となる. D が T^*-対称なので E は T^*-対称になる. また, $\mathcal{K}_+$ と $\mathcal{K}_-$ は T^*-閉なので E は T^*-閉になる. ゆえに, E は T^*-対称閉である.

(3) $\Longrightarrow$ (2)　$f = f_0 + f_1, g = g_0 + g_1 \in \mathsf{D}(T) \dot{\oplus} E$ としたとき

$$(T^*f, g) - (f, T^*g) = (Tf_0, g_0) + (Tf_0, g_1) + (T^*f_1, g_0) + (T^*f_1, g_1)$$
$$- (f_0, Tg_0) - (f_0, T^*g_1) - (f_1, Tg_0) - (f_1, Tg_1) = 0$$

となるから $\mathsf{D}(T) \dot{\oplus} E$ は T^*-対称である. $\mathsf{D}(T) \dot{\oplus} E$ が T^*-閉であることは T^*-閉空間の直和であるから自明である. $\square$

補題 8.41　T を対称閉作用素とする. $E \subset \mathcal{K}_+ \dot{\oplus} \mathcal{K}_-$ は T^*-対称とする. このとき直和分解 $f = f_+ + f_- \in E$ に対して $\|f_+\| = \|f_-\|$ となる.

証明　$0 = (T^*f, f) - (f, T^*f) = -2i(\|f_+\|^2 - \|f_-\|^2)$ から導かれる. $\square$

$\mathfrak{S}$ は T の対称閉拡大全体とする.

$$\mathfrak{S} = \{S \mid S \text{ は } T \text{ の対称閉拡大}\}.$$

一方, $\mathfrak{I}$ は $\mathcal{K}_+$ から $\mathcal{K}_-$ への部分等長作用素全体とする.

$$\mathfrak{I} = \{I \colon \mathcal{K}_+ \to \mathcal{K}_- \mid I \text{ は部分等長作用素}\}.$$

フォン・ノイマンの拡大定理は次のように述べることができる.

定理 8.42（フォン・ノイマンの拡大定理）　T を対称閉作用素とする. このとき次が成り立つ.

(1)　$S \in \mathfrak{S}$ に対して $I \in \mathfrak{I}$ が存在して次をみたす.

$$S = T^* \restriction_D, \quad D = \mathsf{D}(T) \dot{\oplus} \mathsf{D}(I) \dot{\oplus} I\mathsf{D}(I).$$

(2)　$I \in \mathfrak{I}$ に対して上のように S と D を定めれば $S \in \mathfrak{S}$ である.

証明　(1) $S \in \mathfrak{S}$ とし $S = T^* \restriction_D$ とすれば, 補題 8.40 より $D = \mathsf{D}(T) \dot{\oplus} E$ と表せる. ここで, E は $\mathcal{K}_+ \dot{\oplus} \mathcal{K}_-$ の部分空間で T^*-対称閉である. $f \in E$ は $f = f_1 + f_2$, $f_1 \in \mathcal{K}_+$, $f_2 \in \mathcal{K}_-$ と一意に表せるから $I \colon \mathcal{K}_+ \to \mathcal{K}_-$ を $If_1 = f_2$ と定める. これは矛盾なく定義されている. なぜならば $h = f_1 + g \in E$ のとき $E \ni h - f = 0 + (f_2 - g) \in \mathcal{K}_+ \dot{\oplus} \mathcal{K}_-$ なので補題 8.41 から $0 = \|0\| = \|f_2 - g\|$ となる. ゆえに, $f_2 = g$ となる. さて, $f = f_1 + If_1 \in E$ と表せることがわかった. よって S に対して I が一意に決まり, 次のようになる.

$$D = \{g + f + If \mid g \in \mathsf{D}(T), f \in \mathsf{D}(I)\}. \tag{8.4}$$

ゆえに, (1) が示された.

(2) $I \in \mathfrak{I}$ とし $S = T^* \lceil_D$ とする. S が対称閉作用素であることを示す. 補題 8.40 より, $E = \mathsf{D}(I) \dot{\oplus} I\mathsf{D}(I)$ が T^*-対称閉であることを示せばよい. $f_n = f_{1n} + If_{1n} \in E$ として $\lim_{n \to \infty} f_n = g = g_1 + g_2 \in \mathcal{K}_+ \dot{\oplus} \mathcal{K}_-$ とすれば

$$\|f_{1n} - g_1\|^2 + \|T^* f_{1n} - T^* g_1\|^2 \to 0 \, (n \to \infty),$$
$$\|If_{1n} - g_2\|^2 + \|T^* If_{1n} - T^* g_2\|^2 \to 0 \, (n \to \infty)$$

なので $g_2 = Ig_1$ がわかる. ゆえに, $g = g_1 + Ig_1 \in E$ なので E は T^*-閉である. 次に E の T^*-対称性を示す. $f = f_1 + If_1, g = g_1 + Ig_1 \in E$ とすると

$$(T^* f, g) - (f, T^* g) = (T^* f_1, g_1) - (f_1, T^* g_1) + (T^* If_1, Ig_1) - (If_1, T^* Ig_1)$$
$$+ (T^* f_1, Ig_1) - (f_1, T^* Ig_1) + (T^* If_1, g_1) - (If_1, T^* g_1)$$
$$= -i(f_1, Ig_1) + i(f_1, Ig_1) + i(If_1, g_1) - i(If_1, g_1) = 0.$$

よって, E は T^*-対称である. ゆえに, S は対称閉作用素になる. $\square$

フォン・ノイマンの拡大定理から全単射 $\Phi \colon \mathfrak{I} \to \mathfrak{S}$ が存在して対称閉拡大 $\Phi(I) = T_I \in \mathfrak{S}$ が定まる. それは

$$\mathsf{D}(T_I) = \{f + g + Ig \mid f \in \mathsf{D}(T), g \in \mathsf{D}(I)\},$$
$$T_I(f + g + Ig) = T^*(f + g + Ig) = Tf + ig - iIg$$

で与えられる.

系 8.43 T は対称閉作用素とする. このとき T が自己共役作用素であるための必要十分条件は T の不足指数が $(n_+, n_-) = (0,0)$ である.

証明 T が自己共役であるための必要十分条件は $\mathsf{D}(T) = \mathsf{D}(T^*)$ なので, 直和分解 $\mathsf{D}(T^*) = \mathsf{D}(T) \dot{\oplus} \mathcal{K}_+ \dot{\oplus} \mathcal{K}_-$ から $\mathcal{K}_+ = \mathcal{K}_- = \{0\}$ のとき, また, そのときに限り T は自己共役作用素になる. $\square$

定理 8.44 T は対称閉作用素とし, その不足指数を $(n_+, n_-) = (n, m)$ とする. このとき次が成り立つ.

(1) $n, m > 0$ のとき対称閉拡大が存在する.

(2) T の自己共役拡大が存在するための必要十分条件は $n = m$ である.

証明 (1) $n, m > 0$ のときは必ず部分等長作用素 $I \colon \mathcal{K}_+ \to \mathcal{K}_-$ が存在するから対称閉拡大が存在する.

(2) 自己共役拡大が存在するための必要十分条件は T_I の不足指数が $(0,0)$ となる部分等長作用素 $I \colon \mathcal{K}_+ \to \mathcal{K}_-$ が存在することである. そこで $\mathcal{K}_\pm^I = \mathsf{Ker}(T_I^* \mp i\mathbb{1})$ を求める. 任意の $g + f + If \in \mathsf{D}(T_I)$, $f \in \mathsf{D}(I)$ に対して

$$(T_I - i\mathbb{1})(g + f + If) = (T - i\mathbb{1})g - 2iIf.$$

ここで，$(T - i\mathbb{1})g \in \mathsf{Ran}(T - i\mathbb{1})$ かつ $-2iIf \in \mathcal{K}_-$ なので $(T - i\mathbb{1})g \perp -2iIf$ である．よって

$$\mathsf{Ran}(T_I - i\mathbb{1}) \subset \mathsf{Ran}(T - i\mathbb{1}) \oplus I\mathsf{D}(I).$$

逆向きの包含関係も容易に示せるから，

$$\mathcal{H} = \mathsf{Ran}(T_I - i\mathbb{1})^\perp \oplus \mathsf{Ran}(T_I - i\mathbb{1}) = \mathsf{Ran}(T_I - i\mathbb{1})^\perp \oplus I\mathsf{D}(I) \oplus \mathsf{Ran}(T - i\mathbb{1}).$$

ゆえに，$\mathsf{Ker}(T^* + i\mathbb{1}) = \mathsf{Ran}(T - i\mathbb{1})^\perp = \mathsf{Ran}(T_I - i\mathbb{1})^\perp \oplus I\mathsf{D}(I)$ となる．書き直せば $\mathcal{K}_- = \mathcal{K}_-^I \oplus I\mathsf{D}(I)$ である．同様にして $\mathcal{K}_+ = \mathcal{K}_+^I \oplus \mathsf{D}(I)$ もわかる．T_I が自己共役作用素とする．このとき $\mathcal{K}_\pm^I = \{0\}$ となる．$\dim \mathsf{D}(I) = \dim I\mathsf{D}(I)$ なので $n = \dim \mathsf{D}(I) = \dim I\mathsf{D}(I) = m$ となる．逆に，$n = m$ のとき，$\dim \mathsf{D}(I) = n$ となるような I を選べば，$\mathcal{K}_+^I = \mathcal{K}_-^I = \{0\}$ となるから，T_I は自己共役拡大である．$\square$

系 8.45　T は対称閉作用素で $T \geq 0$ とする．このとき T の自己共役拡大が存在する．

証明　系 8.33 より T の不足指数 (n_+, n_-) は $n_+ = n_-$ なので系が従う．$\square$

次に対称閉拡大が存在しない場合を考えよう．

系 8.46　T は対称閉作用素とする．このとき非自明な対称閉拡大が存在しないための必要十分条件は T の不足指数が $n \geq 0$ として，$(n_+, n_-) = (0, n)$ または $(n_+, n_-) = (n, 0)$ となることである．

証明　T の非自明な対称閉拡大が存在しないとする．$n_\pm > 0$ のときは定理 8.44 より非自明な対称閉拡大が存在するので $(n_+, n_-) = (0, n)$ または $(n_+, n_-) = (n, 0)$ である．逆に，$(n_+, n_-) = (0, n)$ とすれば $\mathcal{K}_+ = \{0\}$ なので $I\colon \{0\} \to \mathcal{K}_-$ となり，非自明な部分等長作用素 I は存在しない．$(n_+, n_-) = (n, 0)$ のときも同様に示せる．$\square$

T の不足指数が $(n_+, n_-) = (0, n)$ または $(n_+, n_-) = (n, 0)$ のとき T の対称閉拡大が存在しないから，T を**極大対称作用素**とよぶ．特に $(n_+, n_-) = (0, 0)$ のとき T は自己共役作用素で，これより真に大きな対称閉拡大は存在しない．反線形作用素 $C\colon \mathcal{H} \to \mathcal{H}$ が，等長性 $\|Cf\| = \|f\|$ と $C^2 = \mathbb{1}$ をみたすとき**共役**という．

系 8.47（フォン・ノイマンの定理）　T は対称作用素とする．$C\colon \mathsf{D}(T) \to \mathsf{D}(T)$ かつ $CT = TC$ となる共役 C が存在するとき T の自己共役拡大が存在する．

証明 偏極恒等式と C の等長性から

$$(Cf, Cg) = \frac{1}{4} \sum_{n=0}^{3} \|Cf + i^n Cg\|^2 i^{-n}$$

$$= \frac{1}{4} \sum_{n=0}^{3} \|Cf + C(-i)^n g\|^2 i^{-n}$$

$$= \frac{1}{4} \sum_{n=0}^{3} \|f + (-i)^n g\|^2 i^{-n}$$

$$= \frac{1}{4} \sum_{n=0}^{3} \|g + i^n f\|^2 i^{-n}$$

$$= \overline{(f, g)}$$

になることに注意しよう. $f \in \mathcal{K}_+$, $g \in \mathsf{D}(T)$ とすると,

$$0 = \overline{(f, (i\mathbb{1} + T)g)} = (Cf, C(i\mathbb{1} + T)g) = (Cf, (-i\mathbb{1} + T)Cg).$$

$C\mathsf{D}(T) = \mathsf{D}(T)$ なので $0 = (Cf, (-i\mathbb{1} + T)h)$ が任意の $h \in \mathsf{D}(T)$ で成り立つ. つまり, $(i\mathbb{1} + T^*)Cf = 0$ なので $Cf \in \mathcal{K}_-$. ゆえに, $C: \mathcal{K}_+ \to \mathcal{K}_-$ である. 同様に $C: \mathcal{K}_- \to \mathcal{K}_+$ もわかるから $C: \mathcal{K}_+ \to \mathcal{K}_-$ は全射. C は等長なので単射. ゆえに, $\mathcal{K}_+ \cong \mathcal{K}_-$ である. 特に T の不足指数 (n_+, n_-) は $n_+ = n_-$ となるから自己共役拡大が存在する. $\square$

S が有界作用素のとき S^*S や SS^* は明らかに自己共役作用素であが, 一般の非有界作用素 T に対し T^*T や TT^* について即座には何もいえない.

定理 8.48 (フォン・ノイマンの定理) $\mathcal{H}$ をヒルベルト空間とする. T を $\mathcal{H}$ 上の閉作用素とする. このとき T^*T と TT^* は自己共役作用素である.

証明 T は閉作用素なのでグラフ $G(T)$ は $\mathcal{H} \oplus \mathcal{H}$ の閉部分空間になる. 補題 8.16 の証明から $G(T)^\perp = U^* G(T^*)$ である. ゆえに, $\mathcal{H} \oplus \mathcal{H} = G(T) \oplus U^* G(T^*)$ と直和に分解できる. この直和分解から, 任意の $(h, 0) \in \mathcal{H} \oplus \mathcal{H}$ に対して

$$(h, 0) = (f, Tf) + (-T^*g, g)$$

となる $f \in \mathsf{D}(T)$ と $g \in \mathsf{D}(T^*)$ が存在することがわかる. これから, $f - T^*g = h$ かつ $Tf + g = 0$ なので $Tf \in \mathsf{D}(T^*)$ で $(\mathbb{1} + T^*T)f = h$ となる. $h \in \mathcal{H}$ は任意だから $\mathrm{Ran}(\mathbb{1} + T^*T) = \mathcal{H}$ となる.

$$\mathcal{H} = \mathrm{Ker}((T^*T)^* + \mathbb{1}) \oplus \mathrm{Ran}(\mathbb{1} + T^*T)$$

なので $\mathrm{Ker}((T^*T)^* + \mathbb{1}) = \{0\}$ である. このことから, 補題 8.33 の証明と全く同様にして $\dim \mathrm{Ker}((T^*T)^* \pm i\mathbb{1}) = 0$ が示せるので, T^*T の不足指数は $(0, 0)$. よって T^*T は自己共役作用素である. TT^* の自己共役性も同様に示せる. $\square$

本質的自己共役作用素

定義 8.49 （本質的自己共役作用素） T を対称作用素とする．$\bar{T}$ が自己共役作用素のとき T を**本質的自己共役作用素**という．

　対称閉作用素の対称閉拡大は一般に無限個存在する．特に自己共役拡大も一般に無限個存在する．しかし，非自明な自己共役拡大が一意な場合がある．

定理 8.50 　T を対称作用素とする．このとき T が本質的自己共役作用素であるための必要十分条件は T の自己共役拡大が一意に存在することである．

証明　T は本質的自己共役作用素とし S を T の自己共役拡大とする．$T \subset S$ から $\bar{T} = T^{**} \subset S^{**} = \bar{S} = S$．また，$S = S^* \subset T^{***} = (\bar{T})^* = \bar{T}$．ゆえに，$S = \bar{T}$ となる．

　逆に，T の自己共役拡大が一意に存在すると仮定する．このとき $\bar{T}$ が自己共役拡大をもつので，フォン・ノイマンの拡大定理から $\bar{T}$ の不足指数は $(n_+, n_-) = (n, n)$ である．もし $n > 0$ ならば，自己共役拡大は非可算無限個存在することになり，一意性に反する．ゆえに，$(n, n) = (0, 0)$ となり，$\bar{T}$ は自己共役作用素である．□

　T を自己共役作用素とし

$$M = \inf_{\substack{u \in \mathsf{D}(T) \\ \|u\|=1}} (u, Tu)$$

とする．$M > -\infty$ のとき T は下から有界という．これを $A \geq M$ と表す．

定理 8.51 （加藤–レリッヒの定理）　$\mathcal{H}$ をヒルベルト空間とする．A は $\mathcal{H}$ 上の自己共役作用素，B は対称作用素で次をみたすと仮定する．

(1)　$\mathsf{D}(A) \subset \mathsf{D}(B)$．

(2)　$0 \leq a < 1$ と $b \geq 0$ が存在して次をみたす．

$$\|Bu\| \leq a\|Au\| + b\|u\|, \quad u \in \mathsf{D}(A). \tag{8.5}$$

このとき $A + B$ は $\mathsf{D}(A)$ 上で自己共役作用素である．また，A の任意の芯 D 上で $A + B$ は本質的自己共役作用素で，次が成り立つ．

$$\overline{(A+B)\lceil_D} = \overline{A\lceil_D} + \overline{B\lceil_D}.$$

さらに，$A \geq M$ ならば

$$A + B \geq M - \begin{cases} a|M| + b & \frac{b}{1-a} \leq |M| \\ \frac{b}{1-a} & \frac{b}{1-a} \geq |M| \end{cases} \tag{8.6}$$

である. ここで, a と b は (8.5) で与えられた数である.

証明 第1の主張については系 8.34 から, $\mathsf{Ran}(A + B \pm i\lambda\mathbb{1}) = \mathcal{H}$ を適当な $\lambda > 0$ に対して示せばよい. A は自己共役作用素なので $\mathsf{Ran}(A \pm i\lambda\mathbb{1}) = \mathcal{H}$.

$$A + B + i\lambda\mathbb{1} = (B(A + i\lambda\mathbb{1})^{-1} + \mathbb{1})(A + i\lambda\mathbb{1})$$

なので $\mathsf{Ran}(B(A + i\lambda\mathbb{1})^{-1} + \mathbb{1}) = \mathcal{H}$ を示せばよい. 仮定より

$$\|B(A + i\lambda\mathbb{1})^{-1}f\| \leq a\|A(A + i\lambda\mathbb{1})^{-1}f\| + b\|(A + i\lambda\mathbb{1})^{-1}f\|$$

である. $\|(A + i\lambda\mathbb{1})f\|^2 = \|Af\|^2 + \lambda^2\|f\|^2$ なので $\|A(A + i\lambda\mathbb{1})^{-1}f\| \leq \|f\|$ と $\|(A + i\lambda\mathbb{1})^{-1}f\| \leq \|f\|/\lambda$ が従う. ゆえに, $\|B(A + i\lambda\mathbb{1})^{-1}f\| \leq (a + b/\lambda)\|f\|$ かつ $\|B(A + i\lambda\mathbb{1})^{-1}\| < 1$ が十分大きな λ で成り立つ. よって, $B(A + i\lambda\mathbb{1})^{-1} + \mathbb{1}$ の逆が存在するから $\mathsf{Ran}(A + B + i\lambda\mathbb{1}) = \mathcal{H}$ が十分大きな λ で成り立つ. 同様に $\mathsf{Ran}(A + B - i\lambda\mathbb{1}) = \mathcal{H}$ も示せる.

第2の主張を示す. $A' = A\lceil_D$, $B' = B\lceil_D$ とおく. このとき

$$\|B'f\| \leq a\|A'f\| + b\|f\|, \quad f \in \mathsf{D}(A'). \tag{8.7}$$

$f \in \mathsf{D}(\overline{A'})$ に対して, 列 $(f_n)_n \subset \mathsf{D}(A')$ が存在して $f_n \to f$ かつ $A'f_n \to \overline{A'}f$ $(n \to \infty)$ となる. ゆえに, $(B'f_n)_n$ はコーシー列になる. $\overline{B'}$ は閉作用素だから, $B'f_n \to \overline{B'}f \,(n \to \infty)$ となる. 不等式 $\|B'f_n\| \leq a\|A'f_n\| + b\|f_n\|$ と極限操作から

$$\mathsf{D}(\overline{A'}) \subset \mathsf{D}(\overline{B'}),$$
$$\|\overline{B'}f\| \leq a\|\overline{A'}f\| + b\|f\|, \quad f \in \mathsf{D}(\overline{A'})$$

が従う. ゆえに, $\overline{A'} + \overline{B'}$ は $\mathsf{D}(\overline{A'})$ 上で自己共役作用素である. 以上の議論から

$$(A' + B')f_n \to \overline{A'}f + \overline{B'}f, \; f_n \to f \,(n \to \infty)$$

が従う. これは $f \in \mathsf{D}(\overline{A'})$ に対して $\overline{A' + B'}f = \overline{A'}f + \overline{B'}f$ を意味する. ゆえに, $\overline{A' + B'} \supset \overline{A'} + \overline{B'}$ となる. また, $\overline{A'} + \overline{B'}$ は $A' + B'$ の自己共役拡大なので $\overline{A'} + \overline{B'} \supset \overline{A' + B'}$ は自明である. ゆえに,

$$\overline{A' + B'} = \overline{A'} + \overline{B'}$$

となる. 最終的に $\overline{A' + B'}$ は自己共役作用素なので $A + B$ は D 上で本質的に自己共役作用素である.

最後に (8.6) を示す. t は次をみたすとする.

$$0 < M + t. \tag{8.8}$$

(8.8) の条件のもと $\|B(A + t)^{-1}\| < 1$ になる t に対して $\mathsf{Ran}(A + B + t) = \mathcal{H}$ かつ $(A + B + t)^{-1} = (A + t)^{-1}(B(A + t)^{-1} + \mathbb{1})^{-1}$ は有界作用素になる. これは $-t < A + B$ を意味する. ゆえに, (8.8) の条件のもと $\|B(A + t)^{-1}\| < 1$ となる t の範囲を求める.

$$\|B(A+t)^{-1}f\| \le a\|A(A+t)^{-1}f\| + b\|(A+t)^{-1}f\|$$

となるので右辺を評価する．第 10 章の例 10.43 で

$$\|A(A+t)^{-1}f\|^2 = \int_M^\infty \left|\frac{\lambda}{\lambda+t}\right|^2 d\|E_\lambda f\|^2,$$

$$\|(A+t)^{-1}f\|^2 = \int_M^\infty \left|\frac{1}{\lambda+t}\right|^2 d\|E_\lambda f\|^2$$

と積分表示できることを証明する．これを認めると，

$$a\|A(A+t)^{-1}f\| + b\|(A+t)^{-1}f\| \le a \sup_{\lambda \ge M}\frac{|\lambda|}{\lambda+t} + b \sup_{\lambda \ge M}\frac{1}{\lambda+t}$$

となる．$X = \sup_{\lambda \ge M}\frac{|\lambda|}{\lambda+t}$ は条件 (8.8) のもとで，M が $-t$ に十分近ければ $X = \frac{|M|}{M+t}$ となり，M が $-t$ から離れていれば $X = 1$ となる．ゆえに，

$$a\|A(A+t)^{-1}f\| + b\|(A+t)^{-1}f\| \le a \max\left\{1, \frac{|M|}{M+t}\right\} + \frac{b}{M+t}.$$

$a + \frac{b}{M+t} < 1$ を解くと，$-t < M - \frac{b}{1-a}$ となり，$a\frac{|M|}{M+t} + \frac{b}{M+t} < 1$ を解くと，$-t < M - (a|M|+b)$ となるから $A+B \ge M - \max\left\{\frac{b}{1-a}, a|M|+b\right\}$ が得られる．$\frac{b}{1-a} \le a|M| + b$ は $\frac{b}{1-a} \le |M|$ と同値なので (8.6) が得られる．□

　摂動 B が大きいとき，つまり，$a \uparrow 1$ のときは $M - \frac{b}{1-a} < A+B$ となり，摂動 B が小さいとき，つまり，$a = 0$ のとき $M - b < A+B$ となる．特に B が有界作用素で $\|B\| \le b$ のとき $M - b < A+B$ となる．また，$M = 0$ のときは $-\frac{b}{1-a} < A+B$ となる．

8.9 自己共役作用素の例

8.9.1 掛け算作用素

　例 4.16 で有界な掛け算作用素を定義したが，それを一般化する．

定義 8.52 （掛け算作用素）　$\mathbb{R}^d$ 上の可測関数 f に対して $M_f \colon L^2(\mathbb{R}^d) \to L^2(\mathbb{R}^d)$ を次で定める．

$$M_f g = fg,$$
$$\mathsf{D}(M_f) = \left\{g \in L^2(\mathbb{R}^d) \;\middle|\; \int_{\mathbb{R}^d} |f(x)g(x)|^2 \, dx < \infty\right\}.$$

[補題 8.53] f は $\mathbb{R}^d$ 上の可測関数で $N = \{x \in \mathbb{R}^d \mid |f(x)| = \infty\}$ とする. $\lambda(N) = 0$ のとき $\mathsf{D}(M_f)$ は $L^2(\mathbb{R}^d)$ で稠密である.

証明 $X_n = \{x \in \mathbb{R}^d \mid |f(x)| \leq n\}$ とすれば $\mathbb{R}^d \setminus \bigcup_{n=1}^{\infty} X_n = N$ になる. $g \in L^2(\mathbb{R}^d)$ に対して $g_n = \mathbb{1}_{X_n} g$ とする. このとき $g_n \in \mathsf{D}(M_f)$ で, さらに

$$\int_{\mathbb{R}^d} |g(x) - g_n(x)|^2 \, dx = \int_{\mathbb{R}^d \setminus X_n} |g(x)|^2 \, dx \to 0 \, (n \to \infty)$$

となるから, 任意の $g \in L^2(\mathbb{R}^d)$ が $g_n \in \mathsf{D}(M_f)$ で近似できたことになる. つまり, $\mathsf{D}(M_f)$ は稠密である. $\square$

[定理 8.54] f は $\mathbb{R}^d$ 上の可測関数で $\lambda(\{x \in \mathbb{R}^d \mid |f(x)| = \infty\}) = 0$ とする. このとき次が成り立つ.

(1) $\mathsf{D}(M_f^*) = \mathsf{D}(M_{\bar{f}})$.

(2) $\mathsf{D}(M_f^*)$ は稠密である.

(3) f が実関数であれば M_f は自己共役作用素である.

証明 (1) を示す. (2) と (3) は (1) から従う. $\mathsf{D}(M_{\bar{f}}) \subset \mathsf{D}(M_f^*)$ は自明なので $\mathsf{D}(M_{\bar{f}}) \supset \mathsf{D}(M_f^*)$ を示す. $h \in \mathsf{D}(M_f^*)$ とし $\mathbb{1}_n(x) = \begin{cases} 1 & |f(x)| \leq n \\ 0 & |f(x)| > n \end{cases}$ とする. $|M_f^* h|^2$ は可積分関数なので

$$\|M_f^* h\|^2 = \lim_{n \to \infty} \int_{\mathbb{R}^d} |\mathbb{1}_n(x)(M_f^* h)(x)|^2 \, dx$$

がわかる. $\|g\| = \sup_{\|\xi\|=1} |(g, \xi)|$ なので,

$$\|M_f^* h\|^2 = \lim_{n \to \infty} \sup_{\|\xi\|=1} |(\mathbb{1}_n M_f^* h, \xi)|$$

となる. さらに $(\mathbb{1}_n M_f^* h, \xi) = (M_f^* h, \mathbb{1}_n \xi)$ となる. $\mathbb{1}_n \xi \in \mathsf{D}(M_f)$ なので $(M_f^* h, \mathbb{1}_n \xi) = (h, M_f \mathbb{1}_n \xi)$ がわかる. 以上より

$$\|M_f^* h\|^2 = \lim_{n \to \infty} \sup_{\|\xi\|=1} |(h, M_f \mathbb{1}_n \xi)|.$$

$M_f \mathbb{1}_n$ を $f\mathbb{1}_n$ を掛ける作用素と思えば, これは有界作用素なので $(h, M_f \mathbb{1}_n \xi) = (\mathbb{1}_n \bar{f} h, \xi)$ となる. 結局

$$\|M_f^* h\|^2 = \lim_{n \to \infty} \sup_{\|\xi\|=1} |(\mathbb{1}_n \bar{f} h, \xi)| = \lim_{n \to \infty} \|\mathbb{1}_n \bar{f} h\|^2.$$

積分の形で表せば

$$\infty > \|M_f^* h\|^2 = \lim_{n \to \infty} \int_{\mathbb{R}^d} |\mathbb{1}_n(x) \bar{f}(x) h(x)|^2 \, dx$$

となるから，単調収束定理より極限 $\lim_{n\to\infty}$ と積分 $\int \cdots dx$ の交換ができて，$\bar{f}h \in L^2(\mathbb{R}^d)$ かつ

$$\infty > \|M_f^* h\|^2 = \int_{\mathbb{R}^d} |\bar{f}(x)h(x)|^2\, dx$$

となる．ゆえに，$h \in \mathsf{D}(M_{\bar{f}})$ となるから $\mathsf{D}(M_f^*) \subset \mathsf{D}(M_{\bar{f}})$ となる．$\square$

例 8.55　作用素 $q_j\ (j=1,\ldots,d)$ を

$$\mathsf{D}(q_j) = \left\{ g \in L^2(\mathbb{R}^d) \;\middle|\; \int_{\mathbb{R}^d} |x_j g(x)|^2\, dx < \infty \right\},$$
$$(q_j f)(x) = x_j f(x)$$

と定義すれば q_j は $L^2(\mathbb{R}^d)$ 上の自己共役作用素である．

例 8.56　$L^2(\mathbb{R})$ 上の掛け算作用素 M_x に対して $M_x - \lambda \mathbb{1}$ は $\lambda \in \mathbb{C} \setminus \mathbb{R}$ のとき，全単射で，$(M_x - \lambda \mathbb{1})^{-1}$ が有界作用素なので $\lambda \in \rho(M_x)$ である．一方，$\lambda \in \mathbb{R}$ のとき，$M_x - \lambda \mathbb{1}$ は単射で，$\mathrm{Ran}(M_x - \lambda \mathbb{1})$ は稠密となることがわかる．しかし，$(M_x - \lambda \mathbb{1})^{-1}$ は非有界なので $\lambda \in \sigma_{\mathrm{c}}(M_x)$ になる．ゆえに，$\sigma(M_x) = \sigma_{\mathrm{c}}(M_x) = \mathbb{R}$ となる．

8.9.2　微分作用素

簡単のために $d=1$ とする．フーリエ変換 F は $L^2(\mathbb{R})$ 上のユニタリー作用素で，しかも $F\colon \mathscr{S}(\mathbb{R}) \to \mathscr{S}(\mathbb{R})$ は全単射である．$f \in \mathscr{S}(\mathbb{R})$ に対して

$$F\left(-i\frac{d}{dx}f\right)(k) = k(Ff)(k)$$

となる．そこで $L^2(\mathbb{R})$ 上の微分作用素を次で定義する．

定義 8.57（微分作用素）　**微分作用素** $p\colon L^2(\mathbb{R}) \to L^2(\mathbb{R})$ を次で定める．

$$p = F^{-1} M_k F,$$
$$\mathsf{D}(p) = \{ f \in L^2(\mathbb{R}) \mid Ff \in \mathsf{D}(M_k) \}.$$

定理 8.58　p は自己共役作用素である．

証明　$p \pm i\mathbb{1} = F^{-1}(M_k \pm i\mathbb{1})F$ である．ここで $\mathrm{Ran}(M_k \pm i\mathbb{1}) = L^2(\mathbb{R})$ が示せるので $\mathrm{Ran}(p \pm i\mathbb{1}) = L^2(\mathbb{R})$ となるから p は自己共役作用素である．$\square$

p の本質的自己共役性について考えよう. つまり, $-i\frac{d}{dx}\lceil_D$ の閉包が自己共役作用素となる定義域 D をみつけたい.

定理 8.59 p は $C_0^\infty(\mathbb{R})$ 上で本質的自己共役作用素である.

証明 はじめに

$$T = p\lceil_{\mathscr{S}(\mathbb{R})}$$

の本質的自己共役性を示す. ちなみに $p\lceil_{C_0^\infty(\mathbb{R})} \subset T$ である. $f \in \mathscr{S}(\mathbb{R})$ に対して

$$(F(p+i\mathbb{1})f)(k) = (k+i)(Ff)(k)$$

となる. 写像 $\Phi\colon \mathscr{S}(\mathbb{R}) \ni f \mapsto (k+i)f \in \mathscr{S}(\mathbb{R})$ を考えよう. 任意の $g \in \mathscr{S}(\mathbb{R})$ は

$$g(k) = (k+i)\frac{g(k)}{k+i}$$

と表せて $\frac{g}{k+i} \in \mathscr{S}(\mathbb{R})$ であるから, Φ は全射になる. また,

$$\|\Phi(f)\|^2 = \int_{\mathbb{R}} |(k+i)f(k)|^2 dk = 0$$

のとき $f = 0$ になるから Φ は単射である. つまり, 写像 Φ は全単射になる. $(k \pm i)\mathscr{S}(\mathbb{R}) = \mathscr{S}(\mathbb{R})$ なので $(k \pm i)\mathscr{S}(\mathbb{R})$ が $L^2(\mathbb{R})$ で稠密であることがわかる. ゆえに,

$$\overline{\mathsf{Ran}(T \pm i\mathbb{1})} = L^2(\mathbb{R}).$$

また, 系 8.24 より $\overline{\mathsf{Ran}(T \pm i\mathbb{1})} = \mathsf{Ran}(\bar{T} \pm i\mathbb{1})$ なので $\bar{T}$ は自己共役作用素になる. これは T が本質的自己共役作用素といっている. 次に,

$$S = p\lceil_{C_0^\infty(\mathbb{R})}$$

が本質的自己共役作用素であることを示そう. いま $\varphi \in C_0^\infty(\mathbb{R})$ を

$$\varphi(x) = \begin{cases} 1 & |x| < 1 \\ \leq 1 & 1 \leq |x| \leq 2 \\ 0 & |x| > 2 \end{cases}$$

とし $\varphi_n(x) = \varphi(x/n)$ とする. $f \in \mathscr{S}(\mathbb{R})$ に対して $f_n = \varphi_n f \in C_0^\infty(\mathbb{R})$ とする. このとき $f_n \to f\,(n \to \infty)$ が $L^2(\mathbb{R})$ で成立し, さらに

$$\frac{d}{dx}f_n(x) = \frac{1}{n}\left(\frac{d}{dx}\varphi\right)\left(\frac{x}{n}\right)f(x) + \varphi_n(x)\frac{d}{dx}f(x)$$

なので,

$$\left\|\frac{d}{dx}f_n - \frac{d}{dx}f\right\| \leq \frac{1}{n}\left\|\frac{d}{dx}\varphi_n \cdot f\right\| + \left\|\varphi_n\frac{d}{dx}f - \frac{d}{dx}f\right\| \to 0\,(n \to \infty).$$

つまり, $pf_n \to pf\,(n \to \infty)$ となる. ゆえに, $G(S) \subset \overline{G(T)}$ となるから,

$$\overline{G(S)} = \overline{G(T)}.$$

よって, $G(\bar{T}) = G(\bar{S})$ で S は本質的自己共役作用素である. □

例 8.60 1 次元の微分作用素と同様に, $L^2(\mathbb{R}^d)$ 上の微分作用素 $p_j = -i\frac{\partial}{\partial x_j}$ を次で定める.

$$\mathsf{D}(p_j) = \{f \in L^2(\mathbb{R}^d) \mid Ff \in \mathsf{D}(M_{k_j})\},$$
$$p_j f = F^{-1} M_{k_j} F f.$$

このとき p_j は自己共役作用素である. また, p_j が $C_0^\infty(\mathbb{R}^d)$ 上で本質的自己共役作用素であることも, 定理 8.59 と同様に示すことができる.

例 8.61 フーリエ変換 F は $L^2(\mathbb{R})$ 上のユニタリー作用素なので, $L^2(\mathbb{R})$ 上の微分作用素 $p = F^{-1}M_k F$ のスペクトルは $\sigma(p) = \sigma(M_k)$ となる. ゆえに, $\sigma(p) = \sigma_c(p) = \mathbb{R}$ となる.

8.9.3 ラプラシアン

2 階の微分作用素

$$\Delta = \sum_{j=1}^d \frac{\partial^2}{\partial x_j^2}$$

を**ラプラシアン**という. $f \in \mathscr{S}(\mathbb{R}^d)$ に対して部分積分をすれば

$$(f, \Delta f) = -\sum_{j=1}^d \int_{\mathbb{R}^d} \left|\frac{\partial}{\partial x_j} f(x)\right|^2 dx \le 0$$

になるので $(f, -\Delta f) \ge 0$ となる. $-\Delta$ の $L^2(\mathbb{R}^d)$ 上の作用素としての定義もフーリエ変換を通して与えられる. $f \in \mathscr{S}(\mathbb{R}^d)$ のとき

$$F(-\Delta f)(k) = |k|^2 (Ff)(k)$$

となる. 一般に d 変数の多項式 $P(x_1, \dots, x_d)$ に対して

$$P(\partial) = P\left(-i\frac{\partial}{\partial x_1}, \dots, -i\frac{\partial}{\partial x_d}\right)$$

と定義すれば, $f \in \mathscr{S}(\mathbb{R}^d)$ に対して

$$FP(\partial)f = P(k_1, \dots, k_d)(Ff)(k)$$

となる. 特に $P(x) = |x|^2$ のとき $-\Delta = P(\partial)$ となる.

$\boxed{\text{定義 8.62}}$ (ラプラシアン) $-\Delta\colon L^2(\mathbb{R}^d) \to L^2(\mathbb{R}^d)$ を次で定める.

$$-\Delta = F^{-1} M_{|k|^2} F,$$
$$\mathsf{D}(-\Delta) = \{f \in L^2(\mathbb{R}^d) \mid Ff \in \mathsf{D}(M_{|k|^2})\}.$$

$\boxed{\text{定理 8.63}}$ ラプラシアン $-\Delta$ は自己共役作用素で, かつ $C_0^\infty(\mathbb{R}^d)$ 上で本質的自己共役作用素である.

証明 $\{k \in \mathbb{R}^d \mid |k|^2 = \infty\} = \emptyset$ なので掛け算作用素 $M_{|k|^2}$ は自己共役作用素である. ゆえに, $-\Delta$ は自己共役作用素である. また, $-\Delta\!\restriction_{C_0^\infty(\mathbb{R}^d)}$ が本質的自己共役作用素になることも $p\!\restriction_{C_0^\infty(\mathbb{R})}$ の本質的自己共役性の証明と同様に示すことができる. $\square$

$\boxed{\text{例 8.64}}$ $\sigma(M_{|k|^2}) = [0,\infty)$ なので $\sigma(-\Delta) = \sigma_{\mathrm{c}}(-\Delta) = [0,\infty)$ である.

$-\Delta$ の摂動問題を考える. $H = -\Delta - \frac{\alpha}{|x|}$ ($\alpha \in \mathbb{R}$) は 1920 年代に固有値問題 $Hf = Ef$ が解析された作用素である. しかし, H の自己共役性の証明は 1950 年代に与えられた.

$\boxed{\text{定理 8.65}}$ (ハーディの不等式) $f \in H^1(\mathbb{R}^d)$ かつ $d \geq 3$ とする. このとき次の不等式が成り立つ.

$$\int_{\mathbb{R}^d} \frac{|f(x)|^2}{|x|^2}\, dx \leq \frac{4}{(d-2)^2} \int_{\mathbb{R}^d} \sum_{j=1}^d |\partial_j f(x)|^2\, dx.$$

証明 $f \in C_0^\infty(\mathbb{R}^d \setminus \{0\})$ とする. この f に対して不等式が証明できれば, 極限操作で $f \in H^1(\mathbb{R}^d)$ に対しても不等式が成り立つことがわかる. $A(x) = (A_1(x), \ldots, A_d(x))$ は後で決める. $t \in \mathbb{R}$ として, 次の不等式が成り立つ.

$$0 \leq \int_{\mathbb{R}^d} \sum_{j=1}^d |\partial_j f(x) - t A_j(x) f(x)|^2\, dx$$
$$= \sum_{j=1}^d \int_{\mathbb{R}^d} \Big\{ |\partial_j f(x)|^2 + \Big(t\partial_j A_j(x) + t^2 |A_j(x)|^2 \Big) |f(x)|^2 \Big\}\, dx.$$

この不等式から次が従う.

$$-\inf_{t \in \mathbb{R}} \int_{\mathbb{R}^d} \sum_{j=1}^d \Big(t\partial_j A_j(x) + t^2 |A_j(x)|^2 \Big) |f(x)|^2\, dx \leq \int_{\mathbb{R}^d} \sum_{j=1}^d |\partial_j f(x)|^2\, dx.$$

$$\rho(t) = \int_{\mathbb{R}^d} \sum_{j=1}^{d} (t\partial_j A_j(x) + t^2|A_j(x)|^2)|f(x)|^2 \, dx, \quad t \in \mathbb{R}$$

の最小値を求める. そこで

$$\sum_{j=1}^{d} \partial_j A_j(x) = -\sum_{j=1}^{d} |A_j(x)|^2 \tag{8.9}$$

と仮定する. その結果, ρ は $t = 1/2$ で最小値をとり,

$$\frac{1}{4} \int_{\mathbb{R}^d} \sum_{j=1}^{d} |A_j(x)|^2 |f(x)|^2 \, dx \leq \int_{\mathbb{R}^d} \sum_{j=1}^{d} |\partial_j f(x)|^2 \, dx \tag{8.10}$$

が従う. 等式 (8.9) をみたす $\mathbb{R}^d$ 値関数 A を決定しよう. $A = \nabla \psi$ とおけば

$$\Delta \psi(x) + \sum_{j=1}^{d} |\partial_j \psi(x)|^2 = 0 \tag{8.11}$$

となる.

$$\psi(x) = -(d-2) \log |x|$$

とすると $x \neq 0$ で (8.11) をみたす. このとき

$$A_j(x) = \partial_j \psi(x) = -(d-2)\frac{x_j}{|x|^2}, \quad j = 1, \dots, d$$

となる. これを (8.10) に代入するとハーディの不等式が得られる. $\square$

系 8.66 $d \geq 3$ とする. このとき任意の $\alpha \in \mathbb{R}$ に対して

$$-\Delta - \frac{\alpha}{|x|}$$

は $\mathsf{D}(-\Delta)$ 上で下から有界な自己共役作用素である.

証明 $V = M_{-1/|x|}$ とおき $f \in \mathsf{D}(-\Delta)$ とする. このときハーディの不等式より,

$$\|\alpha V f\|^2 \leq \frac{4|\alpha|^2}{(d-2)^2}(f, -\Delta f)$$

となる. ゆえに, $f \in \mathsf{D}(V)$ かつ任意の $\varepsilon > 0$ に対して

$$\|\alpha V f\| \leq \frac{2|\alpha|}{d-2} \left(\varepsilon \|-\Delta f\| + \frac{1}{2\varepsilon} \|f\| \right).$$

$\frac{2|\alpha|}{d-2}\varepsilon < 1$ をみたすように $\varepsilon > 0$ を選べば加藤–レリッヒの定理より系が従う. $\square$

8.9.4 有界区間上の微分作用素 ▰▰▰▰▰

有界区間上の微分作用素はフォン・ノイマンの拡大定理の具体的な例になっていて非常に興味深い. 自己共役拡大は境界条件によって完全に決定される. f が**絶対連続**とは可積分関数 g が存在して $f(a) - f(b) = \int_b^a g(x)\, dx$ と表されることである. このとき f はほとんど至るところの x で微分可能で $f'(x) = g(x)$ a.e. となる. ゆえに,

$$f(a) - f(b) = \int_b^a f'(x)\, dx$$

と表される. $\mathbb{R}$ 上の絶対連続な関数全体を $\mathfrak{A}_{ac}$ と表す. $f \in \mathfrak{A}_{ac}$ かつ $f' \in L^2([0,1])$ となる関数 f 全体を $\mathrm{AC}([0,1])$ と表す. ヒルベルト空間 $L^2([0,1])$ 上の作用素 T を次で定義する.

$$T = -i\frac{d}{dx}, \tag{8.12}$$

$$\mathrm{D}(T) = \{[f] \in L^2([0,1]) \mid f \in \mathrm{AC}([0,1]), f(0) = f(1) = 0\}. \tag{8.13}$$

$[f]$ は f を代表元とする同値類である. $\mathrm{D}(T)$ は形式的に

$$\{f \in L^2([0,1]) \mid f \text{ は絶対連続で導関数が 2 乗可積分で } f(0) = f(1) = 0\}$$

と表すことが多いが, 敢えて形式的な表示は使わないことにする. なぜならば, $f \in L^2([0,1])$ は, 各点 x ごとには意味をもたないので, $f(0) = f(1) = 0$ の主張が無意味だからである. 以下, 関数の各点での議論をするので, $[f]$ の記号を復活させて, f と $[f]$ は異なるものとして考える. T の定義もはっきりさせよう. 絶対連続な関数 f はほとんど至るところで微分できるので

$$T[f] = -i[f']$$

と定める. ここでも注意が必要である. $f'(x)$ は $x \in [0,1] \setminus N$ で定義されているに過ぎない. ここで, N は $\lambda(N) = 0$ である. そこで $[f']$ の代表元は

$$f'(x) = \begin{cases} f'(x) & x \in [0,1] \setminus N \\ \xi(x) & x \in N \end{cases}$$

と定義する. ξ は適当な可測関数で, 最終的な結果は ξ の選び方によらない.

補題 **8.67** T は対称閉作用素である.

証明　$\varphi = [f] \in \mathsf{D}(T)$ と $\psi = [g] \in \mathsf{D}(T)$ に対して f, g の絶対連続性から

$$0 = \bar{f}(1)g(1) - \bar{f}(0)g(0) = \int_0^1 (\bar{f}(x)g(x))' \, dx$$

なので

$$\int_0^1 \bar{f}'(x)g(x) \, dx + \int_0^1 \bar{f}(x)g'(x) \, dx = 0$$

が従う. ゆえに,

$$(T\varphi, \psi) - (\varphi, T\psi) = i\left\{\int_0^1 \bar{f}'(x)g(x) \, dx + \int_0^1 \bar{f}(x)g'(x) \, dx\right\} = 0$$

となる. よって T は対称作用素である. 次に, T が閉作用素であることを示す. $\varphi_n \in \mathsf{D}(T)$, $\varphi_n \to \varphi \, (n \to \infty)$ かつ $T\varphi_n \to \psi \, (n \to \infty)$ とする. そうすると $\varphi_n = [f_n]$, $f_n \in \mathrm{AC}([0,1])$, $\psi = [g]$, $\varphi = [f]$, f, g は 2 乗可積分関数と表せる. f_n は

$$f_n(x) = \int_0^x f_n'(t) \, dt \tag{8.14}$$

をみたしている. 仮定より $L^2([0,1])$ で $-if_n' \to g$ かつ $f_n \to f \, (n \to \infty)$. 特に $\int_0^x |f_n'(t) - ig(t)| \, dt \le \left(\int_0^x |f_n'(t) - ig(t)|^2 \, dt\right)^{1/2} |x|^{1/2}$ なので各点 $x \in [0,1]$ で

$$\int_0^x f_n'(t) \, dt \to i\int_0^x g(t) \, dt \, (n \to \infty)$$

となる. 一方, n の適当な部分列 $n(k)$ をとれば $f_{n(k)}(x)$ は $k \to \infty$ で, ほとんど至るところの x で $f(x)$ に収束するから, (8.14) の両辺の部分列 $n(k)$ の極限をとれば

$$f(x) = i\int_0^x g(t) \, dt \quad \text{a.e. } x.$$

右辺を $\rho(x)$ とおく. このとき次が成り立つ.

$$\rho \in \mathfrak{A}_{\mathrm{ac}}, \quad \rho(0) = 0, \quad \rho(1) = i\int_0^1 g(t) \, dt = i \lim_{n \to \infty} \int_0^1 f_n'(t) \, dt = 0,$$

$$\rho' = ig \text{ a.e.}, \quad \rho' \in L^2([0,1]).$$

よって, $[\rho] \in \mathsf{D}(T)$ となる. $[f] = [\rho]$ なので $[f] \in \mathsf{D}(T)$ かつ $T[f] = -i[\rho'] = [g] = \psi$. ゆえに, T は閉作用素である. □

T は対称閉作用素なので, フォン・ノイマンの拡大定理によってその自己共役拡大 $T^* \lceil_D$ を求めることができる. そこで T^* を調べる.

補題 8.68　$\mathsf{D}(T^*) = \{[f] \in L^2([0,1]) \mid f \in \mathrm{AC}([0,1])\}$ で $T^*[f] = -i[f']$.

証明　$X = \{[f] \in L^2([0,1]) \mid f \in \mathrm{AC}([0,1])\}$ とおく. $p \in C_0^\infty([0,1])$, $p(t) \ge 0$, $\int_0^1 p(t) \, dt = 1$ となる p を固定し $p_\varepsilon(t) = p(t/\varepsilon)/\varepsilon$ とする. 定理 4.22 と同様に, 次が成り立つことがわかる.

(1) $\lim_{\varepsilon \downarrow 0} \int_0^x \{p_\varepsilon(\alpha - t) - p_\varepsilon(\beta - t)\}\, dt = \mathbb{1}_{[\alpha, \beta]}(x).$

(2) $\lim_{\varepsilon \downarrow 0} \int_0^1 p_\varepsilon(x - t) f(t)\, dt = f(x).$

ただし，(1) と (2) の収束は $L^2([0,1])$ における強収束の意味である.

$$g_\varepsilon(x) = \int_0^x \{p_\varepsilon(\beta - t) - p_\varepsilon(\alpha - t)\}\, dt$$

とする．$\phi_\varepsilon = [g_\varepsilon]$，$\psi = [f] \in \mathsf{D}(T^*)$ とおけば，

$$(T\phi_\varepsilon, \psi) = (\phi_\varepsilon, T^*\psi)$$

となる．$T^*\psi = [h]$ とする．右辺は $\varepsilon \downarrow 0$ のとき

$$\lim_{\varepsilon \downarrow 0}(\phi_\varepsilon, T^*\psi) = -\int_\alpha^\beta h(t)\, dt. \tag{8.15}$$

一方，左辺は $i \lim_{\varepsilon \downarrow 0} \int_0^1 (p_\varepsilon(\beta - x) - p_\varepsilon(\alpha - x)) f(x)\, dx$ なので，

$$\lim_{\varepsilon \downarrow 0}(T\phi_\varepsilon, \psi) = i(f(\beta) - f(\alpha)). \tag{8.16}$$

(8.15) と (8.16) を比べると

$$f(\beta) - f(\alpha) = i\int_\alpha^\beta h(x)\, dx, \quad \alpha, \beta \in [0,1].$$

ゆえに，$f \in \mathfrak{A}_{\mathrm{ac}}$. また，$f' = ih$ なので $[f'] \in L^2([0,1])$. ゆえに，$\mathsf{D}(T^*) \subset X$ となる．さらに，$h = -if'$. ゆえに，

$$T^*[f] = -i[f'].$$

よって $T^* = -i\frac{d}{dx}$. 逆に $\psi = [f] \in X$ とする．$\varphi = [h] \in \mathsf{D}(T)$ とすると $(\bar{h}f)' = \bar{h}'f + \bar{h}f'$ なので

$$\bar{h}(1)f(1) - \bar{h}(0)f(0) = \int_0^1 \{\bar{h}'(x)f(x) + \bar{h}(x)f'(x)\}\, dx.$$

さらに $\bar{h}(1)f(1) = \bar{h}(0)f(0) = 0$ だから

$$0 = \int_0^1 \{\bar{h}'(x)f(x) + \bar{h}(x)f'(x)\}\, dx$$

となる．これはまさに $(T\varphi, \psi) = (\varphi, T\psi)$ をいっているから $[f] \in \mathsf{D}(T^*)$. ゆえに，$X \subset \mathsf{D}(T^*)$. 以上から $X = \mathsf{D}(T^*)$ がわかる．□

例 8.69 （有界区間上のラプラシアン）　$L^2([0,1])$ 上の境界条件付きラプラシアンについて考えよう．フォン・ノイマンの定理（定理 8.48）により，T^*T と TT^* は自己共役作用素である．両者ともに作用は $T^*Tf = TT^*f = -\Delta f$ であるが，$f \in \mathsf{D}(T^*T)$ は $f(0) = f(1)$ をみたし，$g \in \mathsf{D}(TT^*)$ は $g'(0) = g'(1)$ をみたす．

$S^1 = \{z \in \mathbb{C} \mid |z| = 1\}$ とおく．

定理 8.70 T を (8.12), (8.13) で定義する．このとき T の自己共役拡大について次が成り立つ．

(1) $\theta \in [0, 2\pi)$ ごとに T の自己共役拡大 T_θ（後述する (8.18), (8.19)）が存在する．また自己共役拡大はこれに尽きる．

(2) $\psi \in \mathsf{D}(T_\theta)$ は境界条件 $\psi(0) = \alpha\psi(1)\,(\alpha \in S^1)$ をみたす．

(3) α と θ は全単射 $\rho\colon [0, 2\pi) \to S^1$

$$\rho(\theta) = \frac{e + e^{i\theta}}{1 + ee^{i\theta}} \tag{8.17}$$

によって $\rho(\theta) = \alpha$ と関係付けられる．

証明　(1) フォン・ノイマンの拡大定理にしたがって $\mathsf{D}(T^*)$ を分解しよう．$\mathcal{K}_+ = \mathrm{Ker}(-i\mathbb{1} + T^*)$ を求める．$\varphi \in \mathcal{K}_+$ ならば $T^*\varphi = i\varphi$ なので $\varphi' = -\varphi$ となる．つまり，$\varphi(x) = e^{-x}$ になる．同様に，$\varphi \in \mathcal{K}_-$ とすれば $\varphi(x) = e^{+x}$ になる．まとめると，$\mathcal{K}_\pm$ は共に 1 次元線形空間であるから，T の不足指数は $(n_+, n_-) = (1, 1)$ となり自己共役拡大が存在する．$\mathcal{K}_+$ の基底を $u = e^{-x}/\|e^{-x}\|$，$\mathcal{K}_-$ の基底を $v = e^{+x}/\|e^{+x}\|$ とする．T の自己共役拡大は，フォン・ノイマンの拡大定理によれば $\mathcal{K}_+$ から $\mathcal{K}_-$ への部分等長作用素でラベル付けできる．それは，$u \mapsto e^{i\theta}v\,(\theta \in [0, 2\pi))$ の掛け算作用素しかない．よって $U_\theta\colon \mathcal{K}_+ \to \mathcal{K}_-$ を

$$U_\theta u = e^{i\theta}v$$

と定義する．フォン・ノイマンの拡大定理により T の自己共役拡大は次で尽きる．

$$\mathsf{D}(T_\theta) = \{\varphi + au + e^{i\theta}av \mid a \in \mathbb{C}, \varphi \in \mathsf{D}(T)\}, \tag{8.18}$$

$$T_\theta(\varphi + au + e^{i\theta}av) = T\varphi + iau - ie^{i\theta}av. \tag{8.19}$$

(2) $\mathsf{D}(T_\theta)$ の境界条件を求めよう．

$$\int_0^1 e^{2x}\,dx = \frac{e^2 - 1}{2}, \quad \int_0^1 e^{-2x}\,dx = \frac{e^2 - 1}{2e^2}$$

なので

$$v(x) = \frac{\sqrt{2}}{\sqrt{e^2 - 1}}\,e^x, \quad u(x) = \frac{\sqrt{2}\,e}{\sqrt{e^2 - 1}}\,e^{-x}$$

になる．

$$\psi = \varphi + au + e^{i\theta}av \in \mathsf{D}(T_\theta)$$

に対して，$a = 0$ のときは $\psi(0) = \psi(1) = 0$ なので (2) が従う．$a \neq 0$ のときは

$$\frac{\psi(0)}{\psi(1)} = \frac{a\frac{\sqrt{2}\,e}{\sqrt{e^2-1}} + e^{i\theta}a\frac{\sqrt{2}}{\sqrt{e^2-1}}}{a\frac{\sqrt{2}}{\sqrt{e^2-1}} + e^{i\theta}a\frac{\sqrt{2}\,e}{\sqrt{e^2-1}}} = \frac{e + e^{i\theta}}{1 + ee^{i\theta}} \in S^1 \tag{8.20}$$

なので (2) が従う．

(3) (8.20) から (3) が従う．□

定理 8.70 はフォン・ノイマンの「Mathematische Grundlagen der Quan-
tenmechanik, Springer, 1932」の 71 ページに掲載されている．その直観的イ
メージをフォン・ノイマンに倣って説明しよう．$T = -i\frac{d}{dx}$ として部分積分す
ると

$$(u, Tv) = -i(\bar{u}(1)v(1) - \bar{u}(0)v(0)) + (Tu, v)$$

となる．$\bar{u}(1)v(1) - \bar{u}(0)v(0) = 0$ となるためには

$$\frac{\bar{u}(1)}{\bar{u}(0)}\frac{v(0)}{v(1)} = 1 \tag{8.21}$$

となればよい．u を固定して v を動かしても (8.21) が成り立つようにするため
には定数 $\alpha \in S^1$ が存在して T の定義域として，境界条件 $\varphi(0) = \alpha\varphi(1)$ をみ
たす関数全体 D_α を考えればよいことがわかる．実際，任意の $v \in D_\alpha$ で

$$(u, Tv) = -i(\bar{u}(1)v(1) - \alpha\bar{u}(0)v(1)) + (Tu, v) = (Tu, v)$$

がみたされるために $u(0) = \alpha u(1)$ となることが必要になる．つまり $u \in D_\alpha$
となるから $D_\alpha = \mathsf{D}(T_\alpha^*)$ に思える．フォン・ノイマンの拡大定理はこれの厳
密な証明を与えている．

演 習 問 題

8.1 補題 8.14 と系 8.15 を証明せよ．

8.2 補題 8.33 (2) を証明せよ．

8.3 A と B は $\mathbb{C}$ 上のヒルベルト空間 $\mathcal{H}$ 上の線形作用で $\mathsf{D}(A) = \mathsf{D}(B)$ かつ

$$(Af, f) = (Bf, f), \quad \forall f \in \mathsf{D}(A)$$

をみたすとする．このとき $A = B$ を示せ．

8.4 $L^2((0,1))$ 上の線形作用素 δ を $\mathsf{D}(\delta) = C([0,1])$ かつ $\delta f = f(0)\mathbb{1}$ と定義する．
このとき δ は可閉作用素でないことを示せ．

8.5 $\mathcal{H}$ と $\mathcal{K}$ はバナッハ空間とする．S と T は $\mathcal{H}$ から $\mathcal{K}$ への閉作用素とする．
$\mathsf{D}(S) \subset \mathsf{D}(T)$ ならば

$$\|Tf\| \le a(\|Sf\| + \|f\|), \quad f \in \mathsf{D}(S)$$

となる定数 $a \ge 0$ が存在することを示せ．

8.6 T が閉作用素ならば $\operatorname{Ker} T$ が閉部分空間であることを示せ.

8.7 $\mathcal{H}$ と $\mathcal{K}$ はバナッハ空間とする. $A\colon \mathcal{H} \to \mathcal{K}$ は稠密に定義された閉作用素とし $T \in B(\mathcal{H})$, $S \in B(\mathcal{K})$ とする. AT も SB も閉作用素であることを示せ.

8.8 T を閉作用素とし $\lambda, \mu \in \rho(T)$ とする. このとき次を示せ.

$$(\lambda\mathbb{1} - T)^{-1} - (\mu\mathbb{1} - T)^{-1} = (\mu - \lambda)(\lambda\mathbb{1} - T)^{-1}(\mu\mathbb{1} - T)^{-1}$$
$$= (\mu - \lambda)(\mu\mathbb{1} - T)^{-1}(\lambda\mathbb{1} - T)^{-1}.$$

これを**レゾルベント方程式**という. また, $\lambda \in \{\lambda \mid |\lambda - \lambda_0| < \|(\lambda_0\mathbb{1} - T)^{-1}\|^{-1}\}$ に対して次を示せ.

$$(\lambda\mathbb{1} - T)^{-1} = \sum_{k=0}^{\infty} (-1)^k (\lambda - \lambda_0)^k \big((\lambda_0\mathbb{1} - T)^{-1}\big)^{k+1}.$$

8.9 $2 < p < \infty$ とし $\frac{1}{p} + \frac{1}{q} = \frac{1}{2}$ とする. $\Omega \subset \mathbb{R}^d$ は $\lambda(\Omega) < \infty$ とする. f は Ω 上の実数値可測関数で $f \in L^p(\Omega)$ と仮定する. D を $L^q(\Omega)$ の任意の稠密な部分空間とする. このとき D は掛け算作用素 M_f の芯であることを示せ.

8.10 $a = (a_1, \ldots, a_d) \in (C_0^\infty(\mathbb{R}^d))^d$ とする. このとき

$$\frac{1}{2} \sum_{n=1}^{d} \left(-i\frac{\partial}{\partial x_n} + a_n(x)\right)^2 - \frac{1}{|x|}$$

は $\mathsf{D}(-\Delta)$ 上で自己共役作用素であることを示せ.

第9章
コンパクト作用素

　古典的な数理物理学の問題は積分作用素の解析に帰着されて考察されてきた. 多くの積分作用素はコンパクト作用素というクラスに属する. 第9章ではヒルベルト空間上の抽象的なコンパクト作用素の基本的な性質を解説する.

9.1 コンパクト作用素

　バナッハ空間上の有界作用素 T で, 有限次元線形空間上の線形作用素に近いものを考える. T は有界なので $\sigma(T)$ はコンパクト集合である. また, $\sigma(T)$ が離散集合で, 各 $z \in \sigma(T)$ の重複度が有限なるものが行列のスペクトルに近いと直観的には考えられる. しかし, コンパクト集合上に無限個の点が存在するとなれば, ボルツァーノ–ワイエルシュトラスの定理から, 少なくとも一つの集積点が存在する. これから紹介するコンパクト作用素のスペクトルは, 0 以外は重複度が有限な離散集合で, 高々 0 だけが集積点になっている. 直観的に有限次元線形空間上の線形作用素に近い性質を備えている.

定義 9.1 (コンパクト作用素) $\mathcal{H}$ と $\mathcal{K}$ をバナッハ空間とし $T \in B(\mathcal{H}, \mathcal{K})$ とする. $\mathcal{H}$ の任意の有界集合 X に対して TX が $\mathcal{K}$ の前コンパクト集合になるとき T を**コンパクト作用素**という. コンパクト作用素全体を $C(\mathcal{H}, \mathcal{K})$ と表す. また, $C(\mathcal{H}, \mathcal{H}) = C(\mathcal{H})$ とおく.

　明らかに $C(\mathcal{H}, \mathcal{K})$ は $B(\mathcal{H}, \mathcal{K})$ の部分空間である.

例 9.2 K は $[0,1] \times [0,1]$ 上の連続関数とする. バナッハ空間 $C([0,1])$ 上に線形作用素 A を次で定める.

$$Af(x) = \int_0^1 K(x,y)f(y)\,dy.$$

これは,

$$\|Af\|_\infty \le \left(\sup_{(x,y)\in[0,1]\times[0,1]} |K(x,y)| \right) \|f\|_\infty$$

となるから有界作用素である. $X_M \subset C([0,1])$ を $\|f\|_\infty \le M$ となる関数 f の全体とする. K はコンパクト集合上の連続関数なので一様連続である. ゆえに, 任意の $\varepsilon > 0$ に対してある $\delta > 0$ が存在して, $|x - x'| < \delta$ ならば

$$\sup_{y\in[0,1]} |K(x,y) - K(x',y)| < \varepsilon$$

となる. このとき $f \in X_M$ に対して

$$|Af(x) - Af(x')| \le \left(\sup_{y\in[0,1]} |K(x,y) - K(x',y)| \right) \|f\|_\infty \le \varepsilon M$$

となるから AX_M に含まれる関数は同程度連続である. また, $f \in X_M$ ならば,

$$\|Af\|_\infty \le \left(\sup_{(x,y)\in[0,1]\times[0,1]} |K(x,y)| \right) M$$

となるから AX_M は一様有界である. AX_M の点列 $(Af_n)_n$ は同程度連続で一様有界なので, アスコリ–アルツェラの定理から, 一様収束する部分列が存在する. ゆえに, AX_M が前コンパクト集合なので A はコンパクト作用素である.

定義 9.3 （有限ランク作用素） $\mathcal{H}$ と $\mathcal{K}$ をバナッハ空間とする. $T \in B(\mathcal{H},\mathcal{K})$ が $\dim \operatorname{Ran} T < \infty$ となるとき, **有限ランク作用素**という. 有限ランク作用素全体を $C_0(\mathcal{H},\mathcal{K})$ と表し $C_0(\mathcal{H},\mathcal{H}) = C_0(\mathcal{H})$ とおく.

$C_0(\mathcal{H},\mathcal{K})$ は $B(\mathcal{H},\mathcal{K})$ の部分空間である.

例 9.4 $T \in C_0(\mathcal{H},\mathcal{K})$ とする. $\operatorname{Ran} T$ の任意の基底 $\{g_j\}_{j=1}^N \subset \mathcal{K}$ に対して

$$Tf = \sum_{j=1}^N a_j(f) g_j$$

と表せる. $f \mapsto a_j(f) \in \mathbb{C}$ は線形で, さらに, T が有界作用素だから $f_n \to f \, (n \to \infty)$ のとき $a_j(f_n) \to a_j(f) \, (n \to \infty)$ なので写像 $f \mapsto a_j(f)$ は有界線形汎関数になる. よって, $|a_j(f)| \le a_j \|f\| \, (\forall f \in \mathcal{H})$ となる定数 a_j が存在する. $(f_n)_n$ を $\mathcal{H}$ の有界な点列とする. $Tf_n = \sum_{j=1}^N a_j(f_n) g_j$ とすれば, ボ

ルツァーノ–ワイエルシュトラスの定理より，$(a_j(f_n))_n, 1 \leq j \leq N$ が全て収束する部分列が存在する．それを f_m とおけば，Tf_m は $m \to \infty$ で収束する．ゆえに，T はコンパクト作用素になる．

定理 **9.5** $\mathcal{H}$ と $\mathcal{K}$ をバナッハ空間とし $T \in C(\mathcal{H},\mathcal{K})$ とする．このとき f_n が f に $n \to \infty$ で弱収束するとき Tf_n は Tf に $n \to \infty$ で強収束する．

証明 系 6.15 から $\sup_{n \in \mathbb{N}} \|f_n\| < \infty$. $\phi \in \mathcal{K}^*$ とする．
$$\phi(Tf_n) - \phi(Tf) = T^*\phi(f_n - f) \to 0 \, (n \to \infty)$$
なので $g_n = Tf_n$ は $g = Tf$ に $n \to \infty$ で弱収束する．g_n が g に $n \to \infty$ で強収束することを背理法で示そう．g_n が g に強収束しないと仮定すると，ある $\varepsilon > 0$ と部分列 $g_{n(k)}$ が存在して
$$\|g_{n(k)} - g\| \geq \varepsilon \, (\forall k \in \mathbb{N})$$
となる．T はコンパクト作用素なので $g_{n(k)}$ の更なる部分列が存在して，ある $\tilde{g}$ に強収束する．もちろん，$\tilde{g} \neq g$ であるから g_n が g に弱収束することに矛盾する．ゆえに，g_n は g に強収束する．$\square$

定理 **9.6** $\mathcal{H}$ と $\mathcal{K}$ をバナッハ空間とし $T \in B(\mathcal{H},\mathcal{K})$ とする．このとき次が成り立つ．

(1) $T_n \in C(\mathcal{H},\mathcal{K})$ かつ $\lim_{n \to \infty} T_n = T$ (一様収束)とする．このとき $T \in C(\mathcal{H},\mathcal{K})$.

(2) $\mathcal{L}$ をバナッハ空間とし $S \in B(\mathcal{K},\mathcal{L})$ とする．T と S の少なくともどちらか一方がコンパクト作用素ならば ST もコンパクト作用素である．

証明 (1) $(f_m)_m$ は $\mathcal{H}$ の有界列とする．つまり，$\sup_{m \in \mathbb{N}} \|f_m\| \leq C$. 部分列 $m(k)$ で，任意の n に対して $T_n f_{m(k)} \to g_n \, (k \to \infty)$ となるものが存在する．ゆえに，
$$\|g_n - g_m\| \leq \|g_n - T_n f_{m(k)}\| + \|T_n f_{m(k)} - T_m f_{m(k)}\| + \|T_m f_{m(k)} - g_m\|$$
$$\leq \|g_n - T_n f_{m(k)}\| + \|T_n - T_m\|C + \|T_m f_{m(k)} - g_m\|$$
なので $(g_n)_n$ はコーシー列となる．$\lim_{n \to \infty} g_n = g$ とおく．
$$\|Tf_{m(k)} - g\| \leq \|Tf_{m(k)} - T_n f_{m(k)}\| + \|T_n f_{m(k)} - g_n\| + \|g_n - g\|$$
$$\leq C\|T - T_n\| + \|T_n f_{m(k)} - g_n\| + \|g_n - g\|$$
なので $\lim_{k \to \infty} Tf_{m(k)} = g$ となる．ゆえに，$T \in C(\mathcal{H},\mathcal{K})$.

(2) $(f_n)_n$ を有界列とする．T がコンパクト作用素ならば，部分列 $f_{n(k)}$ が存在して $Tf_{n(k)}$ が収束する．$STf_{n(k)}$ も収束するので $ST \in C(\mathcal{H},\mathcal{L})$. S がコンパクト作用素とする．T が有界作用素より $(Tf_n)_n$ は有界列なので，部分列 $Tf_{n(k)}$ が存在して，$STf_{n(k)}$ が収束する．よって，$ST \in C(\mathcal{H},\mathcal{L})$. $\square$

定理 9.6 (2) により, $C(\mathcal{H})$ は $B(\mathcal{H})$ の両側イデアルであることがわかる. ここから, 可分なヒルベルト空間上のコンパクト作用素を考える.

$\boxed{\text{定理 9.7}}$ $\mathcal{H}$ を可分なヒルベルト空間とする. このとき $\bar{C}_0(\mathcal{H}) = C(\mathcal{H})$ である. つまり, 任意の $T \in C(\mathcal{H})$ に対して有限ランク作用素の列 $(T_n)_n$ で $\lim_{n \to \infty} \|T - T_n\| = 0$ となるものが存在する.

証明 $T \in C(\mathcal{H})$ とする. $\{f_j\}_j$ を $\mathcal{H}$ の完全正規直交系とする.

$$\lambda_n = \sup_{\substack{\psi \in [\mathrm{LH}\{f_1, \ldots, f_n\}]^{\perp} \\ \|\psi\| = 1}} \|T\psi\|$$

とする. $(\lambda_n)_n$ は非負単調減少列なので $\lambda = \lim_{n \to \infty} \lambda_n$ が存在する. 点列 $(\psi_n)_n \subset [\mathrm{LH}\{f_1, \ldots, f_n\}]^{\perp}$ かつ $\|\psi_n\| = 1$ で, $\|T\psi_n\| \geq \lambda/2$ となるものをとる. 明らかに弱位相で $\psi_n \to 0 \, (n \to \infty)$ なので $T\psi_n \to 0 \, (n \to \infty)$ が強位相で成り立つ. ゆえに, $\lambda = 0$ である. $T_n = \sum_{j=1}^{n} (f_j, \cdot) T f_j$ とおくと, $T_n \in C_0(\mathcal{H})$ である. このとき $\sum_{j=n+1}^{\infty} (f_j, f) f_j \in [\mathrm{LH}\{f_1, \ldots, f_n\}]^{\perp}$ なので,

$$\|(T - T_n)f\| = \left\| T \sum_{j=n+1}^{\infty} (f_j, f) f_j \right\| \leq \lambda_n \left\| \sum_{j=n+1}^{\infty} (f_j, f) f_j \right\| \leq \lambda_n \|f\|$$

となるから $\|T - T_n\| \leq \lambda_n$. ゆえに, $\lim_{n \to \infty} \|T - T_n\| = 0$ である. $\square$

　線形作用素 $M \colon \mathbb{C}^n \to \mathbb{C}^n$ のスペクトル $\sigma(M)$ は M の固有値の集合で, $1 \notin \sigma(M)$ であれば, $(M - \mathbb{1})^{-1}$ が有界作用素として存在する. しかし, $1 \in \sigma(M)$ であれば, $Mv = v$ となる非零なベクトル v が存在して $(M - \mathbb{1})^{-1}$ は存在しない. 一方, $\mathcal{H} = L^2([0, 2])$ 上の有界作用素 $f \mapsto xf$ を考える. このとき $\frac{1}{1-x}$ の掛け算作用素は $\mathcal{H}$ の有界作用素ではないし, また, $xf = f$ となる非零な f も存在しない. 実は, コンパクト作用素には上述の行列のような性質が存在する. これが, フレドホルムの択一定理である. それは, コンパクト作用素のスペクトルの離散性からくる性質である.

　準備として有限ランク作用素のスペクトルについて調べる. $\mathcal{H}$ を可分なヒルベルト空間とする. このとき $A \in C_0(\mathcal{H})$ は $Af = \sum_{j=1}^{N} a_j(f) \phi_j$ と表せるが, $f \mapsto a_j(f)$ が有界線形汎関数なので, リースの表現定理より, $\{\psi_1, \ldots, \psi_N\} \subset \mathcal{H}$ が存在して, 次のように表せる.

$$Af = \sum_{j=1}^{N} (\psi_j, f) \phi_j.$$

補題 **9.8** $\mathcal{H}$ を可分なヒルベルト空間とし，$A \in C_0(\mathcal{H})$ とする．このとき，$\#\sigma(A) < \infty$ かつ $0 \in \sigma(A)$ となる．さらに，非零な $z \in \sigma(A)$ に対して $\dim \mathrm{Ker}(A - z\mathbb{1}) < \infty$．また，$\dim \mathrm{Ker}\, A = \infty$ である．

証明 $Af = \sum_{j=1}^{N} (\psi_j, f)\phi_j$ と表す．$X = \mathrm{LH}\{\psi_1, \ldots, \psi_N, \phi_1, \ldots, \phi_N\}$ とし，$\mathcal{H} = X \oplus X^\perp$ と直和分解する．$AX \subset X$，$AX^\perp = \{0\} \subset X^\perp$ であるから，
$$A = A{\restriction}_X \oplus A{\restriction}_{X^\perp}$$
と直和で表せる．$\dim X \leq 2N$ で $A{\restriction}_X$ は $X \to X$ の線形写像であるから，$\sigma(A{\restriction}_X)$ は高々 $2N$ 個の固有値からなる．ゆえに，$(A{\restriction}_X - z)^{-1}$ は $z \notin \sigma(A{\restriction}_X)$ のとき有界作用素として存在し，$z \in \sigma(A{\restriction}_X)$ のときは $(A{\restriction}_X - z)^{-1}$ は存在しない．一方，$z \neq 0$ のとき，$(A{\restriction}_{X^\perp} - z)^{-1} u = -z^{-1} u$ なので，$z \neq 0$ ならば，$(A{\restriction}_{X^\perp} - z)^{-1}$ が存在する．したがって，$z \notin \sigma(A{\restriction}_X) \cup \{0\}$ ならば，有界作用素
$$(A - z\mathbb{1})^{-1} = (A{\restriction}_X - z)^{-1} \oplus (A{\restriction}_{X^\perp} - z)^{-1}$$
が存在する．ゆえに，$\sigma(A) \subset \sigma(A{\restriction}_X) \cup \{0\}$ となる．特に $\#\sigma(A) < \infty$．また，$X^\perp \subset \mathrm{Ker}\, A$ なので $0 \in \sigma(A)$ かつ $\dim \mathrm{Ker}\, A = \infty$ である．$\square$

系 **9.9** $\mathcal{H}$ を可分なヒルベルト空間とし $A \in C_0(\mathcal{H})$ とする．このとき次は同値である．

(1) $\mathrm{Ker}(A - z\mathbb{1}) = \{0\}$．

(2) $(A - z\mathbb{1})^{-1}$ が存在して有界作用素になる．

証明 (1) $\Longrightarrow$ (2) 仮定より z は A の点スペクトルに含まれない．一方，補題 9.8 より，$\sigma(A)$ には点スペクトルしか存在しない．ゆえに，$z \notin \sigma(A)$．つまり，z は A のレゾルベント集合に含まれ $(A - z\mathbb{1})^{-1}$ は有界作用素である．

(2) $\Longrightarrow$ (1) $A - z\mathbb{1}$ は単射でなければならず，$\mathrm{Ker}(A - z\mathbb{1}) = \{0\}$ となる．$\square$

定理 **9.10** $\mathcal{H}$ を可分なヒルベルト空間とする．D を複素平面 $\mathbb{C}$ の連結開集合とする．$f : D \to C(\mathcal{H})$ をコンパクト作用素に値をとる解析的な関数とする．このとき次のどちらかが成り立つ．

(1) 任意の $z \in D$ に対して $\mathrm{Ker}(\mathbb{1} - f(z)) = \{0\}$．

(2) 集積点をもたない空でない離散集合 S が存在して

$$\mathrm{Ker}(\mathbb{1} - f(z)) \begin{cases} = \{0\} & z \in D \setminus S \\ \neq \{0\} & z \in S. \end{cases}$$

また，$\mathrm{Ker}(\mathbb{1} - f(z)) = \{0\}$ のとき $(\mathbb{1} - f(z))^{-1}$ は有界作用素になる．

証明　$w \in D$ とし，$r > 0$ は，$|z - w| < r$ かつ $z \in D$ のとき $\|f(z) - f(w)\| < 1/2$ をみたすとする．$D_r = D_r(w) = \{z \in D \mid |w - z| < r\}$ とおく．以下，$z \in D_r$ とする．F は $F \in C_0(\mathcal{H})$ で $\|f(w) - F\| < 1/2$ とする．このとき

$$\|f(z) - F\| < 1, \quad z \in D_r$$

なので，ノイマン展開より，$(\mathbb{1} - f(z) + F)^{-1}$ は有界作用素になる．$\mathbb{1} - f(z)$ の逆の存在・非存在を調べるために

$$\mathbb{1} - f(z) = \mathbb{1} - f(z) + F - F = (\mathbb{1} - F(\mathbb{1} - f(z) + F)^{-1})(\mathbb{1} - f(z) + F)$$

と変形する．$g(z) = F(\mathbb{1} - f(z) + F)^{-1}$ とおく．$F \in C_0(\mathcal{H})$ なので，$\{\psi_1, \ldots, \psi_N\}$ と，独立なベクトル $\{\phi_1, \ldots, \phi_N\}$ が存在して，

$$Fh = \sum_{i=1}^{N} (\psi_i, h)\phi_i, \quad h \in \mathcal{H}$$

となる．このとき

$$g(z)h = \sum_{i=1}^{N} (\psi_i, (\mathbb{1} - f(z) + F)^{-1}h)\phi_i = \sum_{i=1}^{N} (((\mathbb{1} - f(z) + F)^{-1})^* \psi_i, h)\phi_i$$

となる．$((\mathbb{1} - f(z) + F)^{-1})^* \psi_i = \psi_i(z)$ とおくと

$$g(z)h = \sum_{i=1}^{N} (\psi_i(z), h)\phi_i.$$

特に $g(z) \in C_0(\mathcal{H})$．等式

$$\mathbb{1} - f(z) = (\mathbb{1} - g(z))(\mathbb{1} - f(z) + F)$$

と，系 9.9 と $g(z)$ が有限ランク作用素であることから，次は同値である．

(1)　$(\mathbb{1} - f(z))^{-1}$ が存在して有界である．

(2)　$(\mathbb{1} - g(z))^{-1}$ が存在して有界である．

(3)　$\mathrm{Ker}(\mathbb{1} - g(z)) = \{0\}$．

また，$\phi = g(z)\phi$ をみたす非零なベクトル ϕ が存在するなら，$(\mathbb{1} - f(z) + F)^{-1}\phi = \psi \, (\neq 0)$ とすると，$f(z)\psi = \psi$ をみたす．また，$f(z)\psi' = \psi'$ をみたす非零なベクトル ψ' が存在するなら，$\phi' = (\mathbb{1} - f(z) + F)\psi'$ は $g(z)\phi' = \phi'$ をみたす．以上をまとめると，次は同値である．

(1)　$\mathrm{Ker}(\mathbb{1} - g(z)) \neq \{0\}$．

(2)　$\mathrm{Ker}(\mathbb{1} - f(z)) \neq \{0\}$．

$\phi = g(z)\phi$ をみたす非零なベクトル ϕ が存在するとしよう．このとき $\phi \in \mathrm{Ran}\, g(z)$ なので $\phi = \sum_{i=1}^{N} \beta_i \phi_i$ と表せる．これを $\phi = g(z)\phi$ に代入すると，

$$\sum_{i=1}^{N} \beta_i \phi_i = \sum_{i=1}^{N} \left(\psi_i(z), \sum_{j=1}^{N} \beta_j \phi_j \right) \phi_i$$

なので，

$$\beta_i = \sum_{j=1}^{N} (\psi_i(z), \phi_j)\beta_j$$

となる. $\beta = (\beta_1, \ldots, \beta_N)$, $M(z) = ((\psi_i(z), \phi_j))_{1 \le i,j \le N}$ とおけば, $\beta = M(z)\beta$ となる. ゆえに, 次は同値である.

(1) $\mathsf{Ker}(\mathbb{1} - g(z)) \neq \{0\}$.

(2) $\det(\mathbb{1} - M(z)) = 0$.

一方, 複素関数 $z \mapsto \det(\mathbb{1} - M(z))$ は D_r 上の正則関数なので次のどちらかが成り立つ.

(1) $\det(\mathbb{1} - M(z)) \neq 0 \, (\forall z \in D_r)$.

(2) 集積点をもたない空でない離散集合 S が存在して,

$$\det(\mathbb{1} - M(z)) \begin{cases} \neq 0 & z \in D_r \setminus S \\ = 0 & z \in S. \end{cases}$$

$\det(\mathbb{1} - M(z)) = 0$ は $\mathsf{Ker}(\mathbb{1} - f(z)) \neq \{0\}$ と同値なので, 特に零点集合 S は F の選び方によらない. これから, 次のどちらかが成り立つ.

(a) 任意の $z \in D_r$ に対して $\mathsf{Ker}(\mathbb{1} - f(z)) = \{0\}$.

(b) 集積点をもたない空でない離散集合 S が存在して

$$\mathsf{Ker}(\mathbb{1} - f(z)) \begin{cases} = \{0\} & z \in D_r \setminus S \\ \neq \{0\} & z \in S. \end{cases}$$

また, $\mathsf{Ker}(\mathbb{1} - f(z)) = \{0\}$ のとき $(\mathbb{1} - f(z))^{-1}$ は有界作用素になる. 以上の議論を D 全体に広げる. $w \in D$ に対して w を中心とした半径が r_w の開球 $D_{r_w}(w) \subset D$ と $D_{r_w}(w)$ に含まれる, 集積点をもたない離散集合 $S_{r_w}(w)$ が存在する. ここで, $S_{r_w}(w) = \emptyset$ も許すことにする. そうすると

$$\mathsf{Ker}(\mathbb{1} - f(z)) \begin{cases} = \{0\} & z \in D_r \setminus S_{r_w}(w) \\ \neq \{0\} & z \in S_{r_w}(w) \end{cases}$$

となり, $\mathsf{Ker}(\mathbb{1} - f(z)) = \{0\}$ のとき $(\mathbb{1} - f(z))^{-1}$ は有界作用素になる. 上で説明したように $S_{r_w}(w)$ は $D_{r_w}(w)$ 上の適当な正則関数 $h_{w,r_w}(z) = \det(\mathbb{1} - M(z))$ の零点として与えられる.

$$S = \bigcup_{w \in D} S_{r_w}(w)$$

とする. $D_{r_w}(w) \cap D_{r_{w'}}(w') \neq \emptyset$ のとき h_{w,r_w} が $h_{w',r_{w'}}$ に解析接続できるとは限らない. しかし, $z \in S_{r_{w'}}(w')$ と $\mathsf{Ker}(\mathbb{1} - f(z)) \neq \{0\}$ が同値であるから, $D_{r_w}(w) \cap D_{r_{w'}}(w') \neq \emptyset$ のとき

$$D_{r_w}(w) \cap D_{r_{w'}}(w') \cap S_{r_w}(w) = D_{r_w}(w) \cap D_{r_{w'}}(w') \cap S_{r_{w'}}(w')$$

となる. よって, S も集積点をもたない離散集合となり, 定理が従う. $\square$

定理 9.11 （フレドホルムの択一定理）　$\mathcal{H}$ を可分なヒルベルト空間とし $A \in C(\mathcal{H})$ とする．このとき $(\mathbb{1} - A)^{-1}$ は有界作用素または $\mathrm{Ker}(\mathbb{1} - A) \neq \{0\}$ である．

証明　定理 9.10 で $f(z) = zA$, $D = \mathbb{C}$ とする．そうすると $\mathrm{Ker}(\mathbb{1} - A) \neq \{0\}$ または $\mathrm{Ker}(\mathbb{1} - A) = \{0\}$ のとき $(\mathbb{1} - A)^{-1}$ は有界作用素になる．□

定理 9.12 （リース–シャウダーの定理）　$\mathcal{H}$ を可分なヒルベルト空間とする．$A \in C(\mathcal{H})$ ならば $\sigma(A)$ は 0 以外に集積点をもたない．また非零な $z \in \sigma(A)$ は多重度が有限の固有値である．

証明　$f(z) = zA$ とする．定理 9.10 より
$$P = \{z \in \mathbb{C} \mid A\psi = (1/z)\psi \text{ となる } \psi \ (\neq 0) \text{ が存在する }\}$$
は離散集合．また，$1/\lambda \notin P$ とすると，再度，定理 9.10 より，有界作用素
$$(\lambda \mathbb{1} - A)^{-1} = \frac{1}{\lambda}\left(\mathbb{1} - \frac{1}{\lambda}A\right)^{-1}$$
が存在するから $1/\lambda$ は A のレゾルベント集合に含まれる．$S_z = \{\psi \mid A\psi = (1/z)\psi\}$ の次元が有限であることを示そう．S_z の次元が無限大ならば $\{\phi_n\}_n$ を S_z の完全正規直交系とすると，$(A\phi_n)_n$ は強収束する部分列 $n(k)$ を含む．$\phi_{n(k)} = \psi_k$ とすると，
$$\|A\psi_k - A\psi_l\| = \frac{1}{|z|}\|\psi_k - \psi_l\| = \frac{\sqrt{2}}{|z|}$$
であるから $(A\psi_k)_k$ は収束しない．これは矛盾である．ゆえに，S_z の次元は有限であるから固有値 $1/z$ の多重度は有限である．□

9.2　標準形とシャッテン形式

可分なヒルベルト空間 $\mathcal{H}$ 上のコンパクト作用素の標準形を与えよう．$\{e_n\}_n$ を $\mathcal{H}$ の完全正規直交系とする．$A \in C(\mathcal{H})$ に対して $A_N = \sum_{n=1}^{N}(e_n, \cdot)Ae_n$ とすると，これは一様位相で A の近似列になっている．有限ランク作用素 $h \mapsto (f, h)g$ を**シャッテン形式**といい，
$$(f, \cdot)g = f \otimes g$$
と表す．そうすると $A_N = \sum_{n=1}^{N} e_n \otimes Ae_n$ となる．シャッテン形式の級数 $\sum_{n=1}^{\infty} \lambda_n f_n \otimes g_n$ について次が成り立つ．

補題 9.13 $\{f_n\}_n$ と $\{g_n\}_n$ を可分なヒルベルト空間 $\mathcal{H}$ の正規直交系とする. $\{\lambda_n\}_n \subset \mathbb{C}$ を有界列とし $A = \sum_{n=1}^{\infty} \lambda_n f_n \otimes g_n$ とする. このとき次が成り立つ.

(1) $A \in B(\mathcal{H})$.

(2) $\|A\| = \sup_{n \in \mathbb{N}} |\lambda_n|$.

(3) $A^* = \sum_{n=1}^{\infty} \bar{\lambda}_n g_n \otimes f_n$.

(4) $|A| = \sum_{n=1}^{\infty} |\lambda_n| f_n \otimes f_n$.

(5) $A \in C(\mathcal{H}) \iff \lim_{n \to \infty} \lambda_n = 0$.

証明 (1) $h \in \mathcal{H}$ に対して

$$\|Ah\|^2 \leq \sup_{n \in \mathbb{N}} |\lambda_n|^2 \sum_{n=1}^{\infty} |(f_n, h)|^2 \leq \sup_{n \in \mathbb{N}} |\lambda_n|^2 \|h\|^2$$

となるので A は有界作用素である.

(2) $\|A\| \leq \sup_{n \in \mathbb{N}} |\lambda_n|$ は (1) で示した. 逆向きの不等式を示す. $Af_n = \lambda_n f_n$ なので $|\lambda_n| \leq \|Af_n\| \leq \|A\|$. λ_n は任意なので $\|A\| \geq \sup_{n \in \mathbb{N}} |\lambda_n|$.

(3) 容易である.

(4) $h \in \mathcal{H}$ に対して

$$(h, A^*Ah) = \|Ah\|^2 = \sum_{n=1}^{\infty} |\lambda_n|^2 |(f_n, h)|^2 = \sum_{n=1}^{\infty} |\lambda_n|^2 (h, (f_n \otimes f_n)h)$$
$$= \left(h, \sum_{n=1}^{\infty} |\lambda_n|^2 (f_n \otimes f_n)h \right)$$

となる. 偏極恒等式から $(h, A^*Ag) = (h, \sum_{n=1}^{\infty} |\lambda_n|^2 (f_n \otimes f_n)g)$ となるから $A^*A = \sum_{n=1}^{\infty} |\lambda_n|^2 f_n \otimes f_n$. $B = \sum_{n=1}^{\infty} |\lambda_n| f_n \otimes f_n$ とおくと, $B^2 = B^*B = A^*A$. ゆえに, $|A| = B$ である.

(5) ($\Longrightarrow$) $A \in C(\mathcal{H})$ とし A の極分解を $A = U|A|$ とする. $|A| = U^*A$ なので $|A| \in C(\mathcal{H})$. $|A|f_n = |\lambda_n| f_n$ となる. $|A|$ はコンパクト作用素なので $|\lambda_n| > \varepsilon > 0$ となる λ_n は有限個しかない. これは $\lim_{n \to \infty} \lambda_n = 0$ を意味する.

($\Longleftarrow$) $\lim_{n \to \infty} \lambda_n = 0$ とする. このとき $A_N = \sum_{n=1}^{N} \lambda_n f_n \otimes g_n \in C_0(\mathcal{H})$ は次をみたす.

$$\|A - A_N\| = \left\| \sum_{n=N+1}^{\infty} \lambda_n f_n \otimes g_n \right\| \leq \sup_{n \geq N+1} |\lambda_N| \to 0 \, (n \to \infty).$$

ゆえに, $A \in C(\mathcal{H})$ である. $\square$

定義 9.14 （正規作用素）　$\mathcal{H}$ をヒルベルト空間とする．$A \in B(\mathcal{H})$ が $AA^* = A^*A$ をみたすとき**正規作用素**という．

　n 次正方行列 A が $A^*A = AA^*$ となるとき正規行列とよんだ．行列がユニタリー行列で対角化できるための必要十分条件は正規行列であることである．このとき

$$U^{-1}AU = \begin{pmatrix} \lambda_1 & \cdots & 0 \\ \vdots & \ddots & \vdots \\ 0 & \cdots & \lambda_n \end{pmatrix}.$$

右辺はシャッテン形式で表せば $\sum_{j=1}^{n} \lambda_j e_j \otimes e_j$ となる．ここで，e_j は j 成分が 1 で，他の成分が 0 の n 次元単位ベクトルである．コンパクトな正規作用素についても同じことが成り立つ．

補題 9.15　$\mathcal{H}$ を可分なヒルベルト空間とし A は $\mathcal{H}$ 上のコンパクト作用素かつ正規作用素とする．このとき有限列 $(\lambda_n)_{n=1}^{N}$，または，0 に収束する無限列 $(\lambda_n)_n$ と，正規直交系 $\{f_n\}_n$ が存在して次が成り立つ．

$$A = \sum_{n=1}^{\infty} \lambda_n f_n \otimes f_n.$$

証明　$A = 0$ のときは自明なので $A \neq 0$ とする．$\sigma(A)$ は 0 以外に集積点がない．次章の系 10.4 から $\|A\| = \sup\{|\lambda| \mid \lambda \in \sigma(A)\}$ なので $|\mu_1| = \|A\|$ となる $\mu_1 \in \sigma(A)$ が存在する．μ_1 の重複度は有限なので $\mathrm{Ker}(\mu_1 \mathbb{1} - A)$ の完全正規直交系は $\{f_1, \ldots, f_{n_1}\}$ のように有限個からなる．$\mathcal{H}_1 = \overline{\mathrm{LH}\{f_1, \ldots, f_{n_1}\}}$ とし $\lambda_1 = \cdots = \lambda_{n_1} = \mu_1$ とおく．$\mathcal{H}_2 = [\mathrm{LH}\{f_1, \ldots, f_{n_1}\}]^{\perp}$ とし $A_2 = A\lceil_{\mathcal{H}_2}$ とする．$A_2 = 0$ のときはここで終わる．$A_2 \neq 0$ のときは上記の方法を繰り返す．つまり，$A\mathcal{H}_2 \subset \mathcal{H}_2$ かつ $A^*\mathcal{H}_2 \subset \mathcal{H}_2$ が成り立つから $A_2^* = A^*\lceil_{\mathcal{H}_2}$ となる．ここで，A_2^* は A_2 をヒルベルト空間 $\mathcal{H}_2$ 上の作用素とみなしたときの共役作用素である．特に $A_2^*A_2 = A_2A_2^*$ なので A_2 も $\mathcal{H}_2$ 上でコンパクト作用素かつ正規作用素になる．ゆえに，$|\mu_2| = \|A_2\|$ となる $\mu_2 \in \sigma(A_2)$ が存在する．μ_2 の重複度は有限なので $\mathrm{Ker}(\mu_2 \mathbb{1} - A_2)$ の有限個のベクトルからなる完全正規直交系 $\{f_{n_1+1}, \ldots, f_{n_2}\}$ をとる．$\lambda_{n_1+1} = \cdots = \lambda_{n_2} = \mu_2$ とおく．$\mathcal{H}_2$ の部分空間を $\mathcal{H}_3 = [\mathrm{LH}\{f_{n_1+1}, \ldots, f_{n_2}\}]^{\perp}$ とする．以下，これを繰り返して $A_m = 0$ となれば終わり，終わらなければ無限に続ける．$A_m = 0$ となる場合は，

$$A = \sum_{n=1}^{N} \lambda_n f_n \otimes f_n$$

となる. ここで, $N = \sum_{j=1}^{m-1} n_j$ である. 実際, $Af_k = \lambda_k f_k\,(1 \le \forall k \le N)$ となる. 以下で無限に続く場合を考える. $\{f_n\}_n$ は正規直交系で $Af_n = \lambda_n f_n$ となる. $(\lambda_n)_n$ は正の単調減少列なので収束列である. $\lim_{n \to \infty} \lambda_n = \lambda$ とすると, $\sigma(A)$ の唯一の集積点が 0 なので $\lambda = 0$ になる. $\mathcal{H}$ の部分空間 $\mathcal{K}$ を $\mathcal{K} = [\mathrm{LH}\{f_n\}_n]^{\perp}$ とする. $A\mathcal{K} \subset \mathcal{K}$ で $\|Af\| \le \lambda_n$ が任意の $f \in \mathcal{K}$ と任意の $n \in \mathbb{N}$ で成り立つ. $\lim_{n \to \infty} \lambda_n = 0$ なので $A\!\restriction_{\mathcal{K}} = 0$ となる. つまり $\mathcal{K} = \mathrm{Ker}\,A$ である. 任意の $k \in \mathbb{N}$ に対して

$$Af_k = \lambda_k f_k = \sum_{n=1}^{\infty} \lambda_n (f_n \otimes f_n) f_k.$$

一方, 任意の $f \in \mathcal{K}$ に対して

$$Af = 0 = \sum_{n=1}^{\infty} \lambda_n (f_n \otimes f_n) f$$

なので $A = \sum_{n=1}^{\infty} \lambda_n (f_n \otimes f_n)$ となる. $\square$

定理 9.16 (コンパクト作用素の標準形) $\mathcal{H}$ を可分なヒルベルト空間とし $A \in C(\mathcal{H})$ とする. このとき正の単調減少列 $(\mu_n)_n$ と 2 つの正規直交系 $\{f_n\}_n$ と $\{g_n\}_n$ が存在して次のように表せる.

$$A = \sum_{n=1}^{\infty} \mu_n f_n \otimes g_n. \tag{9.1}$$

証明 A を次のように極分解する. $A = U|A|$. $|A|$ はコンパクトかつ正規作用素なので補題 9.15 より $|A| = \sum_{n=1}^{\infty} \mu_n f_n \otimes f_n$ となる. ここで, $|A|f_n = \mu_n f_n$ なので $f_n \in \mathrm{Ran}\,|A|$. U は $\overline{\mathrm{Ran}\,|A|}$ 上で等長なので $\{Uf_n\}_n$ は正規直交系になる. $Uf_n = g_n$ とおけば $A = U|A| = \sum_{n=1}^{\infty} \mu_n f_n \otimes g_n$ となる. $\square$

(9.1) で $(\mu_n)_n$ はまさに $|A|$ の固有値を大きい順に重複度分も込めて並べたものである. $\{\mu_n\}_n$ を A の**特異値**という.

9.3 トレースクラス

$\mathcal{H}$ は可分なヒルベルト空間とし, $\{e_n\}_n$ を $\mathcal{H}$ の任意の完全正規直交系とする. T を非負有界自己共役作用素とする. $(e_n, Te_n) \ge 0$ なので無限大も込めて

$$\mathrm{Tr}(T) = \sum_{n=1}^{\infty} (e_n, Te_n)$$

が定義できる．$\mathrm{Tr}(T)$ を T の**トレース**という．一般の T に対する $\mathrm{Tr}(T)$ の定義は定義 9.21 で与える．

補題 9.17 $\mathcal{H}$ を可分なヒルベルト空間とし，$A, B \in B(\mathcal{H})$ を非負有界自己共役作用素とする．このとき $\mathrm{Tr}(A)$ は完全正規直交系の選び方によらない．また，次が成り立つ．

(1) $\mathrm{Tr}(A + B) = \mathrm{Tr}(A) + \mathrm{Tr}(B)$.

(2) $\mathrm{Tr}(aA) = a\,\mathrm{Tr}(A)\,(\forall a \geq 0)$.

(3) $\mathrm{Tr}(UAU^{-1}) = \mathrm{Tr}(A)\,(\forall$ ユニタリー作用素 $U)$.

(4) $0 \leq A \leq B$ ならば $\mathrm{Tr}(A) \leq \mathrm{Tr}(B)$.

証明 $\{f_n\}_n$ と $\{e_n\}_n$ を $\mathcal{H}$ の完全正規直交系とする．

$$(e_n, Ae_n) = \|A^{1/2}e_n\|^2 = \sum_{m=1}^{\infty}|(f_m, A^{1/2}e_n)|^2 = \sum_{m=1}^{\infty}|(A^{1/2}f_m, e_n)|^2$$

なので，以下のように完全正規直交系の選び方によらない．

$$\sum_{n=1}^{\infty}(e_n, Ae_n) = \sum_{n=1}^{\infty}\sum_{m=1}^{\infty}|(A^{1/2}f_m, e_n)|^2 = \sum_{m=1}^{\infty}\|A^{1/2}f_m\|^2 = \sum_{m=1}^{\infty}(f_m, Af_m).$$

(1)–(4) は各自で確かめよ．□

定義 9.18 （トレースクラス）$\mathcal{H}$ を可分なヒルベルト空間とする．$T \in B(\mathcal{H})$ が $\|T\|_1 = \mathrm{Tr}\,|T| < \infty$ をみたすとき T を**トレースクラス**といい，$\|T\|_1$ を T の**トレースノルム**という．トレースクラス全体を $I_1(\mathcal{H})$ と表す．

$I_1(\mathcal{H})$ の基本的な性質を次に示す．

定理 9.19 $\mathcal{H}$ を可分なヒルベルト空間とする．このとき次が成り立つ．

(1) $I_1(\mathcal{H})$ は $B(\mathcal{H})$ の線形部分空間である．

(2) $I_1(\mathcal{H})$ は $B(\mathcal{H})$ の両側イデアルである．

(3) $A \in I_1(\mathcal{H})$ ならば $A^* \in I_1(\mathcal{H})$ である．

証明 (1) $A, B \in I_1(\mathcal{H})$ とする．$A + B = U|A + B|$, $A = V|A|$, $B = W|B|$ をそれぞれ極分解とする．U, V, W は部分等長作用素である．

$$\sum_{n=1}^{N}(e_n, |A + B|e_n) = \sum_{n=1}^{N}(e_n, U^*(A + B)e_n)$$

$$= \sum_{n=1}^{N}(e_n, U^*V|A|e_n) + \sum_{n=1}^{N}(e_n, U^*W|B|e_n).$$

ここで,

$$\sum_{n=1}^{N}(e_n, U^*V|A|e_n) = \sum_{n=1}^{N}(|A|^{1/2}V^*Ue_n, |A|^{1/2}e_n)$$

$$\leq \left(\sum_{n=1}^{N}\||A|^{1/2}V^*Ue_n\|^2\right)^{1/2}\left(\sum_{n=1}^{N}\||A|^{1/2}e_n\|^2\right)^{1/2}$$

$$\leq \left(\sum_{n=1}^{N}\||A|^{1/2}V^*Ue_n\|^2\right)^{1/2}\mathrm{Tr}(|A|)^{1/2}.$$

さて,

$$\sum_{n=1}^{N}\||A|^{1/2}V^*Ue_n\|^2 = \sum_{n=1}^{N}(e_n, U^*V|A|V^*Ue_n) \leq \mathrm{Tr}(U^*V|A|V^*U)$$

となる. 右辺が有限となることを示す. そのため, 特別な完全正規直交系 $\{e_n\}_n$ を選ぶ. e_n は $\mathrm{Ker}\,U$ または $(\mathrm{Ker}\,U)^{\perp}$ のどちらかに含まれるとすれば,

$$\mathrm{Tr}(U^*V|A|V^*U) = \sum_{e_n\in(\mathrm{Ker}\,U)^{\perp}}(e_n, V|A|V^*e_n) \leq \mathrm{Tr}(V|A|V^*).$$

同様に, $\mathrm{Tr}(V|A|V^*) \leq \mathrm{Tr}(|A|)$ とできる. ゆえに, $\sum_{n=1}^{N}(e_n, U^*V|A|e_n) \leq \mathrm{Tr}(|A|)$ となるから $\sum_{n=1}^{N}(e_n, |A+B|e_n) \leq \mathrm{Tr}(|A|) + \mathrm{Tr}(|B|)$. したがって,

$$\mathrm{Tr}(|A+B|) \leq \mathrm{Tr}(|A|) + \mathrm{Tr}(|B|) < \infty \tag{9.2}$$

が従うから, $A + B \in I(\mathcal{H})$ である. $aA \in I(\mathcal{H})$ は自明である. ゆえに, $I(\mathcal{H})$ は線形空間である.

(2) $A \in I_1(\mathcal{H})$, $T \in B(\mathcal{H})$ として $AT, TA \in I_1(\mathcal{H})$ を示す. U をユニタリー作用素とする. このとき $|UA| = |A|$, $|AU| = U^{-1}|A|U$ なので $\mathrm{Tr}|UA| = \mathrm{Tr}|A| < \infty$ かつ $\mathrm{Tr}|AU| = \mathrm{Tr}|A| < \infty$ となる. したがって, $AU, UA \in I_1(\mathcal{H})$ である. 次に $T \in B(\mathcal{H})$ とする. $T = \frac{1}{2}(T+T^*) + i\frac{1}{2i}(T-T^*)$ と表せば, $\frac{1}{2}(T+T^*)$ も $\frac{1}{2i}(T-T^*)$ も有界自己共役作用素である. 一般に S を有界自己共役作用素とする. $\|S\| \leq 1$ の場合 $U_{\pm} = S \pm i(\mathbb{1}-S^2)^{1/2}$ はユニタリー作用素になるから, $S = \frac{1}{2}(U_+ + U_-)$ のようにユニタリー作用素の線形結合で書ける. また $\|S\| > 1$ のときは $S/\|S\| = \frac{1}{2}(U_+ + U_-)$ と書けるから, $S = \frac{1}{2}\|S\|(U_+ + U_-)$ となり, ユニタリー作用素の線形結合で書ける. 結局 $T \in B(\mathcal{H})$ は4つのユニタリー作用素 U_j の線形結合

$$T = a_1U_1 + a_2U_2 + a_3U_3 + a_4U_4$$

で表せる. ゆえに, $AT, TA \in I_1(\mathcal{H})$ となる.

(3) $A = U|A|$ と極分解する. また, $A^* = Y|A^*|$ と分解する. そうすると $|A^*| = Y^*A^* = Y^*|A|U^*$. $Y^*|A|U^* \in I_1(\mathcal{H})$ なので $A^* \in I_1(\mathcal{H})$ となる. $\square$

系 9.20 $\mathcal{H}$ を可分なヒルベルト空間とし $A \in I_1(\mathcal{H})$ とする. このとき $\sum_{n=1}^{\infty}(e_n, Ae_n)$ は絶対収束して次が成り立つ.

$$\sum_{n=1}^{\infty} |(e_n, Ae_n)| \le \|A\|_1. \tag{9.3}$$

また, $\sum_{n=1}^{\infty}(e_n, Ae_n)$ は完全正規直交系 $\{e_n\}_n$ の選び方によらない.

証明 $A = U|A|$ と極分解する. そうすると定理 9.19 の証明と同じようにして,

$$|(e_n, Ae_n)| \le \||A|^{1/2}U^*e_n\|\||A|^{1/2}e_n\|$$

なので (9.3) が従う. また, 完全正規直交系の選び方によらないことも, 補題 9.17 と同様に示すことができる. □

定義 9.21 ($I_1(\mathcal{H})$ のトレース) $\mathcal{H}$ を可分なヒルベルト空間とする. 写像 Tr: $I_1(\mathcal{H}) \to \mathbb{C}$ を Tr$(A) = \sum_{n=1}^{\infty}(e_n, Ae_n)$ と定義する. Tr(A) を A のトレースという.

$I_1(\mathcal{H})$ 上のトレースも正の自己共役作用素のトレースと同様に次をみたす.

補題 9.22 $\mathcal{H}$ を可分なヒルベルト空間とし $A, B \in I_1(\mathcal{H})$ とする. このとき次が成り立つ.

(1) Tr$(A + B)$ = Tr(A) + Tr(B).

(2) Tr$(aA) = a$ Tr(A) $(\forall a \in \mathbb{C})$.

(3) Tr$(A^*) = \overline{\text{Tr}(A)}$.

(4) Tr(AB) = Tr(BA) $(\forall A \in I_1(\mathcal{H}), \forall B \in B(\mathcal{H}))$.

証明 (1) と (2) の証明は補題 9.17 の証明と同じ. また, (3) も自明である. (4) を示す. B が 4 つのユニタリー作用素の線形和で表せるから, $B = U$ がユニタリー作用素の場合に示せば十分である. $\{e_n\}_n$ を $\mathcal{H}$ の完全正規直交系とする. $Ue_n = f_n$ とすると $\{f_n\}_n$ も完全正規直交系になるから,

$$\text{Tr}(AU) = \sum_{n=1}^{\infty}(e_n, AUe_n) = \sum_{n=1}^{\infty}(U^*f_n, Af_n) = \sum_{n=1}^{\infty}(f_n, UAf_n) = \text{Tr}(UA).$$

ゆえに, (4) が示された. □

注意 9.23 $A \in I_1(\mathcal{H})$, $B \in B(\mathcal{H})$ のとき $AB, BA \in I_1(\mathcal{H})$ であった. 証明は与えないが次の不等式が成り立つ.

$$|\text{Tr}(AB)| \le \|A\|_1\|B\|. \tag{9.4}$$

トレースノルム $\|\cdot\|_1$ と作用素ノルム $\|\cdot\|$ の大小関係に関しては次が成り立つ.

定理 9.24 $\mathcal{H}$ を可分なヒルベルト空間とし $T \in I_1(\mathcal{H})$ とする. このとき $\|T\| \leq \|T\|_1$ が成り立つ.

証明 $\psi \in \mathcal{H}$, $\|\psi\| = 1$ に対して $(\psi, |T|\psi) \leq \|T\|_1$ は自明である. 一方, $\||T|\| = \sup_{\|\psi\|=1}(\psi, |T|\psi)$ なので $\||T|\| \leq \|T\|_1$ が成り立つ.

$$\||T|f\|^2 = (|T|f, |T|f) = (f, T^*Tf) = \|Tf\|^2$$

なので $\|T\| \leq \|T\|_1$ が成り立つ. $\square$

定理 9.25 $\mathcal{H}$ を可分なヒルベルト空間とする. このとき $(I_1(\mathcal{H}), \|\cdot\|_1)$ はバナッハ空間である.

証明 $\|\cdot\|_1$ がノルムであることは三角不等式 (9.2) が成り立つことからわかる. $(T_n)_n$ が $I_1(\mathcal{H})$ でコーシー列とする. このとき $(T_n)_n$ は $B(\mathcal{H})$ でもコーシー列なので $\lim_{n \to \infty} T_n = T$ が $B(\mathcal{H})$ に存在する. 任意の $\varepsilon > 0$ に対してある N が存在して, $\|T_n - T_m\|_1 < \varepsilon \, (\forall n, m \geq N)$ なので,

$$\sum_{j=1}^{M} (e_j, |T_n - T_m|e_j) < \varepsilon, \quad n, m \geq N$$

が任意の M で成り立つ. ゆえに, 両辺で $n \to \infty$ とすると

$$\sum_{j=1}^{M} (e_j, |T - T_m|e_j) < \varepsilon, \quad m \geq N.$$

M は任意だから, $\mathrm{Tr}\,|T - T_m| < \varepsilon \, (\forall m \geq N)$. ゆえに, $\|T\|_1 \leq \|T - T_m\|_1 + \|T_m\|_1 < \infty$ かつ $\lim_{m \to \infty} \|T - T_m\|_1 = 0$ なので $(I_1(\mathcal{H}), \|\cdot\|_1)$ は完備である. $\square$

定理 9.26 $\mathcal{H}$ を可分なヒルベルト空間とする. このとき $I_1(\mathcal{H}) \subset C(\mathcal{H})$ である.

証明 $A \in I_1(\mathcal{H})$, $\{e_n\}_n$ を $\mathcal{H}$ の完全正規直交系とする. $|A|^2 \in I_1(\mathcal{H})$ より $\mathrm{Tr}(|A|^2) = \sum_{n=1}^{\infty} \|Ae_n\|^2 < \infty$. $f \in [\mathrm{LH}\{e_1, \ldots, e_N\}]^{\perp}$ かつ $\|f\| = 1$ とすると,

$$\sum_{n=1}^{N} \|Ae_n\|^2 + \|Af\|^2 \leq \mathrm{Tr}(|A|^2).$$

よって, $\|Af\|^2 \leq \mathrm{Tr}(|A|^2) - \sum_{n=1}^{N} \|Ae_n\|^2$ なので,

$$\lim_{N \to \infty} \sup\{\|Af\| \mid f \in [\mathrm{LH}\{e_1, \ldots, e_N\}]^{\perp}, \|f\| = 1\} = 0$$

となる. 有限ランク作用素 $A_N = \sum_{n=1}^N e_n \otimes A e_n$ と A の差は

$$\sup_{\|g\|=1} \|Ag - A_N g\| = \sup_{\|g\|=1} \left\| A \sum_{n=N+1}^\infty (e_n, g) e_n \right\|$$

$$\leq \sup\{\|Af\| \mid f \in [\mathrm{LH}\{e_1, \ldots, e_N\}]^\perp, \|f\| = 1\}$$

なので,

$$\|A - A_N\| \leq \sup\{\|Af\| \mid f \in [\mathrm{LH}\{e_1, \ldots, e_N\}]^\perp, \|f\| = 1\}.$$

ゆえに, $\lim_{N \to \infty} \|A - A_N\| = 0$ より $A \in C(\mathcal{H})$ になる. $\square$

$I_1(\mathcal{H}) \subset C(\mathcal{H})$ なので $A \in I_1(\mathcal{H})$ は $A = \sum_{n=1}^\infty \mu_n f_n \otimes g_n$ と表される. さらに, $|A| = \sum_{n=1}^\infty \mu_n f_n \otimes f_n$ となる.

補題 9.27 $\mathcal{H}$ を可分なヒルベルト空間とする. このとき $A \in C(\mathcal{H})$ が $A \in I_1(\mathcal{H})$ となるための必要十分条件は A の特異値からなる数列が $(\mu_n)_n \in \ell_1$ となることである. また, このとき $\sum_{n=1}^\infty \mu_n = \|A\|_1$ である.

証明 $A \in I_1(\mathcal{H})$ とする. $\mathcal{H}$ の正規直交系 $\{f_n\}_n$ によって

$$|A| = \sum_{n=1}^\infty \mu_n f_n \otimes f_n$$

と表せるので, $\mathcal{H}$ の完全正規直交系 $\{e_n\}_n$ として $[\mathrm{LH}\{f_n\}_n]^\perp$ または $\overline{\mathrm{LH}\{f_n\}_n}$ に含まれるものを選ぶと,

$$\|A\|_1 = \mathrm{Tr}(|A|) = \sum_{n=1}^\infty (e_n, |A| e_n) = \sum_{n=1}^\infty (f_n, |A| f_n) = \sum_{n=1}^\infty \mu_n$$

なので $(\mu_n)_n \in \ell_1$. 逆に, $(\mu_n)_n \in \ell_1$ ならば $\|A\|_1 < \infty$ となる. $\square$

系 9.28 $\mathcal{H}$ を可分なヒルベルト空間とする. このとき $\|\cdot\|_1$ の位相で $C_0(\mathcal{H})$ は $I_1(\mathcal{H})$ で稠密である.

証明 $A = \sum_{n=1}^\infty \mu_n f_n \otimes g_n$ に対して $A_N = \sum_{n=1}^N \mu_n f_n \otimes g_n$ とおく. $\|A - A_N\|_1 = \sum_{n=N+1}^\infty \mu_n$ なので $\lim_{N \to \infty} \|A - A_N\|_1 = 0$ となる. $\square$

数列空間 ℓ_1, c_0, ℓ_∞ に対しては, $c_0^* \cong \ell_1$, $\ell_1^* \cong \ell_\infty$ の関係があったことを思いだそう. $I_1(\mathcal{H}), C(\mathcal{H}), B(\mathcal{H})$ に対しても類似の関係が存在する. コンパクト作用素 A の特異値からなる数列 $a = (\mu_n)_n$ に対して $a \in \ell_1$ であることと $A \in I(\mathcal{H})$ が同値であり, また, $a \in c_0$ であることと $A \in C(\mathcal{H})$ が同値であることから, その類似性が想像できるだろう.

定理**9.29** $\mathcal{H}$ を可分なヒルベルト空間とする. このとき次が成り立つ.

(1) $C(\mathcal{H})^* \cong I_1(\mathcal{H})$.

(2) $I_1(\mathcal{H})^* \cong B(\mathcal{H})$.

証明 (1) $\rho\colon I_1(\mathcal{H}) \to C(\mathcal{H})^*$ を $\rho(B) = \mathrm{Tr}(B \cdot)$ と定める. 注意 9.23 より不等式 $\mathrm{Tr}(BA) \leq \|B\|_1\|A\|$ が成り立つから $\rho(B) \in C(\mathcal{H})^*$ となる. よって, $\|\rho(B)\| \leq \|B\|_1$ となる. ρ が等長全単射であることを示す. $\rho(B) = \rho(C)$ のとき, $A \in C(\mathcal{H})$ に対して $0 = \mathrm{Tr}(BA) - \mathrm{Tr}(CA) = \mathrm{Tr}((B-C)A)$ なので, 特に $A = (B-C)^*$ とすると, $0 = |\mathrm{Tr}((B-C)(B-C)^*)| \geq \|(B-C)(B-C)^*\|$ なので $B = C$ となる. ゆえに, ρ は単射. ρ の全射性を示す. $f \in C(\mathcal{H})^*$ とする. シャッテン形式 $\psi \otimes \phi$ に対して $\|f(\psi \otimes \phi)\| \leq \|f\|\|\psi \otimes \phi\| \leq \|f\|\|\psi\|\|\phi\|$ なので, リースの表現定理から, 有界作用素 B が存在して,

$$(\psi, B\phi) = f(\psi \otimes \phi), \quad \psi, \phi \in \mathcal{H}$$

となる. $B = U|B|$ と極分解する. $(e_n, |B|e_n) = (Ue_n, Be_n)$ なので,

$$\sum_{n=1}^{N} (e_n, |B|e_n) = f\left(\sum_{n=1}^{N} Ue_n \otimes e_n\right)$$

となる. $|f(\sum_{n=1}^{N} Ue_n \otimes e_n)| \leq \|f\|\|\sum_{n=1}^{N} Ue_n \otimes e_n\| \leq \|f\|$ なので,

$$\mathrm{Tr}(|B|) \leq \|f\| < \infty.$$

これは, $B \in I_1(\mathcal{H})$ かつ $\|B\|_1 \leq \|f\|$ を意味する. $A \in C(\mathcal{H})$ とすると, $A_N = \sum_{n=1}^{N} e_n \otimes Ae_n \in C_0(\mathcal{H})$ かつ $\lim_{N\to\infty} \|A - A_N\| = 0$ である. また, $\mathrm{Tr}(BA_N) = \sum_{n=1}^{N} (e_n, BAe_n)$ となる. 一方, $f(A_N) = \sum_{n=1}^{N} (e_n, BAe_n)$. ゆえに,

$$f(A) = \lim_{N\to\infty} f(A_N) = \lim_{N\to\infty} \sum_{n=1}^{N} (e_n, BAe_n) = \mathrm{Tr}(BA) = \rho(B)(A)$$

から $f = \rho(B)$ となる. よって, ρ は全射である. 最後に等長性を示す. $\|\rho(B)\| \leq \|B\|_1$ は示した. 任意の $f \in C(\mathcal{H})^*$ に対してある $B \in I_1(\mathcal{H})$ が一意に存在して, $f = \rho(B)$ かつ $\|B\|_1 \leq \|f\|$ である. 特に $B \in I_1(\mathcal{H})$ に対して $f = \rho(B)$ とすれば $\|B\|_1 \leq \|\rho(B)\|$ を意味する. ゆえに, $\|B\|_1 = \|\rho(B)\|$ なので等長である.

(2) 証明は (1) とほぼ同じである. $\kappa\colon B(\mathcal{H}) \to I(\mathcal{H})^*$ を $\kappa(B) = \mathrm{Tr}(B \cdot)$ と定める. $\mathrm{Tr}(BA) \leq \|B\|\|A\|_1$ となるから $\kappa(B) \in I_1(\mathcal{H})^*$ となる. これが, 等長全単射であることを示す. (1) と同様に κ は単射である. 全射性を示す. $f \in I_1(\mathcal{H})^*$ とする. シャッテン形式 $\psi \otimes \phi$ に対して $\|f(\psi \otimes \phi)\| \leq \|f\|\|\psi\|\|\phi\|$ なので, リースの表現定理から, 有界作用素 B が存在して $(\psi, B\phi) = f(\psi \otimes \phi)$ となる. $\|B\| \leq \|f\|$, $A \in I_1(\mathcal{H})$ とすると, $A_N = \sum_{n=1}^{N} e_n \otimes Ae_n \in C_0(\mathcal{H})$ かつ $\lim_{N\to\infty} \|A - A_N\|_1 = 0$ である. $\mathrm{Tr}(BA_N) = \sum_{n=1}^{N} (e_n, BAe_n) = f(A_N)$. ゆえに, 極限操作によって $f(A) = \kappa(B)(A)$ となるから $f = \kappa(B)$ である. よって全射である. 等長性は (1) と同様に示せる. $\square$

9.4　ヒルベルト–シュミットクラス

トレースクラスの空間 $I_1(\mathcal{H})$ は L^1 空間に類似な空間である．同様に，L^2 空間に類似な空間としてヒルベルト–シュミットクラスの空間がある．

定義 9.30（ヒルベルト–シュミットクラス）　$\mathcal{H}$ を可分なヒルベルト空間とする．$T \in B(\mathcal{H})$ が $\mathrm{Tr}(T^*T) < \infty$ となるとき T を**ヒルベルト–シュミットクラス**という．ヒルベルト–シュミットクラス全体を $I_2(\mathcal{H})$ と表す．

トレースクラスと同様に次が成り立つ．

定理 9.31　$\mathcal{H}$ を可分なヒルベルト空間とする．このとき次が成り立つ．

(1)　$I_2(\mathcal{H})$ は $B(\mathcal{H})$ の両側イデアルで，$A \in I_2(\mathcal{H})$ ならば $A^* \in I_2(\mathcal{H})$．

(2)　$A, B \in I_2(\mathcal{H})$ とし，$\{e_n\}_n$ を $\mathcal{H}$ の完全正規直交系とする．このとき $\sum_{n=1}^{\infty}(e_n, A^*Be_n)$ は絶対収束する．また，$\sum_{n=1}^{\infty}(e_n, A^*Be_n)$ の値は完全正規直交系 $\{e_n\}_n$ の選び方によらない．$(A, B)_2 = \sum_{n=1}^{\infty}(e_n, A^*Be_n)$ と表す．

(3)　$(I_2(\mathcal{H}), (\cdot, \cdot)_2)$ はヒルベルト空間である．

(4)　$I_2(\mathcal{H}) \subset C(\mathcal{H})$．また，$A = \sum_{n=1}^{\infty}\mu_n f_n \otimes g_n \in C(\mathcal{H})$ が $A \in I_2(\mathcal{H})$ であるための必要十分条件は $(\mu_n)_n \in \ell_2$．$\|A\|_2 = \sqrt{(A, A)_2}$ とすると，次が成り立つ．

$$\|A\|_2 = \sqrt{\sum_{n=1}^{\infty}\mu_n^2}.$$

(5)　$C_0(\mathcal{H})$ は $\|\cdot\|_2$ の位相で $I_2(\mathcal{H})$ の稠密な部分空間である．

(6)　$\|A\| \leq \|A\|_2 \leq \|A\|_1$．また，$\|A\|_2 = \|A^*\|_2$．

(7)　$A \in I_1(\mathcal{H}) \iff A = BC$ となる $B, C \in I_2(\mathcal{H})$ が存在する．

証明　トレースクラスに対する証明と類似なので概略のみを示す．以下で $\{e_n\}_n$ を $\mathcal{H}$ の完全正規直交系とする．

(1) $B = U$ がユニタリー作用素の場合に示せば十分．$Ue_n = f_n$ として，完全正規直交系 $\{f_n\}_n$ を定める．$\|AUe_n\|^2 = \|Af_n\|^2$ かつ $\|UAe_n\|^2 = \|Ae_n\|^2$ なので $\sum_{n=1}^{\infty}\|UAe_n\|^2 < \infty$ と $\sum_{n=1}^{\infty}\|AUe_n\|^2 < \infty$ が従う．

(2)

$$\sum_{n=1}^{\infty} |(e_n, A^*Be_n)| \le \left(\sum_{n=1}^{\infty} \|Ae_n\|^2\right)^{1/2} \left(\sum_{n=1}^{\infty} \|Be_n\|^2\right)^{1/2}$$

なので $\sum_{n=1}^{\infty}(e_n, A^*Be_n)$ は絶対収束する．また，完全正規直交系の選び方によらないことの証明は補題 9.17 の証明と同じである．

(3) $(A_n)_n$ を $I_2(\mathcal{H})$ のコーシー列とする．$\|Af\|^2 \le \|A\|_2^2$ が任意の $f \in \mathcal{H}$（ただし $\|f\| = 1$）で成り立つので $\|A\| \le \|A\|_2$．ゆえに，$(A_n)_n$ は $B(\mathcal{H})$ でもコーシー列になる．そこで $\lim_{n\to\infty} A_n = A$ とする．任意の $\varepsilon > 0$ に対してある $N > 0$ が存在して

$$\sum_{j=1}^{M} \|(A_n - A_m)e_j\|^2 < \|A_n - A_m\|_2^2 < \varepsilon, \quad \forall M \ge 1, \ \forall n, m > N$$

をみたす．ここで，$n \to \infty$，$M \to \infty$ とすれば $\|A - A_m\|_2^2 \le \varepsilon\,(\forall m > N)$ となる．

(4) $A \in I_2(\mathcal{H})$ なので

$$\|Af\|^2 \le \mathrm{Tr}(A^*A) - \sum_{n=1}^{N} \|Ae_n\|^2$$

となるから，

$$\sup_{\substack{\psi \in [\mathrm{LH}\{e_1,\dots,e_n\}]^\perp \\ \|\psi\|=1}} \|A\psi\| \to 0\,(n \to \infty).$$

$A_N = \sum_{n=1}^{N} e_n \otimes Ae_n$ とする．このとき

$$\|A - A_N\|^2 = \left\|A\sum_{n=N+1}^{\infty} e_n \otimes e_n\right\|^2 \le \sup_{\substack{\psi \in [\mathrm{LH}\{e_1,\dots,e_n\}]^\perp \\ \|\psi\|=1}} \|A\psi\|^2 \to 0\,(n \to \infty).$$

以上から A はコンパクト作用素である．$A = \sum_{n=1}^{\infty} \mu_n f_n \otimes g_n$ と表すと，$\|Af_n\|^2 = \mu_n^2$ なので $\infty > \|A\|_2^2 = \sum_{n=1}^{\infty} \mu_n^2$ となる．逆に $\sum_{n=1}^{\infty} \mu_n^2 < \infty$ のとき $\mathrm{Tr}(A^*A) < \infty$ となる．

(5) これは系 9.28 と同様に示すことができる．

(6) $A \in I_1(\mathcal{H})$ とする．$A = \sum_{n=1}^{\infty} \mu_n f_n \otimes g_n$ と表すと，

$$\|A\|_2 = \sqrt{\sum_{n=1}^{\infty} \mu_n^2} \le \sum_{n=1}^{\infty} \mu_n = \|A\|_1$$

となる．$\|A\| \le \|A\|_2$ は (3) の証明で示した．また，$A^* = \sum_{n=1}^{\infty} \mu_n g_n \otimes f_n$ なので $\|A\|_2 = \|A^*\|_2$ が従う．

(7) $B, C \in I_2(\mathcal{H})$ とする．$BC = U|BC|$ と極分解する．完全正規直交系 $\{e_n\}_n$ のベクトル e_n が $\overline{\mathrm{Ran}\,|BC|}$ または $\overline{\mathrm{Ran}\,|BC|}^\perp$ に含まれるようにとる．$U^*BC = |BC|$ なので $\sum_{n=1}^{\infty}(e_n, U^*BCe_n) = \sum_{n=1}^{\infty}(B^*Ue_n, Ce_n)$．ゆえに，

$$\sum_{n=1}^{\infty} |(B^*Ue_n, Ce_n)| \le \left(\sum_{n=1}^{\infty} \|B^*Ue_n\|^2\right)^{1/2} \left(\sum_{n=1}^{\infty} \|Ce_n\|^2\right)^{1/2}.$$

ここで，$\{e_n\}_n$ の選び方から，$\{Ue_n\}_n$ は正規直交系になり，

$$\sum_{n=1}^{\infty} |(e_n, U^*BCe_n)| \le \|B\|_2 \|C\|_2 < \infty$$

となるから $BC \in I_1(\mathcal{H})$ となる．逆に，$A \in I_1(\mathcal{H})$ とする．A を極分解して $A = U|A| = U|A|^{1/2}|A|^{1/2}$．ここで，$B = U|A|^{1/2}$，$C = |A|^{1/2}$ とすると，$B, C \in I_2(\mathcal{H})$ で $A = BC$ となる．□

$(A, B)_2$ を**ヒルベルト–シュミット内積**，$\|A\|_2 = \sqrt{(A, A)_2}$ を**ヒルベルト–シュミットノルム**という．

$\boxed{\text{定理 9.32}}$ Ω は $\mathbb{R}^d$ の可測集合とする．A が $L^2(\Omega)$ 上のヒルベルト–シュミットクラスであるための必要十分条件は，$K \in L^2(\Omega \times \Omega)$ が存在して，A が次の積分作用素となることである．

$$Af(x) = \int_{\Omega} K(x, y)f(y)\,dy.$$

また，このとき $\|A\|_2 = \|K\|_{L^2(\Omega \times \Omega)}$ である．

証明 十分条件であることは例 4.17 で示した．必要条件であることを示す．$\{e_n\}_n$ を $L^2(\Omega)$ の完全正規直交系とする．$(e_n, Ae_m) = \alpha_{nm}$ とおく．

$$K(x, y) = \sum_{n,m=1}^{\infty} \alpha_{nm} e_n(x) e_m(y)$$

とすると，

$$\|K\|_{L^2(\Omega \times \Omega)}^2 = \sum_{n,m=1}^{\infty} \alpha_{nm}^2 = \sum_{n=1}^{\infty} (Ae_n, Ae_n) = \|A\|_2^2 < \infty$$

となる．定理 3.30 (3) によって

$$Af = \sum_{n=1}^{\infty} (e_n, Af)e_n = \sum_{n=1}^{\infty} \left(A^*e_n, \sum_{m=1}^{\infty} (e_m, f)e_m\right)e_n = \sum_{n,m=1}^{\infty} \alpha_{nm}(e_m, f)e_n$$

$$= \int_{\Omega} K(x, y)f(y)\,dy.$$

ゆえに，必要条件であることが示された．□

9.1 V は $\mathbb{R}^d$ 上の連続関数で $\lim_{|x|\to\infty} |V(x)| = 0$ とする．$n > d$ とする．

$$(Kf)(x) = V(x) \int_{|x-y|>1} \frac{1}{|x-y|^n} f(y)\, dy$$

は $L^2(\mathbb{R}^d)$ 上のコンパクト作用素になることを示せ．

9.2 $V \in L^1(\mathbb{R})$ とし $K = |V|^{1/2}(-\Delta + m^2)|V|^{1/2}$ とする．このとき K は $L^2(\mathbb{R})$ 上のヒルベルト–シュミットクラスであることを示せ．

9.3 $\mathcal{H}$ と $\mathcal{K}$ はバナッハ空間とし $\dim\mathcal{H} = \infty$ とする．$T\colon \mathcal{H} \to \mathcal{K}$ はコンパクト作用素とする．このとき $\mathcal{H}$ の列 $(x_n)_n$ で $\|x_n\| = 1\,(\forall n \in \mathbb{N})$ かつ $\lim_{n\to\infty} Tx_n = 0$ となるものが存在することを示せ．

9.4 $\mathcal{H}$ と $\mathcal{K}$ はバナッハ空間とし $T\colon \mathcal{H} \to \mathcal{K}$ はコンパクト作用素とする．$T\mathcal{H}$ が閉集合ならば $\dim\mathcal{K} < \infty$ となることを示せ．

9.5 $1 \le p < \infty$ とする．$m = (m_n)_n$ は複素数の有界列とし $T\colon \ell_p \to \ell_p$ を $(a_n)_n \mapsto (m_n a_n)_n$ と定義する．このとき T がコンパクト作用素であるための必要十分条件は $m \in c_0$ であることを示せ．

9.6 $1 \le p < q \le \infty$ とする．このとき埋め込み $\iota\colon \ell_p \to \ell_q$ はコンパクト作用素でないことを示せ．

9.7 $1 < p \le \infty$ とする．$T\colon L^p((0,1)) \to C([0,1])$ を次で定める．

$$(Tf)(t) = \int_0^t f(s)\, ds.$$

T がコンパクト作用素であることを示せ．

9.8 (9.4) を証明せよ．

9.9 $\mathcal{H}$ をヒルベルト空間とし $f, g \in \mathcal{H}$ とする．$P = f \otimes f$, $Q = g \otimes g$ とする．次を示せ．

$$\|P - Q\| = 1 - |(f,g)|^2 = 1 - \mathrm{Tr}(PQ).$$

9.10 T は自己共役作用素とする．ある $\lambda_0 \in \rho(T)$ に対して $(T - \lambda_0\mathbb{1})^{-1}$ がコンパクト作用素ならば，任意の $\lambda \in \rho(T)$ に対して $(T - \lambda\mathbb{1})^{-1}$ がコンパクト作用素であることを示せ．

第 **10** 章

スペクトル分解

　エルミート行列 A は対角行列にユニタリー同値になり，その対角成分は A の固有値である．ヒルベルト空間 $\mathcal{H}$ 上の自己共役作用素 H にもエルミート行列と同様な性質が存在する．それは，スペクトル測度 E を導入して達成され，この性質を通して H の関数 $f(H) = \int f(\lambda)\,dE_\lambda$ が定義できる．

10.1　有界自己共役作用素

　フロベニウスの定理を復習する．$n \times n$ 行列 A の固有値を $\{\lambda_1, \ldots, \lambda_n\}$ とする．このとき多項式 p に対して $p(A)$ の固有値は $\{p(\lambda_1), \ldots, p(\lambda_n)\}$ になる．A の固有値の集合を $\sigma(A)$ と表せば，フロベニウスの定理は $\sigma(p(A)) = p(\sigma(A))$ と表せる．実は，$\mathcal{H}$ をヒルベルト空間として $A \in B(\mathcal{H})$ に対しても $\sigma(p(A)) = p(\sigma(A))$ が成り立つ．以下でこれを示そう．本章では $\mathcal{H}$ はヒルベルト空間を表すとし，$A \in B(\mathcal{H})$ と多項式 $p(t) = a_n t^n + \cdots + a_1 t + a_0$ に対して $p(A)$ を次で定める．

$$p(A) = a_n A^n + \cdots + a_1 A + a_0 \mathbb{1}.$$

有界な逆作用素が存在する集合を $I(\mathcal{H})$ と書いたことを思い出そう．

> **補題 10.1**　$A \in B(\mathcal{H})$ とし p を多項式とする．このとき $\sigma(p(A)) = p(\sigma(A))$ が成り立つ．

証明　$(\sigma(p(A)) \supset p(\sigma(A)))$　$\sigma(A) \ni \lambda$ とする．このとき，多項式 q が存在して $p(x) - p(\lambda) = (x - \lambda)q(x)$ と因数分解できるから，
$$p(A) - p(\lambda)\mathbb{1} = (A - \lambda\mathbb{1})q(A) = q(A)(A - \lambda\mathbb{1}).$$
もし $p(\lambda) \notin \sigma(p(A))$ ならば $p(A) - p(\lambda)\mathbb{1} \in I(\mathcal{H})$ となり
$$\mathbb{1} = (A - \lambda\mathbb{1})q(A)(p(A) - p(\lambda)\mathbb{1})^{-1} = (p(A) - p(\lambda)\mathbb{1})^{-1}q(A)(A - \lambda\mathbb{1}).$$
ゆえに，$A - \lambda\mathbb{1} \in I(\mathcal{H})$ となるから $\lambda \in \sigma(A)$ に矛盾する．よって $p(\lambda) \in \sigma(p(A))$．
　$(\sigma(p(A)) \subset p(\sigma(A)))$　$\mu \in \sigma(p(A))$ とする．$p(x) - \mu = a(x - \lambda_1) \cdots (x - \lambda_n)$ と因数分解すると，$p(A) - \mu\mathbb{1} = a(A - \lambda_1\mathbb{1}) \cdots (A - \lambda_n\mathbb{1})$ となる．その結果，$\lambda_j \notin \sigma(A)$

$(1 \leq \forall j \leq n)$ ならば $A - \lambda_j \mathbb{1} \in I(\mathcal{H})$ なので

$$a^{-1}(p(A) - \mu\mathbb{1})(A - \lambda_n\mathbb{1})^{-1}\cdots(A - \lambda_1\mathbb{1})^{-1}$$
$$= a^{-1}(A - \lambda_n\mathbb{1})^{-1}\cdots(A - \lambda_1\mathbb{1})^{-1}(p(A) - \mu\mathbb{1}) = \mathbb{1}$$

となり $p(A) - \mu\mathbb{1} \in I(\mathcal{H})$. これは $\mu \in \sigma(p(A))$ に矛盾する. よって, $\lambda_j \in \sigma(A)$ となる λ_j が存在する. $p(\lambda_j) = \mu$ なので $\mu \in p(\sigma(A))$ である. □

作用素ノルム $\|A\|$ とスペクトルの関係をみよう.

定義 10.2 (スペクトル半径) $A \in B(\mathcal{H})$ に対して $r(A) = \sup\{|\lambda| \mid \lambda \in \sigma(A)\}$ を A の**スペクトル半径**という.

有界作用素 A に対して $\|A\|/\lambda < 1$ のとき $\mathbb{1} - A/\lambda \in I(\mathcal{H})$ となる. 特に $\lambda\mathbb{1} - A \in I(\mathcal{H})$ なので $\lambda \notin \sigma(A)$ である. つまり, $r(A) \leq \|A\|$ となる.

補題 10.3 $A \in B(\mathcal{H})$ のとき $r(A) = \lim_{n\to\infty} \|A^n\|^{1/n}$ が成り立つ.

証明 補題 10.1 から $\sigma(A^n) = \sigma(A)^n$ なので $r(A)^n = r(A^n) \leq \|A^n\|$ となる. ゆえに, $r(A) \leq \lim_{n\to\infty} \|A^n\|^{1/n}$ となる. 逆向きの不等式を示そう. $|\lambda| > \|A\|$ のとき, ノイマン展開により

$$(\lambda\mathbb{1} - A)^{-1} = \lambda^{-1}(\mathbb{1} - \lambda^{-1}A)^{-1} = \lambda^{-1}\sum_{k=0}^{\infty}\lambda^{-k}A^k$$

なので $\mathbb{C} \ni \lambda \mapsto (f, (\lambda\mathbb{1} - A)^{-1}g)$ は $D = \{\lambda \in \mathbb{C} \mid |\lambda| > \|A\|\}$ 上で正則である. Γ_R を中心が 0 で半径 R の $\mathbb{C}$ 上の円周とする. $R > \|A\|$ として

$$T = \frac{1}{2\pi i}\int_{\Gamma_R}\lambda^n(f, (\lambda\mathbb{1} - A)^{-1}g)\,d\lambda$$

と定義する. このとき $\lambda^n(f, (\lambda\mathbb{1} - A)^{-1}g)$ は D 上で正則なので, 上の積分の値は, $R > \|A\|$ であれば R によらない. $(\lambda\mathbb{1} - A)^{-1} = \lambda^{-1}\sum_{k=0}^{\infty}\lambda^{-k}A^k$ を代入すると

$$T = \sum_{k=0}^{\infty}\frac{(f, A^k g)}{2\pi i}\int_{\Gamma_R}\lambda^{n-1-k}\,d\lambda$$

となる.

$$\frac{1}{2\pi i}\int_{\Gamma_R}\lambda^m\,d\lambda = \begin{cases} 1 & m = -1 \\ 0 & m \neq -1 \end{cases}$$

なので $T = (f, A^n g)$ となる. 任意の $\varepsilon > 0$ を固定して $R = r(A) + \varepsilon$ とする.

$$A^n = \frac{1}{2\pi i}\int_{\Gamma_R}\lambda^n(\lambda\mathbb{1} - A)^{-1}\,d\lambda$$

から

$$\|A^n\| \leq \frac{1}{2\pi} 2\pi R R^n \sup_{|\lambda|=R} \|(\lambda \mathbb{1} - A)^{-1}\|.$$

ゆえに,

$$\lim_{n \to \infty} \|A^n\|^{1/n} \leq \lim_{n \to \infty} R^{(n+1)/n} \sup_{|\lambda|=R} \|(\lambda \mathbb{1} - A)^{-1}\|^{1/n} = R = r(A) + \varepsilon.$$

結局

$$\lim_{n \to \infty} \|A^n\|^{1/n} - \varepsilon \leq r(A) \leq \lim_{n \to \infty} \|A^n\|^{1/n}$$

なので補題が従う. $\square$

補題 10.3 の証明にあらわれた

$$\frac{1}{2\pi i} \int_{\Gamma_R} \lambda^n (\lambda \mathbb{1} - A)^{-1} \, d\lambda$$

を一般化する. h を $\{\lambda \in \mathbb{C} \mid |\lambda| > \|A\|\}$ 上で正則な関数とする.

$$\frac{1}{2\pi i} \int_{\Gamma_R} h(\lambda)(\lambda \mathbb{1} - A)^{-1} \, d\lambda$$

を**ダンフォード積分**という.

系 10.4 A が正規作用素ならば $\|A\| = r(A)$ となる.

証明 $T \in B(\mathcal{H})$ に対して $\|T^*T\| = \|T\|^2$ に注意する. $A^*A = B$ とおく.

$$\|A^{2^n}\|^2 = \|(A^{2^n})^* A^{2^n}\| = \|B^{2^n}\| = \|B^{2^{n-1}} B^{2^{n-1}}\| = \|(B^{2^{n-1}})^* B^{2^{n-1}}\|$$
$$= \|B^{2^{n-1}}\|^2 = \|(A^{2^{n-1}})^* A^{2^{n-1}}\|^2 = \|A^{2^{n-1}}\|^4.$$

これを繰り返せば $\|A^{2^n}\| = \|A\|^{2^n}$ となるから

$$r(A) = \lim_{n \to \infty} \|A^{2^n}\|^{1/2^n} = \|A\|$$

となる. $\square$

補題 10.5 $A \in B(\mathcal{H})$ とする. このとき多項式 p, q と $\alpha \in \mathbb{C}$ に対して次が成り立つ.

(1) $(p + q)(A) = p(A) + q(A)$.

(2) $(\alpha p)(A) = \alpha p(A)$.

(3) $(pq)(A) = p(A)q(A)$.

(4) $\bar{p}(A^*) = p(A)^*$.

(5) $A = A^*$ のとき $\|p(A)\| = \|p\|_\infty$. ただし, $\|p\|_\infty = \sup_{t \in \sigma(A)} |p(t)|$.

証明　(1)–(4) はすぐにわかる．(5) を示す．系 10.4 と $p(\sigma(A)) = \sigma(p(A))$ から，$A = A^*$ のとき

$$\|p(A)\| = \sup\{|\lambda| \mid \lambda \in \sigma(p(A))\} = \sup\{|p(t)| \mid t \in \sigma(A)\} = \|p\|_\infty.$$

ゆえに，(5) が従う．□

　$S(\mathcal{H})$ をヒルベルト空間 $\mathcal{H}$ 上の有界な自己共役作用素全体とする．$A \in S(\mathcal{H})$ とする．コンパクト集合 $\sigma(A)$ 上の連続関数全体のなすバナッハ空間 $(C(\sigma(A)), \|\cdot\|_\infty)$ を考える．$\sigma(A)$ 上の多項式全体を $P(\sigma(A))$ と表す．

$$\Phi : (P(\sigma(A)), \|\cdot\|_\infty) \to (B(\mathcal{H}), \|\cdot\|)$$

を $\Phi(p) = p(A)$ と定義する．ワイエルシュトラスの多項式近似定理によれば $P(\sigma(A))$ は $C(\sigma(A))$ の稠密な部分空間である．$\|\Phi(p)\| = \|p\|_\infty$ であるから，Φ はバナッハ空間 $(C(\sigma(A)), \|\cdot\|_\infty)$ からバナッハ空間 $(B(\mathcal{H}), \|\cdot\|)$ への等長作用素に一意に拡大できる．その拡大を同じ記号 Φ で表す．

$$\Phi : (C(\sigma(A)), \|\cdot\|_\infty) \to (B(\mathcal{H}), \|\cdot\|).$$

つまり，$f \in C(\sigma(A))$ に対して $\Phi(f) = \lim_{n\to\infty} \Phi(p_n)$ と定める．ここで，$(p_n)_n$ は $\lim_{n\to\infty} \|p_n - f\|_\infty = 0$ となる多項式の列である．

$\boxed{\text{補題 10.6}}$　$A \in S(\mathcal{H})$ とする．このとき $f, g \in C(\sigma(A))$ と $\alpha \in \mathbb{C}$ に対して次が成り立つ．

(1)　$\Phi(f + g) = \Phi(f) + \Phi(g)$.

(2)　$\alpha\Phi(f) = \Phi(\alpha f)$.

(3)　$\Phi(fg) = \Phi(f)\Phi(g)$.

(4)　$\Phi(\bar{f}) = \Phi(f)^*$.

(5)　$\|\Phi(f)\| = \|f\|_\infty$. ただし，$\|f\|_\infty = \sup_{t\in\sigma(A)} |f(t)|$.

証明　$(p_n)_n$ と $(q_n)_n$ は多項式の列で，$p_n \to f$ かつ $q_n \to g \ (n \to \infty)$ とする．このとき

$$\Phi(f + g) = \lim_{n\to\infty} \Phi(p_n + q_n) = \lim_{n\to\infty} \{\Phi(p_n) + \Phi(q_n)\} = \Phi(f) + \Phi(g)$$

となる．(2), (3), (4) も同様に示せる．また，補題 10.5 より

$$\|\Phi(f)\| = \lim_{n\to\infty} \|\Phi(p_n)\| = \lim_{n\to\infty} \|p_n\|_\infty = \|f\|_\infty$$

なので (5) が従う．□

　$A \in S(\mathcal{H})$ と $f \in C(\sigma(A))$ に対して $\Phi(f)$ を $f(A)$ と表す．

定理 10.7（スペクトル写像定理）　$A \in S(\mathcal{H})$, $f \in C(\sigma(A))$ とする．このとき $\sigma(f(A)) = f(\sigma(A))$ となる．

証明　$(\sigma(f(A)) \subset f(\sigma(A)))$　対偶を示す．$\mu \notin f(\sigma(A))$ と仮定する．

$$g(\lambda) = \frac{1}{\mu - f(\lambda)}, \quad \lambda \in \sigma(A)$$

の分母に零点が存在しないので $g \in C(\sigma(A))$ である．また，$(\mu - f)g = 1$ なので

$$\mathbb{1} = \Phi(g)\Phi(\mu - f) = g(A)(\mu\mathbb{1} - f(A)) = (\mu\mathbb{1} - f(A))g(A)$$

となる．ゆえに，$\mu\mathbb{1} - f(A)$ の逆が存在するので $\mu \notin \sigma(f(A))$ である．

$(\sigma(f(A)) \supset f(\sigma(A)))$　対偶を示す．$\mu \notin \sigma(f(A))$ と仮定する．$\mu\mathbb{1} - f(A)$ の逆が存在する．$I(\mathcal{H})$ は開集合なので $\mu\mathbb{1} - f(A)$ に十分近い作用素には逆が存在する．多項式 p_n で $p_n \to f$ $(n \to \infty)$ となるものが存在するから，十分大きな任意の n に対して $\mu\mathbb{1} - p_n(A) \in I(\mathcal{H})$ である．よって $\mu \notin \sigma(p_n(A))$ である．$p_n(A) \to f(A)$ $(n \to \infty)$ なので $(\mu\mathbb{1} - p_n(A))^{-1} \to (\mu\mathbb{1} - f(A))^{-1}$ $(n \to \infty)$ がわかる．さらに $\sigma(p_n(A)) = p_n(\sigma(A))$ だから $\mu \notin p_n(\sigma(A))$. つまり，十分大きな n に対して

$$g_n = \frac{1}{\mu - p_n} \in C(\sigma(A)).$$

補題 10.6 (5) の等長性から

$$\|g_n - g_m\|_\infty = \|(\mu\mathbb{1} - p_n(A))^{-1}(p_n(A) - p_m(A))(\mu\mathbb{1} - p_m(A))^{-1}\|$$
$$\leq \|(\mu\mathbb{1} - p_n(A))^{-1}\|\|p_n(A) - p_m(A)\|\|(\mu\mathbb{1} - p_m(A))^{-1}\|$$

となる．$\|(\mu\mathbb{1} - p_m(A))^{-1}\|$ は収束列なので $\sup_{m \in \mathbb{N}} \|(\mu\mathbb{1} - p_m(A))^{-1}\| < \infty$ である．そして $p_n(A)$ は収束列．ゆえに $\|g_n - g_m\|_\infty \to 0$ $(n, m \to \infty)$ となる．よって $g = \lim_{n \to \infty} g_n$ が存在する．g は g_n の一様収束極限なので $g \in C(\sigma(A))$ である．$g_n(\mu - p_n) = 1$ なので $n \to \infty$ の極限で $g(\mu - f) = 1$ となる．ゆえに $\mu - f(\lambda) \neq 0$ なので $\mu \notin f(\sigma(A))$ となる．$\square$

$p(\mathcal{H})$ はヒルベルト空間 $\mathcal{H}$ 上の正射影作用素全体を表すものとする．

定義 10.8（スペクトル測度）　$(X, \mathcal{B})$ を可測空間とする．$E: \mathcal{B} \to p(\mathcal{H})$ が次をみたすとき $(X, \mathcal{B})$ 上の**スペクトル測度**という．

(1)　$E(X) = \mathbb{1}$.

(2)　$A_n \cap A_m = \emptyset$ $(n \neq m)$ ならば

$$E\left(\bigcup_{n=1}^{\infty} A_n\right) = \sum_{n=1}^{\infty} E(A_n)$$

となる．ただし，収束は強収束の意味である．

$(X,\mathcal{B})$ 上のスペクトル測度 E と $f,g\in\mathcal{H}$ に対して $\mathcal{B}$ 上の集合関数 $(f,E(\cdot)g)$ が複素測度になることはスペクトル測度の定義より明らかである.特に $\|E(\cdot)f\|^2$ は有限測度である.X を局所コンパクトハウスドルフ空間としよう.このとき $(X,\mathcal{B}(X))$ 上のスペクトル測度 E が**正則測度**とは任意の $f,g\in\mathcal{H}$ に対して $(f,E(\cdot)g)$ がラドン測度になることとする.

補題 10.9 E を $(X,\mathcal{B})$ 上のスペクトル測度とする.このとき $A,B\in\mathcal{B}$ ならば,$E(A)E(B)=E(A\cap B)$ である.

証明 $A\cap B=\emptyset$ とする.このとき $E(A\cup B)=E(A)+E(B)$ なので,両辺を2乗して整理すれば $E(A)E(B)+E(B)E(A)=0$ となる.よって,$E(A)E(B)E(A)=0$ となる.これらから,$E(A)E(B)=0$ となる.一般の $A,B\in\mathcal{B}$ に対しては $E(A)=E(A\cap B)+E(A\setminus B)$ なので
$$E(A)E(B)=E(A\cap B)E(B)+E(A\setminus B)E(B)=E(A\cap B)$$
が従う.つまり,$E(A)E(B)=E(A\cap B)=E(B)E(A)$ となる.□

X が局所コンパクトハウスドルフ空間であれば,リース–マルコフ–角谷の定理により,有界線形汎関数 $\varphi\colon C_\infty(X)\to\mathbb{C}$ に対して $(X,\mathcal{B}(X))$ 上のラドン測度 $\mu\in\mathfrak{R}(X)$ が一意に存在して $\varphi(f)=\int_X f\,d\mu$ と表せる.これを線形作用素 $\Psi\colon C(X)\to B(\mathcal{H})$ に拡張し $\Psi(F)=\int_X F\,dE$ と表すことを考える.

定義 10.10 (∗-準同型) $\Psi\colon C(X)\to B(\mathcal{H})$ が **∗-準同型**とは任意の $F,G\in C(X)$ に対して $\Psi(F)^*=\Psi(\bar F)$ かつ $\Psi(FG)=\Psi(F)\Psi(G)$ が成り立つことである.

定理 10.11 X をコンパクトハウスドルフ空間とする.$\Psi\colon C(X)\to B(\mathcal{H})$ は線形で ∗-準同型かつ $\Psi(\mathbb{1})=\mathbb{1}$ をみたすとする.このとき $(X,\mathcal{B}(X))$ 上の正則なスペクトル測度 E が一意に存在して,任意の $f,g\in\mathcal{H}$,$F\in C(X)$ に対して次が成り立つ.
$$(f,\Psi(F)g)=\int_X F(\lambda)\,d(f,E(\lambda)g).$$

証明 $F\in C(X)$ とする.$F\geq0$ ならば $F=\sqrt{F}\sqrt{F}$ なので $\Psi(F)=\Psi(\sqrt{F})^*\Psi(\sqrt{F})$ となり,$\Psi(F)\geq0$ である.特に $F\geq G$ ならば $\Psi(G)\leq\Psi(F)$ となる.また
$$\Psi(F)^*\Psi(F)=\Psi(\bar FF)\leq\|F\|_\infty^2\Psi(\mathbb{1})=\|F\|_\infty^2\mathbb{1}$$

なので $\|\Psi(F)\| \leq \|F\|_\infty$ になる. $f,g \in \mathcal{H}$ に対して
$$\Psi_{f,g}(F) = (f, \Psi(F)g), \quad F \in C(X)$$
とすれば $|\Psi_{f,g}(F)| \leq \|f\|\|g\|\|F\|_\infty$ であるから $\Psi_{f,g} \in C(X)^*$ となる. X はコンパクトなので
$$C_\infty(X) = C(X)$$
である. よって, リース–マルコフ–角谷の定理からラドン測度 $\mu_{f,g} \in \mathfrak{R}(X)$ が一意に存在して
$$(f, \Psi(F)g) = \int_X F(\lambda)\,d\mu_{f,g}(\lambda)$$
となる. 次に $\mu_{f,g}$ をスペクトル測度で表す. 内積の左成分の反線形性から
$$\int_X F(\lambda)\,d\mu_{af+bf',g} = \bar{a}\int_X F(\lambda)\,d\mu_{f,g} + \bar{b}\int_X F(\lambda)\,d\mu_{f',g}, \quad a,b \in \mathbb{C}$$
となるから複素測度としては $\mu_{af+bf',g} = \bar{a}\mu_{f,g} + \bar{b}\mu_{f',g}$ となる. 同様に $\mu_{f,ag+bg'} = a\mu_{f,g} + b\mu_{f,g'}$ となる. 一方, $A \in \mathcal{B}(X)$ を固定すると, 写像
$$\mathcal{H} \times \mathcal{H} \ni f \times g \mapsto \mu_{f,g}(A) \in \mathbb{C}$$
は半双線形形式である. 一方, 再びリース–マルコフ–角谷の定理から
$$|\mu_{f,g}(A)| \leq \|\mu_{f,g}\| = \|\Psi_{f,g}\| \leq \|f\|\|g\|$$
なので, リースの表現定理より
$$\mu_{f,g}(A) = (f, E(A)g)$$
となる $E(A) \in B(\mathcal{H})$ が存在する. 以下で, $E(A)$ が (1) 自己共役作用素, (2) 正射影作用素, (3) スペクトル測度であることを順次証明する.

(1) $F \geq 0$ のときは $\Psi_{f,f}(F) = \|\Psi(\sqrt{F})f\|^2 \geq 0$ になるから, $\Psi_{f,f} \in C(X)^*$ は正値である. よって, リース–マルコフ–角谷の定理から $\mu_{f,f}$ は有限な正測度である. $0 \leq \mu_{f,f}(A) = (f, E(A)f)$ なので $(E(A)f, f) = \overline{(f, E(A)f)} = (f, E(A)f)$. ゆえに, 偏極恒等式から
$$(f, E(A)g) = (E(A)f, g), \quad f,g \in \mathcal{H}$$
が成り立つ. 特に $E(A)$ は自己共役作用素である.

(2) $E(A)^2 = E(A)$ を示す. $f \in \mathcal{H}$ を固定する. はじめに, K をコンパクト集合として $E(K)^2 = E(K)$ を示す. $K \subset \cdots \subset O_3 \subset O_2 \subset O_1$ で O_n は開集合とする. この開集合族 $\{O_n\}_n$ はあとで決める. ウリゾーンの補題から $0 \leq F_n \leq 1$, $F_n(\lambda) = 1$ $(\lambda \in K)$, $F_n(\lambda) = 0$ $(\lambda \in O_n^c)$ をみたす関数 F_n が存在する. $\xi_n = \Psi(F_n) - E(K)$ とおき
$$\|E(K)f - E(K)^2 f\| \leq \|(E(K) - \Psi(F_n^2))f\| + \|\Psi(F_n)\xi_n f\| + \|\xi_n E(K)f\|$$
と分解して各項を評価する. まず, 右辺 2 項目と 3 項目は
$$\|\Psi(F_n)\xi_n f\| + \|\xi_n E(K)f\| \leq \|\xi_n f\| + \|\xi_n E(K)f\|$$

なので，これらの収束を示すために正測度 μ を正則な有限正測度の和

$$\mu = \mu_{f,f} + \mu_{E(K)f,E(K)f}$$

で定義する．μ の正則性から $\mu(D_n \setminus K) \to 0 \, (n \to \infty)$ となる開集合族 $\{D_n\}_n$ が存在する．以下 $O_n = D_n$ とする．$\xi_n \geq 0$ と

$$F_n(\lambda) - \mathbb{1}_K(\lambda) = 0, \quad \lambda \in (O_n \setminus K)^c$$

に注意すると

$$(f, \xi_n f) = \int_X (F_n(\lambda) - \mathbb{1}_K(\lambda)) \, d\mu_{f,f} = \int_{O_n \setminus K} (F_n(\lambda) - \mathbb{1}_K(\lambda)) \, d\mu_{f,f}$$
$$\leq \mu_{f,f}(O_n \setminus K) \leq \mu(O_n \setminus K) \to 0 \, (n \to \infty)$$

である．よって，$\|\sqrt{\xi_n} f\| \to 0 \, (n \to \infty)$ であり，$\sup_{n \in \mathbb{N}} \|\sqrt{\xi_n}\| = c < \infty$ が一様有界性定理から従い，

$$\|\xi_n f\| \leq \|\sqrt{\xi_n}\| \|\sqrt{\xi_n} f\| \leq c \|\sqrt{\xi_n} f\| \to 0 \, (n \to \infty)$$

となる．同様に

$$(E(K)f, \xi_n E(K)f) \leq \mu_{E(K)f,E(K)f}(O_n \setminus K) \leq \mu(O_n \setminus K) \to 0$$

から

$$\lim_{n \to \infty} \|\xi_n E(K)f\| = 0.$$

また，$\mathbb{1}_K \leq F_n^2 \leq F_n$ なので $F_n^2 \to \mathbb{1}_K \, (n \to \infty)$ となるから

$$\lim_{n \to \infty} \|(\Psi(F_n^2) - E(K))f\| = \|(\Psi(\mathbb{1}_K) - E(K))f\| = \|(E(K) - E(K))f\| = 0$$

となる．以上から $E(K)^2 = E(K)$．ゆえに，K がコンパクト集合のとき $E(K)$ は正射影作用素である．

$A \in \mathcal{B}$ とする．$K_1 \subset K_2 \subset \cdots \subset A$ で $\mu_{f,f}(A \setminus K_n) \to 0$ となるコンパクト集合列 $\{K_n\}_n$ が存在するから

$$((E(A) - E(K_n))f, f) = \mu_{f,f}(A \setminus K_n) \to 0 \, (n \to \infty)$$

になる．これから $\|(E(A) - E(K_n))f\|^2 \leq (f, (E(A) - E(K_n))f) \to 0 \, (n \to \infty)$ となる．よって，

$$E(A)^2 = \lim_{n \to \infty} E(K_n)^2 = \lim_{n \to \infty} E(K_n) = E(A)$$

なので $E(A)$ は正射影作用素である．

(3)

$$(f, E(X)f) = \mu_{f,f}(X) = (f, \Psi(\mathbb{1})f) = (f, f)$$

であるから偏極恒等式より，$(f, E(X)g) = (f, g)$ となる．ゆえに，$E(X) = \mathbb{1}$ である．また，

$$\mu_{f,f}(X) - \mu_{f,f}(A) = (f, f) - (f, E(A)f) \geq 0$$

なので $0 \leq E(A) \leq \mathbb{1}$ となる．$A \cap B = \emptyset$ のときは $E(A \cup B) = E(A) + E(B)$ となることも容易にわかる．さらに $A_n \in \mathcal{B} \, (n \in \mathbb{N})$ は互いに素として，

$$E\left(\bigcup_{n=1}^{\infty} A_n\right) = \sum_{n=1}^{\infty} E(A_n)$$

を示そう．$\|E(\bigcup_{n=1}^{\infty} A_n)f - \sum_{n=1}^{N} E(A_n)f\| = \|E(\bigcup_{n=N+1}^{\infty} A_n)f\|$ なので右辺を評価する．$0 \le E(\bigcup_{n=N+1}^{\infty} A_n) \le \mathbb{1}$ なので，

$$\left\|E\left(\bigcup_{n=N+1}^{\infty} A_n\right)f\right\|^2 = \left(f, E\left(\bigcup_{n=N+1}^{\infty} A_n\right)f\right) = \mu_{f,f}\left(\bigcup_{n=N+1}^{\infty} A_n\right)$$

となる．$\mu_{f,f}$ は測度なので $\lim_{n\to\infty} \mu_{f,f}(\bigcup_{n=N+1}^{\infty} A_n) = 0$ となる．$\square$

$(X, \mathcal{B}(X))$ 上の確率測度 μ の**台**とは $\mu(K) = 1$ となる閉集合 K で最小のものである．これを $\mathrm{supp}\,\mu$ と表す．

[定理 10.12]（スペクトル分解定理：有界自己共役作用素）　$T \in S(\mathcal{H})$ とする．このとき $(\mathbb{R}, \mathcal{B}(\mathbb{R}))$ 上のスペクトル測度 E が一意に存在して，任意の $F \in C(\sigma(T))$ に対して

$$(f, F(T)g) = \int_{\mathbb{R}} F(\lambda)\, d(f, E(\lambda)g)$$

となる．さらに，$\mathrm{supp}\, E = \sigma(A)$ である．

証明　定理 10.11 の特別な場合として $X = \sigma(T)$ とし $\Phi\colon C(\sigma(T)) \to S(\mathcal{H})$ を $\Phi(F) = F(T)$ とする．Φ は線形 *-準同型かつ $\Phi(\mathbb{1}) = \mathbb{1}$ である．ボレル可測空間 $(\sigma(T), \mathcal{B}(\sigma(T)))$ 上にスペクトル測度 $\widetilde{E}$ が存在して，

$$(f, F(T)g) = \int_{\sigma(T)} F(\lambda)\, d(f, \tilde{E}(\lambda)g).$$

ここで，$A \in \mathcal{B}(\mathbb{R})$ に対して $E(A) = \widetilde{E}(A \cap \sigma(T))$ とおけば E は $(\mathbb{R}, \mathcal{B}(\mathbb{R}))$ 上のスペクトル測度となり，$(f, F(T)g) = \int_{\mathbb{R}} F(\lambda)\, d(f, E(\lambda)g)$ となる．

次に一意性を示そう．任意の $f, g \in \mathcal{H}$ と任意の $F \in C(\sigma(T))$ に対して

$$(f, F(T)g) = \int_{\mathbb{R}} F(\lambda)\, d(f, G(\lambda)g)$$

とする．このとき $(f, G(A)g) = (f, E(A)g)$ が任意の $A \in \mathcal{B}$ で成立する．f, g は任意なので $E(A) = G(A)$．ゆえに，$E = G$．$\square$

$E(\lambda)$ を E_λ と表して，以下のように書く．

$$(f, F(T)g) = \int_{\sigma(T)} F(\lambda)\, d(f, E_\lambda g).$$

また，$d(f, E_\lambda f) = d\|E_\lambda f\|^2$ と表す．さらに，形式的に以下のように表す．

$$F(T) = \int_{\mathbb{R}} F(\lambda)\, dE_\lambda.$$

特に T 自身は次のように表される．

$$T = \int_{\mathbb{R}} \lambda\, dE_\lambda. \tag{10.1}$$

例 10.13 $T \in S(\mathcal{H})$，$f, g \in \mathcal{H}$ とする．このとき次が成り立つ．
1. $(f, Tg) = \int_{\sigma(T)} \lambda\, d(f, E_\lambda g)$.
2. $\|Tf\|^2 = \int_{\sigma(T)} \lambda^2\, d\|E_\lambda f\|^2$.

10.2 ユニタリー作用素

有界自己共役作用素のスペクトル分解定理をユニタリー作用素に拡張しよう．**三角多項式**全体を P_T で表す．つまり，$P_T \ni f$ は $f(t) = p(e^{it})$ と表される．ここで，p はローラン多項式 $p(z) = \sum_{j=-n}^n a_j z^j$ $(a_j \in \mathbb{C})$ である．

$$\bar{p}(z) = \sum_{j=-n}^n \bar{a}_j z^{-j}$$

とすると $\overline{p(e^{it})} = \bar{p}(e^{it})$ となる．

補題 10.14 $p \in P_T$ は $p(e^{it}) \geq 0\,(\forall t \in \mathbb{R})$ をみたすとき $p(e^{it}) = \overline{q(e^{it})}q(e^{it})$ となる多項式 q が存在する．

証明 $p(z) = \sum_{k=-n}^n a_k z^k, a_n \neq 0$ とする．$\mathbb{C}$ 上の単位円周 S^1 上で $p(z) \geq 0$ なので $p(z) = \bar{p}(z)$ となるから $a_n = \bar{a}_{-n}$ である．特に $a_{-n} \neq 0$ となる．

$$p(z) = a_n z^{-n} \prod_{k=1}^{2n} (z - \lambda_k)$$

と因数分解する．$z^n p(z)$ に $z = 0$ を代入すると a_{-n} なので $\lambda_k \neq 0\,(1 \leq \forall k \leq 2n)$ に注意する．一方，$z \in S^1$ では，

$$p(z) = \bar{p}(z) = \bar{a}_n z^n \prod_{k=1}^{2n} (\bar{z} - \bar{\lambda}_k) = z^{-n}\bar{a}_n \left(\prod_{k=1}^{2n} \bar{\lambda}_k\right) \prod_{k=1}^{2n} \left(\frac{1}{\bar{\lambda}_k} - z\right)$$

となる. $p(z) = \bar{p}(z)$ が S^1 上で成立しているので $\mathbb{C} \setminus \{0\}$ でも $p(z) = \bar{p}(z)$ となる. ゆえに, $\{\lambda_1, \ldots, \lambda_{2n}\} = \{1/\bar{\lambda}_1, \ldots, 1/\bar{\lambda}_{2n}\}$. したがって, $\lambda_{n+k} = 1/\bar{\lambda}_k$, $1 \le k \le n$ としてよい. その結果, $z \in S^1$ に対して

$$
\begin{aligned}
p(z) &= z^{-n} \bar{a}_n \left\{ \prod_{k=1}^{n} (z - \lambda_k) \right\} \left\{ \prod_{k=1}^{n} \left(z - \frac{1}{\bar{\lambda}_k} \right) \right\} \\
&= \bar{a}_n \left(\prod_{k=1}^{n} \frac{-1}{\bar{\lambda}_k} \right) \left\{ \prod_{k=1}^{n} (z - \lambda_k) \right\} \left\{ \prod_{k=1}^{n} (\bar{z} - \bar{\lambda}_k) \right\} \\
&= \bar{a}_n \left(\prod_{k=1}^{n} \frac{-1}{\bar{\lambda}_k} \right) \left| \prod_{k=1}^{n} (z - \lambda_k) \right|^2 > 0.
\end{aligned}
$$

特に

$$
c = a_n \left(\prod_{k=1}^{n} \frac{-1}{\bar{\lambda}_k} \right) > 0
$$

となるので, $q(z) = \sqrt{c} \prod_{k=1}^{n} (z - \lambda_k)$ とすれば $p(z) = |q(z)|^2$ となる. $p(z) \ge 0$ の場合は, $\varepsilon > 0$ として $p_\varepsilon(z) = p(z) + \varepsilon$ とする. このとき $q_\varepsilon(z) = \sum_{k=0}^{n} a_k(\varepsilon) z^k$ が存在して $p_\varepsilon(z) = |q_\varepsilon(z)|^2$ $(z \in S^1)$ となる. 両辺の定数項を比較すると, $a_0 + \varepsilon = \sum_{k=0}^{n} |a_k(\varepsilon)|^2$ となる. ゆえに, ボルツァーノ–ワイエルシュトラスの定理より適当な数列 $(\varepsilon_m)_m$ が存在して, $\lim_{m \to \infty} a_k(\varepsilon_m)$ $(0 \le k \le n)$ が収束する. $\lim_{m \to \infty} a_k(\varepsilon_m) = b_k$ とおき, $q(z) = \sum_{k=0}^{n} b_k z^k$ とすれば $p(z) = |q(z)|^2$ となる. □

　ヒルベルト空間 $\mathcal{H}$ 上のユニタリー作用素全体を $U(\mathcal{H})$ と表す. 三角多項式 $p(e^{it}) = \sum_{j=-n}^{n} a_j e^{ijt}$ と $U \in U(\mathcal{H})$ に対して

$$
p(U) = \sum_{j=-n}^{n} a_j U^j
$$

とする. このとき $p(U)^* = \bar{p}(U)$ になる.

$\boxed{\text{定理 10.15}}$ $U \in U(\mathcal{H})$ とする. このとき $p, q \in P_T$ と $\alpha \in \mathbb{C}$ に対して次が成り立つ.

(1)　$(p + q)(U) = p(U) + q(U)$.

(2)　$(\alpha p)(U) = \alpha p(U)$.

(3)　$(pq)(U) = p(U)q(U)$.

(4)　$\bar{p}(U) = p(U)^*$.

(5)　$\|p(U)\| \le \|p\|_\infty$. ただし, $\|p\|_\infty = \sup\{|p(e^{it})| \mid t \in \mathbb{R}\}$ である.

証明　(1), (2), (3), (4) は容易に証明できるので読者に任せる. (5) のみを証明する. $\|p\|_\infty^2 - \bar{p}(e^{it})p(e^{it}) \geq 0\ (t \in \mathbb{R})$ なので $\|p\|_\infty^2 - \bar{p}(e^{it})p(e^{it}) = \bar{q}(e^{it})q(e^{it})\ (t \in \mathbb{R})$ となる多項式 q が存在する. ゆえに,

$$\|p\|_\infty^2 (f, f) - (p(U)f, p(U)f) = \|q(U)f\|^2 \geq 0$$

がわかるから $\|p(U)\| \leq \|p\|_\infty$ となる. □

$U \in U(\mathcal{H})$ を固定する. 単位円周上の連続関数全体を $C(S^1)$ と表す. 有界作用素

$$\Phi \colon (P_T, \|\cdot\|_\infty) \to (B(\mathcal{H}), \|\cdot\|)$$

を $\Phi(p) = p(U)$ と定める. 系 7.12 より P_T は $C(S^1)$ の稠密な部分空間なので Φ は $C(S^1)$ 上に一意に拡大できる. この拡大も同じ記号で表す.

$$\Phi \colon (C(S^1), \|\cdot\|_\infty) \to (B(\mathcal{H}), \|\cdot\|).$$

次のことが極限操作で示すことができる.

補題 **10.16**　$F, G \in C(S^1),\ \alpha \in \mathbb{C}$ に対して次が成り立つ.

　(1)　$\Phi(F + G) = \Phi(F) + \Phi(G)$.

　(2)　$\alpha\Phi(F) = \Phi(\alpha F)$.

　(3)　$\Phi(FG) = \Phi(F)\Phi(G)$.

　(4)　$\Phi(\bar{F}) = \Phi(F)^*$.

　(5)　$\|\Phi(F)\| \leq \|F\|_\infty$.

証明　補題 10.6 と同様に示すことができる. □

$U \in U(\mathcal{H})$ と $F \in C(S^1)$ に対して $\Phi(F) = F(U)$ と表す.

定理 **10.17**　(スペクトル分解定理：ユニタリー作用素)　$U \in U(\mathcal{H})$ に対して $((0, 2\pi], \mathcal{B}((0, 2\pi]))$ 上のスペクトル測度 $\tilde{E}$ が存在して, 任意の $F \in C(S^1)$, $f, g \in \mathcal{H}$ に対して次が成り立つ.

$$(f, F(U)g) = \int_{(0, 2\pi]} F(e^{it})\, d(f, \tilde{E}(t)g).$$

証明　補題 10.16 より $\Phi \colon C(S^1) \to B(\mathcal{H})$ は線形 *-準同型かつ $\Phi(\mathbb{1}) = \mathbb{1}$ となるから, 定理 10.11 より $(S^1, \mathcal{B}(S^1))$ 上のスペクトル測度 E が存在して

$$(f, \Phi(F)g) = \int_{S^1} F(\lambda)\, d(f, E(\lambda)g)$$

と表せる．これを可測写像 $\varphi\colon S^1 \ni e^{i\lambda} \mapsto \lambda \in (0, 2\pi]$ で変数変換する．$E(\varphi^{-1}(\cdot)) = \tilde{E}(\cdot)$ とおけば

$$(f, \Phi(F)g) = \int_{(0, 2\pi]} F(\varphi^{-1}(t))\, d(f, \tilde{E}(t)g)$$

が成立する．ここで，$F(\varphi^{-1}(t)) = F(e^{it})$ であるから，定理が成り立つ．□

　以下，$\tilde{E}(t)$ を $\tilde{E}_t$ と表して

$$(f, F(U)g) = \int_{(0, 2\pi]} F(e^{it})\, d(f, \tilde{E}_t g)$$

のように表す．

$\boxed{\text{定理 10.18}}$ $U \in U(\mathcal{H})$ とし $\tilde{E}$ を U に対するスペクトル測度とする．このとき

$$\sigma(U) = \{e^{it} \mid t \in \operatorname{supp} \tilde{E}\}$$

が成り立つ．

証明 $(\sigma(U) \supset \{e^{it} \mid t \in \operatorname{supp} \tilde{E}\})$　$t \in \operatorname{supp} \tilde{E}$ とする．$\tilde{E}(t - \varepsilon, t + \varepsilon) \neq 0\ (\forall \varepsilon > 0)$ なので $f \in \tilde{E}(t - \varepsilon, t + \varepsilon)\mathcal{H}$ ならば $\tilde{E}(t - \varepsilon, t + \varepsilon)f = f$．定理 10.17 から

$$\|(U - e^{it})f\|^2 = \int_{(0, 2\pi]} |e^{is} - e^{it}|^2\, d(f, \tilde{E}_s f)$$
$$= \int_{(t-\varepsilon, t+\varepsilon)} |1 - e^{i(t-s)}|^2\, d(f, \tilde{E}_s f) \leq 4\varepsilon^2 \|f\|^2 \quad (10.2)$$

となる．$e^{it} \notin \sigma(U)$ ならば $(U - e^{it})^{-1}$ は有界作用素になるが，(10.2) から $1/2\varepsilon \leq \|(U - e^{it})^{-1}\|$ が任意の $\varepsilon > 0$ で成り立つから矛盾．ゆえに，$e^{it} \in \sigma(U)$ である．

　$(\sigma(U) \subset \{e^{it} \mid t \in \operatorname{supp} \tilde{E}\})$　対偶を示す．$e^{is} \notin \{e^{it} \mid t \in \operatorname{supp} \tilde{E}\}$ とする．このとき $t \mapsto \frac{1}{e^{it} - e^{is}}$ は $\operatorname{supp} \tilde{E}$ 上の連続関数である．そこで

$$B = \int_{(0, 2\pi]} \frac{1}{e^{it} - e^{is}}\, d\tilde{E}_t$$

とすれば $B \in B(\mathcal{H})$．さらに，

$$(U - e^{is})B = \int_{(0, 2\pi]} \frac{e^{it} - e^{is}}{e^{it} - e^{is}}\, d\tilde{E}_t = \mathbb{1}$$

になるから $B = (U - e^{is})^{-1}$ となり，$e^{is} \notin \sigma(U)$ である．□

10.3 スペクトル測度から作られる作用素

本節では，$(\mathbb{R}, \mathcal{B}(\mathbb{R}))$ 上のスペクトル測度 $E: \mathcal{B}(\mathbb{R}) \to p(\mathcal{H})$ を固定する．$\mathbb{R}$ 上の複素数値ボレル可測関数全体を $\mathfrak{M}(\mathbb{R})$ と表す．ここでの目標は，$F \in \mathfrak{M}(\mathbb{R})$ に対して作用素 $\int_{\mathbb{R}} F(\lambda)\, dE_\lambda$ を定義することである．

F が有界なとき $\int_{\mathbb{R}} F(\lambda)\, d(f, E_\lambda g)$ は有限であり，次の不等式が成り立つ．

補題 10.19　$F \in \mathfrak{M}(\mathbb{R})$ は有界とする．このとき任意の $f, g \in \mathcal{H}$ に対して次が成り立つ．

$$
\left| \int_{\mathbb{R}} F(\lambda)\, d(f, E_\lambda g) \right|^2 \leq \int_{\mathbb{R}} |F(\lambda)|\, d\|E_\lambda f\|^2 \int_{\mathbb{R}} |F(\lambda)|\, d\|E_\lambda g\|^2
$$
$$
\leq \|F\|_\infty^2 \|f\|^2 \|g\|^2. \tag{10.3}
$$

証明　$X \in \mathcal{B}(\mathbb{R})$ とし $F = \mathbb{1}_X$ とする．このとき $(f, E(X)g) = \int_{\mathbb{R}} \mathbb{1}_X(\lambda)\, d(f, E_\lambda g)$ で，$E(X)$ は射影作用素なので

$$
\left| \int_{\mathbb{R}} \mathbb{1}_X(\lambda)\, d(f, E_\lambda g) \right| = |(E(X)f, E(X)g)| \leq \|E(X)f\| \|E(X)g\|
$$
$$
= \sqrt{\int_{\mathbb{R}} |\mathbb{1}_X(\lambda)|\, d\|E_\lambda f\|^2} \sqrt{\int_{\mathbb{R}} |\mathbb{1}_X(\lambda)|\, d\|E_\lambda g\|^2}.
$$

次に，F を単関数 $F = \sum_{j=1}^n a_j \mathbb{1}_{X_j}$ とする．ここで，$X_i \cap X_j = \emptyset$ $(i \neq j)$ で $a_j \geq 0$ とする．そうすると，$\mathbb{1}_X$ のときと同様にして

$$
\left| \int_{\mathbb{R}} F(\lambda)\, d(f, E_\lambda g) \right| = \left| \left(f, \sum_{j=1}^n a_j E(X_j)g \right) \right|
$$
$$
= \left| \left(\sum_{j=1}^n \sqrt{a_j}\, E(X_j)f, \sum_{j=1}^n \sqrt{a_j}\, E(X_j)g \right) \right|
$$
$$
\leq \sqrt{\int_{\mathbb{R}} |F(\lambda)|\, d\|E_\lambda f\|^2} \sqrt{\int_{\mathbb{R}} |F(\lambda)|\, d\|E_\lambda g\|^2}
$$

となる．非負可測関数 F に対して各点で F に下から近づく単関数列 $(F_n)_n$ が存在するので，極限操作で非負可測関数 F に対しても不等式 (10.3) が成り立つことがわかる．実可測関数 $F = F_+ - F_-$ のときは $|F| = F_+ + F_-$ なので

$$
\left| \int_{\mathbb{R}} F(\lambda)\, d(f, E_\lambda g) \right| \leq \sqrt{\int_{\mathbb{R}} |F_+(\lambda)|\, d\|E_\lambda f\|^2} \sqrt{\int_{\mathbb{R}} |F_+(\lambda)|\, d\|E_\lambda g\|^2}
$$

$$+ \sqrt{\int_{\mathbb{R}} |F_-(\lambda)| \, d\|E_\lambda f\|^2} \sqrt{\int_{\mathbb{R}} |F_-(\lambda)| \, d\|E_\lambda g\|^2}.$$

一般に $\sqrt{ab} + \sqrt{cd} \leq \sqrt{a+c}\,\sqrt{b+d}$ なので

$$\left| \int_{\mathbb{R}} F(\lambda) \, d(f, E_\lambda g) \right| \leq \sqrt{\int_{\mathbb{R}} |F(\lambda)| \, d\|E_\lambda f\|^2} \sqrt{\int_{\mathbb{R}} |F(\lambda)| \, d\|E_\lambda g\|^2}.$$

一般の複素数値可測関数 F のときも実数部分と虚数部分に分ければできる. □

$F \in \mathfrak{M}(\mathbb{R})$ が有界なとき, 補題 10.19 とリースの表現定理から,

$$\int_{\mathbb{R}} F(\lambda) \, d(f, E_\lambda g) = (f, T_F g)$$

となる $T_F \in B(\mathcal{H})$ が存在する.

$$T_F = \int_{\mathbb{R}} F(\lambda) \, dE_\lambda$$

と表す. さて, F を有界とは限らないボレル可測関数とする. $\int_{\mathbb{R}} F(\lambda) \, dE_\lambda$ を定義するために F を有界な関数で近似する.

補題 10.20　$F \in \mathfrak{M}(\mathbb{R})$ に対して

$$F_n(\lambda) = \begin{cases} F(\lambda) & |F(\lambda)| \leq n \\ 0 & |F(\lambda)| > n \end{cases} \tag{10.4}$$

とする. $f \in \mathcal{H}$ とする. このとき次が成り立つ.

$$\lim_{n \to \infty} T_{F_n} f \text{ が収束する.} \iff \int_{\mathbb{R}} |F(\lambda)|^2 \, d\|E_\lambda f\|^2 < \infty.$$

証明　($\Longrightarrow$) $\mathfrak{D} = \{F \in \mathfrak{M}(\mathbb{R}) \mid \int_{\mathbb{R}} |F(\lambda)|^2 \, d\|E_\lambda f\|^2 < \infty\}$ とすると $\mathfrak{D}$ はヒルベルト空間である. $\|T_{F_n} f - T_{F_m} f\|^2 = \int_{\mathbb{R}} |F_m(\lambda) - F_n(\lambda)|^2 \, d\|E_\lambda f\|^2$ なので $(F_n)_n$ は $\mathfrak{D}$ でコーシー列になり, $\lim_{n \to \infty} F_n = G$ が存在する. 特に部分列 $n(k)$ を選べば $F_{n(k)} \to G\,(k \to \infty)$ a.e. 一方, $F_{n(k)}(\lambda) \to F(\lambda)\,(k \to \infty)$ は全ての λ で成り立つから $F = G$ a.e. ゆえに,

$$\infty > \int_{\mathbb{R}} |G(\lambda)|^2 \, d\|E_\lambda f\|^2 = \int_{\mathbb{R}} |F(\lambda)|^2 \, d\|E_\lambda f\|^2.$$

($\Longleftarrow$) $\int_{\mathbb{R}} |F(\lambda)|^2 \, d\|E_\lambda f\|^2 < \infty$ なので, ルベーグの収束定理より

$$\lim_{m,n \to \infty} \|T_{F_n} f - T_{F_m} f\|^2 = \lim_{m,n \to \infty} \int_{\mathbb{R}} |F_m(\lambda) - F_n(\lambda)|^2 \, d\|E_\lambda f\|^2 = 0$$

になる. よって, $(T_{F_n} f)_n$ は $\mathcal{H}$ のコーシー列なので収束列である. □

補題 10.21 $F \in \mathfrak{M}(\mathbb{R})$ に対して F_n を (10.4) で定め，作用素 T_F を次で定義する.

$$\mathsf{D}(T_F) = \left\{ f \in \mathcal{H} \,\middle|\, \int_{\mathbb{R}} |F(\lambda)|^2 \, d\|E_\lambda f\|^2 < \infty \right\},$$

$$T_F f = \lim_{n \to \infty} T_{F_n} f.$$

このとき $\mathsf{D}(T_F)$ は $\mathcal{H}$ で稠密で T_F は閉作用素である.

証明 $M_n = \{\lambda \in \mathbb{R} \mid |F(\lambda)| \le n\}$ とすれば $E(M_n) \to \mathbb{1} \, (n \to \infty)$ である. $f \in E(M_n)\mathcal{H}$ に対して

$$\int_{\mathbb{R}} |F(\lambda)|^2 \, d\|E_\lambda f\|^2 = \int_{M_n} |F_n(\lambda)|^2 \, d\|E_\lambda f\|^2 = \|T_{F_n} f\|^2 < \infty$$

になるから $f \in \mathsf{D}(T_F)$. つまり，$E(M_n)\mathcal{H} \subset \mathsf{D}(T_F)$. $f \in \mathcal{H}$ に対して $\mathsf{D}(T_F) \ni E(M_n)f$ で $E(M_n)f \to f \, (n \to \infty)$ なので $\mathsf{D}(T_F)$ は $\mathcal{H}$ で稠密である.

$$\mathsf{D}(S_F) = \left\{ f \in \mathcal{H} \,\middle|\, \lim_{n \to \infty} T_{F_n}^* f \text{ が収束する.} \right\},$$

$$S_F f = \lim_{n \to \infty} T_{F_n}^* f$$

と定義する. 補題 10.20 より,

$$\mathsf{D}(S_F) = \left\{ f \in \mathcal{H} \,\middle|\, \int_{\mathbb{R}} |\bar{F}(\lambda)|^2 \, d\|E_\lambda f\|^2 < \infty \right\} = \mathsf{D}(T_F)$$

となる. $f \in \mathsf{D}(T_F)$, $g \in \mathsf{D}(S_F)$ に対して

$$(T_F f, g) = \lim_{n \to \infty} (T_{F_n} f, g) = \lim_{n \to \infty} (f, T_{F_n}^* g) = (f, S_F g)$$

なので $S_F \subset T_F^*$. 逆に $g \in \mathsf{D}(T_F^*)$ とすれば $h \in \mathcal{H}$ で

$$(T_F f, g) = (f, h), \quad \forall f \in \mathsf{D}(T_F)$$

となるものが存在する.

$$T_{F_n} = T_{F \mathbb{1}_{M_n}} = T_F T_{\mathbb{1}_{M_n}} = T_F E(M_n)$$

であるから,

$$(T_{F_n} f, g) = (T_F E(M_n) f, g) = (E(M_n) f, h) = (f, E(M_n) h).$$

ゆえに, $T_{F_n}^* g = E(M_n) h$. よって

$$\lim_{n \to \infty} T_{F_n}^* g = \lim_{n \to \infty} E(M_n) h = h.$$

$(T_{F_n}^* g)_n$ は収束列なので $g \in \mathsf{D}(S_F)$. ゆえに, $S_F \supset T_F^*$. 結局 $S_F = T_F^*$ となる. 同様に $S_F^* = T_F$ が示せるから $T_F = T_F^{**} = \bar{T}_F$ なので T は閉作用素である. $\square$

改めて T_F を定義しよう.

$\boxed{\text{定義 10.22}}$（スペクトル測度から定まる閉作用素）　$F \in \mathfrak{M}(\mathbb{R})$ とする．このときヒルベルト空間 $\mathcal{H}$ 上の閉作用素 T_F を次で定義する．

$$\mathsf{D}(T_F) = \left\{ f \in \mathcal{H} \,\middle|\, \int_{\mathbb{R}} |F(\lambda)|^2 \, d\|E_\lambda f\|^2 < \infty \right\},$$
$$T_F f = \lim_{n \to \infty} T_{F_n} f.$$

すでにみたように $F \in \mathfrak{M}(\mathbb{R})$ に対して

$$(f, T_F g) = \int_{\mathbb{R}} F(\lambda) \, d(f, E_\lambda g)$$

となるので，形式的に $T_F = \int_{\mathbb{R}} F(\lambda) \, dE_\lambda$ とおく．

$\boxed{\text{定理 10.23}}$　$F, G \in \mathfrak{M}(\mathbb{R})$ に対して次が成り立つ．

(1)　$T_F^* = T_{\bar{F}}$.

(2)　F が実関数であれば T_F は自己共役作用素である．

(3)　$\mathsf{D}(T_F + T_G) = \mathsf{D}(T_{F+G}) \cap \mathsf{D}(T_G)$ で $T_F + T_G \subset T_{F+G}$.

(4)　$\mathsf{D}(T_F T_G) = \mathsf{D}(T_{FG}) \cap \mathsf{D}(T_G)$ で $T_F T_G \subset T_{FG}$.

証明　(1) と (2) 補題 10.21 の証明で $T_F^* = \int_{\mathbb{R}} \bar{F}(\lambda) \, dE_\lambda$ を示した．これから (1) が従う．(2) は (1) から従う．

(3) $\mathsf{D}(T_F + T_G) = \mathsf{D}(T_F) \cap \mathsf{D}(T_G)$ なので，$f \in \mathsf{D}(T_F + T_G)$ は $\int_{\mathbb{R}} |F(\lambda)|^2 \, d\|E_\lambda f\|^2 < \infty$ かつ $\int_{\mathbb{R}} |G(\lambda)|^2 \, d\|E_\lambda f\|^2 < \infty$ と同値である．さらに，自明な不等式

$$\frac{1}{2}|F(\lambda)|^2 - |G(\lambda)|^2 \le |F(\lambda) + G(\lambda)|^2 \le 2|F(\lambda)|^2 + 2|G(\lambda)|^2$$

から，$f \in \mathsf{D}(T_F + T_G)$ は $f \in \mathsf{D}(T_{F+G}) \cap \mathsf{D}(T_G)$ と同値である．ゆえに，
$$\mathsf{D}(T_F + T_G) = \mathsf{D}(T_{F+G}) \cap \mathsf{D}(T_G)$$
となる．$T_F + T_G \subset T_{F+G}$ を示そう．$f \in \mathsf{D}(T_F) \cap \mathsf{D}(T_G) \, (= \mathsf{D}(T_{F+G}) \cap \mathsf{D}(T_G))$ とする．$T_{F_n} + T_{G_n} = T_{F_n + G_n}$ と，$T_{F_n} f \to T_F f$, $T_{G_n} f \to T_G f$, $T_{F_n + G_n} f \to T_{F+G} f \, (n \to \infty)$ から

$$\|(T_F + T_G - T_{F+G})f\| \le \lim_{n \to \infty} \{\|(T_F + T_G - T_{F_n} - T_{G_n})f\|$$
$$+ \|(T_{F_n} + T_{G_n} - T_{F_n + G_n})f\|$$
$$+ \|(T_{F_n + G_n} - T_{F+G})f\|\}$$
$$= 0$$

なので $T_F f + T_G f = T_{F+G} f$ が従う．

(4) $f \in \mathsf{D}(T_G)$ とする．2つの測度 $\|E(\cdot)T_G f\|^2$ と $\|E(\cdot)f\|^2$ について考える．$S \in \mathcal{B}(\mathbb{R})$ とする．このとき

$$\|T_{\mathbb{1}_S}T_{G_n}f\|^2 = \|T_{\mathbb{1}_S G_n}f\|^2 = \int_{\mathbb{R}} \mathbb{1}_S(\lambda)|G_n(\lambda)|^2 \, d\|E_\lambda f\|^2$$

なので, $n \to \infty$ の極限をとれば

$$\|E(S)T_G f\|^2 = \int_{\mathbb{R}} \mathbb{1}_S(\lambda)|G(\lambda)|^2 \, d\|E_\lambda f\|^2$$

となるから $\|E(\cdot)T_G f\|^2 \ll \|E(\cdot)f\|^2$ で, ラドン–ニコディム導関数は

$$\frac{d\|E_\lambda T_G f\|^2}{d\|E_\lambda f\|^2} = |G(\lambda)|^2$$

である. つまり, $f \in \mathsf{D}(T_{FG}) \cap \mathsf{D}(T_G)$ のとき

$$\infty > \int_{\mathbb{R}} |F(\lambda)G(\lambda)|^2 \, d\|E_\lambda f\|^2 = \int_{\mathbb{R}} |F(\lambda)|^2 \, d\|E_\lambda T_G f\|^2$$

となる. ゆえに, $T_G f \in \mathsf{D}(T_F)$ なので $f \in \mathsf{D}(T_F T_G)$ となる. 逆向きの包含関係 $\mathsf{D}(T_{FG}) \cap \mathsf{D}(T_G) \supset \mathsf{D}(T_F T_G)$ を示そう. $f \in \mathsf{D}(T_F T_G)$ のとき $f \in \mathsf{D}(T_G)$ かつ $T_G f \in \mathsf{D}(T_F)$ だから,

$$\int_{\mathbb{R}} |F(\lambda)|^2 \, d\|E_\lambda T_G f\|^2 < \infty$$

となる. これは,

$$\int_{\mathbb{R}} |F(\lambda)|^2 |G(\lambda)|^2 \, d\|E_\lambda f\|^2 < \infty$$

を意味するから $f \in \mathsf{D}(T_{FG})$ となる. 次に, $f \in \mathsf{D}(T_F T_G)$ に対して $T_F T_G f = T_{FG} f$ を示す.

$$\begin{aligned}
\|T_{FG}f - T_F T_G f\| &\leq \|T_{FG}f - T_{F_n G}f\| + \|T_{F_n G}f - T_{F_n G_m}f\| \\
&\quad + \|T_{F_n G_m}f - T_{F_n}T_{G_m}f\| + \|T_{F_n}T_{G_m}f - T_{F_n}T_G f\| \\
&\quad + \|T_{F_n}T_G f - T_F T_G f\|
\end{aligned}$$

と分ける. $\|T_{F_n G_m}f - T_{F_n}T_{G_m}f\| = 0$ となり,

$$\|T_{F_n G}f - T_{F_n G_m}f\|^2 = \int_{\mathbb{R}} |F_n(\lambda)|^2 |G(\lambda) - G_m(\lambda)|^2 \, d\|E_\lambda f\|^2,$$

$$\|T_{FG}f - T_{F_n G}f\|^2 = \int_{\mathbb{R}} |F_n(\lambda) - F(\lambda)|^2 |G(\lambda)|^2 \, d\|E_\lambda f\|^2$$

は $n, m \to \infty$ でそれぞれ 0 に収束する. また, $f \in \mathsf{D}(T_G)$ なので,

$$\|T_{F_n}T_{G_m}f - T_{F_n}T_G f\|^2 = \int_{\mathbb{R}} |F_n(\lambda)(G(\lambda) - G_m(\lambda))|^2 \, d\|E_\lambda f\|^2,$$

$$\|T_{F_n}T_G f - T_F T_G f\|^2 = \int_{\mathbb{R}} |(F_n(\lambda) - F(\lambda))G(\lambda)|^2 \, d\|E_\lambda f\|^2$$

も $n, m \to \infty$ でそれぞれ 0 に収束する. ゆえに, $T_{FG} = T_F T_G$ が $\mathsf{D}(T_F T_G)$ 上で成り立つ. $\square$

次の系が即座に従う.

【系 10.24】　$F, G \in \mathfrak{M}(\mathbb{R})$ かつ G が有界とする. このとき次が成り立つ.

(1)　$T_F + T_G = T_{F+G}$.

(2)　$T_F T_G = T_{FG}$.

証明　各自確かめよ. □

【補題 10.25】　$F \in \mathfrak{M}(\mathbb{R})$, $f \in \mathsf{D}(T_F)$ とする. このとき次が成り立つ.

$$\|T_F f\|^2 = \int_{\mathbb{R}} |F(\lambda)|^2 \, d\|E_\lambda f\|^2.$$

証明　$F \geq 0$ とする. 一般の F の場合は, 実部と虚部に分け, さらに実部と虚部を正の部分と負の部分に分ければよい.

$$\|T_F f\|^2 = (T_F f, T_F f) = (g, T_F f) = \int_{\mathbb{R}} F(\lambda) \, d(g, E_\lambda f)$$

となる. ここで, $g = T_F f$ とおいた. 測度 $\nu(A) = (g, E(A)f)$ を調べよう. $\|T_F f\|^2 = \int_{\mathbb{R}} F(\lambda) \, d\nu(\lambda)$ となる. さて, $\nu(A) = (T_F f, E(A)f) = \overline{(E(A)f, T_F f)}$ なので $\nu(A) = \int_{\mathbb{R}} F(\lambda) \, d(E(A)f, E_\lambda f)$ となる. そこで測度 $B \mapsto (E(A)f, E(B)f)$ について考える. $(E(A)f, E(B)f) = (f, E(A \cap B)f) = \|E(A \cap B)f\|^2$ なので

$$\nu(A) = \int_{\mathbb{R}} \mathbb{1}_A(\lambda) F(\lambda) \, d\|E_\lambda f\|^2.$$

ゆえに, $\int_{\mathbb{R}} \mathbb{1}_A(\xi) \, d\nu(\xi) = \int_{\mathbb{R}} \mathbb{1}_A(\lambda) F(\lambda) \, d\|E_\lambda f\|^2$. $\mathbb{1}_A$ を単関数 $G = \sum_{j=1}^n a_j \mathbb{1}_{A_j}$ で置き換えると

$$\int_{\mathbb{R}} G(\xi) \, d\nu(\xi) = \int_{\mathbb{R}} G(\lambda) F(\lambda) \, d\|E_\lambda f\|^2$$

となる. $F_n \uparrow F$ となる単関数の列 $(F_n)_n$ が存在するので,

$$\int_{\mathbb{R}} F_n(\xi) \, d\nu(\xi) = \int_{\mathbb{R}} F_n(\lambda) F(\lambda) \, d\|E_\lambda f\|^2 \leq \int_{\mathbb{R}} |F(\lambda)|^2 \, d\|E_\lambda f\|^2 < \infty$$

の両辺の極限をとれば, 単調収束定理より次が従う.

$$\|T_F f\|^2 = \int_{\mathbb{R}} F(\xi) \, d\nu(\xi) = \int_{\mathbb{R}} |F(\lambda)|^2 \, d\|E_\lambda f\|^2. \qquad \square$$

【系 10.26】　$T = \int_{\mathbb{R}} \lambda \, dE_\lambda$ とする. このとき $\|Tf\|^2 = \int_{\mathbb{R}} |\lambda|^2 \, dE_\lambda$ となる.

証明　各自確かめよ. □

10.4 自己共役作用素

10.1 節で有界自己共役作用素のスペクトル分解定理を証明した．これを一般の自己共役作用素に拡張する．

自己共役作用素からユニタリー作用素を作るために $\mathbb{R}$ と S^1 の間の写像を定義する．S^1 から 1 点 $\{1\}$ を抜く．$\mathbb{R} \cong S^1 \setminus \{1\}$ の同相を与える同相写像の一つが写像 $\varphi \colon \mathbb{R} \to S^1 \setminus \{1\}$,

$$\varphi \colon \lambda \mapsto \frac{\lambda - i}{\lambda + i}$$

である．φ を**ケーリー変換**という．$\psi \colon S^1 \setminus \{1\} \to (0, 2\pi)$ を $\psi(z) = \arg z$ とすれば ψ も φ も同相写像なので $\theta = \psi \circ \varphi \colon \mathbb{R} \to (0, 2\pi)$ も同相写像である．写像 θ は以下をみたす．

$$e^{i\theta(\lambda)} = \frac{\lambda - i}{\lambda + i}, \quad \lambda \in \mathbb{R}.$$

θ の逆写像 $\theta^{-1} \colon (0, 2\pi) \to \mathbb{R}$ は以下のようになる．

$$\theta^{-1}(t) = i\frac{1 + e^{it}}{1 - e^{it}}, \quad t \in (0, 2\pi).$$

補題 10.27（自己共役作用素のケーリー変換）　自己共役作用素 T に対して
$$U = (T - i\mathbb{1})(T + i\mathbb{1})^{-1}$$
はユニタリー作用素である．

証明　T が自己共役作用素なので $\mathrm{Ran}(T \pm i\mathbb{1}) = \mathcal{H}$ である．そこで
$$U \colon \mathrm{Ran}(T + i\mathbb{1}) \to \mathrm{Ran}(T - i\mathbb{1})$$
を次のように定める．
$$U(T + i\mathbb{1})f = (T - i\mathbb{1})f, \quad f \in \mathrm{D}(T).$$
ここで $\mathrm{D}(U) = \mathcal{H}$ かつ $\mathrm{Ran}(U) = \mathcal{H}$ である．また
$$\|U(T + i\mathbb{1})f\|^2 = \|Tf\|^2 + \|f\|^2$$
$$= \|(T + i\mathbb{1})f\|^2$$
なので U は等長作用素である．ゆえに，U はユニタリー作用素である．□

U を自己共役作用素 T の**ケーリー変換**という．

補題 10.28　T は自己共役作用素で, U は T のケーリー変換とする. このとき次が成り立つ.

(1)　$\mathrm{Ker}(\mathbb{1} - U) = \{0\}$.

(2)　$\mathrm{Ran}(\mathbb{1} - U) = \mathrm{D}(T)$.

証明　(1) $g \in \mathrm{Ker}(\mathbb{1} - U)$ とする. $\mathrm{Ran}(T + i\mathbb{1}) = \mathcal{H}$ だから $g = (T + i\mathbb{1})f$ と表せて $(\mathbb{1} - U)g = 0$ なので $f = 0$ となる. ゆえに $g = 0$ となる.

(2) $f \in \mathrm{D}(T)$ とする. $g = (T + i\mathbb{1})f$ とすると, 定義より $Ug = (T - i\mathbb{1})f$ なので $(\mathbb{1} - U)g = 2if$. ゆえに $f \in \mathrm{Ran}(\mathbb{1} - U)$ となるから $\mathrm{D}(T) \subset \mathrm{Ran}(\mathbb{1} - U)$ となる. 逆向きの包含関係を示そう. $\mathrm{Ran}(T + i\mathbb{1}) = \mathcal{H}$ だから任意の $g \in \mathcal{H}$ に対して $f \in \mathrm{D}(T)$ が存在して $g = (T + i\mathbb{1})f$ と表せる. $Ug = (T - i\mathbb{1})f$ だから, $(\mathbb{1} - U)g = 2if$ となる. ゆえに, $\mathrm{D}(T) \supset \mathrm{Ran}(\mathbb{1} - U)$ となる. $\square$

補題 10.29　T を自己共役作用素とし U をそのケーリー変換とする. このとき次が成り立つ.

$$T(\mathbb{1} - U) = i(\mathbb{1} + U). \tag{10.5}$$

証明　補題 10.28 の証明と同様に $\mathrm{Ran}(T + i\mathbb{1}) = \mathcal{H}$ だから任意の $g \in \mathcal{H}$ に対して $f \in \mathrm{D}(T)$ が存在して $g = (T + i\mathbb{1})f$ と表せる. $Ug = (T - i\mathbb{1})f$ だから, $(\mathbb{1} + U)g = 2Tf$ かつ $(\mathbb{1} - U)g = 2if$ となる. ゆえに, (10.5) が従う. $\square$

系 10.30　T を自己共役作用素とし U をそのケーリー変換とする. このとき次が成り立つ.

(1)　$\mathrm{D}(T) = \mathrm{Ran}(\mathbb{1} - U)$.

(2)　$T = i(\mathbb{1} + U)(\mathbb{1} - U)^{-1}$.

証明　補題 10.28 から, $\mathbb{1} - U$ は単射なので逆写像 $(\mathbb{1} - U)^{-1} \colon \mathrm{Ran}(\mathbb{1} - U) \to \mathcal{H}$ が定義できる. (1) は補題 10.28 で示した. (2) は (10.5) から従う. $\square$

系 10.31　T と S を自己共役作用素とし U_T と U_S を T と S のケーリー変換とする. このとき $T = S$ であるための必要十分条件は $U_T = U_S$ である.

証明　$T = S$ ならば $U_T = U_S$ であることは自明. $U_T = U_S$ とすると系 10.30 から $T = i(\mathbb{1} + U_T)(\mathbb{1} - U_T)^{-1} = i(\mathbb{1} + U_S)(\mathbb{1} - U_S)^{-1} = S$ となる. $\square$

補題 10.32　E を $(\mathbb{R}, \mathcal{B}(\mathbb{R}))$ 上のスペクトル測度とし自己共役作用素を $A = \int_{\mathbb{R}} \lambda \, dE_\lambda$ と定める. このとき A のケーリー変換は次のように表せる.

$$(A - i\mathbb{1})(A + i\mathbb{1})^{-1} = \int_{\mathbb{R}} \frac{\lambda - i}{\lambda + i} \, dE_\lambda.$$

証明 定理 10.23 から, $(A - i\mathbb{1})(A + i\mathbb{1})^{-1} = T_{\lambda-i}T_{(\lambda+i)^{-1}} \subset T_{(\lambda-i)(\lambda+i)^{-1}}$ となる. $F(\lambda) = (\lambda - i)(\lambda + i)^{-1}$ は有界関数なので $T_{(\lambda-i)(\lambda+i)^{-1}}$ は有界である. 一方, $(A - i\mathbb{1})(A + i\mathbb{1})^{-1}$ も有界なので $(A - i\mathbb{1})(A + i\mathbb{1})^{-1} = T_{(\lambda-i)(\lambda+i)^{-1}}$ となる. □

系 10.30 で自己共役作用素 T をケーリー変換 U で表すことができた. この表示を使って T のスペクトル分解定理を証明しよう.

定理 10.33 (スペクトル分解定理:非有界自己共役作用素) T を自己共役作用素とする. このとき $(\mathbb{R}, \mathcal{B}(\mathbb{R}))$ 上のスペクトル測度 E が一意に存在して次が成り立つ.

(1) $\mathsf{D}(T) = \{f \in \mathcal{H} \mid \int_{\mathbb{R}} |\lambda|^2 \, d\|E_\lambda f\|^2 < \infty\}$.

(2) $(f, Tg) = \int_{\mathbb{R}} \lambda \, d(f, E_\lambda g)$.

(3) $\|Tf\|^2 = \int_{\mathbb{R}} \lambda^2 \, d\|E_\lambda f\|^2$.

(4) $\operatorname{supp} E = \sigma(T)$.

証明 T のケーリー変換 U はユニタリー作用素なのでスペクトル測度 $\tilde{E}$ が一意に存在して $U = \int_{(0,2\pi]} e^{it} \, d\tilde{E}_t$ と表せる.

$$\int_{(0,2\pi]} e^{it} \, d(f, \tilde{E}_t g) = \int_{(0,2\pi)} e^{it} \, d(f, \tilde{E}_t g) + (f, \tilde{E}(\{2\pi\})g)$$

となるが, $\tilde{E}(\{2\pi\}) = 0$ である. なぜならば, もし $\tilde{E}(\{2\pi\}) \neq 0$ ならば $f \in \tilde{E}(\{2\pi\})\mathcal{H}$ と任意の $g \in \mathcal{H}$ に対して

$$(g, Uf) = \int_{\{2\pi\}} e^{it} \, d(g, \tilde{E}_t f) = (g, \tilde{E}(\{2\pi\})f) = (g, f)$$

となるから $Uf = f$ となり $\operatorname{Ker}(\mathbb{1} - U) = \{0\}$ に矛盾するからである. よって $U = \int_{(0,2\pi)} e^{it} \, d\tilde{E}_t$ としてよい. $\theta^{-1} : (0, 2\pi) \to \mathbb{R}$ による $\mathbb{R}$ 上の像測度を $E = \tilde{E} \circ \theta$ とすると E は $(\mathbb{R}, \mathcal{B}(\mathbb{R}))$ 上のスペクトル測度になる. そこで $\tilde{T} = \int_{\mathbb{R}} \lambda \, dE_\lambda$ と定義する. $\tilde{T}$ のケーリー変換 $\tilde{U}$ は補題 10.32 から

$$\tilde{U} = \int_{\mathbb{R}} \frac{\lambda - i}{\lambda + i} \, dE_\lambda \tag{10.6}$$

である. 一方

$$U = \int_{(0,2\pi)} e^{it} \, d\tilde{E}_t = \int_{\mathbb{R}} e^{i\theta(\lambda)} \, dE_\lambda = \int_{\mathbb{R}} \frac{\lambda - i}{\lambda + i} \, dE_\lambda \tag{10.7}$$

となる．(10.6) と (10.7) より，$\tilde{U} = U$ なので $\tilde{T} = T$ であるから $T = \int_{\mathbb{R}} \lambda\, dE_\lambda$ となる．最後にスペクトル測度の一意性を示す．$T = \int_{\mathbb{R}} \lambda\, dG_\lambda$ とする．ケーリー変換 U に付随するスペクトル測度 $\tilde{E}$ が一意であることに気をつけると

$$\int_{(0,2\pi)} e^{it}\, d\tilde{E}_t = U = \int_{\mathbb{R}} \frac{\lambda - i}{\lambda + i}\, dG_\lambda = \int_{\mathbb{R}} e^{i\theta(\lambda)}\, dG_\lambda = \int_{(0,2\pi)} e^{it}\, dG_{\theta^{-1}(t)}$$

なので $dG_{\theta^{-1}(t)} = d\tilde{E}_t$．ゆえに，$G = \tilde{E} \circ \theta = E$ となる．□

　有界な自己共役作用素の場合 (10.1) と同様に

$$T = \int_{\mathbb{R}} \lambda\, dE_\lambda$$

と形式的に表す．自己共役作用素 T の関数 $F(T)$ も有界な自己共役作用素の場合と同様にスペクトル分解定理を経由して定義される．

$\boxed{\text{定義 10.34}}$ （自己共役作用素の関数）　T を自己共役作用素とし $F \in \mathfrak{M}(\mathbb{R})$ とする．T をスペクトル分解定理で $T = \int_{\mathbb{R}} \lambda\, dE_\lambda$ と表す．このとき $F(T)$ を次で定める．

$$\mathsf{D}(F(T)) = \left\{ f \in \mathcal{H} \ \middle| \ \int_{\mathbb{R}} |F(\lambda)|^2\, d\|E_\lambda f\|^2 < \infty \right\},$$

$$(f, F(T)g) = \int_{\mathbb{R}} F(\lambda)\, d(f, E_\lambda g).$$

　自己共役作用素 T の関数を上のように定義したので，次の関係が成り立つ．

$\boxed{\text{定理 10.35}}$　T を自己共役作用素とし $F, G \in \mathfrak{M}(\mathbb{R})$ とする．このとき次が成り立つ．

(1)　$F(T)^* = \bar{F}(T)$．

(2)　F が実関数であれば $F(T)$ は自己共役作用素である．

(3)　$\mathsf{D}(F(T) + G(T)) = \mathsf{D}((F+G)(T)) \cap \mathsf{D}(G(T))$ で
$$F(T) + G(T) \subset (F+G)(T).$$

(4)　$\mathsf{D}(F(T)G(T)) = \mathsf{D}((FG)(T)) \cap \mathsf{D}(G(T))$ で
$$F(T)G(T) \subset (FG)(T).$$

証明　定理 10.23 から従う．□

定理 10.36 (スペクトル写像定理) T を自己共役作用素とし $F \in C(\mathbb{R})$ とする. このとき

$$\sigma(F(T)) = \overline{F(\operatorname{supp} E)}$$

が成り立つ. 特に $\sigma(T) = \operatorname{supp} E$ と $\sigma(F(T)) = \overline{F(\sigma(T))}$ が成り立つ.

証明 $(\sigma(F(T)) \supset \overline{F(\operatorname{supp} E)})$ 対偶を示す. $z \notin \sigma(F(T))$ とする. $z \in F(\operatorname{supp} E)$ として矛盾を導こう. $z = F(\mu)$, $\mu \in \operatorname{supp} E$ としよう. 任意の $n > 0$ に対して, $E((\mu - \frac{1}{n}, \mu + \frac{1}{n})) \neq 0$ なので $E((\mu - \frac{1}{n}, \mu + \frac{1}{n}))\Phi \neq 0$ となる Φ が存在する.

$$\Psi_n = \frac{1}{\|E((\mu - \frac{1}{n}, \mu + \frac{1}{n}))\Phi\|} E\left(\left(\mu - \frac{1}{n}, \mu + \frac{1}{n}\right)\right)\Phi$$

とおく. $S = T_{(F-z)^{-1}}$ とおくと, 定理 10.35 から, $S(F(T) - z) \subset \mathbb{1}$ となる. ゆえに, $S = (F(T) - z)^{-1}$ が $\operatorname{Ran}(F(T) - z)$ 上で成り立つから

$$\|S\Psi_n\|^2 = \int_{(\mu - \frac{1}{n}, \mu + \frac{1}{n})} \frac{1}{|F(\lambda) - F(\mu)|^2} \, d\|E(\lambda)\Psi_n\|^2$$

となることがわかる. 任意の $\varepsilon > 0$ に対して F が連続なので, 十分大きな $n > 0$ をとれば, $|F(\lambda) - F(\mu)| < \varepsilon$ が $\lambda \in (\mu - \frac{1}{n}, \mu + \frac{1}{n})$ で成り立つから,

$$\|S\Psi_n\|^2 \geq \frac{1}{\varepsilon^2} \int_{(\mu - \frac{1}{n}, \mu + \frac{1}{n})} d\|E(\lambda)\Psi_n\|^2 = \frac{1}{\varepsilon^2}.$$

これは, S が有界作用素でないことを示している. ゆえに, z が $F(T)$ のレゾルベント集合に含まれないことを示すので $z \in \sigma(F(T))$ となる. これは, 仮定に矛盾する. ゆえに, $z \notin F(\operatorname{supp} E)$ である.

$(\sigma(F(T)) \subset \overline{F(\operatorname{supp} E)})$ 対偶を示す. $z \notin \overline{F(\operatorname{supp} E)}$ とする. このとき $\inf_{\lambda \in \operatorname{supp} E} |z - F(\lambda)| \geq c > 0$ となるから,

$$T_{(F-z)^{-1}} = \int_{\mathbb{R}} \frac{1}{F(\lambda) - z} \, dE_\lambda$$

は有界作用素になる. ゆえに, $T_{(F-z)^{-1}} = (F(T) - z)^{-1}$ となるから z は $F(T)$ のレゾルベント集合に含まれる. ゆえに, $z \notin \sigma(F(T))$ になる.

最後に $F(\lambda) = \lambda$ とすれば, $\sigma(T) = \overline{\operatorname{supp} E} = \operatorname{supp} E$ なので $\sigma(F(T)) = \overline{F(\operatorname{supp} E)} = \overline{F(\sigma(T))}$ となる. $\square$

T を自己共役作用素とする. 作用素の積として T^2 を考える場合と, $F(x) = x^2$ として定義 10.34 のように $F(T)$ を考える場合がある. 定理 10.35 によれば $T^2 \subset F(T)$ である. しかし, 実際には $F(T) = T^2$ になる. 一般に, 次の系が成り立つ.

系 10.37 T を自己共役作用素とし $P = a_n x^n + \cdots + a_1 x + a_0$ とする. このとき

$$a_n T^n + \cdots + a_1 T + a_0 \mathbb{1} = P(T). \tag{10.8}$$

証明　$F(x) = x^2$ とする. 定理 10.35 より, $\mathsf{D}(T^2) = \mathsf{D}(F(T)) \cap \mathsf{D}(T)$ である. しかし, $\mathsf{D}(F(T)) \subset \mathsf{D}(T)$ なので $\mathsf{D}(T^2) = \mathsf{D}(F(T))$ となり, $T^2 = F(T)$ となる. これを繰り返すと, $F(x) = x^n$ のとき $T^n = F(T)$ となる. また, $F(x) = x^n$, $G(x) = x^m$ とすると, 定理 10.35 より, $\mathsf{D}(T^n + T^m) = \mathsf{D}((F+G)(T)) \cap \mathsf{D}(G(T))$ となるが, $\mathsf{D}((F+G)(T)) \subset \mathsf{D}(G(T))$ となるから $\mathsf{D}(T^n + T^m) = \mathsf{D}((F+G)(T))$ となる. ゆえに,

$$T^n + T^m = (F+G)(T).$$

これを繰り返すと, (10.8) が示せる. □

例 10.38（非負自己共役作用素の平方根）　T を非負自己共役作用素とする. $\sqrt{T} = \int_{\mathbb{R}} \sqrt{\lambda}\, dE_\lambda$ と定める. 定理 10.35 より $\mathsf{D}((\sqrt{T})^2) = \mathsf{D}(T) \cap \mathsf{D}(\sqrt{T})$ だが, $\mathsf{D}(T) \subset \mathsf{D}(\sqrt{T})$ なので $\mathsf{D}((\sqrt{T})^2) = \mathsf{D}(T)$ となり $(\sqrt{T})^2 = T$ となる.

　非負自己共役作用素 T と $0 < \alpha < 1$ に対して T^α はスペクトル分解定理によって, $T^\alpha = \int_{\mathbb{R}} \lambda^\alpha\, dE_\lambda$ と定義できる. ただし, 応用上便利な公式がある.

$$dx^\alpha = \alpha x^{\alpha-1}\, dx$$

とする. 可測関数 f は $\int_{\mathbb{R}} |f(x)|\, dx^\alpha < \infty$ とする. このとき $\lambda \geq 0$ に対して

$$\int_{\mathbb{R}} f(x/\lambda)\, dx^\alpha = \lambda^\alpha \int_{\mathbb{R}} f(x)\, dx^\alpha$$

となる. ゆえに, $c_\alpha = \int_{\mathbb{R}} f(x)\, dx^\alpha$ とすれば,

$$\lambda^\alpha = \frac{1}{c_\alpha} \int_{\mathbb{R}} f(x/\lambda)\, dx^\alpha$$

となる. これから, 次の補題を得る.

補題 10.39（T^α）　T を非負自己共役作用素, $0 < \alpha < 1$, 可測関数 f は $\int_{\mathbb{R}} |f(x)|\, dx^\alpha < \infty$ とする. このとき次が成り立つ.

$$T^\alpha = \frac{1}{c_\alpha} \int_{\mathbb{R}} f(x/T)\, dx^\alpha.$$

例 10.40 $f(x) = \frac{1}{1+x}\mathbb{1}_{[0,\infty)}(x)$ とする.

$$c_\alpha = \int_0^\infty \frac{1}{1+x}\,dx^\alpha = \alpha \int_0^\infty \frac{x^{\alpha-1}}{1+x}\,dx = \frac{\alpha\pi}{\sin\alpha\pi}$$

で,$\int_\mathbb{R} f(x/T)\,dx^\alpha = \alpha \int_0^\infty x^{\alpha-1}(x\mathbb{1}+T)^{-1}T\,dx$ なので,

$$T^\alpha = \frac{\sin\pi\alpha}{\pi}\int_0^\infty x^{\alpha-1}(x\mathbb{1}+T)^{-1}T\,dx.$$

閉作用素に対しても極分解が存在する.T を閉作用素とするとき T^*T は自己共役作用素であるから,スペクトル分解定理によって T^*T の関数 $|T| = \sqrt{T^*T}$ が定義できる.これは $\mathsf{D}(|T|) = \mathsf{D}(T)$ をみたす.

定理 10.41(閉作用素の極分解) T は閉作用素とする.このとき $T = U|T|$ となる部分等長作用素 U で $\mathsf{Ker}\,U = \mathsf{Ker}\,T$ をみたすものがただ一つ存在する.

証明 証明は有界な場合(定理 5.28)と同じである.□

$F(T)$ の評価に関しては次が成り立つ.

系 10.42(シュワルツの不等式) T は自己共役作用素,$F \in \mathfrak{M}(\mathbb{R})$,$f,g \in \mathsf{D}(\sqrt{|F(T)|})$ とする.このとき次が成り立つ.

$$\left|\int_\mathbb{R} F(\lambda)\,d(f,E_\lambda g)\right|^2 \le \int_\mathbb{R} |F(\lambda)|\,d\|E_\lambda f\|^2 \int_\mathbb{R} |F(\lambda)|\,d\|E_\lambda g\|^2.$$

証明 証明は補題 10.19 と同様である.□

例 10.43(レゾルベント) 自己共役作用素 T に対して a が T のレゾルベント集合に含まれていれば $(T+a)^{-1} = \int_\mathbb{R} \frac{1}{\lambda+a}\,dE_\lambda$ である.ゆえに,$\mathrm{Im}\,a \ne 0$ とすると $\|(T+a)^{-1}\| \le \frac{1}{|\mathrm{Im}\,a|}$ である.$T > M$ ならば $M+a>0$ のとき,$\|(T+a)^{-1}f\|^2$ と $\|T(T+a)^{-1}f\|$ はスペクトル分解定理で表せば,次のようになる.

$$\|(T+a)^{-1}f\|^2 = \int_M^\infty \left|\frac{1}{\lambda+a}\right|^2 d\|E_\lambda f\|^2,$$

$$\|T(T+a)^{-1}f\|^2 = \int_M^\infty \left|\frac{\lambda}{\lambda+a}\right|^2 d\|E_\lambda f\|^2.$$

10.5　単位の分解

スペクトル測度 E と同値な概念として単位の分解がある．それを解説する．

定義 10.44（単位の分解）　ヒルベルト空間 $\mathcal{H}$ 上の正射影作用素の 1 径数族 $\{E_t \mid t \in \mathbb{R}\}$ が次をみたすとき**単位の分解**という．

(1)　$s < t$ ならば $E_s \leq E_t$.

(2)　$\text{s-}\lim_{t \downarrow s} E_t = E_s \, (s \in \mathbb{R})$.

(3)　$\text{s-}\lim_{t \downarrow -\infty} E_t = 0$ かつ $\text{s-}\lim_{t \uparrow \infty} E_t = \mathbb{1}$.

(1) は単調性，(2) は右連続性とよばれている．一般に右連続な単調増加関数 f が $\lim_{x \downarrow -\infty} f(x) = 0$ かつ $\lim_{x \uparrow +\infty} f(x) = c < \infty$ となるとき $(\mathbb{R}, \mathcal{B}(\mathbb{R}))$ 上の有限測度 ν が存在して，$f(x) = \nu((-\infty, x])$ となることが知られている．ν は**スティルチェス測度**とよばれている．

定理 10.45　E が $(\mathbb{R}, \mathcal{B}(\mathbb{R}))$ 上のスペクトル測度とする．このとき

$$E_t = E((-\infty, t]), \ t \in \mathbb{R} \tag{10.9}$$

は単位の分解になる．逆に，$\{E_t \mid t \in \mathbb{R}\}$ が単位の分解ならば，(10.9) をみたすスペクトル測度 E が存在する．

証明　E をスペクトル測度とする．このとき $\{E((-\infty, t]) \mid t \in \mathbb{R}\}$ は単位の分解の定義 (1) をみたす．また，

$$\|E((-\infty, t])f\|^2 = \int_{\mathbb{R}} \mathbb{1}_{(-\infty, t]}(\lambda) \, d\|F_\lambda f\|^2$$

と表せるから，ルベーグの収束定理より，$\lim_{t \downarrow s} \|E((-\infty, t])f\| = \|E((-\infty, s])f\|$ となる．ゆえに，単位の分解の定義 (2) もみたす．(3) も同様に示すことができる．ゆえに，$\{E((-\infty, t]) \mid t \in \mathbb{R}\}$ は単位の分解である．逆に，$\{E_t \mid t \in \mathbb{R}\}$ を単位の分解とする．$\rho_f(t) = (f, E_t f)$ とすると，$\rho_f(-\infty) = 0$ かつ $\rho_f(\infty) = \|f\|^2 < \infty$．さらに，$\rho_f$ は単調増加関数なので，$(\mathbb{R}, \mathcal{B}(\mathbb{R}))$ 上の有限測度 ν が一意に存在して，

$$(f, E_t f) = \nu_f((-\infty, t])$$

となる．$(\mathbb{R}, \mathcal{B}(\mathbb{R}))$ 上の複素測度 $\nu_{f,g}$ を

$$\nu_{f,g} = \frac{1}{4} \sum_{n=0}^{3} (-i)^n \nu_{f + i^n g}$$

と定義する. 偏極恒等式から $\nu_{f,g}((-\infty,t]) = (f, E_t g)$ となる. これより, 半開区間 $A = (s,t]$ に対して $\nu_{f,g}(A) = (f, (E_t - E_s)g)$ となる. 特に写像

$$\mathcal{H} \times \mathcal{H} \ni f \times g \mapsto \nu_{f,g}(A) \in \mathbb{C} \tag{10.10}$$

は半双線形形式である. 半開区間全体が生成する有限加法族を $\mathcal{B}_0(\mathbb{R})$ とおく. 一方, (10.10) が有界半双線形形式になるような $A \in \mathcal{B}(\mathbb{R})$ 全体を $\mathcal{F}$ とおく. もちろん $\mathcal{B}_0(\mathbb{R}) \subset \mathcal{F}$ である. 一般に $A \in \mathcal{F}$, $a,b \in \mathbb{C}$ に対して次が成り立つ.

$$\nu_{af+bg,h}(A) = \bar{a}\nu_{f,h}(A) + \bar{b}\nu_{g,h}(A),$$
$$\nu_{f,ag+bh}(A) = a\nu_{f,g}(A) + b\nu_{f,h}(A).$$

いま, $S_n \in \mathcal{F}$ が, $S_n \downarrow S$ または $S_n \uparrow S \,(n \to \infty)$ のとき $\nu_{f,g}$ は測度の和なので,

$$\lim_{n \to \infty} \nu_{af+bg,h}(S_n) = \nu_{af+bg,h}(S),$$
$$\lim_{n \to \infty} \bar{a}\nu_{f,h}(S_n) + \lim_{n \to \infty} \bar{b}\nu_{g,h}(S_n) = \bar{a}\nu_{f,h}(S) + \bar{b}\nu_{g,h}(S).$$

ゆえに,

$$\nu_{af+bg,h}(S) = \bar{a}\nu_{f,h}(S) + \bar{b}\nu_{g,h}(S)$$

である. 同様に

$$\nu_{f,ag+bh}(S) = a\nu_{f,g}(S) + b\nu_{f,h}(S)$$

なので $S \in \mathcal{F}$ となる. ゆえに, $\mathcal{F}$ は単調族である. $\mathcal{B}_0(\mathbb{R})$ の最小単調族拡大を $M(\mathcal{B}_0(\mathbb{R}))$ とすると $M(\mathcal{B}_0(\mathbb{R})) = \mathcal{B}(\mathbb{R})$ であるから, $M(\mathcal{B}_0(\mathbb{R})) \subset \mathcal{F}$ である. ゆえに $\mathcal{F} = \mathcal{B}(\mathbb{R})$ になる. $\nu_{f+i^n g}(A) \le \nu_{f+i^n g}(\mathbb{R})$ なので,

$$|\nu_{f,g}(A)| \le \frac{1}{4}\sum_{n=0}^{3} \|f + i^n g\|^2 \le \|f\|^2 + \|g\|^2, \quad A \in \mathcal{B}(\mathbb{R})$$

となる. ゆえに, $\nu_{f,g}(A)$ は $\mathcal{H} \times \mathcal{H}$ 上の有界汎関数なのでリースの表現定理より, $\nu_{f,g}(A) = (f, E(A)g)$ となる有界作用素 $E(A)$ が存在する. 定理 10.11 の証明と同様に, $E(A)$ の自己共役性と可算加法性を示すことができる. 射影作用素であることを示す. $E(A)^2 = E(A)$ が $A \in \mathcal{B}_0(\mathbb{R})$ で成り立つことはわかる. $E(A)^2 = E(A)$ が成り立つ $S \in \mathcal{B}(\mathbb{R})$ 全体を $\mathcal{E}$ とおく. $A_n \in \mathcal{E}$ が, $A_n \downarrow A$ または $A_n \uparrow A \,(n \to \infty)$ のとき

$$E(A)^2 = \lim_{n \to \infty} E(A_n)^2 = \lim_{n \to \infty} E(A_n) = E(A)$$

となるから $E(A)^2 = E(A)$ である. つまり, $A \in \mathcal{E}$ なので $\mathcal{E}$ は単調族である. ゆえに $\mathcal{E} = \mathcal{B}(\mathbb{R})$ となるから $E(A)^2 = E(A)$ が任意の $A \in \mathcal{B}(\mathbb{R})$ で成り立つ. 以上から, E はスペクトル測度になる. $\square$

定理 10.45 よりスペクトル測度と単位の分解は本質的に同じものであることがわかるだろう.

10.6 ユニタリー群

$L^2(\mathbb{R})$ 上のシフト作用素 τ_t, $t \in \mathbb{R}$ はユニタリー作用素の族で $\tau_0 = \mathbb{1}$ かつ $\tau_t \tau_s = \tau_{t+s}$ をみたしている．本節でその一般化を考える．

定義 10.46 （強連続一径数ユニタリー群） ヒルベルト空間 $\mathcal{H}$ 上のユニタリー作用素の族 $\{S_t \mid t \in \mathbb{R}\}$ が次をみたすとき**強連続一径数ユニタリー群**という．

(1) $S_0 = \mathbb{1}$.

(2) $S_s S_t = S_{s+t}$ $(\forall s, t \in \mathbb{R})$.

(3) $t \mapsto S_t$ が強連続である．

ヒルベルト空間 $\mathcal{H}$ 上の自己共役作用素 $H = \int_{\mathbb{R}} \lambda \, dE_\lambda$ に対して

$$e^{itH} = \int_{\mathbb{R}} e^{it\lambda} \, dE_\lambda, \quad t \in \mathbb{R}$$

と定義する．$F(\lambda) = e^{it\lambda}$ が λ の有界関数なので e^{itH} は有界作用素である．

定理 10.47 H をヒルベルト空間 $\mathcal{H}$ 上の自己共役作用素とする．このとき $\{e^{itH} \mid t \in \mathbb{R}\}$ は強連続一径数ユニタリー群である．

証明 定理 10.35 から，

$$e^{itH} e^{isH} = \int_{\mathbb{R}} e^{i(s+t)\lambda} \, dE_\lambda = e^{i(s+t)H}, \quad s, t \in \mathbb{R}$$

となる．明らかに，$t = 0$ のとき $e^{itH} = \mathbb{1}$ となる．また

$$(e^{itH} f, e^{itH} g) = (f, (e^{itH})^* e^{itH} g) = \int_{\mathbb{R}} e^{-it\lambda} e^{it\lambda} \, d(f, E_\lambda g) = (f, g)$$

となるから e^{itH} はユニタリー作用素である．$t \mapsto e^{itH}$ の強連続性を調べよう．

$$\|e^{i(t+\varepsilon)H} f - e^{itH} f\|^2 = \|e^{itH}(e^{i\varepsilon H} f - f)\|^2 = \|(e^{i\varepsilon H} f - f)\|^2$$

$$= 2\|f\|^2 - 2\operatorname{Re}(f, e^{i\varepsilon H} f) = 2\|f\|^2 - 2\operatorname{Re} \int_{\mathbb{R}} e^{i\varepsilon\lambda} \, d\|E_\lambda f\|^2$$

なので，ルベーグの収束定理より $\lim_{\varepsilon \to 0} \int_{\mathbb{R}} e^{i\varepsilon\lambda} \, d\|E_\lambda f\|^2 = \int_{\mathbb{R}} d\|E_\lambda f\|^2 = \|f\|^2$ だから

$$\lim_{\varepsilon \to 0} \|e^{i(t+\varepsilon)H} f - e^{itH} f\| = 0$$

となる．ゆえに，$\{e^{itH} \mid t \in \mathbb{R}\}$ は強連続一径数ユニタリー群である．$\square$

実はこの逆が成り立つ．

定理 **10.48** （ストーンの定理） $\{S_t \mid t \in \mathbb{R}\}$ をヒルベルト空間 $\mathcal{H}$ 上の強連続一径数ユニタリー群とする．このとき $S_t = e^{itH}$ $(t \in \mathbb{R})$ となる自己共役作用素 H が一意に存在する．

$S_t = e^{itH}$ と表したとき H を S_t の**生成子**とよぶ．ヒルベルト空間 $\mathcal{H}$ が可分な場合には，ストーンの定理はフォン・ノイマンによって次のように一般化された．

定理 **10.49** （ストーンの定理の一般化） $\mathcal{H}$ は可分なヒルベルト空間とする．$\{S_t \mid t \in \mathbb{R}\}$ は $\mathcal{H}$ 上のユニタリー作用素の族で次をみたすと仮定する．

(1) $S_0 = \mathbb{1}$.

(2) $S_s S_t = S_{s+t}$ $(\forall s, t \in \mathbb{R})$.

(3) 任意の $f, g \in \mathcal{H}$ に対して写像 $t \mapsto (f, S_t g)$ が可測である．

このとき $t \mapsto S_t$ は強連続である．特に $S_t = e^{itH}$ $(t \in \mathbb{R})$ となる自己共役作用素 H が一意に存在する．

証明 写像 $t \mapsto (f, S_t g)$ が可測なので積分 $\int_0^t (f, S_s g)\, ds$ が定義できることに注意しよう．$\mathcal{H} \ni g \mapsto \int_0^t (f, S_s g)\, ds \in \mathbb{C}$ は線形汎関数なのでリースの表現定理から $(f_t, g) = \int_0^t (f, S_s g)\, ds$ となる $f_t \in \mathcal{H}$ が存在する．そうすると

$$(S_u f_t, g) = (f_t, S_{-u} g) = \int_0^t (f, S_s S_{-u} g)\, ds = \int_0^t (f, S_{s-u} g)\, ds$$
$$= \int_{-u}^{t-u} (f, S_s g)\, ds.$$

ゆえに，

$$|(S_u f_t, g) - (f_t, g)| = \left| \int_{-u}^0 (f, S_s g)\, ds \right| + \left| \int_{t-u}^t (f, S_s g)\, ds \right| \leq 2|u| \|f\| \|g\|$$

が成り立つ．これから

$$\lim_{u \to 0} \|S_u f_t - f_t\|^2 = \lim_{u \to 0} 2(S_u f_t, f_t) - 2\|f_t\|^2 = 0.$$

ゆえに，$\mathcal{K} = \{f_t \mid f \in \mathcal{H}, t \in \mathbb{R}\}$ 上で S_u は強連続になる．$\mathcal{K}$ が稠密であることを示そう．$f \in \mathcal{K}^\perp$ として，$f = 0$ を示せばよい．$\mathcal{H}$ は可分だから完全正規直交系 $\{e_n\}_n$ が存在する．そうすると，$e_{n,t} \in \mathcal{K}$ だから $0 = (e_{n,t}, f) = \int_0^t (S_s e_n, f)\, ds$ が任意の $t \in \mathbb{R}$ で成り立つ．つまり

$$(S_s e_n, f) = 0, \quad \forall s \notin N_n$$

となる．ここで，N_n は測度零の集合である．$N = \bigcup_n N_n$ とおく．

$$(e_n, S_s f) = 0, \quad \forall s \notin N, \quad \forall n \in \mathbb{N}$$

が成り立つ．ゆえに，$S_s f = 0$ が $s \notin N$ で成り立つから $f = 0$ となり $\mathcal{K}$ が稠密であることがわかる．$\varepsilon > 0$ とする．任意の $f \in \mathcal{H}$ に対して $g \in \mathcal{K}$ で $\|f - g\| < \varepsilon$ となるものが存在するから，$\|S_u f - f\| \leq \|S_u - S_u g\| + \|S_u g - g\| + \|g - f\|$ だから，

$$\lim_{u \to 0} \|S_u f - f\| \leq 2\varepsilon.$$

ゆえに，S_u は $u = 0$ で強連続．これは任意の $u \in \mathbb{R}$ での強連続性を意味する．□

例 10.50　例 4.15 で紹介した，$L^2(\mathbb{R})$ 上のシフト作用素 τ_t は強連続一径数ユニタリー群である．それは $e^{itH} = \tau_t$ と表せる．ここで，$H = -i\frac{d}{dx}$ である．

例 10.51　3 次元シュレーディンガー方程式は次で与えられる．

$$i\frac{d}{dt}\psi_t(x) = -\frac{1}{2}\Delta\psi_t(x) + V(x)\psi_t(x), \quad t \in \mathbb{R}.$$

ここで，V は実のポテンシャル関数である．物理的には $\int_{\mathbb{R}^3} |\psi_t(x)|^2 \, dx = 1$ のもとで $\int_K |\psi_t(x)|^2 \, dx$ は量子が $K \subset \mathbb{R}^3$ に存在する確率を与える．これを作用素論的に解いてみよう．

$$H = -\frac{1}{2}\Delta + V$$

とおくと，シュレーディンガー方程式は

$$i\frac{d}{dt}\psi_t = H\psi \tag{10.11}$$

と表せる．これを $L^2(\mathbb{R}^3)$ で考える．H を $L^2(\mathbb{R}^3)$ の自己共役作用素とする．例えば，$V(x) = -\frac{\alpha}{|x|}$ のとき系 8.66 で H が自己共役作用素であることを示した．このときスペクトル分解定理から，次が (10.11) の解であることがわかる．

$$\psi_t = e^{-itH}\psi_0, \quad t \in \mathbb{R}.$$

特に $\psi_t \in L^2(\mathbb{R}^3)$ で $\|\psi_t\| = \|\psi_0\|$ が任意の $t \in \mathbb{R}$ で成り立つ．

●●●●●●●●●●●●●●●●●●●　演 習 問 題　●●●●●●●●●●●●●●●●●●●●●

10.1　補題 10.16 を証明せよ．

10.2　$\mathcal{H}$ をヒルベルト空間とし $A \in B(\mathcal{H})$ とする．任意の多項式 f に対して $\sigma_p(f(A)) = f(\sigma_p(A))$ を示せ．

10.3 f を実数値可測関数で $f < \infty$ a.e. とする. $L^2(\mathbb{R}^d)$ 上の自己共役な掛け算作用素 M_f のスペクトル測度 E が次で与えられることを示せ.

$$E(A)g = \mathbb{1}_{f^{-1}(A)}g, \quad g \in L^2(\mathbb{R}^d).$$

10.4 $L^2(\mathbb{R})$ 上の微分作用素 $-i\frac{d}{dx}$ のスペクトル測度を求めよ.

10.5 A を有界自己共役作用素とし E をそのスペクトル測度とする. 次を示せ.

$$\lim_{\varepsilon\downarrow0}\frac{1}{2\pi i}\int_a^b\left\{(A-x-i\varepsilon)^{-1}-(A-x+i\varepsilon)^{-1}\right\}dx = \frac{1}{2}\left\{E([a,b])+E((a,b))\right\}.$$

ただし, 左辺の収束は強収束である. これは**ストーンの公式**として知られている.

10.6 H を非負自己共役作用素とする. $S_t = e^{-tH}$ $(t \geq 0)$ に対して次を示せ.
  (1) $S_0 = \mathbb{1}$.
  (2) $S_t S_s = S_{t+s}$ $(s,t \geq 0)$.
  (3) $\lim_{t\to0} S_t = \mathbb{1}$ (強収束).

10.7 H をヒルベルト空間 $\mathcal{H}$ 上の非負自己共役作用素とする. 稠密な部分空間 $D \subset \mathcal{H}$ が存在して $e^{-tH}D \subset D\,(\forall t \geq 0)$ となるとき $\overline{H\restriction_D} = H$ を示せ.

10.8 H を自己共役作用素とする. 次を示せ.

$$\frac{d}{dt}e^{itH}f = iHe^{itH}f, \quad f \in \mathsf{D}(H).$$

10.9 定理 10.48 を証明せよ.

10.10 T を非負自己共役作用素とする. 次を示せ.

$$\lim_{\alpha\downarrow0}\left(\frac{T^\alpha - \mathbb{1}}{\alpha}f\right) = (\log T)f, \quad f \in \mathsf{D}(T).$$

10.11
  (1) $f \in L^2(\mathbb{R}^d)$ に対して $f_\theta(x) = e^{d\theta/2}f(e^\theta x)$ と定める. このとき $T_\theta f = f_\theta$ とすると $\{T_\theta \mid \theta \in \mathbb{R}\}$ が強連続一径数ユニタリー群になることを示せ.
  (2) $\theta \in \mathbb{R}$ として $R(\theta)\colon \mathbb{R}^3 \to \mathbb{R}^3$ は z 軸の周りの θ 回転を表す 3×3 行列とする. $f \in L^2(\mathbb{R}^3)$ に対して $f_\theta(x) = f(R(\theta)x)$ と定める. このとき $S_\theta f = f_\theta$ とすると $\{S_\theta \mid \theta \in \mathbb{R}\}$ が強連続一径数ユニタリー群になることを示せ.
  (3) T_θ と S_θ の生成子を求めよ.

参 考 文 献

[1] 新井朝雄，ヒルベルト空間と量子力学，共立出版，1997.

[2] 新井朝雄，江沢洋，量子力学の数学的構造 I, II，朝倉書店，1999.

[3] 伊藤清三，吉田耕作，函数解析と微分方程式，岩波書店，1997.

[4] 岡本久，中村周，関数解析 1, 2，岩波書店，1997.

[5] 加藤敏夫，復刊 位相解析，共立出版，2001.

[6] 加藤敏夫，量子力学の数学理論，黒田成俊編集，近代科学社，2017.

[7] 黒田成俊，関数解析，共立出版，1988.

[8] 黒田成俊，スペクトル理論 II，岩波書店，1979.

[9] 中村周，量子力学のスペクトル理論，朝倉書店，2003.

[10] 中村周，フーリエ解析，共立出版，2012.

[11] 日合文雄，柳研二，ヒルベルト空間と線型作用素，オーム社，2021.

[12] 廣川真男，数物系に向けた フーリエ解析とヒルベルト空間論，SGC ライブラリ-135，サイエンス社，2017.

[13] 藤田宏，黒田成俊，関数解析 I, II，岩波書店，1978.

[14] 丸山徹，積分と函数解析，丸善出版，2012.

[15] 宮島静雄，関数解析，横浜図書，2007.

[16] 谷島賢二，ルベーグ積分と関数解析，朝倉書店，2002.

[17] 矢野公一，距離空間と位相構造，共立出版，1997.

[18] T. Kato, Perturbation Theory for Linear Operators, Springer, 1995.

[19] E. Lieb, M. Loss, Analysis, American Mathematical Society, 2001.

[20] J. V. Neerven, Functional Analysis, Cambridge studies in advanced mathematics 201, Cambridge University Press, 2022.

[21] B. Simon, Operator Theory, A Comprehensive Course in Analysis, Part 4, American Mathematical Society, 2015.

[22] M. Reed, B. Simon, Method of Modern Mathematical Physics, Academic Press, vol. I, 1980, vol. II, 1975.

[23] W. Rudin, Functional analysis, MaGraw-Hill, 1974.

[24] E. M. Stein, R. Shakarchi, Fourier Analysis, Princeton Lectures in Analysis I, 2003.

[25] J. Weidmann, Linear Operators in Hilbert Spaces, Springer, 1980.

[26] K. Yoshida, Functional Analysis, Springer-Verlag, 1974.

索　　引

著者略歴

廣 島 文 生
（ひろ しま ふみ お）

1996 年　北海道大学大学院理学研究科博士課程修了
　　　　　博士（理学）
2012 年　九州大学大学院数理学研究院教授
　　　　　日本数学会解析学賞受賞（2019 年）.

主要著書

Ground states of quantum field models, Springer, 2019.
Feynman-Kac-type theorems and Gibbs measures on path
space I, II, De Gruyter, 2020.
フォン・ノイマン（全 3 巻），現代数学社，2021.

ライブラリ現代の数学への道= 11

現代の数学への道 関数解析

2024 年 1 月 25 日 ©　　　　　　　　　　初 版 発 行

著 者　廣島文生　　　　　　　発行者　森 平 敏 孝
　　　　　　　　　　　　　　　印刷者　大 道 成 則

発行所　　株式会社 サ イ エ ン ス 社

〒151-0051　東京都渋谷区千駄ヶ谷 1 丁目 3 番 25 号
営業 ☎ (03)5474–8500（代）　振替 00170–7–2387
編集 ☎ (03)5474–8600（代）
FAX ☎ (03)5474–8900

印刷・製本　（株)太洋社
《検印省略》

ISBN978–4–7819–1589–0

PRINTED IN JAPAN

サイエンス社のホームページのご案内
https://www.saiensu.co.jp
ご意見・ご要望は
rikei@saiensu.co.jp　まで.